# 手性β-氨基醇生物催化合成实验技术

BIOCATALYTIC SYNTHESIS OF CHIRAL β-AMINO ALCOHOLS

张建栋 著



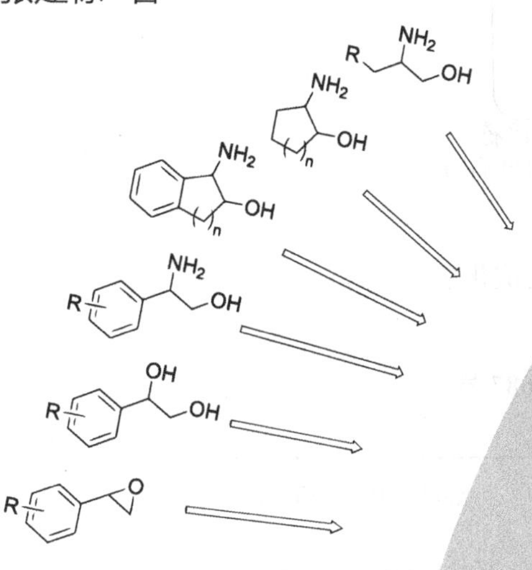

动力学拆分
Kinetic resolution

不对称胺羟化
Asymmetric aminohydroxylation

环氧化物不对称开环
Asymmetric Ring Opening

级联生物催化
Cascade biocatalysis

生物催化
Biocatalysis

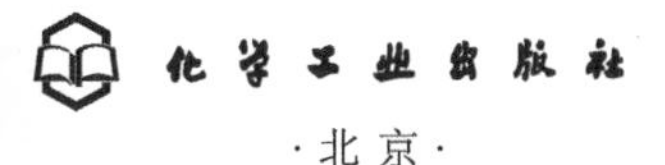

化学工业出版社
·北京·

## 内容简介

本书主要介绍手性$\beta$-氨基醇及其生物催化合成方法，对手性$\beta$-氨基醇的应用及其合成方法进行了概述，全面系统地介绍了在手性$\beta$-氨基醇生物合成方面的进展和重要成果，让读者充分了解手性$\beta$-氨基醇的生物催化合成方法。本书从原理到应用，结构严谨，内容紧跟前沿，且有一定的理论深度，充分反映了手性$\beta$-氨基醇的发展动态，体现了新兴生物催化领域的新发展趋势。

本书可供从事化学化工、生物工程、制药工程等专业的高等院校、科研机构、企业的师生、研究人员和工程技术人员参考使用。

**图书在版编目（CIP）数据**

手性$\beta$-氨基醇生物催化合成实验技术 / 张建栋著. —北京：化学工业出版社，2021.12（2022. 9 重印）
ISBN 978-7-122-39949-6

Ⅰ. ①手… Ⅱ. ①张… Ⅲ. ①氨基醇-催化-合成化学-Ⅳ. ①O625.63

中国版本图书馆 CIP 数据核字（2021）第 191687 号

责任编辑：赵玉清　周　倜　李建丽　　装帧设计：李子姮
责任校对：边　涛

出版发行：化学工业出版社（北京市东城区青年湖南街 13 号　邮政编码 100011）
印　　装：北京七彩京通数码快印有限公司
710mm×1000mm　1/16　印张 16½　字数 315 千字　2022 年 9 月北京第 1 版第 2 次印刷

购书咨询：010-64518888　　售后服务：010-64518899
网　　址：http：//www.cip.com.cn
凡购买本书，如有缺损质量问题，本社销售中心负责调换。

定　　价：88.00 元

# 前言

手性$\beta$-氨基醇是一类非常重要的化合物，是合成许多精细化学品、天然产物和生物活性化合物的中间体。如具有氨肽酶抑制剂活性的乌苯美司(Bestatin)，被广泛应用于抗癌化疗、放疗的辅助治疗；含有($R$)-苯甘氨醇结构的 PDK1 抑制剂，对癌症治疗中关键酶 PDK1 有抑制作用；含有($S$)-2-氨基丙醇结构的第四代喹诺酮类抗菌药物左旋氧氟沙星(Levofloxacin)，是销售额一直居于前十位的重磅级药物。据统计，FDA 开出的药单中有 82 种药物含有手性$\beta$-氨基醇的结构，另有 119 种实验性药物含有手性$\beta$-氨基醇结构。此外，在不对称催化领域，手性$\beta$-氨基醇可作为手性配体和手性助剂，用于羰基的不对称还原、缩醛反应、二乙基锌醛加成和狄尔斯-阿尔德(Diels-Alder)反应等。

由于手性$\beta$-氨基醇具有巨大的应用价值，近几十年来不少研究小组都投入了极大热情开发新的方法用于手性$\beta$-氨基醇的合成。如氨基酸(醛，酮)的还原或加成、氨基酸酯的还原、环氧乙烷类叠氮化还原等。但化学催化法普遍存在选择性低、副产物多、反应步骤长、产率低和造成环境污染等问题。近年来，随着基因工程、酶工程和生物信息学等技术不断发展，将生物催化技术应用于手性化合物的合成逐渐体现出其高效性、高选择性、条件温和和环境友好的优点，这也是传统化学法无法比拟的。生物催化法合成手性$\beta$-氨基醇主要包括酮还原酶不对称还原手性氨基酮；脂肪酶催化$\beta$-氨基醇动力学拆分；转氨酶不对称氨化$\alpha$-羟酮为手性$\beta$-氨基醇。但这些方法所需的底物普遍较为昂贵或通过商业方法无法获得，如手性氨基酮和$\alpha$-羟酮；$\beta$-氨基醇动力学拆分产物的最高得率也仅为 50%。从化学计量上考虑，这些方法还不够经济绿色。因此，对新的手性$\beta$-氨基醇绿色合成方法的研究显得尤为重要。

本书针对手性$\beta$-氨基醇的合成，全面系统地介绍了在手性$\beta$-氨基醇生物法合成方面取得的重要成果。首先构建了一种高通量筛选方法，用于从土壤环境中筛选具有高活力高选择性脱氨酶菌株。其次从筛选获得的菌株中克隆获得若干新的转氨酶，并对其进行了纯化表征，针对不同底物进行了反应；成功构建了转氨酶与醇脱氢酶的级联反应体系，催化外消旋$\beta$-氨基醇可同时得到对映体纯的$\beta$-氨基醇和邻二醇。再次，通过构建的高通量筛选方法，成功从土壤环境中筛选获得一株高活力高选择性环氨基醇特异性脱氨酶产生菌，并应用该菌对不同类型的$\beta$-氨基醇进行了拆分；对环氨基醇特异性菌株中脱氨酶进行了克隆，成功获得一个新的胺氧化酶，对其进行了克隆表达，纯化表征，并应用该酶对不同类型外消旋$\beta$-氨基醇进行了拆分；最后，成功构建了一种新的级联催化系统，可不对称胺羟化烯烃合成手性$\beta$-氨基醇。

本书内容的研究工作得到了国家自然科学基金（项目编号：21772141）、山西省自然科学基金（项目编号：201701D221042）、山西省高等学校科技创新项目(项目编号：2015132)、生物反应器工程国家重点实验室开放课题等的资助。

感谢课题组研究生武华磊、崔智美、赵剑伟、常娅文、杨晓晓、董睿等人在实验研究中付出的辛勤工作。

由于编者水平有限，缺点和不足在所难免，恳请有关专家和广大读者批评指正。

著者

2021 年 6 月

目录

## 第九章 级联生物催化烯烃不对称胺羟化合成手性$\beta$-氨基醇的研究

# 第一章

# 手性$\beta$-氨基醇概述

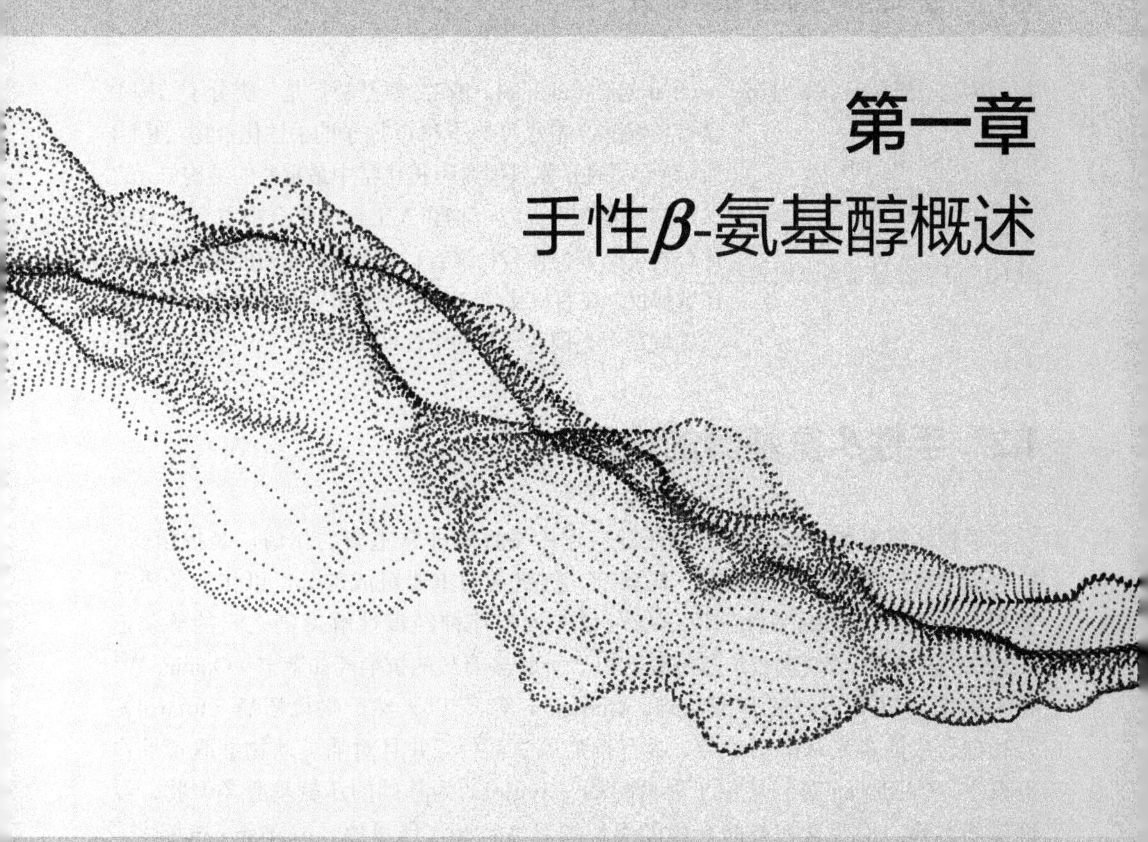

## 1.1 手性$\beta$-氨基醇简介

$\beta$-氨基醇又名邻氨基醇（vicinal amino alcohol）或1,2-氨基醇，是一类分子结构中含有良好配位能力N原子和O原子的手性化合物（图1-1所示）。手性$\beta$-氨基醇是有机化学中最重要的结构单元之一，广泛存在于天然产物和人工合成化合物中[1]。这类化合物可与多种化合物缔合，实现其优良的催化效率和立体选择性，在有机化学、药物化学和生物化学等不对称合成领域是一类极其重要的手性助剂[2-3]。

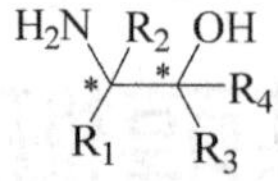

图 1-1　手性$\beta$-氨基醇结构式

## 1.2 手性$\beta$-氨基醇的应用

手性$\beta$-氨基醇在医药和农药工业应用中发挥着非常重要的作用，是抗菌药、抗生素、抗疟疾药、抗结核药、麻醉剂、防腐剂的重要组成部分，可作为合成药物和天然活性产物的手性砌块。如可以作为治疗神经毒性解毒剂之一的解磷定（2-pralidoxime），便含有$\beta$-氨基醇结构[4]。许多有效的抗疟药如奎宁（Quinine）[5]和甲氟喹[6]也含有$\beta$-氨基醇结构。Clarkson 等[7]以天然产物桃柘酚（totarol）为基础合成的$\beta$-氨基醇衍生物，具有抗疟原虫活性，并且对哺乳动物细胞毒性作用很小。Córdovaa 等制备出了以柳杉酚（Sugiol）为基础的$\beta$-氨基醇类似物，经过体外实验，证明含有仲胺片段的类似物对 A2780（卵巢癌，ovarian cancer）、WiDr（结肠癌，colon cancer）和 SW1573（非小细胞性肺癌，non-small cell lung cancer，NSCLC）的生长抑制明显，认为这类化合物对敏感和耐药性的肿瘤细胞都具有活性，在开发新型抗肿瘤药物方面有很大的应用前景[8]；Bergmeier 等[9]合成的乌苯美司（Bestatin）和其类似物也含有邻氨基醇结构，乌苯美司是一种有效的氨肽酶（aminopeptidase）抑制剂，具有免疫刺激活性和细胞毒性的作用，在临床上被用作抗癌药物。新一代氟喹诺酮类抗菌药物左旋氧氟沙星[10]和合成神经营养剂成分之一的手性助剂 (4*S*,5*S*)-2-苯基-4-(甲氧基羰基)-5-异丙基噁唑啉同样含有$\beta$-氨基醇结构。*S*-2-氨基丙醇和 *S*-苯甘氨醇分别是合成左旋氧氟沙星和(4*S*,5*S*)-2-苯基-4-(甲氧基羰基)-5-异丙基噁唑啉的重要中间体。(1*S*,2*R*)-1-氨基-2-茚醇是合成艾滋病病毒（HIV）蛋白酶抑制剂成分茚地那韦（Indinavir）的关键中间体[11]（图 1-2 所示）。

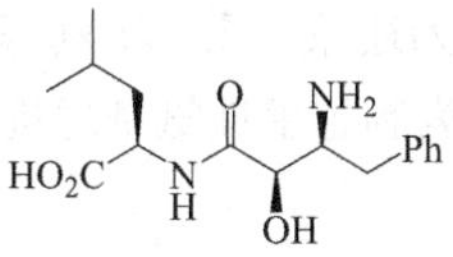

乌苯美司 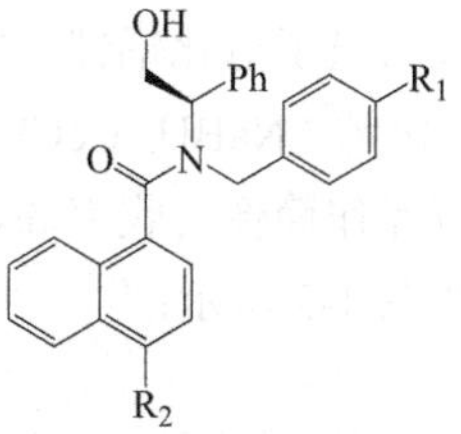　　苯甲酰胺衍生物 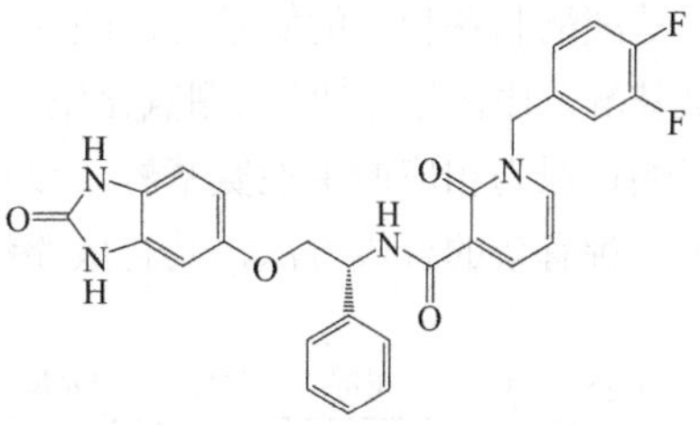　　PDK1 抑制剂

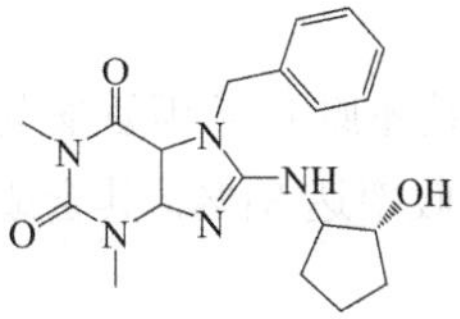

PDE5 抑制剂 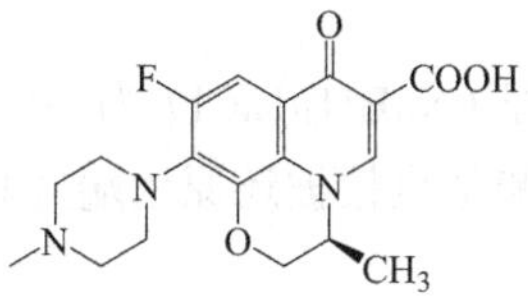　　左旋氧氟沙星 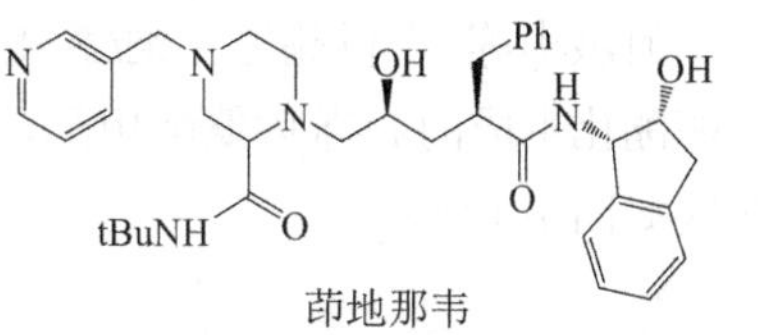　　茚地那韦

图 1-2　含手性$\beta$-氨基醇结构的药物分子及生物活性分子

手性$\beta$-氨基醇作为手性配体和助剂在不对称催化方面也有着重要的地位，已经大量报道了手性$\beta$-氨基醇作为手性中间体和手性助剂在有机合成中的应用[12]，这些化合物通过与金属形成五元螯合环，在控制一系列不对称转化方面发挥着重要作用。例如 Accadbled 等[13]合成的$\beta$-氨基醇钯配合物对 HT29 人体癌细胞有较小的活性。Mardani 等[14]根据$\beta$-氨基醇独特的生物活性性质，制备出 2-{2-[2-(2-羟乙基)氨基]乙基}氨基环己醇的铜、锌配合物，并发现对 9 种大分子（BRAF 激酶、CatB、DNA 旋转酶、HDAC7、rHA、RNR、TrxR、TS、Top Ⅱ）展现了活性。

手性$\beta$-氨基醇除了在药物合成和不对称催化中有广泛的用途外，在工业中也有广泛的应用。如合成高聚物和塑料，生产洗涤剂、气体净化器[15]以及作为交联剂合成超导体前体系统[16]。

# 1.3　手性$\beta$-氨基醇的合成

## 1.3.1　化学法合成手性$\beta$-氨基醇

（1）氨基酸酯的还原

由于手性$\beta$-氨基醇在医药、农药、精细化学品以及不对称合成中的重要性，手性$\beta$-氨基醇合成成为当今研究热点，因此，开发高效的手性$\beta$-氨基醇合成方法是化学家们关注的目标。1921 年，Karrer 等[17]最早报道了通过在乙醇溶剂中用钠还原氨基酸酯制备相应的氨基醇。随后相继报道了氢化铝锂、硼氢化钠作为还原剂合成氨基醇。甘春芳等[18]以硼氢化钠/三氯化铈（$NaBH_4/CeCl_3$）为还原体系，将氨基酸甲酯还原为相应的手性氨基醇。该反应操作简便，收率高，为制备手性氨基醇提供了一种有效的合成方法，其合成路线如图 1-3 所示：

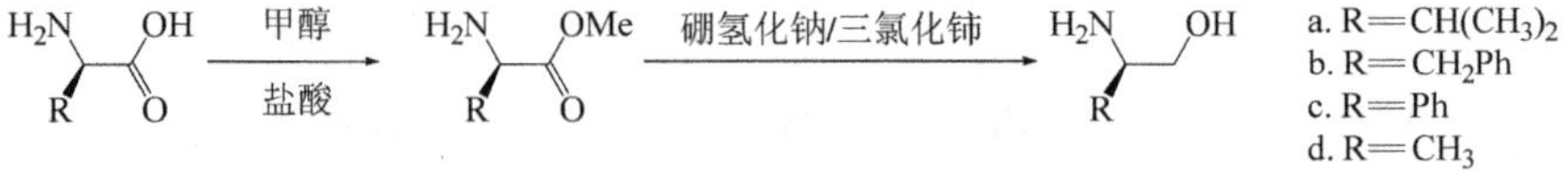

甲醇 / 盐酸；硼氢化钠/三氯化铈

a. $R=CH(CH_3)_2$
b. $R=CH_2Ph$
c. $R=Ph$
d. $R=CH_3$

图 1-3　氨基酸酯还原制备手性$\beta$-氨基醇

何洪华等[19]以硼氢化钠/氯化锂（$NaBH_4/LiCl$）为还原体系还原 L-苯丙氨酸与甲醇酯化生成的 L-苯丙氨酸甲酯，酯基直接被还原为端羟基，收率达 81%，其合成路线如图 1-4 所示：

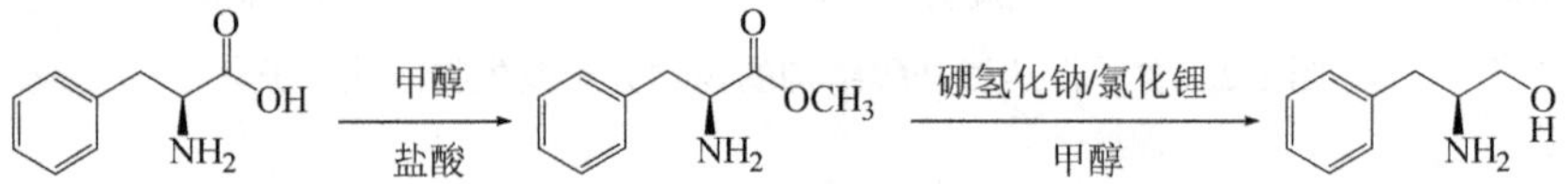

甲醇 / 盐酸；硼氢化钠/氯化锂 / 甲醇

图 1-4　还原 L-苯丙氨酸甲酯制备手性$\beta$-氨基醇

Studer 等人[20]利用 10%（质量分数）的 Nishimura 催化剂（混合 Rh/Pt 氧化物），在温和的条件下（室温，10 MPa $H_2$）将$\alpha$-氨基酸酯催化加氢还原为相应的氨基醇，其中$\beta$-氨基醇的产率最高，都在 90%以上，且生成的都是单一对映体构型产物。

（2）氨基酸（醛，酮）还原

目前，制备手性$\beta$-氨基醇最多的方法是采用一系列还原剂如金属复氢化物、硼烷、氢气、硼氢化钠、硼氢化钾等对氨基酸还原制备$\beta$-氨基醇。硼烷和氢化铝锂作为功能基团超强选择性氢化剂，具有很强的还原性，对许多有机物和无机物起到还原作用。Dickman 等[21]分别用氢化铝锂 ($LiAlH_4$) (73%～75%) 和硼烷（44%）还原缬氨酸得到缬氨醇（图 1-5 所示）。虽然硼烷、氢化铝锂还原活性高，由于硼烷具有难闻的气味和毒性，在空气中不稳定，氢化铝锂其价格昂贵，不稳定难以保存，且在还原过程中反应剧烈，常常需要在低温下进行，产率低，大量应用对于环境的危害大且存在一定的危险性，因此难以实现工业化生产。

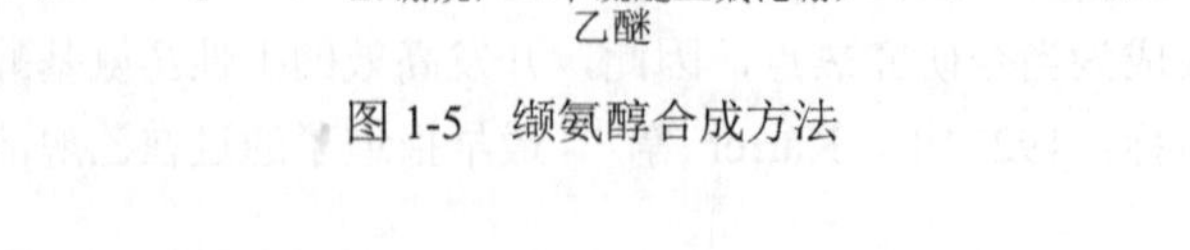

A. 氢化铝锂，四氢呋喃
B. 硼烷，二甲硫醚三氟化硼，乙醚

图 1-5　缬氨醇合成方法

同样具有还原性的硼氢化钠和硼氢化钾，在常温常压下，对空气中的水气和氧较稳定，受到了研究人员的重点关注。而硼氢化钠-碘体系是还原氨基酸的良好体系，Mckennon 等[22]报道了在四氢呋喃中使用硼氢化钠和碘将各种脂肪族、芳香族 $\alpha$-氨基酸还原成相应的手性$\beta$-氨基醇（表 1-1 所示）。

**表 1-1　硼氢化钠-碘（$NaBH_4/I_2$）还原$\alpha$-氨基酸**

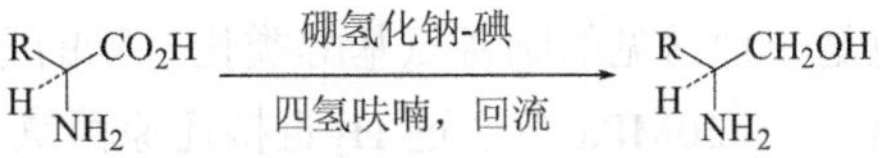

R $CO_2H$ H $NH_2$ —硼氢化钠-碘 / 四氢呋喃，回流→ R $CH_2OH$ H $NH_2$

| 序号 | 构型 | 结构 | 得率/% |
|---|---|---|---|
| 1 | L | 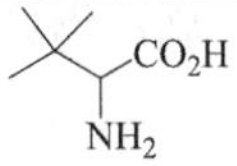 $CO_2H$ $NH_2$ | 84 |
| 2 | L | 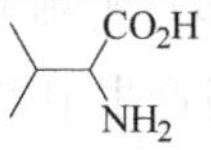 $CO_2H$ $NH_2$ | 94 |
| 3 | D | 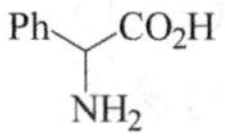 Ph $CO_2H$ $NH_2$ | 67 |
| 4 | L | 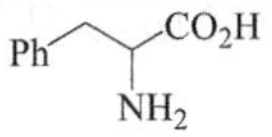 Ph $CO_2H$ $NH_2$ | 72 |
| 5 | L | 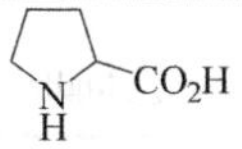 N H $CO_2H$ | 58 |
| 6 | L | 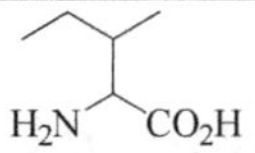 $H_2N$ $CO_2H$ | 75 |

Prasad 等[23]通过硼氢化钠-碘（$NaBH_4/I_2$）对不同氨基酸进行了还原，结果显示其为极好的试剂用于转化氨基酸合成氨基醇，该试剂具有安全、简单、成本低的优点，对于手性$\beta$-氨基醇的大量合成非常有用。Hua 等[24]研究了硼氢化钠/碘（$NaBH_4/I_2$）的还原反应体系还原 D-苯甘氨酸合成 D-苯甘氨醇，实验操作时把硼氢化钠和 L-苯甘氨酸溶于四氢呋喃（THF）中，在冰浴条件下缓慢加入溶于 THF 的 $I_2$ 溶液，结果产率高达 91%。张萍等[25]同样用硼氢化钠-碘（$NaBH_4/I_2$）体系还原 D-苯甘氨酸，优化反应条件后，D-苯甘氨醇产率可以达到 94%（图 1-6 所示）。

$NH_2$ OH O —硼氢化钠-碘→ $NH_2$ OH

图 1-6　硼氢化钠-碘（$NaBH_4/I_2$）体系还原 D-苯甘氨酸合成 D-苯甘氨醇

张春华等[26]采用硼氢化钠-四氯化钛（$NaBH_4$-$TiCl_4$）还原体系，成功地还原了L-亮氨酸等五种氨基酸，得到的$\beta$-氨基醇产率为75%～89%。Abiko等[27]报道了一种绿色安全的还原氨基酸方法，采用$NaBH_4$-$H_2SO_4$体系对D-苯甘氨酸等九种手性氨基酸进行了还原反应，产率达到 80%～98%。该体系有三个优点：①试剂廉价易得；②反应条件温和，仅在室温下就能完成反应；③安全性高，可大规模生产。

氨基酸催化加氢也是一种常见的制备氨基醇类化合物的方法。Mägerlein等[28]利用Ru/C/$Re_2O_7$催化剂，在20MPa下通过$H_2$直接还原丙氨酸等10种氨基酸，产率几乎达到百分之百且产物*ee*值都大于99%。采用催化加氢方法还原氨基酸制备$\beta$-氨基醇有着原子效率高、副产物只有水的独特优势。但是试剂昂贵且危险性高，难以实现工业化应用。

此外，转化$\alpha$-氨基醛也可得到手性$\beta$-氨基醇。Veeresha 等[29]通过将烯丙基溴化镁加入到$\alpha$-氨基醛中，可产生中等得率（50%～60%）的氨基醇化合物（图1-7），产物为顺式和反式混合物（7∶1）。后来，发展了不同的方法将$\alpha$-氨基醛的氨基保护进行，使得反应更加容易操作。其中最普遍的为*N*,*N*-二苄基$\alpha$-氨基醛[30-31]和Garner’s醛[32]。这两种类型的$\alpha$-氨基醛化合物在构型上比自由的氨基基团更加稳定（图1-8）。

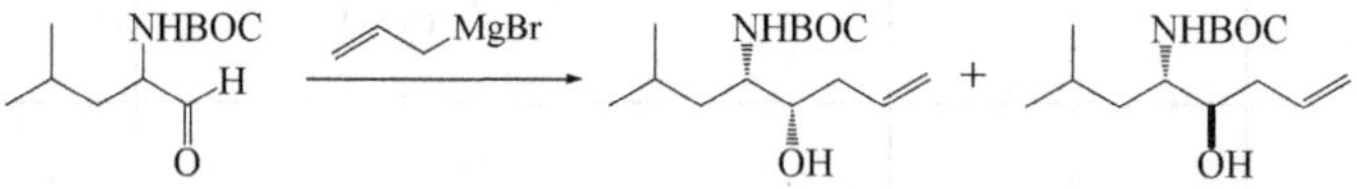

图1-7　$\alpha$-氨基醛合成手性$\beta$-氨基醇

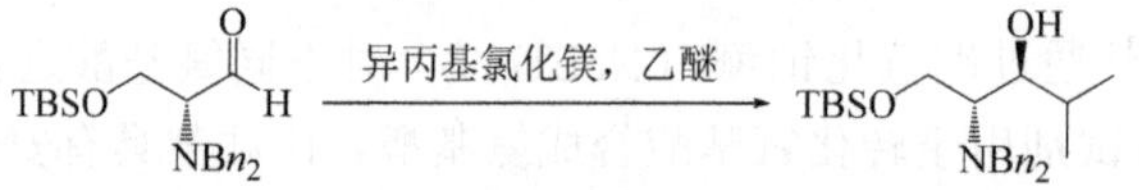

图1-8　受保护$\alpha$-氨基醛合成手性$\beta$-氨基醇

还原$\alpha$-氨基酮生成手性$\beta$-氨基醇是另一个更加有趣的反应，通过将酮底物（$\alpha$-*N*-苯芴酮）立体非对映还原可以合成顺式和反式混合的$\beta$-氨基醇[33]。反应通过硼烷。二甲硫醚（$BH_3 \cdot SMe_2$）对$\alpha$-氨基酮的处理，主要生成反式构型的氨基醇化合物；而使用三仲丁基硼氢化锂，产物主要为顺式构型的氨基醇（图1-9所示）。

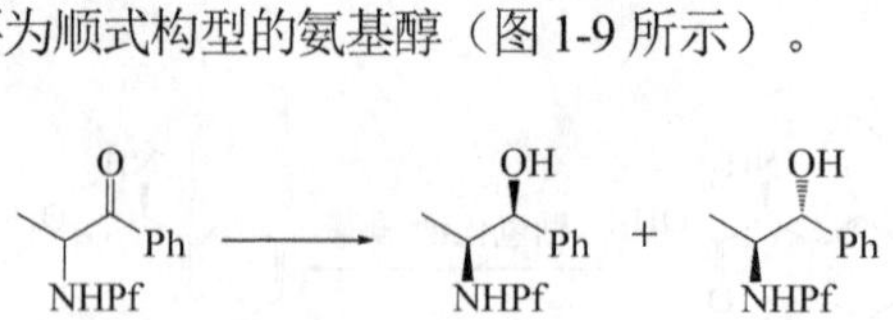

图1-9　还原$\alpha$-氨基酮合成手性$\beta$-氨基醇

（3）环氧化物不对称开环

手性$\beta$-氨基醇可以通过氮亲和试剂（如伯胺、仲胺和叠氮化物的金属复合物）立体选择性、区域选择性和对映选择性环氧化物开环反应来制备（如图 1-10）[34-36]。

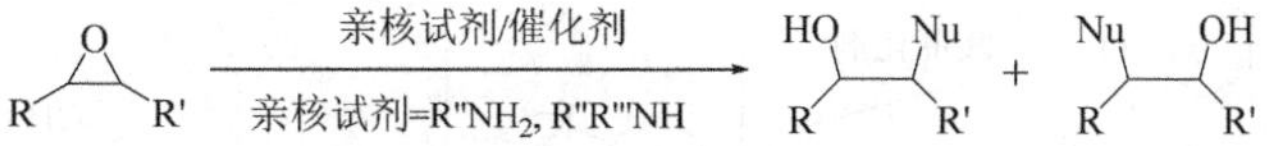

亲核试剂/催化剂
亲核试剂=R"NH$_2$, R"R'''NH

图 1-10　环氧化物开环制备手性$\beta$-氨基醇

Overman 等[37]在室温下，将环戊烯氧化物或环己烯氧化物与酰胺铝进行了氨解反应，之后通过简单快速的硅胶色谱法非常容易地以高收率分离出反式-2-氨基环戊醇和反式-2-氨基环己醇的对映异构体，以 36%～41%的起始环氧化物生成了高对映体纯产物（如图 1-11）。

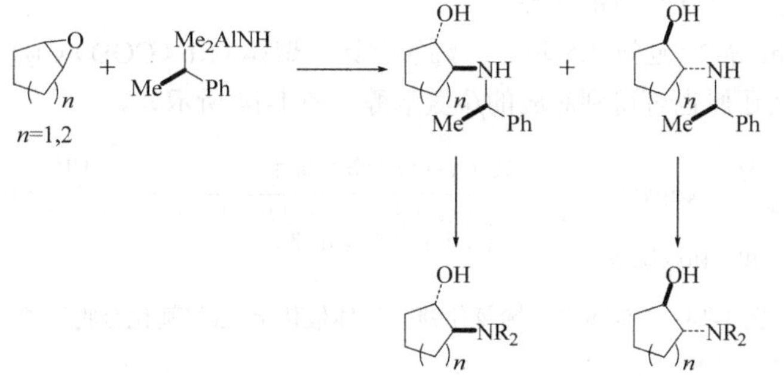

$n$=1,2

图 1-11　环氧化物开环制备对映体纯的反式-2-氨基环己醇（$n$=2）和反式-2-氨基环戊醇（$n$=1）

Birrell 等[38]用寡聚沙仑-钴配合物做催化剂成功将苯氨基甲酸酯对映体选择性加成环氧化物。对于五元环底物开环加合物（Ⅲ）具有优异的对映选择性，而六元环氧化物可提供噁唑烷酮（如图 1-12）。其他方法包括拆分外消旋 2-氨基环己醇及其衍生物[39-42]，在乙腈-强酸介质中由环氧化物或二醇合成对映体纯的环状顺式氨基醇[43]。

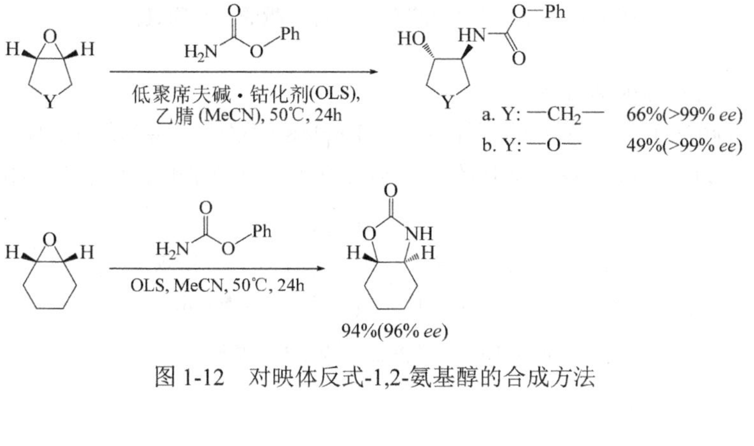

低聚席夫碱·钴化剂(OLS),
乙腈 (MeCN), 50℃, 24h

a. Y: —CH$_2$—　66%(>99% *ee*)
b. Y: —O—　49%(>99% *ee*)

OLS, MeCN, 50℃, 24h

94%(96% *ee*)

图 1-12　对映体反式-1,2-氨基醇的合成方法

以1,2-环己二醇和环氧环己烷为原料，于乙腈溶液中进行分子内里特（Ritter）反应先生成唑啉环中间体，然后中间体再水解直接生成环状β-氨基醇（如图1-13）。此方法所用原料便宜易得，且操作过程简单，能获得50%～60%的产率[44]。

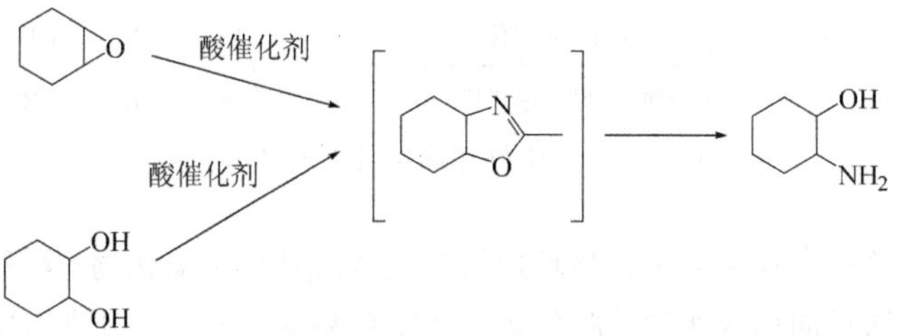

O
酸催化剂
酸催化剂
N
O
OH
NH2
OH
OH


图1-13 分子内里特（Ritter）反应生成手性环己氨醇

（4）α-胺羰基化合物的还原

Takahashi等[45]通过1,5-环辛二烯氯化铑二聚体（Rh（COD）$Cl_2$）催化剂对α-氨羰基化合物还原也可得到对应的β-氨基醇（图1-14所示）。

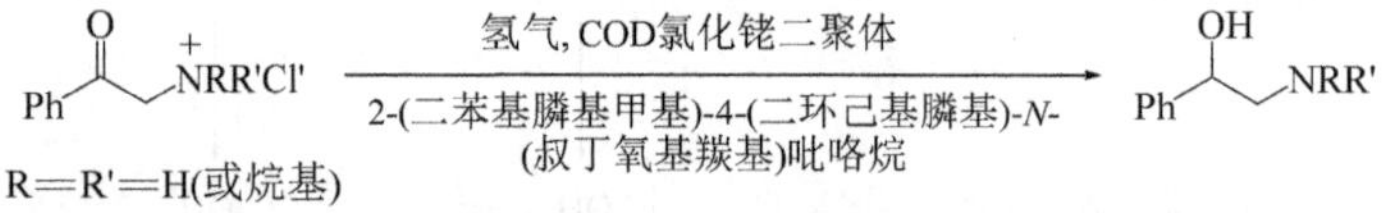

O
NRR'Cl'
Ph
R═R'═H(或烷基)
氢气, COD氯化铑二聚体
2-(二苯基膦基甲基)-4-(二环己基膦基)-N-
(叔丁氧基羰基)吡咯烷
OH
NRR'
Ph


图1-14 1,5-环辛二烯氯化铑二聚体催化α-氨羰基化合物还原

Liu等[46]以外消旋2-(苯氨基)环己酮为底物，在室温50个氢气压的压力下进行钌催化加氢实验，反应进行顺利，并且在2h内分离出产物顺式-2-苯基氨基环己醇，产率为97%，*ee*值为98%（如图1-15）。

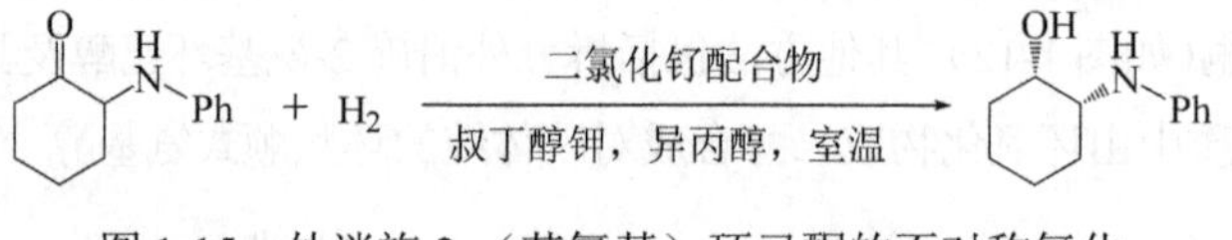

O
H
N
Ph
+ H2
二氯化钌配合物
叔丁醇钾，异丙醇，室温
OH
H
N
Ph


图1-15 外消旋2-（苯氨基）环己酮的不对称氢化

（5）通过环硫酸盐合成

1,2-环硫酸盐很容易可以通过夏普莱斯（Sharpless）不对称二羟基化烯烃反应来获得。Gao等[47]通过氮亲和试剂将1,2-环硫酸盐转化为对应的β-氨基醇衍生物（图1-16所示）。

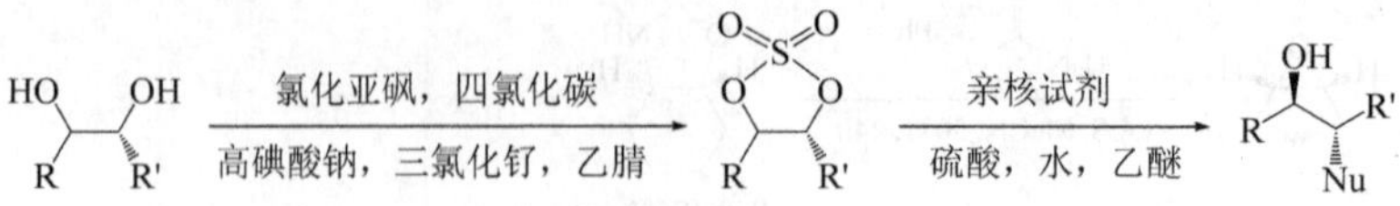

HO
OH
R
R'
氯化亚砜，四氯化碳
高碘酸钠，三氯化钌，乙腈
O
S
O
O
O
R
R'
亲核试剂
硫酸，水，乙醚
OH
R
R'
Nu


图1-16 环硫酸盐合成1,2-氨基醇

（6）烯烃不对称胺羟化

以烯烃为原料合成手性$\beta$-氨基醇，底物价格便宜、容易获得。自从 1975 年 Sharpless[48] 首次报道了通过锇化合物催化不对称胺羟化（Aminohydroxylation）烯烃合成$\beta$-氨基醇以来（图 1-17 所示），该反应很快成为有机化学中最有价值的合成工具之一。之后的反应大多都以该反应为基础，对催化剂、配体及氮源进行了不断的更新和改进[49-51]，使 Sharpless 胺羟化反应得到了进一步的发展。2014 年，我国刘国生课题组通过钯作为催化剂，过氧化氢为氧化剂，水为亲核试剂，在温和反应条件下对烯烃进行了胺羟化反应[52]，得到很好结果。2015 年，Miyazawa 等[53] 通过光氧化还原催化剂催化分子间烯烃胺羟化反应，该反应易操作，反应条件温和。

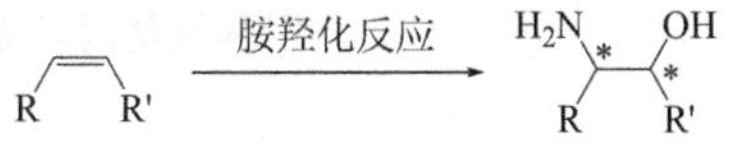

胺羟化反应

R R' → $H_2N$ * * OH R R'

图 1-17　烯烃不对称胺羟化

## 1.3.2　生物法合成手性$\beta$-氨基醇

由于化学催化合成方法费力、反应条件苛刻、具有复杂的基团保护与去保护步骤、催化剂昂贵以及对环境不友好等缺点，使得其在应用中不太方便且不可持续。生物催化作为一种绿色且可持续的方法，在过去的几十年中已成为合成各种高附加值手性化学品的重要方法。

（1）酮还原酶（醇脱氢酶）

2006 年，Kataoka 等[54] 从红细胞红球菌 MAK154 中发现了 L-1-氨基-2-丙醇脱氢酶，此酶由该菌生长过程中添加的几种氨基醇诱导产生的，该酶可以通过不对称还原手性氨基酮生成手性氨基醇如 L-1-氨基-2-丙醇、2-氨基环己醇等，表现出独特的立体专一性。2010 年，Urano 等[55] 发现来自红细胞红球菌 MAK154 的氨醇脱氢酶（AADH）可将 (*S*)-1-苯基-1-酮基-2-甲基氨基丙烷立体选择性还原为伪麻黄碱 (dPE) (图 1-18 所示)，但反应混合物中伪麻黄碱（dPE）的积累会抑制产物的进一步生成，限制了 dPE 的产率。为了解决这一问题，研究者进一步对氨基醇脱氢酶（AADH）进行了随机突变，结果发现，有两种突变酶对伪麻黄碱 dPE 的耐受性高于野生型氨基醇脱氢酶（AADH），每一种酶在不同的位置（G73S 和 S214R）都有一个氨基酸取代物，第三种突变酶携带这两种氨基酸取代物（G73S 和 S214R），通过随机突变，氨基醇脱氢酶（AADH）的催化能力和抗产物抑制能力有所提高。

（2）脂肪酶

2016 年，Alalla 课题组[56] 以南极假丝酵母脂肪酶（CAL-B）为催化剂，通过改变溶质和亲核试剂的种类或增加酶的量提高产物的产率。通过研究发现，以甲苯为溶剂，碳酸钠为亲核试剂，使南极假丝酵母 B（CAL-B）脂肪酶在疏水有机介质下进行碱性水解，生成对应的手性$\beta$-氨基醇（图 1-19 所示），通过这种方法分离出的脱酰产物，其转化率为 48%～50%，并且具有较高的对映体选择性。

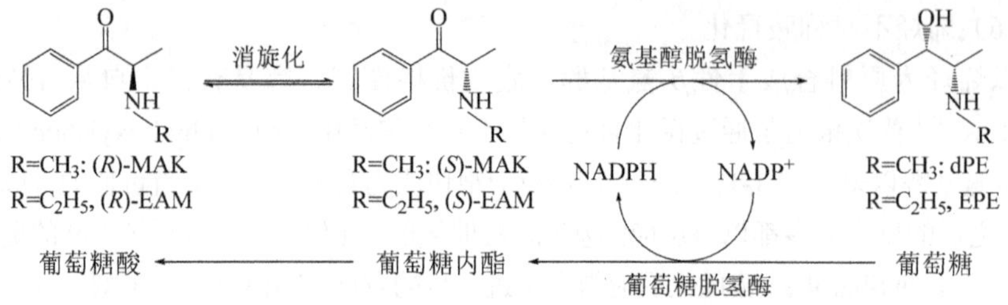

图 1-18　氨基醇脱氢酶（AADH）催化 (*S*)-1-苯基-1-酮基-2-甲基氨基丙烷立体选择性还原为伪麻黄碱（dPE）

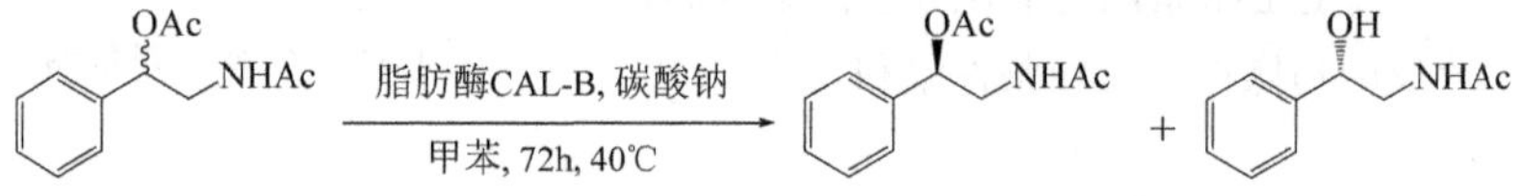

图 1-19　南极假丝酵母脂肪酶（CAL-B）催化合成手性$\beta$-氨基醇

2019 年，杜理华课题组[57]以脂肪酶（Lipozyme RM IM）为催化剂，以甲醇为反应溶剂，利用微流控通道反应器使脂肪酶（Lipozyme RM IM）催化底物充分反应，进而获得异丙醇类手性$\beta$-氨基醇衍生物，这种制备方法具有催化时间短、转化率和选择性高的特点。同样，杜理华课题组[58]利用以上操作，使脂肪酶（Lipozyme RM IM）催化苯胺类化合物和氧化环己烯充分反应，进而制得环己醇类手性$\beta$-氨基醇衍生物。

目前，大多数酶促合成手性环状$\beta$-氨基醇的方法都是使用脂肪酶通过消旋体或衍生物的酶促动力学拆分来进行的[59-61]。Luna 等[62]通过使用假单胞菌脂肪酶（PSL）作生物催化剂，乙酸乙烯酯作酰基供体，在 30℃下进行 *N*-苄氧基羰基衍生物的 *O*-酰化反应，有效催化 (±)-顺式和 (±)-反式-1-氨基茚满-2-醇进行动力学拆分，结果显示 PSL 对底物表现出较高对映选择性（图 1-20 所示）。然而，使用脂肪酶催化拆分不同的前体，通过手性化合物转化为单一构型 1-氨基-2-茚满醇，其产品不能实现大规模制备，之后还要进行的繁琐的纯化程序。于是，Yun 等[63]研究通过组合脂肪酶和转氨酶进行不对称合成和动力学拆分，有效地制备了单一构型 1-氨基-2-茚满醇。

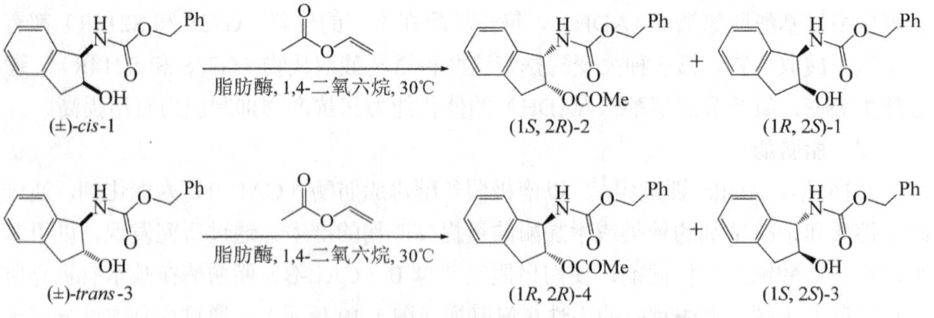

图 1-20　脂肪酶对顺式-1-氨基茚满-2-醇和反式-1-氨基茚满-2-醇的拆分

Ursini 等[64]通过在醋酸乙烯酯中使用脂肪酶（PLS）合成 (1*S*,2*S*)-反式-2-氨基环己醇，在反应 6h 后转化率达到 50%，*ee* 值为 92%，获得了手性纯的 (1*S*,2*S*)-反式-2-氨基环己醇（图 1-21 所示）。这是一种非常简单有效的方法，可用于酶促反应拆分反式-2-氨基环己醇，能实现对映异构体的分离，将酶滤出再次使用时酶活没有明显的损失。

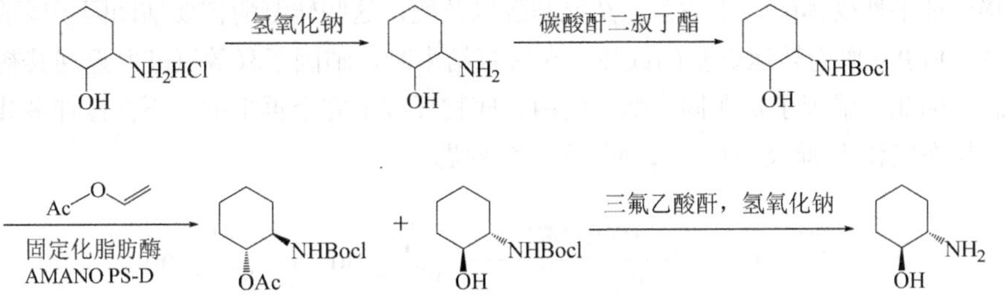

图 1-21 脂肪酶催化乙酰化反应合成（1*S*,2*S*）-反式-2-氨基环己醇

（3）胺脱氢酶

2019 年，我国许建和课题组以廉价醋酸铵为氨基供体，以还原型辅酶Ⅱ（烟酰胺腺嘌呤二核苷磷酸）NAD(P)H 为还原剂，通过胺脱氢酶催化前手性羟酮不对称还原胺化获得手性纯$\beta$-氨基醇。研究者通过定向进化对胺脱氢酶进行了改造，筛选获得若干对羟酮有活性突变子，其中胺脱氢酶突变子 K68T/N261L（用 AmDH-$M_0$ 表示）表现出较好的活性，催化效率也最高，然而，对于长链脂肪族的羟酮来说，K68T/N261L/A113G/T134G 突变体（AmDH-$M_3$）转化率（99%）显著高于 AmDH-$M_0$ (42%) (图 1-22 所示)[65]。2020 年，许建和课题组进一步通过对胺脱氢酶的定向改造，成功对不同的$\alpha$-羟酮化合物进行不对称还原胺化，产物邻氨基醇最高转化率达 99%，*ee* 值大于 99%[66]。2020 年，孙周通课题组通过数据挖掘成功筛选获得 5 种胺脱氢酶，对这 5 种胺脱氢酶进行了重组表达纯化表征，并对一系列羟酮底物进行了不对称还原胺化，产物最高转化率 99%，*ee* 值为 99%[67]。

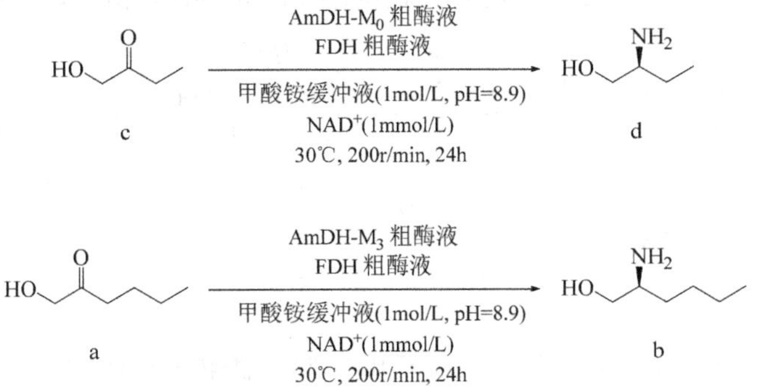

图 1-22 胺脱氢酶催化羟酮合成手性$\beta$-氨基醇

（4）转氨酶

转氨酶是近年来合成手性$\beta$-氨基醇研究较多的一种生物催化剂，通过对手性羟酮的直接不对称还原胺化、外消旋$\beta$-氨基醇的动力学拆分以及消旋$\beta$-氨基醇的去消旋化等多种方法都可制备手性$\beta$-氨基醇（图 1-23 所示），并已引起人们的广泛关注。转氨酶催化氨基（—$NH_2$）基团从氨基供体（通常是氨基酸或简单胺，如异丙胺）转移到前手性受体酮，生成手性$\beta$-氨基醇以及酮，这些转氨酶需要辅助因子磷酸吡哆醛（PLP）作为转运氨基的载体，在转氨结束时，辅因子释放氨基并返回其初始状态。因此，辅因子是在同一酶上的两种底物反应中完全再生的，不会像许多其他酶那样在氧化/还原反应中需要辅因子再生问题。

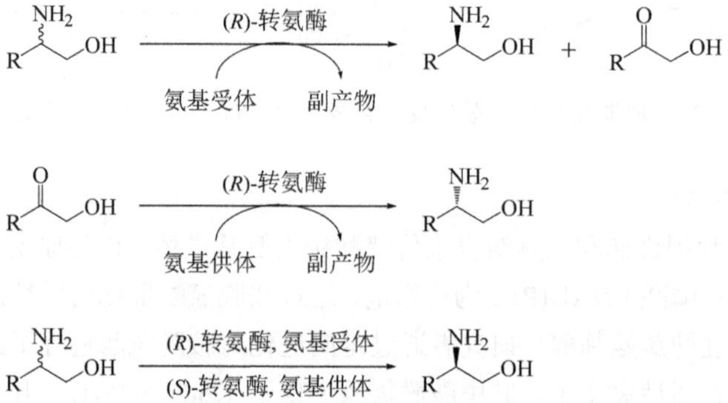

图 1-23　转氨酶催化合成手性$\beta$-氨基醇

2007 年，Kaulmann 等[68]采用来自紫色色杆菌（*Chromobacterium violaceum* DSM30191）的$\omega$-转氨酶（$\omega$-TAm）合成手性$\beta$-氨基醇，在 24h 内将 1,3-二羟基-1-苯基-2-酮转化为 2-氨基-1-苯基-1,3-丙二醇，反应转化率为 60%。2009 年，Smithies 等[69]同样利用来自紫色色杆菌 DSM30191 的$\omega$-转氨酶（$\omega$-TA）对 1,3-二羟基-1-苯基-2-酮进行还原胺化反应并表现出很高的立体选择性，转化后得到的产物为 1∶1 的(1*S*,2*S*)-2-氨基-1-苯基-1,3-丙二醇和(1*R*,2*S*)-2-氨基-1-苯基-1,3-丙二醇的混合物（图 1-24 所示）。

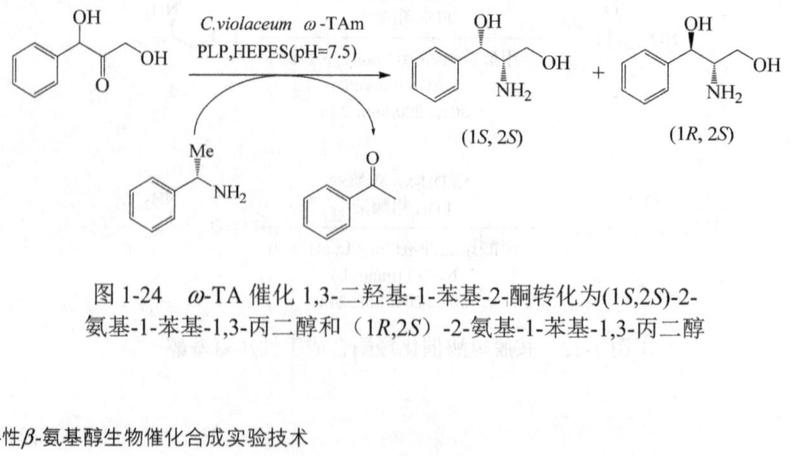

图 1-24　$\omega$-TA 催化 1,3-二羟基-1-苯基-2-酮转化为(1*S*,2*S*)-2-氨基-1-苯基-1,3-丙二醇和（1*R*,2*S*）-2-氨基-1-苯基-1,3-丙二醇

Fuchs 等[70]采用多种$\omega$-转氨酶合成了光学纯缬氨醇，通过转氨酶的不同选择性，获得了(*R*)-和(*S*)-构型的缬氨醇（*ee*>99%），合成路线如图 1-25 所示。2006 年，我国的孙泽宇等[71]筛选出一株莫拉克斯氏菌 *Moraxella* sp.CY34，利用该菌株体内的转氨酶可以不对称还原胺化丙酮醇合成 2-氨基丙醇。

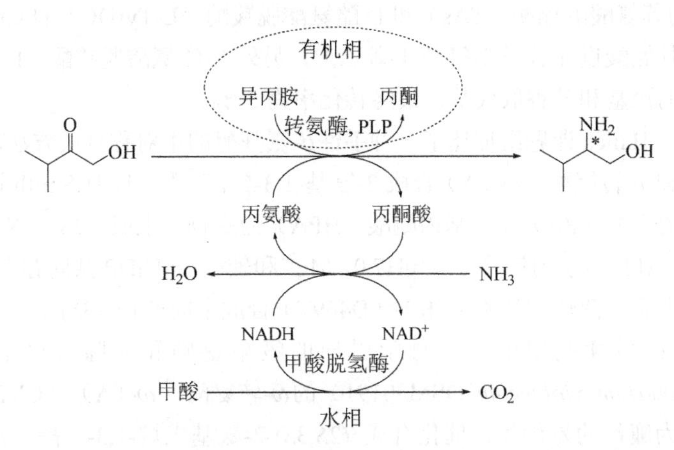


图 1-25 $\omega$-转氨酶催化前体酮不对称还原胺化反应生成缬氨醇

（5）拜耳-维利格（Baeyer-Villiger）单加氧酶

2010 年，Rehdorf 等[72]以外消旋的$\beta$-氨基酮为起始原料，以拜耳-维利格（Baeyer-Villiger）单加氧酶为生物催化剂，详细介绍了一种手性$\beta$-氨基醇的酶促合成方法（图 1-26）。研究者利用 16 个不同细菌来源的 Baeyer-Villiger 单加氧酶，这些酶具有不同的底物特性，其中有 10 种被发现可以用于相应底物的转化，而有 6 种对使用的底物没有显示出活性。

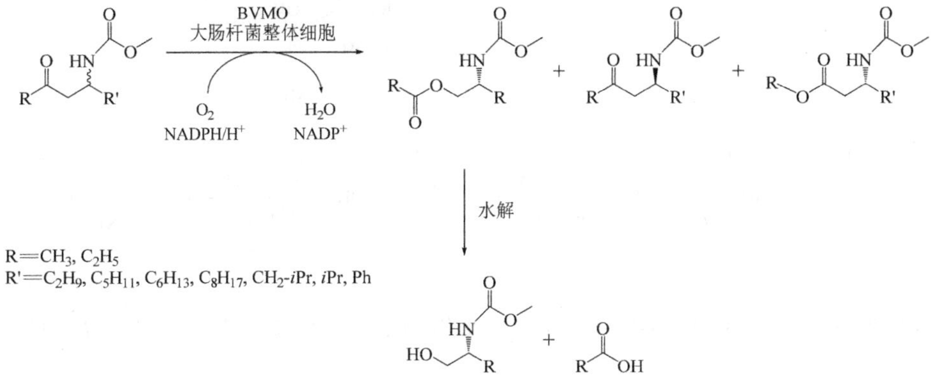

图 1-26 Baeyer-Villiger 单加氧酶（BVMO）催化合成手性$\beta$-氨基醇

（6）级联生物催化合成手性$\beta$-氨基醇

2007年，Steinreiber 等[73]通过应用苏氨酸醛缩酶（TAs）催化甘氨酸与适当的醛类反应来转化$\beta$-羟基氨基酸。实验结果表明，所有的苏氨酸醛缩酶（TAs）都能转化多种芳香族醛和脂肪族醛。为了得到手性$\beta$-氨基醇，研究者利用依赖磷酸吡哆醛（PLP）的苏氨酸醛缩酶（TAs）和L-酪氨酸脱羧酶（L-TyrDC）的双酶系统作用于苯甲醛和甘氨酸进而合成2-氨基-1-苯乙醇，另外L-酪氨酸脱羧酶（L-TyrDC）能够耐受额外的羟基和芳香取代基，最终转化率为50%。

2009年，Hailes 课题组描述了一种手性$\beta$-氨基醇的不对称合成方法，利用转酮醇酶（TK）和$\omega$-转氨酶（$\omega$-TA）合成2-氨基-1,3-二醇[74]。同时 Smith 课题组报道了以非手性的丙醛（PA）和羟基丙酮酸（HPA）为底物，生成（2*S*，3*S*）-2-氨基戊烷-1,3-二醇（APD）的反应[75]。在pH7.0，$Mg^{2+}$和辅因子 ThDP 共同存在的条件下，研究者利用大肠杆菌转酮醇酶（TK）（D469T）合成中间产物 (3*S*)-1,3-二羟戊烷-2-酮（DHP）；后续利用生物信息学引导的策略鉴别和克隆来自紫色色杆菌（*Chromobacterium violaceum* DSM30191）的$\omega$-转氨酶（$\omega$-TA）（CV2025），并且以异丙胺为廉价的氨供体，催化合成 (2*S*,3*S*)-2-氨基戊烷-1,3-二醇（APD）（图1-27）。

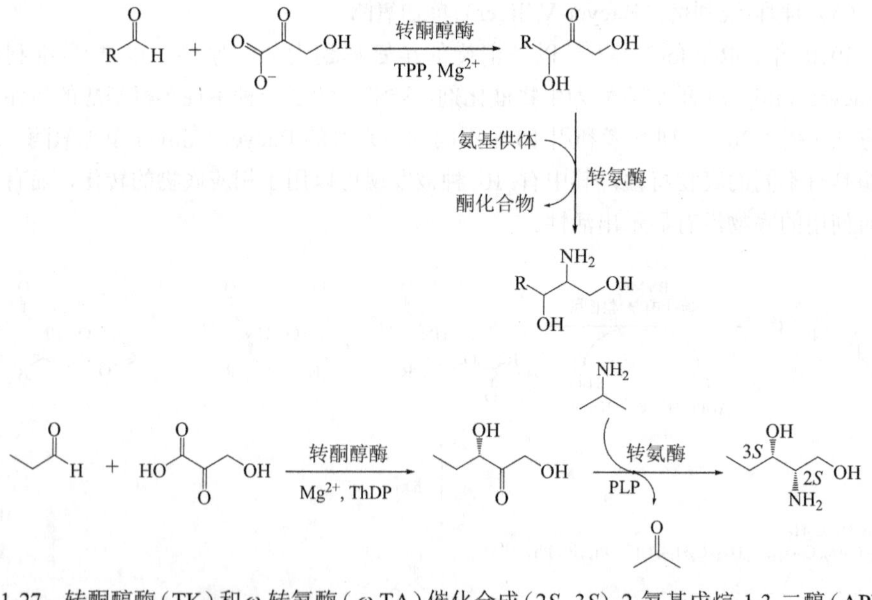

转酮醇酶
TPP, $Mg^{2+}$
氨基供体
转氨酶
酮化合物
转酮醇酶
$Mg^{2+}$, ThDP
转氨酶
PLP

图1-27　转酮醇酶（TK）和$\omega$-转氨酶（$\omega$-TA）催化合成（2*S*，3*S*）-2-氨基戊烷-1,3-二醇（APD）

2006年，Ingram 课题组[76]报道了利用转酮醇酶（TK）和转氨酶（$\omega$-TA）的双酶系统催化合成2-氨基-1,3,4-丁三醇（ABT）。2011年，Rios-Solis 课题组[77]也介绍了利用转酮醇酶（TK）和$\omega$-转氨酶（$\omega$-TA）催化不对称 C—C 键形成和选择性手性氨基加成合成光学纯手性$\beta$-氨基醇的新途径，分别生成(2*S*,3*R*)-2-氨基-1,3,4-丁三醇（ABT）和(2*S*,3*S*)-2-氨基戊烷-1,3-二醇（APD）（图 1-28）。

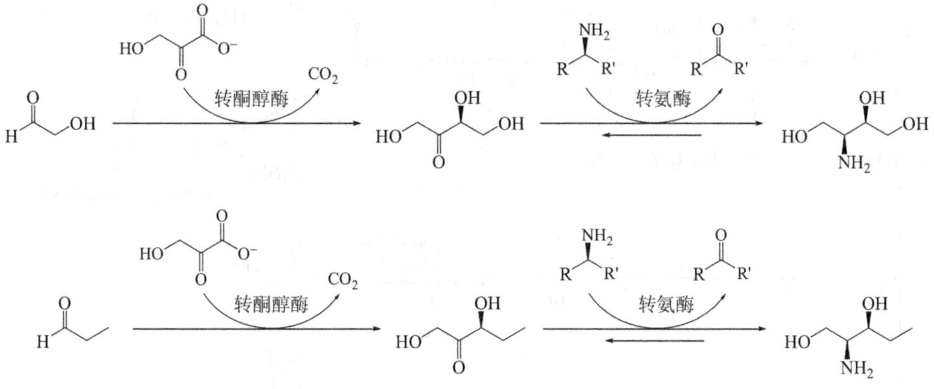

图 1-28 转酮醇酶（TK）和$\omega$-转氨酶（$\omega$-TA）双酶系统合成(2*S*,3*R*)-2-氨基-1,3,4-丁三醇（ABT）、(2*S*,3*S*)-2-氨基戊烷-1,3-二醇（APD）

2013 年，Sehl 等[78]报道了以苯甲醛和丙酮酸为底物，通过两步法合成立体纯(1*R*,2*S*)-NE 和 (1*R*,2*R*)-NPE（NPE 和 NE 均为去甲麻黄碱）。此方法具有高立体选择性，采用廉价的起始原料，研究者利用硫胺素焦磷酸（ThDP）依赖的来自大肠杆菌的乙酰羟基酸合成酶-Ⅰ（AHAS-Ⅰ）和$\omega$-转氨酶（$\omega$-TA）合成手性$\beta$-氨基醇（图 1-29），在第二步反应中，以丙氨酸为氨供体，反应所生成的副产物丙酮酸可作为第一步反应的底物，从而形成丙酮酸循环，可大大减少底物成本。对于（*R*）选择性的$\omega$-转氨酶[(*R*)-$\omega$-TA]，(1*R*,2*R*)-去甲麻黄碱的转化率高达 85%，若将两种生物酶乙酰羟基酸合成酶-Ⅰ和$\omega$-转氨酶[Cv-(S)TA]同时加入到反应体系中，98%的苯甲醛会转化为苄胺，当采用顺序反应模式时，首先添加乙酰羟基酸合成酶-Ⅰ，反应结束后再添加 Cv-(S) TA，反应的转化率超过 80%。当利用来自曲霉的$\omega$-转氨酶[At-(R)TA]在顺序反应模式中可催化丙酮酸生成(1*R*,2*R*)-NPE，并具有很高的立体纯度，13h 后反应转化率大于 96%。

Sehl 等[79]还报道了以 1-苯基-1,2-丙二酮（PPDO）为底物，以转氨酶 Cv-(*S*) TA 和醇脱氢酶（ADH）为催化剂生成(*S*)-2-氨基-1-苯基-丙酮（APPO），另外，由于假单胞菌甲酸脱氢酶（FDH）的作用可使 NADPH 再生（图 1-30）。但在反应的过程中，可能会形成副产物 1-苯基丙烷-1,2-二醇，主要原因是$\omega$-转氨酶（$\omega$-TA）反应的可逆性导致醇脱氢酶（ADH）对 PPDO 进行二次还原，所以为了抑制副产物的产生，在第一步反应完成后要对反应体系中的$\omega$-转氨酶（$\omega$-TA）进行灭活再进行第二步酶催化反应。

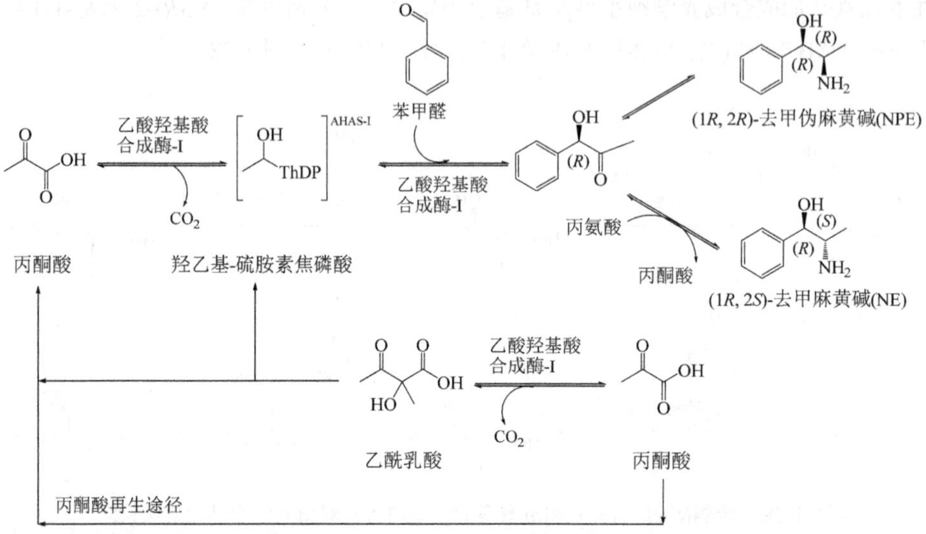


图 1-29 乙酰羟基酸合成酶-Ⅰ（AHAS-Ⅰ）和$\omega$-转氨酶催化合成(1*R*，2*S*)-NE 和(1*R*，2*R*)-NPE

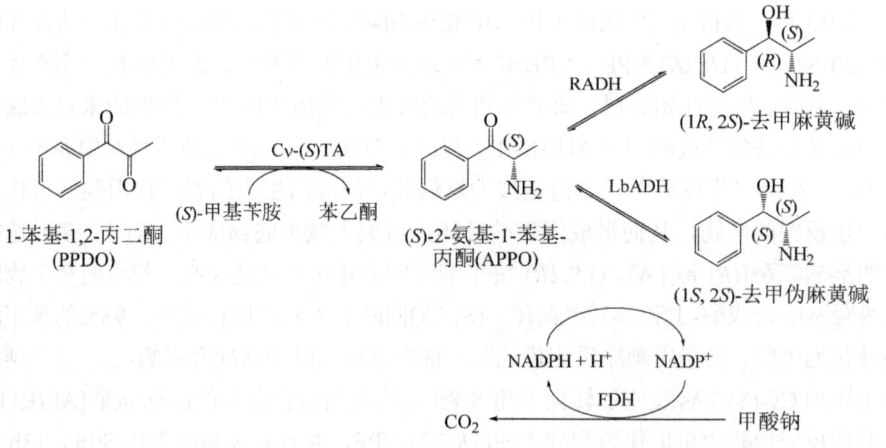

图 1-30 $\omega$-转氨酶（$\omega$-TA）和醇脱氢酶（ADH）两步催化合成去甲麻黄碱

2014 年，陈依军课题组也报道了通过 *R*-选择性丙酮酸脱羧酶和$\omega$-转氨酶串联合成 L-去甲麻黄碱，产物最高得率为 60%，*ee* 值大于 99%[80]。2016 年，Wu 等[81]以苯丙氨醇为例，构建含有苯乙烯单加氧酶（SMO）基因和环氧化物水解酶（SpEH）基因的 pRSFDuet-1 质粒，使其在大肠杆菌共表达苯乙烯单加氧酶（SMO）和环氧化物水解酶（SpEH）。然后将含有二醇脱氢酶（AlkJ），转氨酶（Cv$\omega$-TA），丙氨酸脱氢酶（ALaDH）基因的非天然操纵子克隆到 pRSFDuet-1 质粒中，并在大肠杆菌中共表达，最后在酶的共同作用下将底物转化为(*S*)-2-氨基-1-苯乙醇，L-丙氨酸脱氢酶（ALaDH）则用于 L-

丙氨酸的再生，为反应提供充足的氨供体，反应体系所产生的副产物相对较少（图 1-31），反应时间在 24h 左右，当反应时间达到 12h 时加入 0.5%葡萄糖和 100mmol/L $NH_3/NH_4Cl$ 以促进 L-丙氨酸的再生，最终转化率可达 65%～86%。

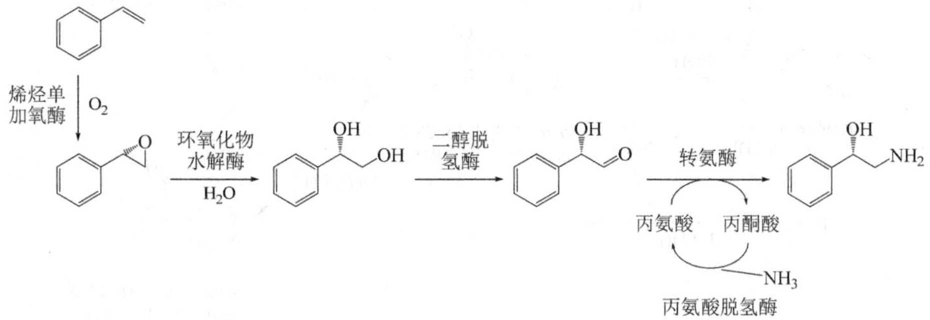

图 1-31 级联生物催化烯烃合成(*S*)-2-氨基-1-苯乙醇

2019 年，Corrado 等[82]介绍了一种四步酶法合成手性$\beta$-氨基醇的途径（如图 1-32 所示），研究者以大肠杆菌为宿主菌，分别利用苯乙烯单加氧酶（Fus-SMO）、环氧化物水解酶（SpEH 或 StEH）、醇脱氢酶（ADH）、胺脱氢酶（AmDH）催化合成 (1*S*,2*R*)-去甲麻黄碱（NE）和 (1*S*,2*R*)-去甲伪麻黄碱（NPE）。

2019 年，许建和课题组报道了 $VrEH2_{M263V}$（环氧化物水解酶）/EaGDH（甘油脱氢酶）/$\omega$-$TA_{(Y150F/V153A)}$（$\omega$-转氨酶）/ALaDH（丙氨酸脱氢酶）的 4 酶级联催化体系合成苯甘氨醇，研究者为了回收昂贵的辅因子 $NAD^+$，提出了一种以氯化铵作为氨供体的 L-丙氨酸和 $NAD^+$再生体系，所提出的再生体系，不仅可以是可以使第二步反应的辅因子 $NAD^+$再生，还能除去第三步反应的副产物丙酮酸，再次生成氨基供体 L-丙氨酸，两个再生体系均需要在 ALaDH（丙氨酸脱氢酶）参与下完成。整个反应在 4h 转化率可达到最高，当在 pH8.0 的甘氨酸/氢氧化钠缓冲液中进行反应，苯甘氨醇的转化率可达 92%[83]。

（7）化学生物组合催化合成手性$\beta$-氨基醇

2005 年，Yun 课题组[84]报道了利用化学-酶法（脂肪酶和$\omega$-转氨酶）合成对映体纯反式-(1*R*,2*R*)-1-氨基-2-茚醇和顺式-(1*S*,2*R*)-1-氨基-2-茚醇（AI）的反应。作者利用乙酸锰（III）与苯混合回流的方式制备外消旋 2-乙酰氧基-1-茚酮，随后加入假单胞菌脂肪酶（100mg）进行对映选择性水解，得到(*R*)-2-羟基茚酮（HI）（95% *ee*），然后以(*R*)-2-羟基茚酮为原料，(*S*)-1-氨基吲哚为氨基供体，在饱和乙酸乙酯反应体系中利用转氨酶$\omega$-TA 催化合成 *trans*-AI（*de*>98%）。在顺式-(1*S*,2*R*)-1-氨基-2-茚醇（AI）的生产中，采用还原胺化法合成非对映体(2*R*)-1-氨基-2-茚醇，并利用转氨酶$\omega$-TA 进行了动力学拆分，在 5% $\gamma$-环糊精存在的条件下，(2*R*)-AI 的转化率达到 22.1%（图 1-33 所示）。

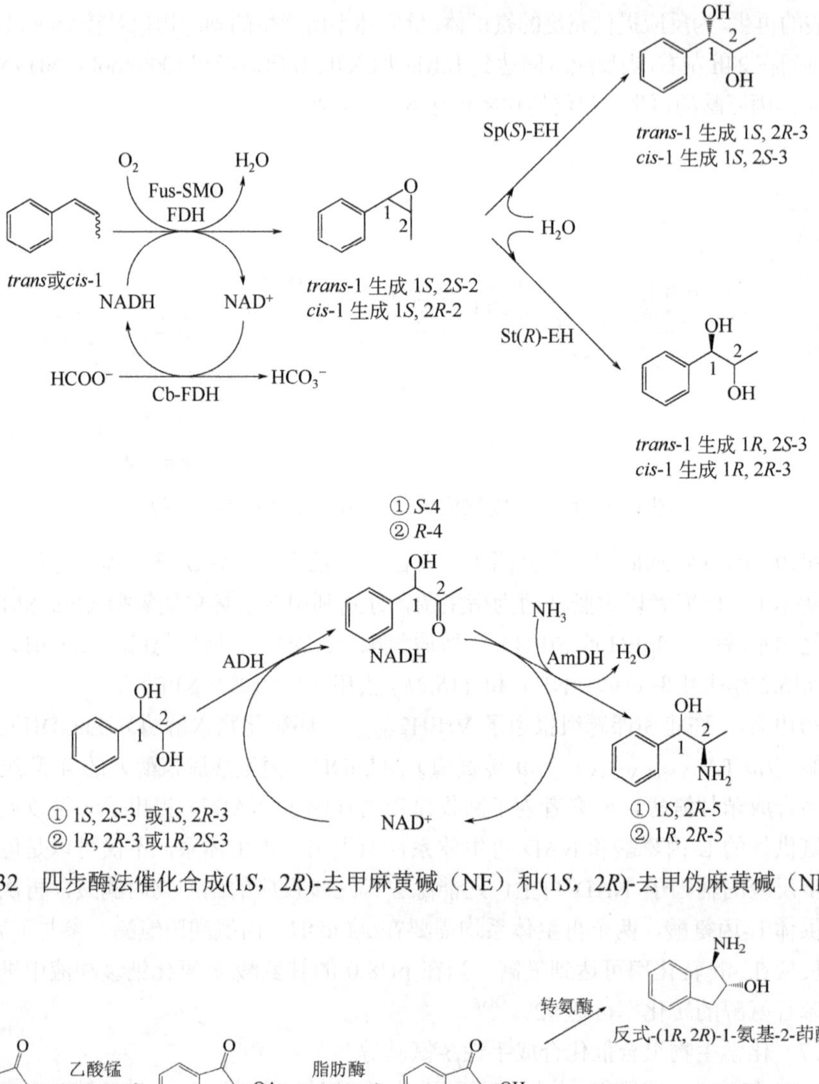

图 1-32　四步酶法催化合成(1*S*，2*R*)-去甲麻黄碱（NE）和(1*S*，2*R*)-去甲伪麻黄碱（NPE）

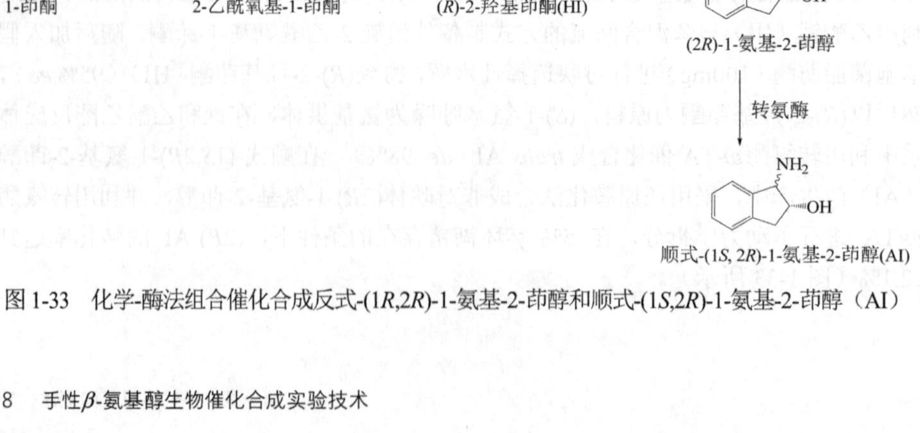

图 1-33　化学-酶法组合催化合成反式-(1*R*,2*R*)-1-氨基-2-茚醇和顺式-(1*S*,2*R*)-1-氨基-2-茚醇（AI）

2011年，Rouf课题组[85]报道了一种利用节杆菌脂肪酶和猪肝丙酮粉（PLAP）催化邻苯二甲酰亚胺醋酸酯的动力学拆分方法制备 2-氨基环烷醇和 1/2-氨基吲哚醇的方法，动力学拆分的过程中，甲苯的加入促进了水解，提高了对映选择性。在制备 1/2-氨基吲哚醇时，将底物固定在硅藻土上可提高动力学拆分的效率。反应结束后，2-氨基环烷醇的 *ee* 值大于 99%，1/2-氨基吲哚醇的 *ee* 值大于 98%（如图 1-34 所示）。

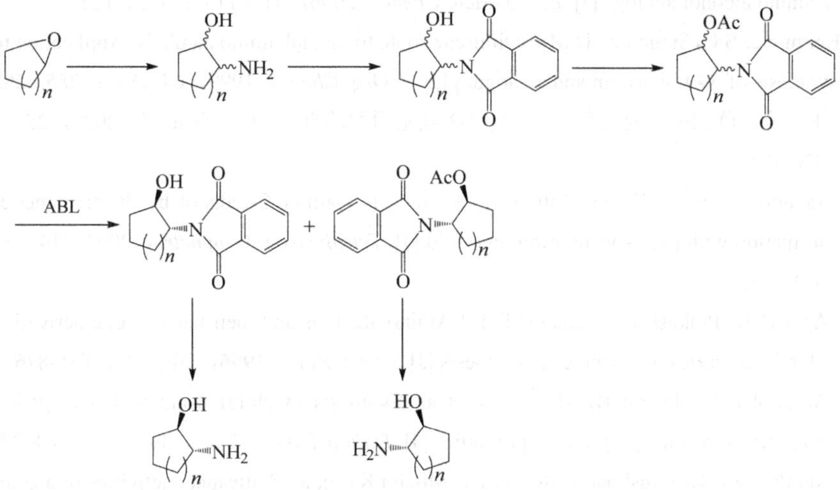

图 1-34　化学酶法合成 2-氨基环烷醇和 1/2-氨基吲哚醇

## 参考文献


[1] Bergmeier S C. The synthesis of vicinal amino alcohols [J]. *Tetrahedron*，2000，56（17）：2561-2576.

[2] 翁文，周宏英，傅宏祥，等. 手性氨基醇在不对称催化中的应用及新进展[J].有机化学，1998，18（6）：509-520.

[3] 龚大春，涂志英，何红华，等. 手性氨基醇的绿色催化工艺研究[J]. 现代化工，2007，27（1）：151-154.

[4] Khavrutskii I V，Wallqvist A. *β*-Aminoalcohols as potential reactivators of aged sarin-/soman-inhibited acetylcholinesterase [J]. *Chemistryselect*，2017，2（5）：1885-1890.

[5] Nicolaou K C，Pfefferkorn J A，Mitchell H J，et al. Natural product-like combinatorial libraries based on privileged structures. 2. Construction of a 10000-membered benzopyran library by directed split-and-pool chemistry using nanokans and optical encoding [J]. *J. Am. Chem. Soc.*，2000，122（41）：9954-9967.

[6] Brohm D，Metzger S，Bhargava A，et al. Natural products are biologically validated starting points in structural space for compound library development：solid-phase synthesis of

dysidiolide-derived phosphatase inhibitors [J]. *Angew. Chem. Int. Ed.*，2002，41（2）：307-311.

[7] Clarkson C，Musonda C C，Chibale K，et al. Synthesis of totarol amino alcohol derivatives and their antiplasmodial activity and cytotoxicity [J]. *Bioorg. Med. Chem.*，2003，11（20）：4417-4422.

[8] Córdova I，León L G，León F，et al. Synthesis and antiproliferative activity of novel sugiol $\beta$-amino alcohol analogs [J]. *Eur. J. Med. Chem.*，2006，41（11）：1327-1332.

[9] Bergmeier S C，Stanchina D M Acylnitrene route to vicinal amino alcohols. Application to the synthesis of（-）-bestatin and analogues [J]. *J. Org. Chem.*，1999，64（8）：2852-2859.

[10] 王训遒，陈卫航，赵文莲，等. *S*-(+)-2-氨基丙醇的合成[J]. 化学试剂，2003，25（6）：370-374.

[11] Sakurai R，Sakai K. Resolution of racemic cis-1-amino-2-indanol by diastereomeric salt formation with (S)-2-phenylpropionic acid [J]. *Tetrahedron Asymmetry*，2003，14（4）：411-413.

[12] Ager D J，Prakash I，Schaad D R 1,2-Amino alcohols and their heterocyclic derivatives as chiral auxiliaries in asymmetric synthesis [J]. *Chem. Rev.*，1996，96（2）：835-876.

[13] Accadbled F，Tinant B，Hénon E，et al. Synthesis of chiral $\beta$-aminoalcohol palladium complexes exhibiting cytotoxic properties [J]. *Dalton Trans.*，2010，39（38）：8982-8993.

[14] Mardani Z，Kazemshoarduzduzani R，Moeini K，et al. Anticancer activities of a $\beta$-amino alcohol ligand and nanoparticles of its copper（ii） and zinc（ii） complexes evaluated by experimental and theoretical methods [J]. *RSC Adv.*，2018，8（50）：28810-28824.

[15] Canepari S，Carunchio V，Castellano P，et al. Complex formation equilibria of some $\beta$-amino-alcohols with lead（II） and cadmium（II） in aqueous solution [J]. *Talanta*，1998，47（5）：1077-1084.

[16] Wang S，Smith K D L，Pang Z，et al. A new chemical precursor system to the $YBa_2Cu_3O_{7-x}$ superconductor using acetic acid and 1,3-bis（dimethylamino）propan-2-ol（bdmapH），isolation and characterization of a polynuclear copper（II） complex $[Cu_4(OAc)_6(bdmap)_2(H_2O)_6]_n$ with a two-dimensional hydro[J]. *J. Chem. Soc. Chem. Commun.*，1992，21（21）：1594-1596.

[17] Karrer P，Karrer W，Thomann H，et al. Gewinnung von Amino-alkoholen und Cholinen aus natürlichen Aminosäuren [J]. *Helv Chim Acta*，1921，4（1）：76-99.

[18] 甘春芳，冯瑞，范建春，等. 一种改进的由氨基酸酯制备手性氨基醇的新方法. 化学世界，2007，48（9）：538-540.

[19] 何洪华，龚大春，韦萍. L-苯丙氨醇的制备[J]. 化学试剂，2005，27（2）：115-116.

[20] Studer M，Burkhardt S，Blaser H U. Catalytic hydrogenation of chiral $\alpha$-amino and $\alpha$- hydroxy esters at room temperature with nishimura catalyst without racemization [J]. *Adv. Synth. Catal.*，2001，343（8）：802-808.

[21] Dickman D A，Meyers A I，Smith G A，et al. Reduction of $\alpha$-amino acids：L-valinol [J]. *Org. Synth.*，1985，63：136-140.

[22] Mckennon M J，Meyers A I，Drauz K，et al. A convenient reduction of amino acids and their derivatives [J]. *J. Org. Chem.*，1993，58（13）：3568-3571.

[23] Prasad A S B，Kanth J V B，Periasamy M. Convenient methods for the reduction of amides，nitriles，carboxylic esters，acids and hydroboration of alkenes using $NaBH_4/I_2$ system [J]. *Tetrahedron*，1992，48（22）：4623-4628.

[24] Hua L，Xu Z，Xin S，et al. Modular bifunctional chiral thioureas as versatile organocatalysts for highly enantioselective aza-henry reaction and michael addition [J]. *Adv. Synth. Catal.*，2012，354（11-12）：2264-2274.

[25] 张萍，王兰芝，李媛. 用 $NaBH_4$-$I_2$ 还原合成 D-苯甘氨醇[J]. 化学试剂，2002，24（4）：237-239.

[26] 张春华，阳年发，杨利文. 一种改进的制备手性氨基醇的方法[J]. 有机化学，2004，24（3）：343-345.

[27] Abiko A，Masamune S. An improved，convenient procedure for reduction of amino acids to aminoalcohols：Use of $NaBH_4$-$H_2SO_4$ [J]. *Tetrahedron Lett.*，1992，33（38）：5517-5518.

[28] Mägerlein W，Dreisbach C，Hugl H，et al. Homogeneous and heterogeneous ruthenium catalysts in the synthesis of fine chemicals [J]. *Catal. Today*，2007，121（1-2）：140-150.

[29] Veeresha G，Datta A. Stereoselective synthesis of (-)-N-Boc-statine and（-）-N-Boc-Norstatine [J]. *Tetrahedron Lett.*，1997，38（29）：5223-5224.

[30] Reetz M T. New approaches to the use of amino acids as chiral building blocks in organic synthesis [J]. *Angew. Chem. Int. Ed .Engl.*，1991，30（12）：1531-1546.

[31] Reetz M T. Synthesis and diastereoselective reactions of N，N-dibenzylamino aldehydes and related compounds [J]. *Chem. Rev.*，1999，99（5）：1121-1162.

[32] Garner P，Park J M. The synthesis and configurational stability of differentially protected $\beta$-hydroxy- $\alpha$-amino aldehydes [J]. *J. Org. Chem.*，1987，52（12）：2361-2364.

[33] Paleo M R，Calaza M I，Sardina F J: Enantiospecific synthesis of N-（9-phenylfluoren-9-yl）-$\alpha$-amino ketones [J]. *J. Org. Chem.*，1997，62（20）：6862-6869.

[34] Martinez L E，Leighton J L，Carsten D H，et al. Highly enantioselective ring opening of epoxides catalyzed by（salen）Cr（III） complexes [J]. *J. Am. Chem. Soc.*，1995，117（21）：5897-5898.

[35] Nugent W A. Chiral Lewis acid catalysis. Enantioselective addition of azide to meso epoxides [J]. *J. Am. Chem. Soc.*，1992，114（7）：2768-2769.

[36] Nugent W A. Desymmetrization of meso epoxides with halides：A new catalytic reaction based on mechanistic insight [J]. *J. Am. Chem. Soc.*，1998，120（28）：7139-7140.

[37] Overman L E，Sugai S. A convenient method for obtaining trans-2-aminocyclohexanol and

trans-2-aminocyclopentanol in enantiomerically pure form [J]. *J. Org. Chem.*，1985，50（21）：4154-4155.

[38] Birrell J A，Jacobsen E N. A practical method for the synthesis of highly enantioenriched *trans*-1,2-amino alcohols [J]. *Org. Lett.*，2013，15（12）：2895-2897.

[39] Ami E，Ohrui H. Lipase-catalyzed kinetic resolution of（±）-*trans*-2-azidocycloalkanols and cis-2-azidocycloalkanols [J]. *Biosci. Biotech. Bioch.*，1999，63（12）：2150-2156.

[40] Hönig H，Seufer-Wasserthal P，Fülöp F. Enzymatic resolutions of cyclic amino alcohol precursors[J]. *J. Chem. Soc. Perkin. Trans.*，1989，1（12）：2341-2346.

[41] Kawabata T，Yamamoto K，Momose Y，et al. Abstract：kinetic resolution of amino alcohol derivatives with a chiral nucleophilic catalyst：access to enantiopure cyclic cis-amino alcohols [J]. *Chem. Inform.*，2010，33（13）：2700-2701.

[42] Schiffers I，Rantanen T，Schmidt F，et al. Resolution of racemic 2-aminocyclohexanol derivatives and their application as ligands in asymmetric catalysis [J]. *J. Org. Chem.*，2006，71（6）：2320-2331.

[43] Senanayake C H，Dimichele L M，Liu J，et al. Regio- and stereocontrolled syntheses of cyclic chiral cis-amino alcohols from 1,2-diols or epoxides [J]. *Tetrahedron Lett.*，1995，36（42）：7615-7618.

[44] 胡滨，陈来成，高歌，等. $\beta$-氨基环己醇的合成[J]. 化学研究，2015，26（5）：474-479.

[45] Takahashi H，Hattori M，Chiba M，et al. Preparation of new chiral pyrrolidinebisphosphines as highly effective ligands for catalytic asymmetric synthesis of R-(-)-pantolactone [J]. *Tetrahedron Lett.*，1986，27（37）：4477-4480.

[46] Liu S，Xie J H，Li W，et al. Highly enantioselective synthesis of chiral cyclic amino alcohols and conhydrine by ruthenium-catalyzed asymmetric hydrogenation [J]. *Org. Lett.*，2009，11（21）：4994-4997.

[47] Gao Y，Sharpless K B. Vicinal diol cyclic sulfates. Like epoxides only more reactive [J]. *J. Am. Chem. Soc.*，1988，110（22）：7538-7539.

[48] Sharpless K B，Patrick D W，Truesdale L K，et al. A new reaction. Stereospecific vicinal oxyamination of olefins by alkyl imidoosmium compounds [J]. *J. Am. Chem. Soc.*，1975，97（8）：2305-2307.

[49] Li G，Chang H T，Sharpless K B. Catalytic asymmetric aminohydroxylation（AA）of olefins [J]. *Angew. Chem. Int. Ed. Engl.*，1996，35（4）：451-454.

[50] Knappke C E I，Wangelin A J. The aminohydroxylation of alkenes breaks new ground [J]. *Chem. Cat. Chem.*，2010，2（11）：1381-1383.

[51] Kuszpit M R，Giletto M B，Jones C L，et al. Hydroxyamination of olefins using Br-N-$(CO_2Me)_2$ [J]. *J. Org. Chem.*，2015，80（3）：1440-1445.

[52] Zhu H，Chen P，Liu G. Pd-catalyzed intramolecular aminohydroxylation of alkenes with

hydrogen peroxide as oxidant and water as nucleophile [J]. *J. Am. Chem. Soc.*，2014，136（5）：1766-1769.

[53] Miyazawa K，Koike T，Akita M. Regiospecific intermolecular aminohydroxylation of olefins by photoredoxcatalysis [J]. *Chem. Eur. J.*，2015，21（33）：1167-11680.

[54] Kataoka M，Nakamura Y，Urano N，et al. A novel NADP+-dependent 1-1-amino-2-propanol dehydrogenase from *Rhodococcus erythropolis* MAK154：a promising enzyme for the production of double chiral aminoalcohols [J]. *Lett. Appl. Microbiol.*，2006，43（4）：430-435.

[55] Urano N，Fukui S，Kumashiro S，et al. Directed evolution of an aminoalcohol dehydrogenase for efficient production of double chiral aminoalcohols [J]. *J. Biosci. Bioeng.*，2011，111（3）：266-271.

[56] Alalla A，Merabet-Khelassi M，Riant O，et al. Easy kinetic resolution of some *β*-amino alcohols by *Candida antarctica* lipase B catalyzed hydrolysis in organic media [J]. *Tetrahedron：Asymmetry*，2016，27（24）：1253-1259.

[57] 杜理华，薛苗，龙瑞杰，等. 一种脂肪酶催化在线合成异丙醇类*β*-氨基醇衍生物的方法 [P]. CN 109762853A，2019-05-17.

[58] 杜理华，龙瑞杰，薛苗，等. 一种脂肪酶催化在线合成环己醇类*β*-氨基醇衍生物的方法 [P]. CN 109735582A，2019-05-10.

[59] Faber K，Hönig H，Seufer-Wasserthal P. A novel and efficient synthesis of (+)-and (−)-trans-2-aminocyclohexanol by enzymatic hydrolysis [J]. *Tetrahedron Lett.*，1988，29（16）：1903-1904.

[60] González-Sabín J，Ríos-Lombardía N，Gotor V，et al. Enzymatic transesterification of pharmacologically interesting *β*-aminocycloalkanol precursors [J]. *Tetrahedron：Asymmetry*，2013，24（21-22）：1421-1425.

[61] Luna A，Astorga C，Fülöp F，et al. Enzymatic resolution of（±）-cis-2-aminocyclopentanol and（±）-cis-2-aminocyclohexanol [J]. *Tetrahedron Asymmetry*，1998，9（24）：4483-4487.

[62] Luna A，Maestro A，Astorga C，et al. Enzymatic resolution of (±)-cis-and (±)-*trans*-1-aminoindan-2-ol and (±)-*cis*-and (±)-*trans*-2-aminoindan-1-ol [J]. *Tetrahedron Asymmetry*，1999，10（10）：1969-1977.

[63] Yun H，Kim J，Kinnera K，et al. Synthesis of enantiomerically puretrans-(1*R*，2*R*)- and cis-(1*S*，2*R*)-1-amino-2-indanol by lipase and *ω*-transaminase [J]. *Biotechnol. Bioeng.*，2006，93（2）：391-395.

[64] Ursini A，Maragni P，Bismara C，et al. Enzymatic method of preparation of opticallly active trans-2-amtno cyclohexanol derivatives [J]. *Synth. Commun.*，1999，29（8）：1369-1377.

[65] Chen F，Cosgrove S C，Birmingham W R，et al. Enantioselective synthesis of chiral vicinal amino alcohols using amine dehydrogenases [J]. *ACS Catal.*，2019，9（12）：11813-11818.

[66] Liu L，Wang D H，Chen F F，et al. Development of an engineered thermostable amine

dehydrogenase for the synthesis of structurally diverse chiral amines [J]. *Catal. Sci. Technol.*，2020，10（8）：2353-2358.

[67] Wang H，Qu G，Li J K，et al. Data mining of amine dehydrogenases for the synthesis of enantiopure amino alcohols [J]. *Catal. Sci. Technol.*，2020，10（17）：5945-5952.

[68] Kaulmann U，Smithies K，Smith M E B，et al. Substrate spectrum of omega-transaminase from *Chromobacterium violaceum* DSM30191 and its potential for biocatalysis [J]. *Enzyme Microb. Technol.*，2007，41（5）：628-637.

[69] Smithies K，Smith M E B，Kaulmann U，et al. Stereoselectivity of an *ω*-transaminase-mediated amination of 1,3-dihydroxy-1-phenylpropane-2-one [J]. *Tetrahedron Asymmetry*，2009，20（5）：570-574.

[70] Fuchs C S，Simon R C，Riethorst W，et al. Synthesis of (*R*)- or(*S*)-valinol using ω-transaminases in aqueous and organic media [J]. *Bioorg. Med. Chem.*，2014，22（20）：5558-5562.

[71] 孙泽宇，汪钊，陈东之，等. 利用微生物转氨基生产氨基丙醇过程中产酶条件的初步研究[J]. 生物加工过程，2006，4（2）：24-28.

[72] Rehdorf J，Mihovilovic M D，Fraaije M W，et al. Enzymatic synthesis of enantiomerically pure *β*-amino ketones，*β*-amino esters，and *β*-amino alcohols with baeyer–villiger monooxygenases [J]. *Chem. Eur. J.*，2010，16（31）：9525-9535.

[73] Steinreiber J，Schürmann M，Assema F V，et al. Synthesis of aromatic 1,2-amino alcohols utilizing a bienzymatic dynamic kinetic asymmetric transformation [J]. *Adv. Synth. Catal.*，2007，349（8-9）：1379-1386.

[74] Hailes H，Dalby P，Lye G，et al. Biocatalytic approaches to ketodiols and aminodiols [J]. *Chimica Oggi.*，2009，27（4）：28-31.

[75] Smith M E B，Chen B H，Hibbert E G，et al. A multidisciplinary approach toward the rapid and preparative-scale biocatalytic synthesis of chiral amino alcohols：A concise transketolase-/ω-transaminase mediated synthesis of（2*S*，3*S*）-2-aminopentane-1,3-diol [J]. *Org. Process Res. Dev.*，2010，14（1）：99-107.

[76] Ingram C U，Bommer M，Smith M E B，et al. One-pot synthesis of amino-alcohols using a de-novo transketolase and *β*-alanine: Pyruvate transaminase pathway in *Escherichia coli* [J]. *Biotechnol. Bioeng.*，2007，96（3）：559-569.

[77] Rios-Solis L，Halim M，Cázares，A，et al. A toolbox approach for the rapid evaluation of multi-step enzymatic syntheses comprising a “mix and match” *E. coli* expression system with microscale experimentation [J]. *Biocatal. Biotransform.*，2011，29（5）：192-203.

[78] Sehl T，Hailes H C，Ward J M，et al. Two steps in one pot: enzyme cascade for the synthesis of nor（pseudo）ephedrine from inexpensive starting materials [J]. *Angew. Chem. Int. Ed.*，2013，52（26）：6772-6775.

[79] Sehl T，Hailes H C，Ward J M，et al. Efficient 2-step biocatalytic strategies for the synthesis of all nor（pseudo）ephedrine isomers [J]. *Green Chem.*，2014，16（6）：3341-3348.

[80] Wu X R，Fei M D，Chen Y，et al. Enzymatic synthesis of L-norephedrine by coupling recombinant pyruvate decarboxylase and $\omega$-transaminase. *Appl. Microbiol. Biotechnol.*，2014，98（17）：7399-7408.

[81] Wu S K，Zhou Y，Wang T W，et al. Highly regio- and enantioselective multiple oxy- and amino-functionalizations of alkenes by modular cascade biocatalysis [J]. *Nat. Commun.*，2016，7（1）：1-13.

[82] Corrado M L，Knaus T，Mutti F G. Regio- and stereoselective multi-enzymatic aminohydroxylation of $\beta$-methylstyrene using dioxygen，ammonia and formate [J]. *Green Chem.*，2019，21（23）：6246-6251.

[83] Sun Z，Zhang Z，Li F，et al. One pot asymmetric synthesis of (*R*)-phenylglycinol from racemic styrene oxide via cascade biocatalysis [J]. *Chem. Cat. Chem.*，2019，11（16）：3802-3807.

[84] Yun H，Kim J，Kinnera K，et al. Synthesis of enantiomerically pure *trans*-(1*R*，2*R*)- and *cis*-(1*S*，2*R*)-1-amino-2-indanol by lipase and $\omega$-transaminase [J]. *Biotechnol. Bioeng.*，2010，93（2）：391-395.

[85] Rouf A，Gupta P，Aga M A，et al. Cyclic trans-$\beta$-amino alcohols: preparation and enzymatic kinetic resolution [J]. *Tetrahedron Asymmetry*，2011，22（24）：2134-2143.

# 第二章

# $\beta$-氨基醇特异性转氨酶高通量筛选方法的建立

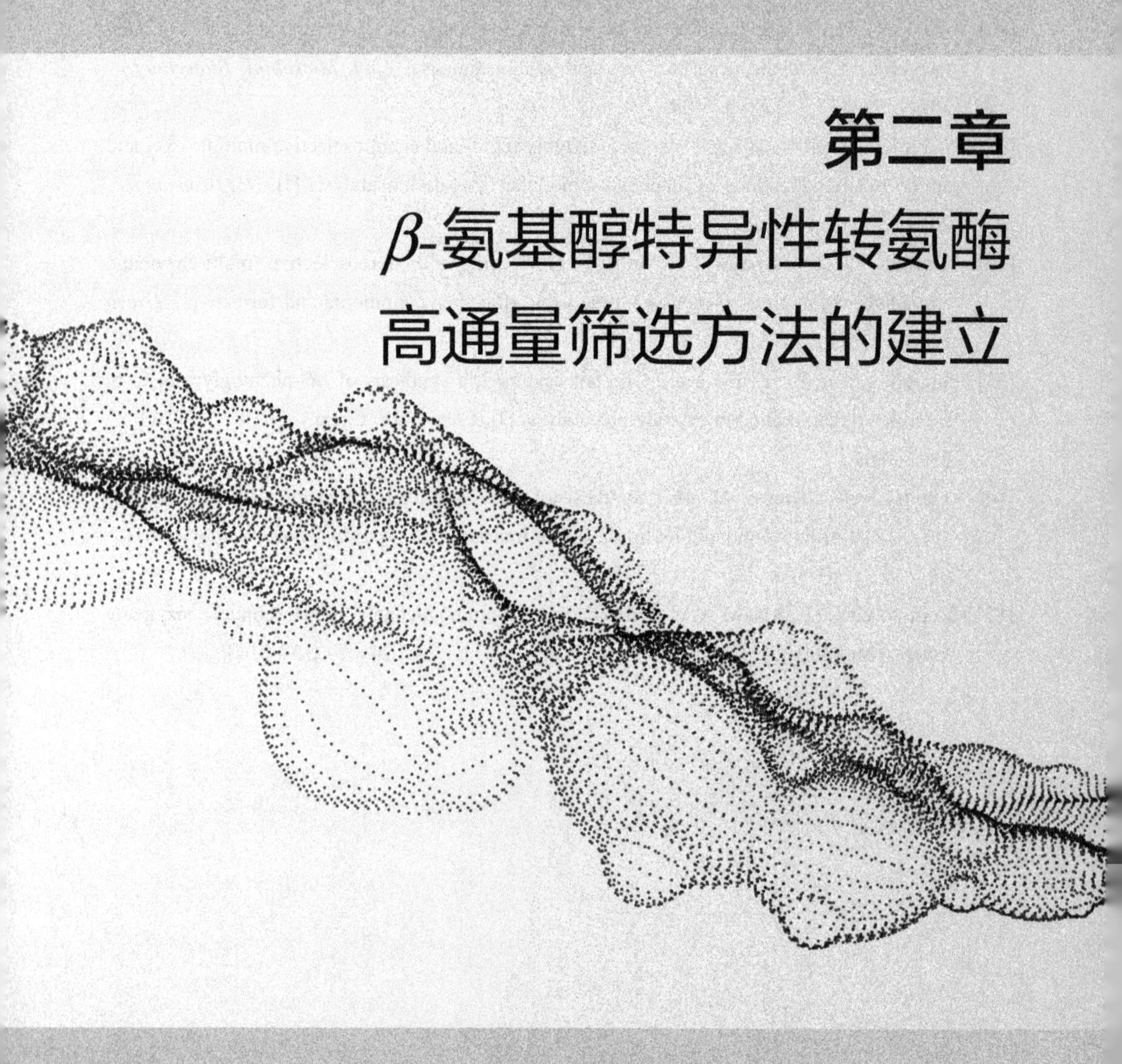

# 2.1 引言

由于手性$\beta$-氨基醇类化合物在合成手性药物中有着重要的作用，因此其需求在不断增大。在已报道手性$\beta$-氨基醇合成方法中，$\omega$-转氨酶（TA）以其乒乓催化机制和无需辅酶循环的优点发挥着重要的作用，因此挖掘新型$\omega$-转氨酶的工作显得尤为重要。与其他筛酶方法相比，本章主要建立一种高效、快速、灵敏的$\beta$-氨基醇特异性$\omega$-转氨酶筛选方法。以$\beta$-氨基醇可以通过转氨酶反应生成2-羟基酮，而无色2,3,5-三苯基氯化四氮唑（2,3,5-triphenyltetrazolium chloride，TTC）与2-羟基酮反应可以生成红色的1,3,5-三苯甲臜（1,3,5-triphenylformazan，TPF），TPF在波长为510nm处有吸收这一原理，构建了$\beta$-氨基醇特异性转氨酶的筛选方法。本章探究了该转氨酶筛选方法的最适显色条件及灵敏度。此筛选方法可以以$\beta$-氨基醇化合物为底物快速灵敏的筛选$\omega$-转氨酶突变子以及含有$\omega$-转氨酶的菌株，其原理如图2-1所示[1]。

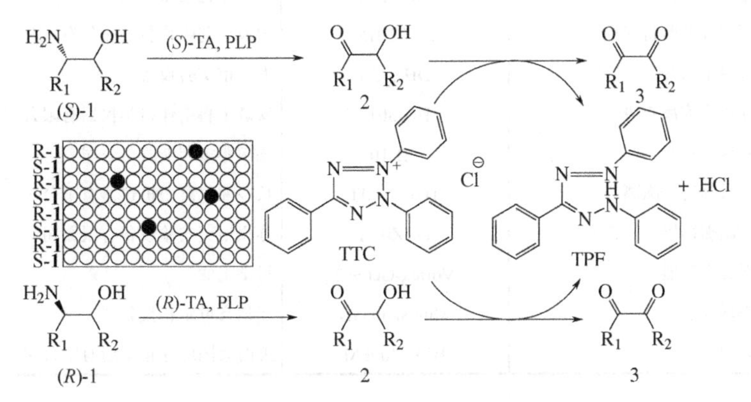


图2-1　手性$\beta$-氨基醇特异性转氨酶筛选原理

# 2.2 实验材料与仪器

## 2.2.1 菌株来源

实验室保藏的重组大肠杆菌 *E. coli* （CV2025）、恶臭假单胞菌（*Pseudomonas putida* NBRC 14164）、枯草芽孢杆菌（*Bacillus subtilis*），以及实验室前期从土壤中富集培养获得的菌株。

### 2.2.2 实验试剂

琼脂粉、酵母提取物、胰蛋白胨、氯化钠、异丙基-$\beta$-D-硫代吡喃半乳糖苷（IPTG）和卡那霉素。磷酸氢二钾（$K_2HPO_4$）、磷酸二氢钾（$KH_2PO_4$）、丙三醇、无水乙醇、氢氧化钠均为分析纯。5-磷酸吡哆醛、2,3,5-三苯基氯化四氮唑（TTC）、2-羟基苯乙酮、苯苷氨醇和丙酮酸钠。

### 2.2.3 实验仪器

实验过程所需仪器设备如表 2-1 所示。

**表 2-1 主要实验仪器**

| 序号 | 名称 | 型号 | 厂商 |
|---|---|---|---|
| 1 | 立式压力蒸汽灭菌锅 | YXQ-LS-30S2 | 上海博讯实业有限公司 |
| 2 | 电子天平 | BT 124S | 德国赛多利斯股份公司 |
| 3 | 超净工作台 | SW-CJ-2F | 苏州净化设备有限公司 |
| 4 | 超声波细胞粉碎机 | JY 92-IIN | 宁波新芝生物科技股份有限公司 |
| 5 | 大容量振荡器 | DHZ-CA | 太仓市实验设备厂 |
| 6 | 高速冷冻离心机 | HC-3018 | 安徽中科中佳科学仪器有限公司 |
| 7 | 数显 pH 计 | PB-10 | 德国赛多利斯股份公司 |
| 8 | 台式高速冷冻离心机 | TGL-16MT | 长沙湘仪离心机仪器有限公司 |
| 9 | 恒温振荡器 | DHZ-CA | 苏州培英实验设备有限公司 |
| 10 | 涡旋振荡器 | Vortex-Genie 2 | 科学工业 |
| 11 | 酶标仪 | Multiskan GO | 赛默飞世尔科技公司 |
| 12 | 冰箱 | BCD-209FM | 美的集团电冰箱制造有限公司 |

## 2.3 实验方法

### 2.3.1 显色反应条件探究

（1）2-羟基苯乙酮标准曲线的测定

配制含有不同浓度 2-羟基苯乙酮的标准磷酸缓冲溶液，用移液器分别取 200μL 的标准溶液，加入 50μL TTC[1mg/mL 2,3,5-三苯基氯化四氮唑，75%（体积分数）乙醇：1mol/L NaOH=1：3]溶液立即混匀，在酶标仪波长为 510nm 处测得吸光度值后绘制标准曲线。

（2）不同浓度2-羟基苯乙酮显色进程

配制含有不同浓度 2-羟基苯乙酮的标准磷酸缓冲溶液（pH8）：0.1mmol/L、0.2mmol/L、0.4mmol/L、0.6mmol/L、0.8mmol/L、1.0mmol/L。分别取 200μL 的标准溶液，加入 50μL TTC 溶液立即混匀，利用酶标仪在波长为 510nm 下测定不同时间里的吸光度值，绘制时间进程图。

（3）pH 对显色反应的影响

选用含有 0.6mmol/L 2-羟基苯乙酮的不同 pH（5.0～11.0）标准缓冲溶液；取 200 μL 的标准溶液，50μL TTC 溶液立即混合均匀；在酶标仪上波长为 510 nm 处分别测定不同 pH 缓冲液中的吸光度随时间变化的反应进程。其中 pH5.0～6.0 的缓冲液为 0.1mol/L 柠檬酸-柠檬酸钠缓冲液，pH6.0～8.0 的缓冲液为 0.1mol/L $K_2HPO_4$-$KH_2PO_4$缓冲液，pH9.0～11.0 的缓冲液为 0.1mol/L Glycine-NaOH 缓冲液

（4）温度对显色反应的影响

分别选用含有 0.4mmol/L 和 0.6mmol/L 2-羟基苯乙酮的标准磷酸缓冲溶液（pH8）；200μL 的标准溶液分别在 20～60℃下预热 10min，再用移液枪立即加 50μL TTC 溶液立即混匀；在酶标仪上波长为 510nm 处指定温度下探究温度对显色反应的影响。

### 2.3.2 筛选方法灵敏度探究

选用含有 CV2025 转氨酶的重组大肠杆菌，将大肠杆菌接种于装有 50mL LB 培养基（含卡那霉素）的 250mL 三角瓶中，于 37℃、180r/min 恒温培养，待培养液 $OD_{600}$ 达到 0.6 时，加入终浓度为 0.5mmol/L 的异丙基-*β*-D-硫代吡喃半乳糖苷（IPTG）对目的蛋白进行诱导表达。25℃、180r/min 下恒温培养过夜后，4℃，离心收集细胞（8000r/min，10min），用生理盐水洗涤两次，再用 pH7.0 磷酸缓冲液重悬细胞，超声波破碎（超声波破碎条件为超声 3s，间歇 5s，总工作时间 10min，功率 400W），离心后收集上清液为粗酶液；200μL 反应体系中，包含 1.0mmol/L（D）-苯甘氨醇为氨基供体，1.0mmol/L 丙酮酸，0.1mmol/L PLP，0.1mol/L 磷酸缓冲液（pH8），以及不同蛋白质浓度的酶液，在 30℃，700r/min 下于 96 孔板上反应 1h 后，再用移液枪加入 50μL TTC 溶液混匀，由于转氨酶催化 (D)-苯甘氨醇可以生成 2-羟基苯乙酮，进而可以与 TTC 发生显色反应。在酶标仪上波长为 510nm 处测定吸光度值。两个空白对照分别为：一是用将空的 pET28a（+）质粒转化到 *E. coli* BL21（DE3）感受态细胞中，培养、诱导表达后所制得的酶液用来催化反应，控制一定的蛋白质含量，其他条件不变；二是不加酶液，仅有底物，其他条件不变作为空白对照。

### 2.3.3 转氨酶的筛选

（1）空白对照

磷酸缓冲液，LB 液体培养基，用 LB 液体培养基培养的不含有$\omega$-转氨酶的大肠杆菌细胞（含有空质粒）且没有用生理盐水清洗过，用 LB 液体培养基培养的不含有$\omega$-转氨酶的大肠杆菌细胞（含有空质粒）且用生理盐水清洗过两次。将未洗过的细胞用 LB 液体培养基悬浮到一定的 $OD_{600}$ 值；将清洗过的细胞用磷酸缓冲液悬浮到一定的 $OD_{600}$ 值。分别取上述对象 200μL 于 96 孔板上，加入 50μL TTC 溶液并混匀观察颜色是否发生变化。

（2）筛选转氨酶

选用本实验室从土壤中富集培养获得的菌株、本实验室保藏的恶臭假单胞菌（*Pseudomonas putida* NBRC 14164）和枯草芽孢杆菌（*Bacillus subtilis*）为研究对象。将菌株分别接种于含有 3mL LB 液体培养基的试管中，于 37℃、180r/min 下培养过夜，离心后将菌体用生理盐水清洗两次，再用磷酸缓冲液（pH8.0）重悬至一定 $OD_{600}$ 值；筛选含有转氨酶的菌株，反应体系 200μL，其中包含 0.1mmol/L PLP、10mmol/L 苯苷氨醇、20mmol/L 丙酮酸钠、0.1mol/L 磷酸缓冲液（pH8.0）、洗涤过的细胞，于 30℃、700r/min 反应 8h 后加入的 TTC 溶液混匀进行显色反应，观察颜色变化。

### 2.3.4 分析方法

$OD_{600}$ 由紫外可见分光光度计测定；蛋白质含量的测定用 Bradford Protein Assay Kit；显色反应吸光度值用酶标仪在波长为 510nm 下测定。

## 2.4 结果与分析

### 2.4.1 显色条件

（1）2-羟基苯乙酮标准曲线的测定

为了探究 2-羟基苯乙酮与 TTC 溶液显色反应中检测 2-羟基苯乙酮浓度所能测得的最大检出范围，经过 3 次重复试验，绘制了如图 2-2 所示的 2-羟基苯乙酮标准曲线。实验结果发现当 2-羟基苯乙酮大于 1mmol/L 时，与 TTC 溶液显色反应后生成 TPF 的浓度太大在酶标仪波长为 510nm 处吸光度值误差太大，因此后续实验探索显色反应条件，2-羟基苯乙酮浓度设在 1mmol/L 以内。

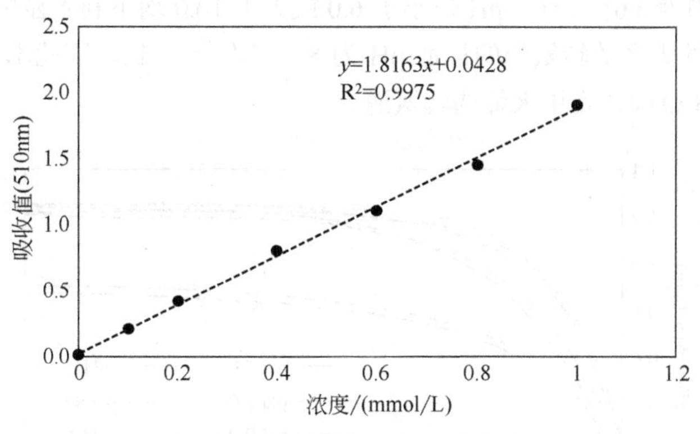


图 2-2　2-羟基苯乙酮标准曲线

（2）不同浓度 2-羟基苯乙酮显色进程

由图 2-3 所知，不同浓度的 2-羟基苯乙酮与 TTC 反应的显色过程的吸光度值随着时间不断增大，当反应时间为 3min 时，吸光度值变化较小，5min 时，趋于稳定，表明显色反应在 3～5min 左右完成。另外，实验结果发现 2-羟基苯乙酮的浓度越大，加相当量的 TTC 溶液时，吸光度值也会随之增大。

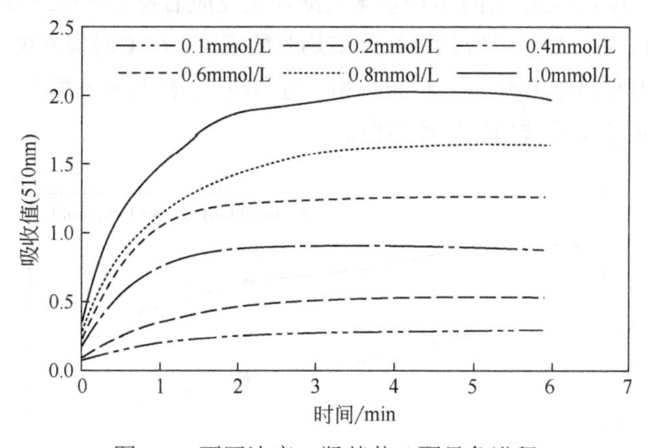


图 2-3　不同浓度 2-羟基苯乙酮显色进程

（3）pH 对显色反应的影响

通过测定 2-羟基苯乙酮在不同 pH 环境下与 TTC 溶液进行显色反应，所得的时间进程图如图 2-4 所示。显色反应在 pH5.0 和 pH11.0 的吸光度值明显要小于在 pH6.0～10.0 时的吸光度值，说明反应体系 pH<6.0 和 pH>10.0 时都不利于 2-羟基苯乙酮与 TTC 进行显色反应；pH6.0～10.0 时，反应 3min 后吸光度数值相近，说明

2-羟基苯乙酮与 TTC 在这个 pH 范围内可以进行稳定的显色反应。由此得出显色反应适宜 pH 范围为 6.0～10.0，pH 值小于 6.0 或大于 10.0 均不利于显色反应的进行。这与文献报道的大多数转氨酶的最适 pH 为 8.5 左右[2]一致，因此本实验建立的显色反应最适 pH 范围适宜用来筛选转氨酶。

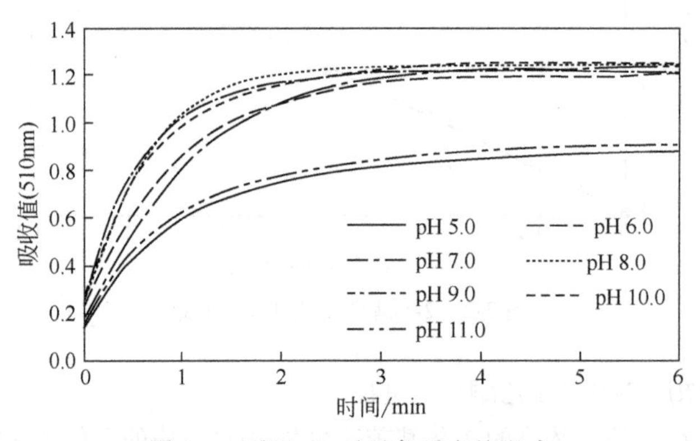


图 2-4　不同 pH 对显色反应的影响

（4）温度对显色反应的影响

本实验继续测定了不同温度对显色反应的影响，如图 2-5 所示，显色反应温度在 20～30℃之间，不同浓度的 2-羟基苯乙酮显色反应后吸光度值均没有明显变化。当温度超过 30℃后，显色反应的吸光度值均开始下降，60℃时吸光度值已经有了明显下降。因此由实验结果得出，在 20～30℃范围内，2-羟基苯乙酮与 TTC 的显色反应不受影响，后续实验选用该温度范围。

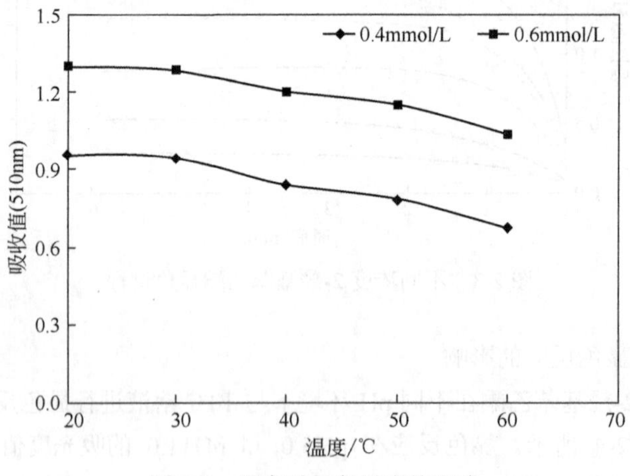


图 2-5　温度对显色反应的影响

### 2.4.2 筛选方法的灵敏度

为了研究本实验建立的高通量筛选转氨酶方法的灵敏度，分别从底物的转化率水平和显色变化程度两方面进行了探究。如表 2-2 所示，利用$\omega$-转氨酶 CV2025 催化 (D)-苯甘氨醇反应生成 2-羟基苯乙酮这一基础反应，固定底物浓度 1mmol/L，固定反应时间 1h，通过改变$\omega$-转氨酶 CV2025 酶用量，将所生成的不同浓度的 2-羟基苯乙酮与 TTC 进行显色反应，通过 2-羟基苯乙酮标准曲线计算出酶催化反应的转化率。由表 2-2 可知，此筛选方法底物转化率水平的灵敏度为 1.6%～32.5%。显色程度由浅到深的变化与底物转化率水平由低到高的变化趋势相一致，且由图可知红色随转化率上升颜色明显加深。

**表 2-2　筛酶方法的灵敏度**

| 酶液浓度/（mg/mL） | 转化率/% | 显色 |
| --- | --- | --- |
| 0.01 | 1.6 | |
| 0.06 | 8.2 | |
| 0.12 | 16.6 | |
| 0.19 | 19.4 | |
| 0.25 | 28.3 | |
| 0.31 | 32.5 | |

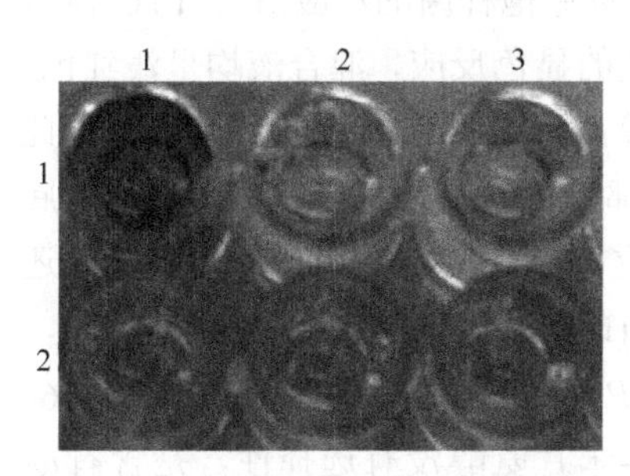

图 2-6　CV2025 酶促反应空白对照

1 列：*E. coli*（CV2025）无细胞提取物；2 列：*E. coli* 空质粒对照；3 列：不加酶对照；1 行：D-苯甘氨醇；2 行：L-苯甘氨醇

如图 2-6，空白对照实验中，含有空质粒 pET28a（+）的大肠杆菌细胞破碎液催化底物反应一个小时后，所得产物与 TTC 溶液不发生显色反应，混合溶液接近无色；不加酶液只有底物的对照实验中，在一个小时后加 TTC 溶液也不发生显色反应。同时转氨酶 CV2025 催化底物反应时，当 (D)-苯甘氨醇为底物时发生显色反应，但当 (L)-苯甘氨醇为底物时却不发生显色反应，这充分说明转氨酶 CV2025 仅对 (D)-苯甘氨醇有催化活性，与已报道的转氨酶 CV2025 对苯甘氨醇的选择性一致。

### 2.4.3 全细胞空白对照

为了探究所建立高通量筛选方法能否基于全细胞水平进行筛选，进行了全细胞的空白对照实验。如图 2-7 所示，磷酸缓冲液与 TTC 溶液不发生显色反应；LB 培养基本身带有浅黄色；LB 培养基与 TTC 溶液发生显色反应，颜色呈浅红色；含有空质粒 pET28a（+）大肠杆菌的培养液（LB 培养基），与 TTC 溶液发生显色反应；含有空质粒 pET28a（+）大肠杆菌经缓冲液洗涤并悬浮后与 TTC 溶液不发生显色反应。实验结果充分说明 LB 培养基会与 TTC 发生显色反应。因此在后续实验中通过该显色方法对菌株全细胞筛选时需用磷酸缓冲液将全细胞清洗干净，排除培养基干扰。

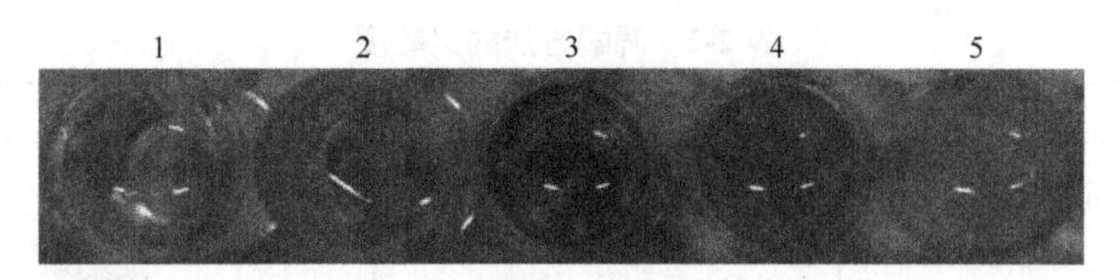


图 2-7 全细胞空白对照实验

1：磷酸缓冲液（加 TTC）对照；2：LB 培养基（不加 TTC）对照；3：LB 培养基（加 TTC）对照；4：含空质粒大肠杆菌细胞未经磷酸盐缓冲液清洗（加 TTC）；5：磷酸盐缓冲液清洗 2 次后的空质粒大肠杆菌细胞（加 TTC）

### 2.4.4 转氨酶的筛选

通过对实验室保藏的恶臭假单胞菌（*Pseudomonas putida* NBRC 14164）、枯草芽孢杆菌（*Bacillus subtilis*）和从土壤中富集培养获得的菌株进行筛选，所得结果如图 2-8 所示，以不加全细胞和不加底物苯甘氨醇的两组实验为空白对照，排除细菌的全细胞和底物的干扰。除 39 号菌和枯草芽孢杆菌的反应液与 TTC 没有发生显色反应之外，其他菌株都发生了不同程度的显色反应，混合液均呈浅红色。其他菌在底物为 (D)-苯甘氨醇和 (L)-苯甘氨醇都有不同程度的显色反应。因此 38、40、41、43、44、45、46、47 和 48 号菌都有可能含有$\omega$-转氨酶但它们对底物 (D)-苯甘氨醇、(L)-苯甘氨醇都有选择性，立体选择性不高。另外实验结果还发现 *Pseudomonas putida* NBRC 14164 对底物 (D)-苯甘氨醇有明显的显色反应，但却对底物 (L)-苯甘氨醇没有显色反应，说明 *Pseudomonas putida* NBRC 14164 只对底物 (D)-苯甘氨醇有选择性，对底物 (L)-苯甘氨醇没有选择性，是含有$\omega$-转氨酶的候选目的菌株。通过该方法对细菌全细胞筛选得到候选菌株恶臭假单胞菌（*Pseudomonas putida* NBRC 14164），充分证明该方法适用于细菌全细胞的筛选且比传统筛菌方法更加便捷。

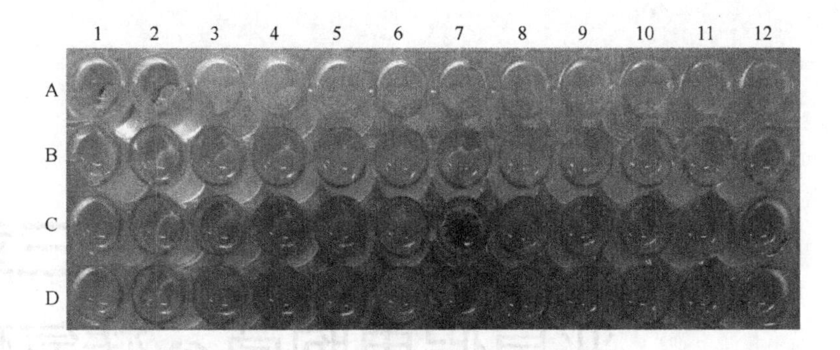


图 2-8　含有$\omega$-转氨酶的目的菌株的筛选

# 2.5　小结

（1）本章基于 2-羟基苯乙酮与 TTC 的显色反应，建立了一种高效、快速、灵敏的转氨酶筛选方法。该显色反应适宜 pH 范围在 6.0～10.0，适宜反应温度 20～30℃，温度高于 30℃后不利于反应的进行，显色时间 3～5min 左右。该显色方法在以苯甘氨醇为底物时，转化率水平的灵敏度范围为 1.6%～32.5%。

（2）LB 液体培养基可与 TTC 发生显色反应，实验过程中要排除这一因素。本实验所建立高通量筛选转氨酶的方法适用于细菌的全细胞，并通过该方法成功筛选得到对苯甘氨醇立体选择性高且可能含有$\omega$-转氨酶的恶臭假单胞菌（*Pseudomonas putida* NBRC 14164）。

## 参考文献

[1] Zhang J D，Wu H L，Meng T，Zhang C F，Fan X J，Chang H H，Wei W L A high-throughput microtiter plate assay for the discovery of active and enantioselective amino alcohol-specific transaminases. *Anal. Biochem.*，2017，518：94-101.

[2] Ziehr H，Kula M R. Isolation and characterization of a highly inducible l-aspartate-phenylpyruvate transaminase from Pseudomonas putida［J］. *J. Biotechnol.*，1985，3（1）：19-31.

# 第三章 恶臭假单胞菌$\omega$-转氨酶基因的克隆及其在手性$\beta$-氨基醇合成中的应用

## 3.1 恶臭假单胞菌中$\omega$-转氨酶基因的克隆与重组表达

### 3.1.1 引言

本章选用来自紫色色杆菌（*Chromobacterium violaceum*）的$\omega$-转氨酶 CV2025 基因序列为模板，通过 BLAST 序列比对，从第二章中筛选到的恶臭假单胞菌（*Pseudomonas putida* NBRC14164）的基因组中筛选未报到过的$\omega$-转氨酶基因序列。以 *Pseudomonas putida* NBRC14164 基因组为模板，通过 PCR 基因扩增技术，筛选获得$\omega$-转氨酶基因。通过双酶切得到$\omega$-转氨酶基因片段，将得到的基因片段连接到双酶切后的 pET28a（+）表达载体上得到重组质粒 pET28a-ω-TA，转化到 *E. coli* DH5α感受态细胞中进行阳性克隆子筛选。对筛选得到的阳性转化子提取质粒并进行双酶切验证。最后将验证成功的重组质粒转化到大 *E. coli* BL21（DE3）感受态细胞中进行目的基因的诱导表达。

### 3.1.2 实验材料与仪器

#### 3.1.2.1 菌种与质粒

大肠杆菌 *E. coli* DH5 α、*E. coli* BL21（DE3），质粒 pET28a（+），恶臭假单胞菌（*Pseudomonas putida* NBRC14164）。

#### 3.1.2.2 试剂盒

Ezup 柱式细菌基因组 DNA 抽提试剂盒，SanPrep 柱式 PCR 产物纯化试剂盒，SanPrep 柱式质粒 DNA 小量抽提试剂盒，SanPrep 柱式质粒 DNA 胶回收试剂盒，Brandford 法蛋白质浓度测定试剂盒；镍柱（Ni-NTA Sefinose Resin Kit）。

#### 3.1.2.3 试剂

限制性内切酶 *Bam*HⅠ、*Xho*Ⅰ；聚合酶链式反应（PCR）引物；PCR 扩增试剂用碱基（dNTP），缓冲液（Buffer），*Taq* DNA 聚合酶和 T4 连接酶；DNA 上样缓冲液，DNA 标准分子量 Marker；卡纳霉素、IPTG；Brandford 蛋白质染液、琼脂糖、考马斯亮蓝；其他化学试剂均为国产分析纯。

#### 3.1.2.4 实验仪器

本章实验所需的主要仪器如表 3-1 所示。

表 3-1　主要实验仪器

| 序号 | 名称 | 型号 | 厂商 |
| --- | --- | --- | --- |
| 1 | 立式压力蒸汽灭菌锅 | YXQ-LS-75SII | 上海博讯实业有限公司 |
| 2 | 电子天平 | BT 124S | 德国赛多利斯股份公司 |
| 3 | 冰箱 | BCD-205 TJ | 青岛海尔股份有限公司 |
| 4 | 大容量振荡器 | DHZ-CA | 太仓市实验设备厂 |
| 5 | 超净工作台 | ZHJH-C1106C | 上海智城分析仪器制造有限公司 |
| 6 | 烘箱 | ZRD-5055 | 上海智城分析仪器制造有限公司 |
| 7 | 高速冷冻离心机 | HC-3018 | 安徽中科中佳科学仪器有限公司 |
| 8 | pH 指示器 | PB-10 | 德国赛多利斯股份公司 |
| 9 | 酶标仪 | Multiskan GO | 赛默飞世尔科技公司 |
| 10 | PCR 扩增仪 | Mastercycler pro S | 艾本德中国有限公司 |
| 11 | 凝胶成像分析仪 | WD-9413C | 北京市六一仪器厂 |
| 12 | 磁力搅拌器 | HZ85-2 | 北京中兴伟业仪器有限公司 |
| 13 | 制冰机 | YN-200P | 上海因纽特制冷设备有限公司 |
| 14 | 电泳仪 | DYY-10C | 北京市六一仪器厂 |
| 15 | 电泳槽 | DYCZ-24DN | 北京市六一仪器厂 |
| 16 | 脱色摇床 | TS-8S | 海门市其林贝尔仪器制造有限公司 |
| 17 | 电热恒温水浴锅 | XMTD-4000 | 北京市永光明医疗仪器有限公司 |
| 18 | 超声波细胞粉碎机 | JY92-IIN | 宁波生物科技股份有限公司 |
| 19 | 台式冷冻恒温振荡器 | THZ-C-1 | 太仓市实验设备厂 |
| 20 | 恒温培养箱 | DHP-9272 | 上海一恒科技仪器有限公司 |
| 21 | 可调移液器 | Eppendorf | 德国艾本德 |
| 22 | 超滤管 | 30kDa | 密理博 |

#### 3.1.2.5　培养基及其他试剂配制

（1）培养基

LB 培养基：1L 的 LB 液体培养基中需加入 10.0g NaCl，10.0 g 胰蛋白胨，5.0g 酵母浸粉，定容到 1L 后，用 pH 计检测其 pH，然后用 NaOH 慢慢调节 pH 至 7.0。若是配制固体培养基，可在配好的液体培养基的基础上，按 1.5%的含量加入琼脂粉。密封好后，用高压蒸汽灭菌锅在 121℃下，灭菌 30min，待冷却后放在 4℃低温冰箱中保存待用。

TB 培养基：将下列组分溶解在 0.9L 水中：胰蛋白胨 12g，酵母提取物 24g，甘油 4mL。将各组分溶解后高压灭菌。冷却到 60℃，再加入 100mL 灭菌的磷酸缓冲液 0.17mol/L $KH_2PO_4$/0.72mol/L $K_2HPO_4$（2.31g 的 $KH_2PO_4$ 和 12.54g 的 $K_2HPO_4$ 溶在足量的水中，使终体积为 100 mL。高压灭菌或用 0.22μm 的滤膜过滤除菌）。

LB 固体培养基：在配制 LB 液体培养基的基础上，加入 15～20g/L 的琼脂粉混匀后。放入高压蒸汽灭菌锅在121℃下，灭菌30min，待冷却后放在4℃低温冰箱中保存待用。

CM002营养肉汁琼脂液体培养基：5.0g/L的蛋白胨，3.0g/L的牛肉膏和5.0g/L的氯化钠溶于pH7.0的蒸馏水，高温高压灭菌后4℃保存。CM002营养肉汁琼脂固体培养基在液体培养基的基础上再加15.0g/L的琼脂粉，高温高压灭菌后4℃保存。

（2）其他试剂配制

IPTG溶液：称取50.0mg IPTG，用1mL灭菌水溶解，达到终浓度为50mg/mL，用0.22μm滤膜过滤除菌。

100mg/mL氨苄西林（Ampicillin）：取1000mg氨苄西林，溶解于10mL蒸馏水中，用0.22μm滤膜过滤除菌，分装于1.5mL离心管中，–20℃保存；

50mg/mL卡纳霉素（Kanamycin）：取500mg卡那霉素，溶解于10mL蒸馏水中，用0.22μm滤膜过滤除菌，分装于1.5mL离心管中，–20℃保存。

## 3.1.3 实验方法

### 3.1.3.1 搜索及比对目的基因

在已经报道过*Pseudomonas putida* NBRC14164的全基因组序列的基础上，以$\omega$-转氨酶CV2025基因序列为模板，通过BLAST序列搜索比对，选择同源性不同的氨基酸序列，根据数据库给出与其对应的DNA序列来进行分子克隆。

### 3.1.3.2 设计引物及目的基因的PCR扩增

根据序列比对得到的$\omega$-转氨酶DNA全长基因序列，利用软件（primer premier 5.0）设计对应引物。设计引物如表3-2所示，在引物中斜体的为限制性内切酶酶切位点。

**表3-2 引物及酶切位点**

| 序号 | 名称 | 引物（5′-3′） | 内切酶 |
|---|---|---|---|
| 1 | Pp21050-F | CGC*GGATCC*ATGGCCACCCCAAGCAAAGCATTCG | *Bam*H I |
| 2 | Pp21050-R | CCG*CTCGAG*TCATCGGCCTTGGTACAGACCAAGC | *Xho* I |
| 3 | PpbauA-F | CGC*GGATCC*ATGAACATGCCCGAAACCGCTCC | *Bam*H I |
| 4 | PpbauA-R | CCC*CTCGAG*TCAGTCGATCAGGTTCAGGTTTTCG | *Xho* I |
| 5 | Pp36420-F | CGC*GGATCC*ATGAGTGAAAAGAATTCGCAGACC | *Bam*H I |
| 6 | Pp36420-R | CCC*CTCGAG*TCAGCGGACAGCTTCGTAGGTCAGG | *Xho* I |
| 7 | PpspuC-F | CGC*GGATCC*ATGAGCACCAACAACCCGCAAACCC | *Bam*H I |
| 8 | PpspuC-R | CCG*CTCGAG*CTACCGAATCGCCTCAAGGGTCAAG | *Xho* I |

接种实验室保藏的 *Pseudomonas putida* NBRC14164 菌种于 5mL CM002 营养肉汁琼脂液体培养基的试管中，30℃、180r/min 培养 1～2 天后，离心收集菌体，再利用 Ezup 柱式细菌基因组 DNA 抽提试剂盒抽提 *Pseudomonas putida* NBRC14164 的基因组，抽提好的基因组保存于–20℃以备用于目的基因的 PCR 扩增。

50μL PCR 扩增反应体系如下：ddH$_2$O，40μL；*P. putida* NBRC14164 基因组模板，2μL；上游引物（100μmol/L），1μL；下游引物（100μmol/L），1μL；dNTP，1μL；10·*Taq* Plus 缓冲液，1μL；*Taq* DNA 聚合酶，1μL。

采用扩增仪（Eppendorf Mastercycler pro S PCR）进行目的基因扩增，反应条件如下：

| | | |
|---|---|---|
| 95℃ | 5min | |
| 94℃ | 1min | |
| 60℃ | 40s | |
| 72℃ | 1.5min | 30 个循环 |
| 72℃ | 10min | |

经过核酸电泳检验与理论大小相同时，用 SanPrep 柱式 PCR 产物纯化试剂盒进行 PCR 产物纯化，纯化得到的产物置于–20℃保存以备后用。

### 3.1.3.3 $\omega$-转氨酶表达载体的构建及目的基因的表达

（1）$\omega$-转氨酶表达载体的构建

利用双酶切技术将 PCR 扩增得到的$\omega$-转氨酶目的基因、pET28a（+）进行双酶切，酶切反应条件如下，

| | |
|---|---|
| 目的基因/表达载体 | 10μL |
| 缓冲液 | 2μL |
| 限制性内切酶 *Bam*H Ⅰ | 1μL |
| 限制性内切酶 *Xho* Ⅰ | 1μL |
| ddH$_2$O | 6μL |

酶切反应于 37℃下，过夜反应，反应过后进行琼脂糖凝胶电泳观察酶切效果，并利用 SanPrep 柱式质粒 DNA 胶回收试剂盒进行切胶回收，具体步骤详见试剂盒说明书。再将酶切好的$\omega$-转氨酶目的基因片段和载体进行连接，连接反应条件如下，

| | |
|---|---|
| 目的基因片段 | 7μL |
| 酶切后载体 | 3μL |
| 缓冲液 | 4μL |
| 连接酶 | 1μL |
| ddH$_2$O | 5μL |

连接反应于室温过夜连接，连接反应后将重组载体转入 *E. coli* DH5α感受态细胞中，涂于含有（50μg/mL）卡那霉素抗生素 LB 固体培养基的平板上。37℃过夜培养，待长出单菌落后，挑取若干个菌落于含有卡那霉素抗生素的 3mL 的 LB 液体培

养液基试管中，于 37℃、180r/min 进行培养 6～7h，之后进行用 SanPrep 柱式质粒 DNA 小量抽提试剂盒提取质粒。对所抽提质粒进行双酶切验证，验证成功的质粒置于–20℃保存以备后用。

（2）目的蛋白质的表达

将构建好的表达载体转入 *E. coli* BL21（DE3）感受态细胞中，涂于含有卡那霉素（50μg/mL）的 LB 固体培养基平板上，37℃培养过夜，等长出单菌落后，随机挑取一个接种至 3mL 含有相应抗生素的 LB 液体培养基中，37℃、180r/min 摇床培养约 7h 后，再以 1%的接种量接种到 50mL 含有卡那霉素（50μg/mL）的 LB 液体培养基中，37℃、180r/min 摇床培养约 2h，$OD_{600}$ 在 0.6 左右，加入 IPTG（终浓度为 0.5mmol/L），20℃、180r/min 摇床诱导培养 12h 左右，8000r/min 离心得到的细胞用磷酸钠缓冲液（0.1mol/L，pH7.0）清洗 2 次，得到的重组细胞于 4℃下保存以备后用。

（3）酶液的制备

将 3.1.3.3(2)得到的重组细胞按照每克湿重菌体/10mL 磷酸钠缓冲液(0.1mol/L，pH7.0）的比例均匀悬浮，在 400W 功率下进行超声破破碎，超声 3s，间歇 7s，细胞破碎过程在冰浴环境下进行，直至超声破碎到溶液澄清透明离心后获得粗酶液，4℃保存以备后用。

### 3.1.3.4 目的蛋白质的纯化

载体 pET28a（+）是带有组氨酸标签的表达质粒，重组目的蛋白质经过该载体表达后可通过 Ni-NTA 纯化柱进行纯化。

（1）蛋白质纯化所需溶液

缓冲液 A 为 50mmol/L $NaH_2PO_4$，300mmol/L NaCl，调节 pH 为 8.0；

缓冲液 B-F 为 50mmol/L $NaH_2PO_4$，300mmol/L NaCl 和 20mmol/L、50mmol/L、100mmol/L、250mmol/L、500mmol/L 咪唑，调节 pH 为 8.0；各种缓冲溶液配制完后，要进行超声脱气处理，再用 0.45μm 滤膜过滤。

（2）目的蛋白质纯化过程

蛋白质纯化前要将预先得到的重组细胞按照每克湿重菌体/10mL 缓冲液 A 比例均匀悬浮，同粗酶液制备时细胞超声波破碎方法一样，再将破碎后的液体在 4℃、12000r/min 离心 20min，收集上清液为上样做准备。先加 5～10 倍柱体积的缓冲液 A 来平衡镍柱，然后上样，再用 5～10 倍柱体积的缓冲液 A 来平衡镍柱；分别用 5～10 倍柱体积的缓冲液 B、C、D、E、F 洗脱。流速控制在 0.5mL/min。

（3）Brandford 法蛋白质浓度测定

在测定酶液的蛋白质浓度时，利用 Brandford 法蛋白质浓度测定试剂盒，将

G-250 染液与酶液混合，在波长 595nm 处测定吸光度值，G-250 染液颜色由棕色变成蓝色，且其颜色深浅程度与蛋白质浓度呈线性关系。

#### 3.1.3.5 十二烷基硫酸钠聚丙烯酰胺凝胶电泳（SDS-PAGE）

酶液与纯化后的目的蛋白质利用分离胶为 12%，浓缩胶为 5%的 SDS-PAGE 凝胶电泳检测。取 40μL 样品与 3μL 6×SDS-PAGE 上样缓冲液混合沸水浴 5min 后，12000r/min 离心 3min，在 120V 恒压下电泳。电泳后，将分离胶清洗后使用考马斯亮蓝 R-250 染色，再加入脱色液过夜脱色至条带清晰。

### 3.1.4 结果与分析

#### 3.1.4.1 $\omega$-转氨酶基因的挖掘

（1）目的基因的挖掘

以已经报道过的来源于紫色色杆菌（*Chromobacterium violaceum* DSM30191）的$\omega$-转氨酶 CV2025 的氨基酸序列[1]为模板，在已被测序 *P. putida* NBRC14164 菌株全基因组[2]中通过 BLAST 比对筛选可能的转氨酶氨基酸序列。随机选择了与 CV2025 氨基酸序列同源性分别为 37%（基因：PP4_21050）、35%（基因：PP4_bauA）、56%（基因：PP4_36420）、58%（基因：PP4_spuC）的氨基酸序列为候选研究对象，其所对应的 DNA 序列为目的基因。根据数据库提供的目的基因名称，将其表达的目的蛋白质分别命名为 Pp21050、PpbauA、Pp36420 和 PpspuC。这四种转氨酶与来源于河流弧菌 *Vibrio fluvialis* JS17 转氨酶 VfTA 的氨基酸序列同源性分别为 35%、34%、37%和 38%[3]，与来源于伸长盐单胞菌 *Halomonas elongata* DSM 2581 转氨酶 HEWT 氨基酸序列同源性分别为 41%、36%、64%和 65%[4]，如图 3-1 所示。

经过对 Pp21050、PpbauA、Pp36420 和 PpspuC 四种转氨酶的基因序列进行分析发现，其分别能够编码 470、448、452 和 453 个氨基酸，其等电点分别为 5.58、6.10、5.67 和 5.87，其分子质量分别为 52kDa、49kDa、50kDa 和 50kDa。Pp21050 和 Pp36420 被预测为公认的转氨酶，PpbauA 和 PpspuC 分别被预测为$\beta$-丙氨酸/丙酮酸转氨酶和腐胺/丙酮酸转氨酶。与 VfTA 和 CV2025 相比，Pp21050、PpbauA、Pp36420 和 PpspuC 的 PLP 氢键部位、赖氨酸活性部位、底物$\alpha$-羧酸盐基团的盐桥位置等关键残基具有保守性，其氨基酸序列比对如图 3-1 所示。

（2）提取基因组

按照 3.1.3.2 方法提取恶臭假单胞菌基因组，进行 1%的琼脂糖凝胶电泳验证，所得电泳图如图 3-2 所示，在所标记的 5000bp 以上有一段浓亮的条带出现，即为所提的基因组，–20℃保存用于后续实验。

```
Vf-ωTA     ---------MNKPQSWEARAETYSLYGFTDMPSLHQRGTVVVTHGEGPYIVDVNGRRYLDA 52
CV2025     -MQK----QRTTSQWRELDAAHHLHPFTDTASLNQAGARVMTRGEGVYLWDSEGNKIIDG 55
PPbauA     MNMPETAPAG---IASQLKLDAHWMPYTANRNF-HRDPRLIVAAEGNYLVDDQGRKIFDA 56
PP21050    MATPSKAFAIAHDPLVEADKAHYMHGYHVFDEHREQGALNIVAGEGAYIRDTHGNRFLDA 60
PP36420    MSEK----NSQTLAWQSMSRDHHLAPFSDVKQLAEKGPRIITSAKGVYLWDSEGNKILDG 56
PPspuC     MSTN----NPQTREWQTLSGEHHLAPFSDYKQLKEKGPRIITKAQGVHLWDSEGHKILDG 56
                                  :    .    .      :.  .:* :: * .*.: :*.

Vf-ωTA     NSGLWNMVAGFDHKGLIDAAKAQYERFPGYHAFFGRMSDQTVMLSEKLVEVSPFDSGRVF 112
CV2025     MAGLWCVNVGYGRKDFAEAARRQMEELPFYNTFFKTTHPAVVELSSLLAEVTPAGFDRVF 115
PPbauA     LSGLWTCGAGHTRKEITDAVTRQLSTLDYS-PAFQFGHPLSFQLAEKIADLVPGDLNHVF 115
PP21050    VGGMWCTNIGLGREEMALAIADQVRQLAYSNPFSDMANDVAIELCQKLARLAPGDLNHVF 120
PP36420    MAGLWCVAVGYGRDELAEVASQQMKQLPYYNLFFQTAHPPALELAKAIADVAPQGMNHVF 116
PPspuC     MAGLWCVAVGYGREELVQAAEKQMRELPYYNLFFQTAHPPALELAKAITDVAPEGMTHVF 116
            .*:*    *  :.  :  .    *    :                . *..  :.  : *    :**

Vf-ωTA     YTNSGSEANDTMVKMLWFLHAAEGKPQKRKILTRWNAYHGVTAVSASMTGKPYN--SVFG 170
CV2025     YTNSGSESVDTMIRMVRRYWDVQGKPEKKTLIGRWNGYHGSTIGGASLGGMKYMH-EQGD 174
PPbauA     YTNSGSECADTALKMVRAYWRLKGQATKTKIIGRARGYHGVNIAGTSLGGVNGNR-KMFG 174
PP21050    LTTGGSTAVDTAYRLIQYYQNCRGKPHKKHIIARYNAYHGSTTLTMSIGNKAADRVPEFD 180
PP36420    FTGSGSEGNDTVLRMVRHYWALKGKKNKNVIIGRINGYHGSTVAGAALGGMSGMH-QQGG 175
PPspuC     FTGSGSEGNDTVLRMVRHYWALKGKPHKQTIIGRINGYHGSTFAGACLGGMSGMH-EQGG 175
            * .**    **  :::        .*:   *   :: * ..*** .       .:

Vf-ωTA     LPLPGFVHLTCPHYWRYGEEGETEEQFVARLARELEETIQREGADTIAGFFAEPVMGAGG 230
CV2025     LPIPGMAHIEQPWWYKHGK-DMTPDEFGVVAARWLEEKILEIGADKVAAFVGEPIQGAGG 233
PPbauA     QLL-DVDHLPHTVLPVNAFSKGMPEEGGIALADEMLKLIELHDASNIAAVIVEPLAGSAG 233
PP21050    YHHDLIHHVSNPNPYRAPH-DMDEAEFLDYLVAEFEDKILSLGADNVAAFFAEPIMGSGG 239
PP36420    V-IPDIVHIPQPYWFGEGG-DMTEADFGVWAAEQLEKKILEVGVDNVAAFIAEPIQGAGG 233
PPspuC     LPIPGIVHIPQPYWFGEGG-DMTPDAFGIWAAEQLEKKILEVGEDNVAAFIAEPIQGAGG 234
                 . *:                             .  :  .  *     ..:*...  **: *:.*

Vf-ωTA     VIPPAKGYFQAILPILRKYDIPVISDEVICGFGRTGNTWGC-VTYDFTPDAIISSKNLTA 289
CV2025     VIVPPATYWPEIERICRKYDVLLVADEVICGFGRTGEWFGH-QHFGFQPDLFTAAKGLSS 292
PPbauA     VLPPPKGYLKRLREICTQHNILLIFDEVITGFGRMGAMTGA-EAFGVTPDLMCIAKQVTN 292
PP21050    VIIPPEGYFQRMWQLCQTYDILFVADEVVTSFGRLGTFFASEELFGVTPDIITTAKGLTS 299
PP36420    VIIPPQTYWPKVKEILARYDILFVADEVICGFGRTGEWFGT-DYYDLKPDLMTIAKGLTS 292
PPspuC     VIIPPETYWPKVKEILAKYDILFVADEVICGFGRTGEWFGS-DYYDLKPDLMTIAKGLTS 293
           *: *    *    :   :    ::: .: ***: .*** *    .      : . ** :    :* ::

Vf-ωTA     GFFPMGAVILGPELSKRLET--AIEAIEEFPHGFTASGHPVGCAIALKAIDVVMNEGLAE 347
CV2025     GYLPIGAVFVGKRVAEG------LIAGGDFNHGFTYSGHPVCAAVAHANVAALRDEGIVQ 346
PPbauA     GAIPMGAVIASSEIYHTFMNQPTPEYAVEFPHGYTYSAHPVACAAGIAALDLLQKENLVQ 352
PP21050    AYLPLGACIFSERIWEVIAE---PGKGRCFTHGFTYSGHPVCCTAALKNIEIIEREQLLD 356
PP36420    GYIPMGGVIVRDEVAKV------ISEGGDFNHGFTYSGHPVAAAVGLENLRILRDEQIIQ 346
PPspuC     GYIPMGGVIVRDKVAKV------ISEGGDFNHGFTYSGHPVAAAVGLENLRILRDEQIVE 347
           .  :*:*.  :    .: .                  * **:* *.*** .: .      :    :   *  :  :

Vf-ωTA     NVRR-LAPRFEERLKHIA-ERPNIGEYRGIGFMWALEAVKDKASKTPFDGNLSVSERIAN 405
CV2025     RVKDDIGPYMQKRWRETFSRFEHVDDVRGVGMVQAFTLVKNKAKRELFPDFGEIGTLCRD 406
PPbauA     SAAE-LAPHFEKLLHGVK-GTKNVVDIRNYGLAGAIQIAARDGDAIVRPYE------VAM 404
PP21050    HVKE-VGGYLEQRLQSLR-ELPLVGDVRCMKLMACVEFVADKASKALFPDEVNIGERIHS 414
PP36420    QVHDKTAPYLQQRLRELA-DHPLVGEVRGLGMLGAIELVKDKATRARYEGK-GVGMICRQ 404
PPspuC     KARTEAAPYLQKRLRELQ-DHPLVGEVRGLGMLGAIELVKDKATRSRYEGK-GVGMICRT 405
             .      .    :::    :                 : : *     :   ..     .    ..

Vf-ωTA     TCTDLGLICRPLGQSVVLCPPFILTEAQMDEMFDKLEKALDKVFAEVA-------- 453
CV2025     IFFRNNLIMRACGDHIVSAPPLVMTRAEVDEMLAVAERCLEEFEQTLKARGLA--- 459
PPbauA     KLWKAGFYVRFGGDTLQFGPTFNTTPQELDRLFDAVGENLNLID------------ 448
PP21050    KAQARGLLVRPIMHLNVMSPPLIVTHAQVDEIVETLRQCILETARELTALGLYQGR 470
PP36420    HCFDNGLIMRAVGDTMIIAPPLVISIEEIDELVEKARKCLDLTYEAVR-------- 452
PPspuC     FCFENGLIMRAVGDTMIIAPPLVISHAEIDELVEKARKCLDLTLEAIR-------- 453
                  :    *    .          * :   :   ::*.:.       . :
```

图 3-1 转氨酶 VfTA 与 Vf-ωTA 和 CV2025 的基因序列比对

### 3.1.4.2 重组载体的构建

（1）目的基因的 PCR 扩增

按照 3.1.3.2 中所述方法进行目的基因 PCR 扩增，将 PCR 得到的产物经 PCR 产物纯化试剂盒纯化后，利用 1%的琼脂糖凝胶核酸电泳进行验证，Pp21050、PpbauA、Pp36420 和 PpspuC PCR 产物的核酸电泳图如图 3-3 所示。

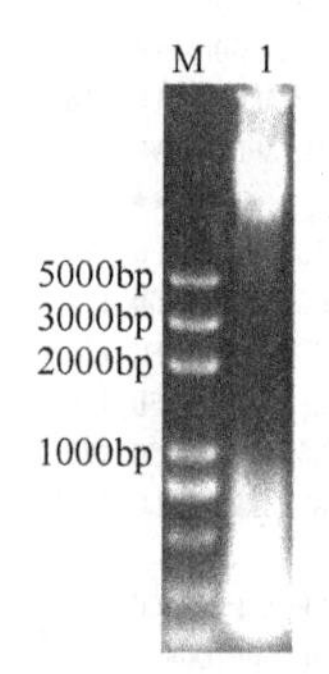


图 3-2 *P. putida* NBRC14164 的全基因组提取

M：分子量标准；1：*P. putida* NBRC 14164 基因组

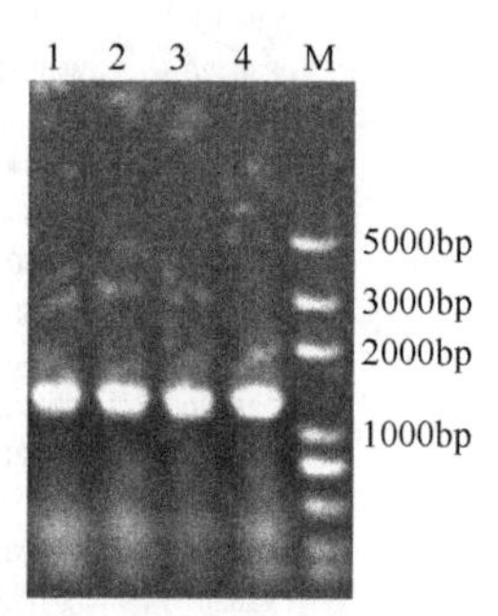


图 3-3 目的基因 PCR 扩增

1：Pp21050；2：PpbauA；3：Pp36420；4：PpspuC；M：分子量标准

从图中可以看出，产物在所标记的 1000bp 附近有明显的亮带，而目的基因的理论大小分别为 1414bp（Pp21050）、1348bp（PpbauA）、1360bp（Pp36420）、1363bp（PpspuC），所得产物均与其理论大小相符合，因此初步断定 PCR 扩增获得目的基因。

（2）重组表达载体的构建

将获得的目的基因与表达载体 pET28a 分别进行双酶切并连接。重组表达载体构建示意图，如图 3-4 所示。将重组质粒导入大肠杆菌 DH5 α感受态细胞中，以备后续实验使用。

（3）质粒 PCR 验证

将目的基因与表达载体 pET28a 的连接产物导入克隆载体大肠杆菌 DH5 α、涂板，37℃下过夜培养后，挑取若干个单菌落进行培养，提取质粒进行质粒 PCR 验证。结果如图 3-5、图 3-6 所示。

从图 3-5 得出，pET28a-Pp21050、pET28a-PpbauA、pET28a-Pp36420 和 pET28a-PpspuC 重组质粒提取成功；从图 3-6 得出，以重组质粒产物对目的基因分别进行 PCR，在 Marker 所标记的 1000bp 附件均有目的基因的明显亮带，证明重组表达载体构建成功。

（4）质粒双酶切验证

将 3.1.4.2（3）所提取的 pET28a-Pp21050、pET28a-PpbauA、pET28a-Pp36420 和 pET28a-PpspuC 重组质粒，利用 *Bam*H Ⅰ/*Xho* Ⅰ 进行双酶切，在 1%的琼脂糖凝胶核酸电泳验证后，所得电泳图如图 3-7 所示。

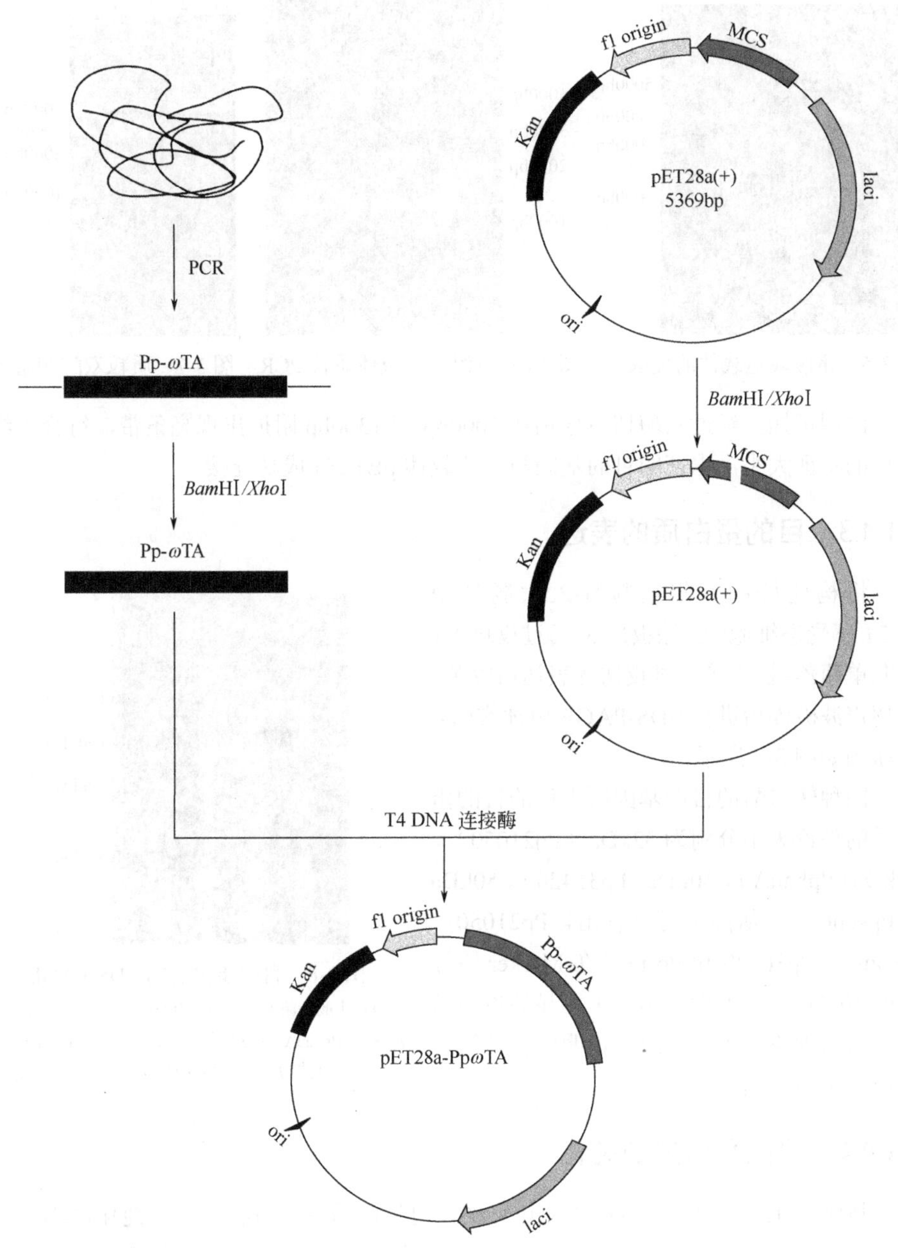


图 3-4　pET28a-Pp$\omega$TA 的表达载体构建图

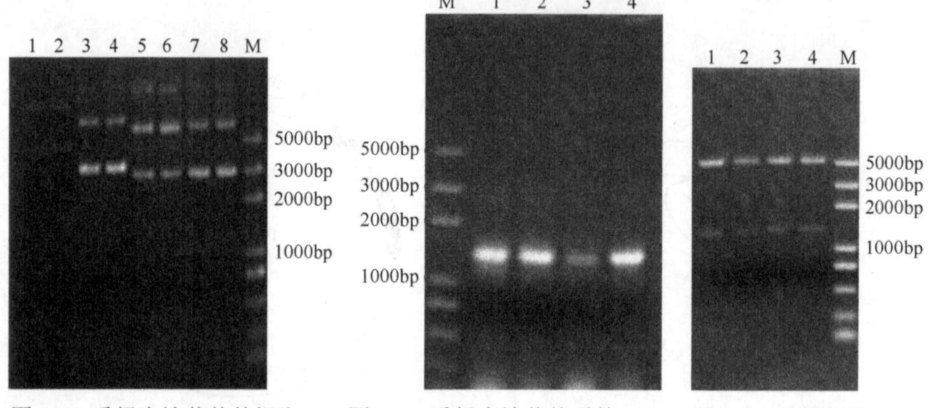


图 3-5　重组表达载体的提取　　图 3-6　重组表达载体质粒 PCR　图 3-7　质粒双酶切验证

由图可知，经过双酶切后分别在 5000bp 和 1300bp 附近出现亮条带，符合重组质粒的特征大小，也证明目的基因与表达载体 pET28a 成功连接。

### 3.1.4.3　目的蛋白质的表达

将构建好的重组质粒导入大肠杆菌 BL21 感受态细胞中，涂板后 37℃过夜培养，挑取单菌落，扩大培养过夜诱导表达后收菌，经超声波破碎后进行 SDS-PAGE 电泳实验，电泳图如图 3-8 所示。

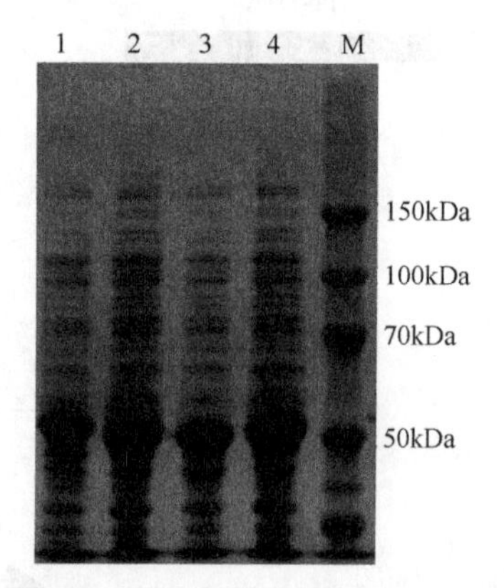


图 3-8　目的蛋白质的 SDS-PAGE

1：大肠杆菌 *E. coli*（Pp21050）；2：大肠杆菌 *E. coli*（PpbauA）；3：大肠杆菌 *E. coli*（Pp36420）；4：大肠杆菌 *E. coli*（PpspuC）；M：分子量标准

四种转氨酶的目的基因所表达的目的蛋白质的理论大小分别为 52kDa（Pp21050）、49kDa（PpbauA）、50kDa（Pp36420）、50kDa（PpspuC）。从图中可以看出，Pp21050、PpbauA、Pp36420 和 PpspuC 在 Marker 所标记的 50kDa 区域附近均出现了明显的蛋白条带，与其理论大小均一致，说明四种转氨酶均成功可溶表达。

### 3.1.4.4　目的蛋白质的纯化

按照 3.1.3.4（2）中蛋白质纯化方法，对目的蛋白质进行纯化，纯化产物经过 SDS-PAGE 电泳实验，其蛋白质电泳结果如图 3-9 所示。从图中可以看出，经过含不同浓度咪唑的缓冲液洗脱，杂蛋白被逐渐洗脱，最后得到单一条带的目的蛋白质，大小也在所标记 50kDa 区域附近，符合各自转氨酶目的蛋白质的理论大小。

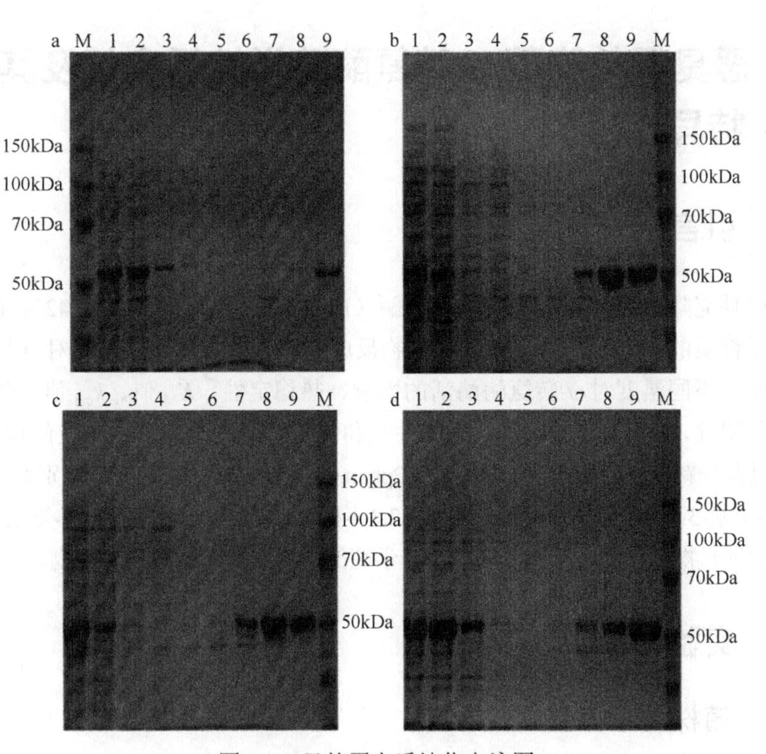


图 3-9 目的蛋白质纯化电泳图

a：Pp21050；b：PpbauA；c：Pp36420；d：PpspuC；M：分子量标准

### 3.1.5 小结

（1）以$\omega$-转氨酶 CV2025 的氨基酸序列为模板，经过序列比对后在 *P. putida* NBRC14164全基因组中筛选到四种$\omega$-转氨酶氨基酸序列，分别为Pp21050、PpbauA、Pp36420 和 PpspuC，且与$\omega$-转氨酶 CV2025 的氨基酸序列同源性分别为 37%、35%、56%和 58%。

（2）利用基因组试剂提取盒对 *P. putida* NBRC14164 的基因组进行提取，设计引物，PCR 得到目的基因，经 *Bam*HⅠ/*Xho*Ⅰ双酶切后与表达载体连接并对重组质粒进行验证，说明重组载体构建成功。重组载体转入 *E.coli* BL21（DE3）感受态细胞后得到重组菌。

（3）重组菌经诱导表达后均获得可溶性目的蛋白质，表明重组菌构建表达成功。目的蛋白质经纯化后，进行了 SDS-PAGE 凝胶电泳验证，四种$\omega$-转氨酶 Pp21050、PpbauA、Pp36420 和 PpspuC 在所标记 50kDa 区域出现单一条带，说明目的蛋白质纯化成功可用于后续实验。

## 3.2 恶臭假单胞菌$\omega$-转氨酶酶学性质表征及其底物特异性研究

### 3.2.1 引言

对成功克隆表达的四个新型$\omega$-转氨酶（Pp21050、PpbauA、Pp36420、PpspuC）进行酶学性质的研究，以催化苯乙胺底物反应为例，分别从不同 pH 对$\omega$-转氨酶酶活的影响、不同温度对$\omega$-转氨酶酶活的影响、热稳定性、$K_M$ 值、$k_{cat}$ 值等酶学活性参数进行研究，为后续催化反应合成手性胺和邻氨基醇的研究提供一定的理论基础。本章通过四个新型$\omega$-转氨酶（Pp21050、PpbauA、Pp36420、PpspuC）分别对外消旋苯乙胺、1-甲基-3-苯基丙胺、1-氨基茚满、1,2,3,4-四氢-1-萘胺、苯甘氨醇、2-氨基-1-丁醇、缬氨醇七种底物进行动力学拆分来得到光学纯的手性胺和氨基醇类化合物。

### 3.2.2 实验材料

#### 3.2.2.1 菌株及培养基

菌株为第一节构建好的四种重组大肠杆菌 *E. coli*（Pp21050）、*E. coli*（PpbauA）、*E. coli*（Pp36420）和 *E. coli*（PpspuC）。培养基同 3.1.2.3（1）。

#### 3.2.2.2 实验试剂

$NH_4Cl$，NaCl，$K_2HPO_4$，$KH_2PO_3$，无水乙醇，NaOH，甘氨酸，无水 $Na_2SO_4$，二甲基亚砜，均为分析纯；(*R*)-$\alpha$-苯乙胺 [(*R*)-$\alpha$-methylbenzylamine]，(*S*)-$\alpha$-苯乙胺 [(*S*)-$\alpha$-methylbenzylamine]，(*R*)-1-甲基-3-苯基丙胺[(*R*)-1-methyl-3-phenylpropylamine]，(*S*)-1-甲基-3-苯基丙胺 [(*S*)-1-methyl-3-phenylpropylamine]，(*R*)-1-氨基茚满 [(*R*)-1-aminoindan]，(*S*)-1-氨基茚满 [(*S*)-1-aminoindan]，(*R*)-1,2,3,4-四氢-1-萘胺 [(*R*)-1,2,3,4-tetrahydro-1-naphthylamine]，(*S*)-1,2,3,4-四氢-1-萘胺[(*S*)-1,2,3,4-tetrahydro-1-naphthylamine]，(D)-苯甘氨醇 [(*R*)-2-amino-2-phenylethanol]，(L)-苯甘氨醇 [(*S*)-2-amino-2-phenylethanol]，(*R*)-2-氨基 1-丁醇[(*R*)-2-amino-1-butanol]，(*S*)-2-氨基-1-丁醇 [(*S*)-2-amino-1-butanol]，(D)-缬氨醇[(*R*)-valinol]，(L)-缬氨醇[(S)-valinol]，苯乙酮，2-羟基苯乙酮；正十二烷，4-二甲氨基吡啶，醋酸酐。

#### 3.2.2.3 实验仪器

本章主要实验仪器如表 3-3 所示。

表 3-3　实验仪器

| 序号 | 名称 | 型号 | 生产商 |
| --- | --- | --- | --- |
| 1 | 立式压力蒸汽灭菌锅 | YXQ-LS-75SII | 上海博讯实业有限公司 |
| 2 | 电子天平 | BT 124S | 德国塞多利斯股份公司 |
| 3 | 冰箱 | BCD-205TJ | 青岛海尔股份有限公司 |
| 4 | 大容量振荡器 | DHZ-CA | 太仓市实验设备厂 |
| 5 | 数显 pH 计 | PB-10 | 德国塞多利斯股份公司 |
| 6 | 超净工作台 | ZHJH-C1106C | 上海志城分析仪器制造有限公司 |
| 7 | 高速冷冻离心机 | HC-3018R | 安徽中科中佳科学仪器有限公司 |
| 8 | 烘箱 | ZRD-5055 | 上海志城仪器仪表有限公司 |
| 9 | 恒温水浴锅 | XMTD-400 | 北京市永光明医疗仪器有限公司 |
| 10 | 超低温保藏箱 | DW-86W100 | 青岛海尔特种电器有限公司 |
| 11 | 电热恒温鼓风干燥箱 | DHG-9243BS-III | 上海新苗医疗器械制造有限公司 |
| 12 | 可调移液器 | 10/100/1000 μL | 艾本德 Eppendorf |
| 13 | 微波炉 | WP750A | 格兰仕 |
| 14 | 气相色谱仪 | GC-2010 | 岛津 SHIMADZU |
| 15 | 色谱柱 | HP-5 | 安捷伦 |
| 16 | 手性色谱柱 | CP-Chirasil-Dex CB | 安捷伦 |
| 17 | 全波长酶标仪 | MultiskanGO1510-01180 | 美国赛墨飞世尔科技 |
| 18 | 真空冷冻干燥机 | FD-PpspuC0 | 北京博医康实验仪器有限公司 |
| 19 | 涡旋振荡器 | Vortex-Genie 2 | 科学工业（Scientific Industries） |
| 20 | 恒温振荡器 | DHZ-CA | 苏州培英实验设备有限公司 |

## 3.2.3　实验方法

### 3.2.3.1　酶活力测定方法

利用气相色谱仪检测苯乙酮的生成量，计算重组转氨酶的酶活力。

$\omega$-转氨酶活力测定方法如下：在 1mL 体系中，50mmol/L 外消旋苯乙胺，0.1mmol/L PLP，50mmol/L 苯乙酮，0.1mol/L 磷酸缓冲液（pH7），30℃、200r/min 恒温摇床振荡反应 10min 后按苯乙酮生成量测定方法进行测定。$\omega$-转氨酶活力单位定义：在上述条件下，1mL 转氨酶酶液每分钟转化底物生成 1μmol 苯乙酮为一个酶活单位（U）。

酶活计算公式：酶活(U)=$a/(c\cdot t)$；比活力(U/mg)=酶活力/$m$

式中，$a$ 为苯乙酮的物质的量，μmol；$t$ 为反应时间，min；$c$ 为酶的体积，mL；$m$ 为酶液的蛋白质含量，mg。

产物苯乙酮的定量方法为：取 0.5 mL 反应样品用 0.5 mL 含有 5 mmol/L 正十二烷内标的乙酸乙酯萃取，有机相用无水硫酸钠干燥后，用 GC 检测苯乙酮的含量。

### 3.2.3.2 不同 pH 对酶活性的影响

pH6.0～8.0 的缓冲液为 0.1mol/L $K_2HPO_4$-$KH_2PO_4$ 缓冲液，pH9.0～11.0 的缓冲液为 0.1mol/L Glycine-NaOH 缓冲液，分别在 pH 为 6.0～11.0 的条件下测定 Pp21050、PpbauA、Pp36420、PpspuC 的酶活力。酶活力测定方法同 3.2.3.1。以最高酶活力为 100%，计算相对活力。

### 3.2.3.3 不同温度对酶活性的影响

分别在 25℃、30℃、35℃、40℃、45℃、50℃和 55℃温度下考查 Pp21050、PpbauA、Pp36420 和 PpspuC 的酶活力。酶活力测定方法同 3.2.3.1。以最高酶活力为 100%，计算相对活力。

### 3.2.3.4 *ω*-转氨酶温度稳定性测定

先将 Pp21050、PpbauA、Pp36420 和 PpspuC 的酶液分别置于 4℃、20℃、30℃、40℃和 50℃的水浴锅中孵育 2h，再取样用 3.2.3.1 测定方法测定转氨酶残余酶活力，将最高酶活力定义为 100%，计算相对活力。

### 3.2.3.5 *ω*-转氨酶动力学特征测定

分别以不同浓度（5mmol/L，10mmol/L，20mmol/L，30mmol/L，40mmol/L，50mmol/L）的外消旋苯乙胺为底物，以 0.1mol/L、pH7 的磷酸溶液为缓冲液，30℃下测定不同底物浓度下的反应初速度，测定方法同 3.2.3.1，再利用 Lineweaver-Bark 做双倒数曲线求出 $K_M$、$V_{max}$。

### 3.2.3.6 *ω*-转氨酶底物特异性研究

利用 Pp21050、PpbauA、Pp36420 和 PpspuC 动力学拆分手性胺和邻氨基醇，反应体系如下：5mL 反应体系中，0.1mol/L 磷酸缓冲液（pH9.0），5～50mmol/L 丙酮酸，5～50mmol/L 底物和 0.1mmol/L PLP，再加入 0.5～1.0mL 的酶液（10mg/mL）后于 30℃下、200r/min 振荡反应，在 30h 内的不同时间段每隔 2h 取样测定产物量，直到转化率和 *ee* 值达到最大为止，所用 Pp21050、PpbauA、Pp36420 和 PpspuC 的酶活力分别为 1.5U/mL、0.7U/mL、2.5U/mL 和 3.0U/mL。产物酮类和羟酮类化合物的萃取方法：取 0.3mL 反应样品，加过量 NaCl 直至饱和，再加 0.3mL 含有 5mmol/L 正十二烷为内标物的乙酸乙酯充分振荡混匀，离心后取有机相并加无水硫酸钠进行干燥以便进行气相色谱测量。拆分剩余的手性胺和*β*-氨基醇类化合物的萃取方法：取 0.5mL 反应样品，加过量 NaCl 直至饱和后加 0.01mL 10mol/L 氢氧化钠（NaOH）碱化，再加 0.5mL 含有 5mmol/L 正十二烷为内标物的乙酸乙酯充分振荡混匀，离心后取有机相并加无水硫酸钠进行干燥以便进行气相色谱测量。所拆分的手性胺和$\beta$-氨基醇类化合物如表 3-4 所示。

**表 3-4　所用底物及其分子结构**

| 底物 | 分子结构 |
|---|---|
| (±)- $\alpha$-苯乙胺<br>(±)- $\alpha$-Methylbenzylamine | 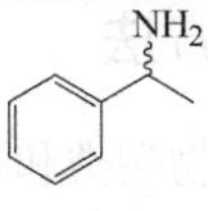 $NH_2$<br>1a |
| 1-甲基-3-苯基丙胺<br>(±)-1-methyl-3-phenylpropylamine | 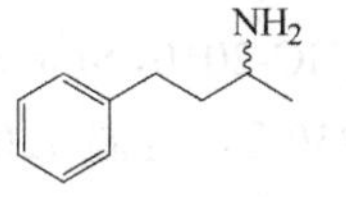 $NH_2$<br>1b |
| 1-氨基茚满<br>(±)-1,2,3,4-Tetrahydro-1-naphthylamine | 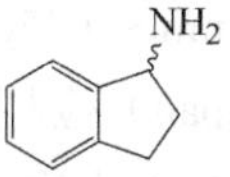 $NH_2$<br>1c |
| 1,2,3,4-四氢-1-萘胺<br>(±)-1-aminotetralin | 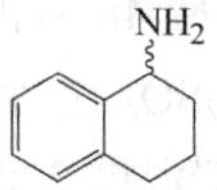 $NH_2$<br>1d |
| 苯甘氨醇<br>(±)-2-amino-2-phenylethanol | 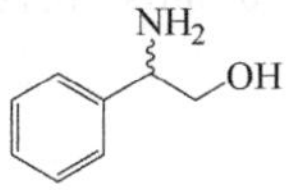 $NH_2$　OH<br>1e |
| 2-氨基-1-丁醇<br>(±)-2-amino-1-butanol | 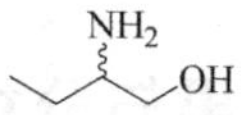 $NH_2$　OH<br>1f |
| 缬氨醇<br>（±）-valinol | 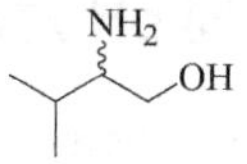 $NH_2$　OH<br>1g |

### 3.2.3.7　制备 *S* 构型苯甘氨醇

制备 *S* 构型苯甘氨醇，采用 100mL 反应体系，其中外消旋苯甘氨醇[(±)1e]浓度为 40mmol/L，PLP 浓度为 0.1mmol/L，丙酮酸钠浓度为 40mmol/L，磷酸缓冲液浓度为 100mmol/L（pH8）。利用转氨酶 PpspuC 以 20mg/mL 的浓度在 250mL 的反应瓶中，30℃、180r/min 下反应 24h。在反应完全后，将反应液在 8000*g* 下离心 10min，然后使用盐酸将反应液酸化，使其 pH<2，再用乙酸乙酯重复萃取三次将生成的 2-

羟基苯乙酮副产物移除。然后利用 10mol/L 的氢氧化钠将反应液碱化使其 pH>11，加氯化钠至饱和，同样用乙酸乙酯重复萃取三次，将有机相分离出来加入无水硫酸钠干燥。过滤后经过减压旋转蒸发将乙酸乙酯去除，将得到的固体在真空干燥箱过夜干燥。

#### 3.2.3.8 分析方法

对于反应产物酮类和羟酮类化合物，拆分剩余的手性胺和$\beta$-氨基醇类化合物是使用带有 HP-5 色谱柱（30m×0.320mm×0.25mm；Agilent Technologies，Inc.）的气相色谱仪（GC-2010，Shimadzu，Japan）检测的。其检测条件为：进样口温度 250℃，检测器温度 250℃，柱温 120℃。

底物的对映体过量值（*ee*，%）是通过带有 CP Chirasil-Dex CB 手性色谱柱（25m×0.32mm×0.25μm；Agilent Technologies，Inc.）的气相色谱仪（GC-2010，Shimadzu，Japan）检测的。在检测前还需要对样品进行衍生，具体方法：取 0.5mL 样品，加入 0.1mL 含有 50mg/mL 4-二甲氨基吡啶（DMAP）的醋酸酐溶液，在 40℃、700r/min 下反应 4h 后再加 0.5mL 饱和 $NH_4Cl$ 溶液充分振荡混匀，离心取有机相并加入无水 $Na_2SO_4$ 进行干燥以便进行气相色谱测量。其检测条件为：进样口温度 250℃，检测器温度 270℃，柱温为程序升温，于 120℃下，以 5℃/min 升到 160℃，保留时间为 20 min。底物的对映体过量值的计算公式为：

$$ee = \frac{[R]-[S]}{[R]+[S]} \times 100\%$$

其中[*R*]、[*S*]分别代表底物 *R* 和 *S* 构型对映体在气相色谱图中各种的峰面积大小。

### 3.2.4 结果与分析

#### 3.2.4.1 不同 pH 对$\omega$-转氨酶酶活力的影响

pH 是影响转氨酶酶活力的一个重要因素，不同的 pH 对酶活力中心氨基酸残基解离程度的影响不同，从而影响酶活力的高低。本实验分别测定了 Pp21050、PpbauA、Pp36420 和 PpspuC 四种转氨酶在 pH6.0～11.0 时的酶活力，以最高酶活力为 100%，计算相对酶活力。如图 3-10 所示，Pp21050 在 pH6.0～10.0 的范围内约还保留有最大酶活力的 60%以上，在 pH8.5～9.5 之间酶活力相对较高，尤其在 pH9.0 时酶活力达到最高；PpbauA 在 pH9.0～10.5 之间其酶活力保留约为最大酶活力的 90%以上，酶活力相对较高，但当 pH 大于 10.5 和小于 9.0 时，酶活力极速下降，当 pH6.0 时，几乎失去全部酶活力；Pp36420 在 pH8.0～8.5 时保留有最大酶活力的 90%以上，具有相对较高的酶活力，当 pH 小于 7.5 或大于 8.5 时，酶活力迅速下降；PpspuC 在

pH8.5～9.5 时具有相对较高的酶活力，同样当 pH 小于 8.5 或大于 9.5 时，酶活力损失较大，当在 pH6.0 时，酶活力基本全部丧失。

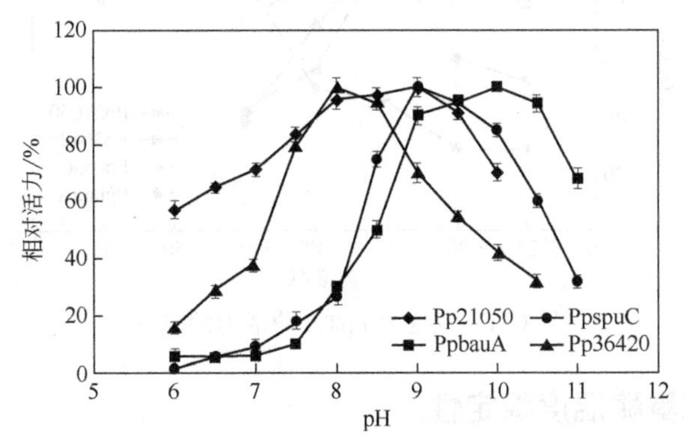


图 3-10　pH 对 PpTA 酶活力的影响

除了 Pp21050，其他三个酶在 pH6.0 时都具有相对较低的酶活力；Pp21050、Pp36420 和 PpspuC 酶活力的最适 pH 分别在 9.0、8.0 和 9.0，而且当低于或超过其最适范围时，酶活力迅速下降。这与文献报道的 VfTA[3] 和 CV2025[1] 的酶活力最适 pH 范围在 pH9.0 附近相类似。而 PpbauA 的酶活力最适 pH 为 10.0，且表现出了较宽的适宜 pH 范围 pH9.0～10.5，类似于 Yonaha 等[5]所发现的来源于 *Pseudomonas* sp.F-126 的丙氨酸/丙酮酸转氨酶，其酶活最适 pH 范围是 8.5～10.5。

### 3.2.4.2　不同温度对$\omega$-转氨酶酶活力的影响

温度是影响转氨酶酶活力的另一个重要因素，高温有利于提高转氨酶催化反应的反应速率，但温度太高则会使蛋白酶的结构发生变化导致蛋白质变性，从而影响酶活力和催化反应速率。

如图 3-11 所示 Pp21050、PpbauA、Pp36420 和 PpspuC 的酶活力随温度的升高均呈现先增大后减小的趋势，其中 Pp21050 在 35℃时酶活力达到最大，25℃时酶活力约为最大酶活力的 50%，45℃时酶活力约为最大酶活力的 40%；PpbauA 在 50℃酶活力达到最大，当小于 45℃时酶活力相对较低，25℃时仅为最大酶活力的 30%；Pp36420 在 35℃时酶活力达到最大，在 25～30℃范围内酶活力约为最大酶活力的 80%，但当温度大于 35℃时，其酶活力迅速下降，50℃时酶活力仅有最大酶活的 30%左右；PpspuC 在 35℃酶活力达到最大，且其具有较宽的适宜温度范围，在 25～45℃之间的酶活力均为最大酶活力的 80%以上。由此可见，Pp21050、Pp36420 和 PpspuC 的最适温度为 35℃。另外，不同于其他三种酶，PpbauA 酶活力最适温度为 50℃，这是酶学性质研究过程中的一个重大发现。

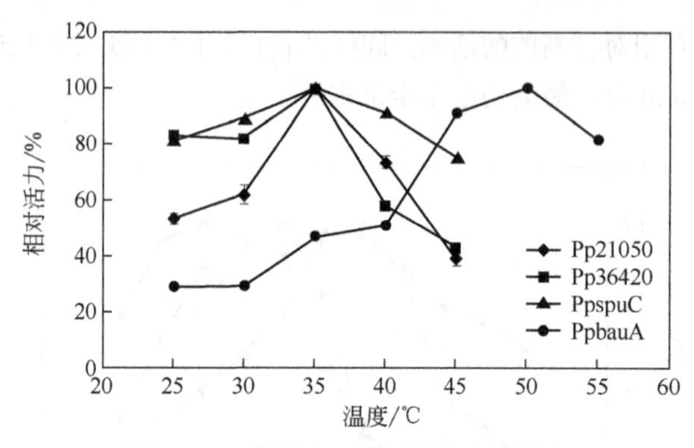

图 3-11　温度对 PpTA 酶活力的影响

### 3.2.4.3　*ω*-转氨酶温度稳定性

温度稳定性是衡量酶学性质的重要指标，温度稳定性较好的酶可以在较长时间内保持较高的酶活力来催化反应。通过将转氨酶置于不同温度下孵育 2h，测定其残余酶活力来衡量其温度稳定性。以 4℃下的酶活力为 100%，分别计算相对酶活力。实验结果如图 3-12 所示，Pp21050 在 20℃时相对稳定，保留有相对于 4℃下酶活力的 80%，超过 30℃后，酶活力迅速下降，40℃、50℃、60℃时几乎没有酶活力；PpbauA 稳定性较好，在 4～40℃时，均保持相对较高的酶活力，在 40℃下孵育 2 h 后相比较于 4℃时仍有约 90%的酶活力，60℃时，相比较 4℃酶活力约保留 70%；Pp36420 在 4～20℃的酶活力相对稳定，相比较 4℃酶活力，20℃时保留有约 90%的酶活力，但超过 20℃时酶活力极速下降，30℃仅保留有 10%的酶活力，在 40℃、50℃、60℃时几乎失去酶活力；PpspuC 在 20℃时酶活力较 4℃时升高到约 110%，随着温度继续升高，酶活力迅速下降，在 40℃时保留有约 20%的酶活力，到 50℃、60℃时几乎失去酶活力。

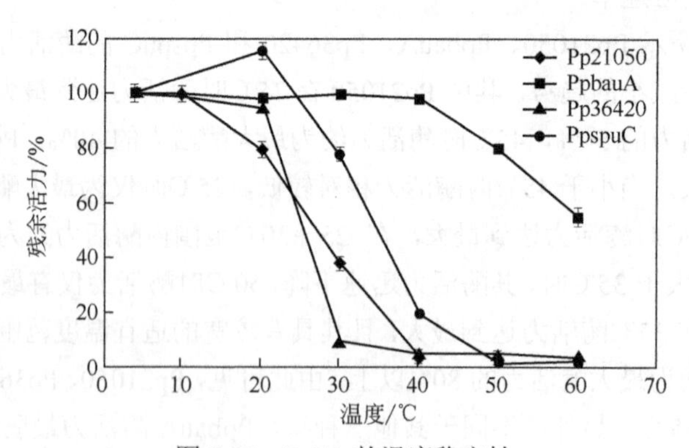

图 3-12　PpTA 的温度稳定性

Pp21050、Pp36420 和 PpspuC 三种酶相比较，PpbauA 的温度稳定性较差，超过 30℃，三种酶都保留有相对较低的酶活力。而 PpbauA 具有相对较好的酶活力温度稳定性，尤其在高温 60℃下孵育 2h 还保留 60%左右的相对酶活力，并且其酶活力最适温度为 50℃，这可能是因为 PpbauA 的氨基酸序列与一些嗜热转氨酶的氨基酸序列具有较高的同源性，如 PpbauA 的氨基酸序列与来源于 *Pseudomonas aeruginosa* 的$\beta$-丙氨酸/丙酮酸转氨酶的氨基酸序列具有 77%的同源性[6]，与来源于 *Pseudomonas* sp.F-126 的$\omega$-丙氨酸/丙酮酸转氨酶氨基酸系列具有 85%的同源性[5]。

### 3.2.4.4 $\omega$-转氨酶底物动力学性质

本研究以 5～50mmol/L 不同浓度的外消旋苯乙胺为底物分别对 Pp21050、PpbauA、Pp36420 和 PpspuC 动力学参数进行了测定。通过做双倒数曲线，利用米氏方程计算得出如表 3-5 所示的底物动力学参数，其中 Pp21050、PpbauA、Pp36420 和 PpspuC 四种酶的 $K_M$ 值分别为 161.3mmol/L、136.7mmol/L、398mmol/L 和 130.9mmol/L；Pp36420 相比较其他三个酶有较高的 $V_{max}$，其值为 5.6 U/mg 约是 PpbauA 的 $V_{max}$（0.5U/mg）10 倍，PpspuC 的 $V_{max}$（3.6U/mg）约是 PpbauA 的 $V_{max}$（0.5U/mg）7 倍，Pp21050 的 $V_{max}$（2.8U/mg）约是 PpbauA 的 $V_{max}$（0.5U/mg）6 倍；但从催化效率 $k_{cat}/K_M$ 来看，PpspuC 的催化效率最高达到 0.023/(L/s·mmol)，Pp21050 的催化效率次之达到 0.015/(L/s·mmol)，Pp36420 的催化效率达到 0.012/(L/s·mmol)，PpbauA 的催化效率最低只有 0.003/(L/s·mmol)。

**表 3-5 PpTA 的动力学参数**

| 酶 | $V_{max}$/(U/mg) | $K_M$/(mmol/L) | $k_{cat}$/$s^{-1}$ | $k_{cat}/K_M$/(L/s·mmol) |
|---|---|---|---|---|
| Pp21050 | 2.8 | 161.3 | 2.4 | 0.015 |
| PpbauA | 0.5 | 136.7 | 0.4 | 0.003 |
| Pp36420 | 5.6 | 398.5 | 4.7 | 0.012 |
| PpspuC | 3.6 | 130.9 | 3.0 | 0.023 |

总体来看，就底物为苯乙胺而言，PpspuC 具有较高的 $V_{max}$ 和最高的催化效率，比较适合苯乙胺的催化反应。虽然 Pp36420 的 $V_{max}$ 最高，但由于其 $K_M$ 值比较大导致催化效率较低。相比较而言，Pp21050、Pp36420 和 PpspuC 的酶活力高于来源于紫色色杆菌（*Chromobacterium violaceum*）的$\omega$-转氨酶 CV2025 的酶活力，其对底物苯乙胺的酶活力仅为 1.2U/mg[1]，但要低于来源于 *Mycobacterium vanbaalenii* 的酶活力，其酶活力为 30.2U/mg[7]，同样也低于来源于 *Alcaligenes denitrificans* 的$\omega$-转氨酶的酶活力 (10.8U/mg)[8] 和来源于 *Ochrobactrum anthropi* 的$\omega$-转氨酶的酶活力 (33U/mg)[9]。

### 3.2.4.5 ω-转氨酶动力学拆分外消旋胺和β-氨基醇

本实验利用动力学拆分外消旋底物研究四种ω-转氨酶的底物特异性，所选的底物如表 3-6 所示。由于目前报道的利用ω-转氨酶来合成手性β-氨基醇的研究相对较少[10-11]，因此我们选择了 3 种不同的外消旋β-氨基醇类化合物和 4 种外消旋胺类化合物。

如表 3-6 所示，对于底物浓度为 50mmol/L 的外消旋苯乙胺[(±)-1a]，Pp21050 和 PpspuC 具有良好的催化活性和立体选择性，Pp21050 反应时间 6h 时，底物被完全拆分，底物转化率为 48.9%，产物 *ee* 值为 98.0%；PpspuC 反应 4h 时达到了 49.8%的底物转化率和大于 99.0%的 *ee* 值；PpbauA 对底物苯乙胺的酶活较低，反应时间达 28h，底物转化率仅有 34.2%，底物的对映体过量值 *ee* 仅有 52.0%；Pp36420 虽然对苯乙胺的酶活较 Pp21050 和 PpspuC 两者都高，但在 6 小时仅有 37.9%的底物转化率和 61.0%的 *ee* 值，这可能是由于 Pp36420 的催化效率较低且温度稳定性较低引起的。

**表 3-6　PpTA 的底物特异性**

| 酶 | 底物 | 浓度/(mmol/L) | 时间/h | 转化率/% | 未反应底物 | 底物 *ee*/% |
|---|---|---|---|---|---|---|
| Pp21050 | 1a | 50 | 6 | 48.9 | (*R*)-1a | 98.0 |
| | 1b | 10 | 12 | 49.7 | (*R*)-1b | 98.0 |
| | 1c | 10 | 12 | 50.0 | (*R*)-1c | >99.0 |
| | 1d | 10 | 24 | 50.3 | (*R*)-1d | >99.0 |
| | 1e | 5 | 18 | 50.2 | (*S*)-1e | >99.0 |
| PpbauA | 1a | 50 | 28 | 34.2 | (*R*)-1a | 52.0 |
| | 1b | 5 | 14 | 8.0 | (*R*)-1b | 9.4 |
| | 1c | 5 | 24 | 11.5 | (*R*)-1c | 12.9 |
| | 1d | 5 | 24 | 4.0 | (*R*)-1d | 4.2 |
| | 1e | 5 | 12 | 17.3 | (*S*)-1e | 20.0 |
| | 1f | 10 | 24 | 50.0 | (*S*)-1f | >99.0 |
| | 1g | 10 | 24 | 50.0 | (*S*)-1g | >99.0 |
| Pp36420 | 1a | 50 | 6 | 37.9 | (*R*)-1a | 61.0 |
| | 1b | 10 | 12 | 50.0 | (*R*)-1b | >99.0 |
| | 1c | 10 | 12 | 49.0 | (*R*)-1c | 98.0 |
| | 1d | 5 | 28 | 38.6 | (*R*)-1d | 63.0 |
| | 1e | 5 | 12 | 49.4 | (*S*)-1e | 97.0 |
| PpspuC | 1a | 50 | 4 | 49.8 | (*R*)-1a | >99.0 |
| | 1b | 10 | 12 | 49.7 | (*R*)-1b | >99.0 |
| | 1c | 10 | 12 | 49.8 | (*R*)-1c | >99.0 |
| | 1d | 5 | 28 | 40.4 | (*R*)-1d | 67.0 |
| | 1e | 40 | 24 | 49.3 | (*S*)-1e | >99.0 |
| | 1f | 10 | 24 | 15.0 | (*S*)-1f | 17.3 |
| | 1g | 10 | 24 | 35.0 | (*S*)-1g | 58.3 |

对于外消旋 1-甲基-3-苯基丙胺[(±)-1b]，Pp21050、Pp36420 和 PpspuC 催化活性较高，反应时间 12h、10mmol/L 的底物均可完全被拆分，底物转化率分别为 49.7%、50.0%和 49.7%，产物 *ee* 值均在 98%～99%；但是 PpbauA 对其动力学拆分效果不好，底物浓度仅为 5mmol/L，反应时间 14h 时也仅有 8.0%的底物转化率和 9.4%的 *ee* 值。

对于底物外消旋 1-氨基茚满[(±)-1c]，Pp21050、Pp36420 和 PpspuC 都表现出了不错的催化能力，底物浓度为 10mmol/L，反应时间 12 h，底物转化率分别为 50.0%、49.0%和 49.8%，底物的对映体过量值分别为大于 99.0%、98.0%和大于 99.0%；但 PpbauA 对其活力较差，拆分 5mmol/L 的 1-氨基茚满[(±)-1c]在 24 h 的底物转化率仅有 11.5%，底物的对映体过量值为 12.9%。

对于底物外消旋 1,2,3,4-四氢-1-萘胺[(±)-1d]，PpbauA、Pp36420 和 PpspuC 动力学拆分效果均不佳，底物浓度 5mmol/L，分别在 24h、28h 和 28h 时的底物转化率达到 4.0%、38.6%和 40.4%，其 *ee* 值仅为 4.2%、63.0%和 67.0%；但是 Pp21050 对其进行动力学拆分效果较好，反应时间 24h，可将 10mmol/L 底物完全拆分，底物转化率为 50.3%，底物的对映体过量值大于 99.0%。综上，对于所选的四种胺类化合物的底物，四种转氨酶均具有良好的立体选择性，只对 *S* 构型的胺类化合物有选择性，对 *R* 构型的胺类化合物没有选择性。

对于底物外消旋$\beta$-氨基醇类化合物[(±)-1e、(±)-1f 和(±)-1g]的动力学拆分，本实验克隆得到的四种$\omega$-转氨酶只对其 *R* 构型的底物有活性，对其 *S* 构型的底物没有活性。Pp21050、Pp36420 和 PpspuC 在催化反应不同底物浓度的外消旋苯甘氨醇 (±)-1e 时，都表现出了优秀的拆分能力，底物转化率为 49.3%～50.2%且产物对映体过量值为 97.0%～99.0%。尤其是 PpspuC 在 24h 时将底物浓度为 40mmol/L 的 (±)-1e 完全拆分；PpbauA 对底物从 (±)-1a～(±)-1e 都没有表现出对底物出色的催化反应能力，但对底物外消旋 2-氨基-1-丁醇 (±)-1f 和外消旋缬氨醇 (±)-1g，其底物为 10mmol/L，反应时间 24h 时的底物转化率达到 50.0%，底物的对映体过量值大于 99.0%。另外，对外消旋苯甘氨醇拆分能力出色的 PpspuC，对底物 (±)-1f 和 (±)-1g 进行催化反应活性较差，反应时间 24h 的底物转化率分别为 15.0%和 35.0%，底物的对映体过量值也仅有 17.3%和 58.3%。

#### 3.2.4.6 转氨酶 PpspuC 动力学拆分外消旋苯甘氨醇制备（*S*）-苯甘氨醇

在 100mL 的体系中制备 *S* 构型苯甘氨醇，如图 3-13 所示，利用 PpspuC 对外消旋苯甘氨醇 (±)-1e 进行动力学拆分，当底物转化率达到 49.8%时，(*S*)-苯甘氨醇的 *ee* 值大于 99%。产物经过纯化处理后的收率达到 45.0%（247.0mg），纯度大于 99%。

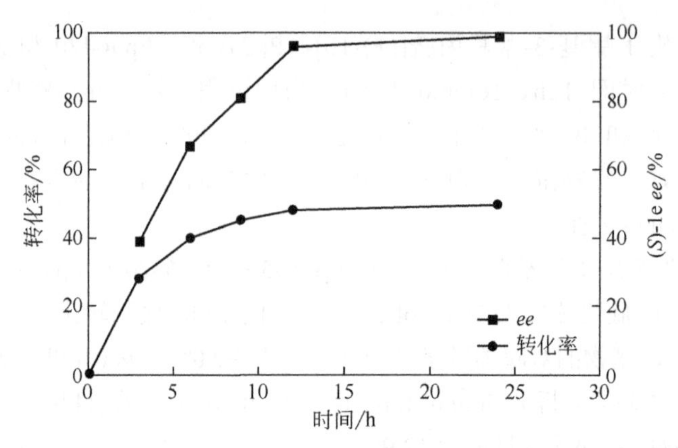


图 3-13 利用 PpspuC 动力学拆分外消旋苯甘氨醇-/e 的时间进程

### 3.2.5 小结

（1）分别对 Pp21050、PpbauA、Pp36420 和 PpspuC 四种转氨酶的酶活在 pH6～11 下进行测定，得到其最佳 pH 分别为 9.0、10.0、8.0 和 9.0。

（2）分别对 Pp21050、PpbauA、Pp36420 和 PpspuC 在不同温度下进行酶活测定，得到其最适温度分别为 35℃、50℃、35℃和 35℃。

（3）分别在不同温度下对 Pp21050、PpbauA、Pp36420 和 PpspuC 四种转氨酶的酶活稳定性进行测定，Pp21050、Pp36420 和 PpspuC 三种酶相比较 PpbauA 的温度稳定性较差，超过 30℃，三种酶都保留有相对较低的酶活。而 PpbauA 具有相对较稳定的酶活温度稳定性，尤其在高温 60℃下孵育 2h 还保留 60%左右的相对酶活。

（4）以 5～50mmol/L 不同浓度的外消旋苯乙胺为底物分别对 Pp21050、PpbauA、Pp36420 和 PpspuC 进行了动力学参数的测定，Pp21050、PpbauA、Pp36420 和 PpspuC 四种酶的 $K_M$ 值分别为 161.3mmol/L、136.7mmol/L、398mmol/L 和 130.9mmol/L；$V_{max}$ 分别为 2.8U/mg、0.5U/mg、5.6U/mg 和 3.6U/mg。PpspuC 的催化效率最高达到 0.023L/s·mmol，Pp21050 的催化效率次之达到 0.015L/s·mmol，Pp36420 的催化效率达到 0.012L/s·mmol，PpbauA 的催化效率最低只有 0.003L/s·mmol。

（5）对四种转氨酶的底物特异性进行研究，选择了 3 种不同的外消旋邻氨基醇类化合物和 4 种外消旋胺类化合物进行了动力学拆分。四种转氨酶都只对 *S* 构型胺有催化活性，Pp21050、Pp36420 和 PpspuC 对手性胺的拆分表现出了良好的催化能力，底物转化率能达到 48%～50%，*ee* 值也达到 98%～99%，但 PpbauA 对手性胺的转化率 4.0%～34.2%，*ee* 值为 4.2%～20.0%。在外消旋邻氨基醇的拆分过程中，Pp21050 和 Pp36420 对 1e 的转化率达到的 50.2%和 49.4%，*ee* 值达到 99%和 97%；PpbauA 对底物 (±)-1f 和 (±)-1g 有出色的催化能力，转化率和 *ee* 值分别达到的 50%

和 99%，但对 1e 的催化能力较差；PpspuC 则是对 1e 表现出了较强的催化能力，转化率和 *ee* 值分别达到了 49.3%和 99%，但对（±）-1f 和（±）-1g 的催化能力较差。同时利用 PpspuC 动力学拆分（±）-1e 扩大反应体系制备 *S* 构型的 1e 所得收率为 45.0%。

## 参考文献


[1] Kaulmann U，Smithies K，Smith M E B，et al. Substrate spectrum of $\omega$-transaminase from Chromobacterium violaceum DSM30191 and its potential for biocatalysis[J]. *Enzyme Microb. Tech.*，2007，41（5）：628-637.

[2] Ohji S，Yamazoe A，Hosoyama A，et al. The complete genome sequence of Pseudomonas putida NBRC 14164T confirms high intraspecies variation[J]. *Genome Announcements*，2014，2（1）：e00014-e00029.

[3] Shin J S，Kim B G. Asymmetric synthesis of chiral amines with omega-transaminase[J]. *Biotechnol. Bioeng.*，1999，65（2）：206-211.

[4] Cerioli L，Planchestainer M，Cassidy J，et al. Characterization of a novel amine transaminase from Halomonas elongata[J]. *J. Mol.Catal. B-Enzym.*，2015，120（10）：141-150.

[5] Yonaha K，Toyama S，Yasuda M，et al. Properties of crystalline $\omega$-amino acid：pyruvate aminotransferase of Pseudomonas sp. F-126[J]. *Agric. Biol. Chem.*，2014，41（9）：1701-1706.

[6] Ingram C U，Bommer M，Smith M E，et al. One-pot synthesis of amino-alcohols using a de-novo transketolase and beta-alanine：pyruvate transaminase pathway in Escherichia coli[J]. *Biotechnol. Bioeng.*，2007，96（3）：559-569.

[7] Shin G，Mathew S，Yun H. Kinetic resolution of amines by（R）-selective omega-transaminase from Mycobacterium vanbaalenii[J]. *Ind. Eng. Chem.*，2014，23：128-133.

[8] Yun H，Lim S，Cho B K，et al. $\omega$-Amino acid：pyruvate transaminase from Alcaligenes denitrificans Y2k-2：a new catalyst for kinetic resolution of beta-amino acids and amines[J]. *Appl. Environ. Microb.*，2004，70（4）：2529-2534.

[9] Malik M S，Park E S，Shin J S. $\omega$-Transaminase-catalyzed kinetic resolution of chiral amines using L-threonine as an amino acceptor precursor [J]. *Green Chem.*，2012，14（8）：2137-2140.

[10] Mutti F G，Kroutil W. Asymmetric bio-amination of ketones in organic solvents[J]. *Adv. Synth. Catal.*，2012，354（18）：3409-3413.

[11] Yun H，Kim J，Kinnera K，et al. Synthesis of enantiomerically pure trans-(1R，2R)- and cis-（1*S*，2*R*）-1-amino-2-indanol by lipase and omega-transaminase[J]. *Biotechnol. Bioeng.*，2006，93（2）：391-395.

# 第四章
# 结核分枝杆菌转氨酶(MVTA)的克隆及其在手性$\beta$-氨基醇合成中的应用

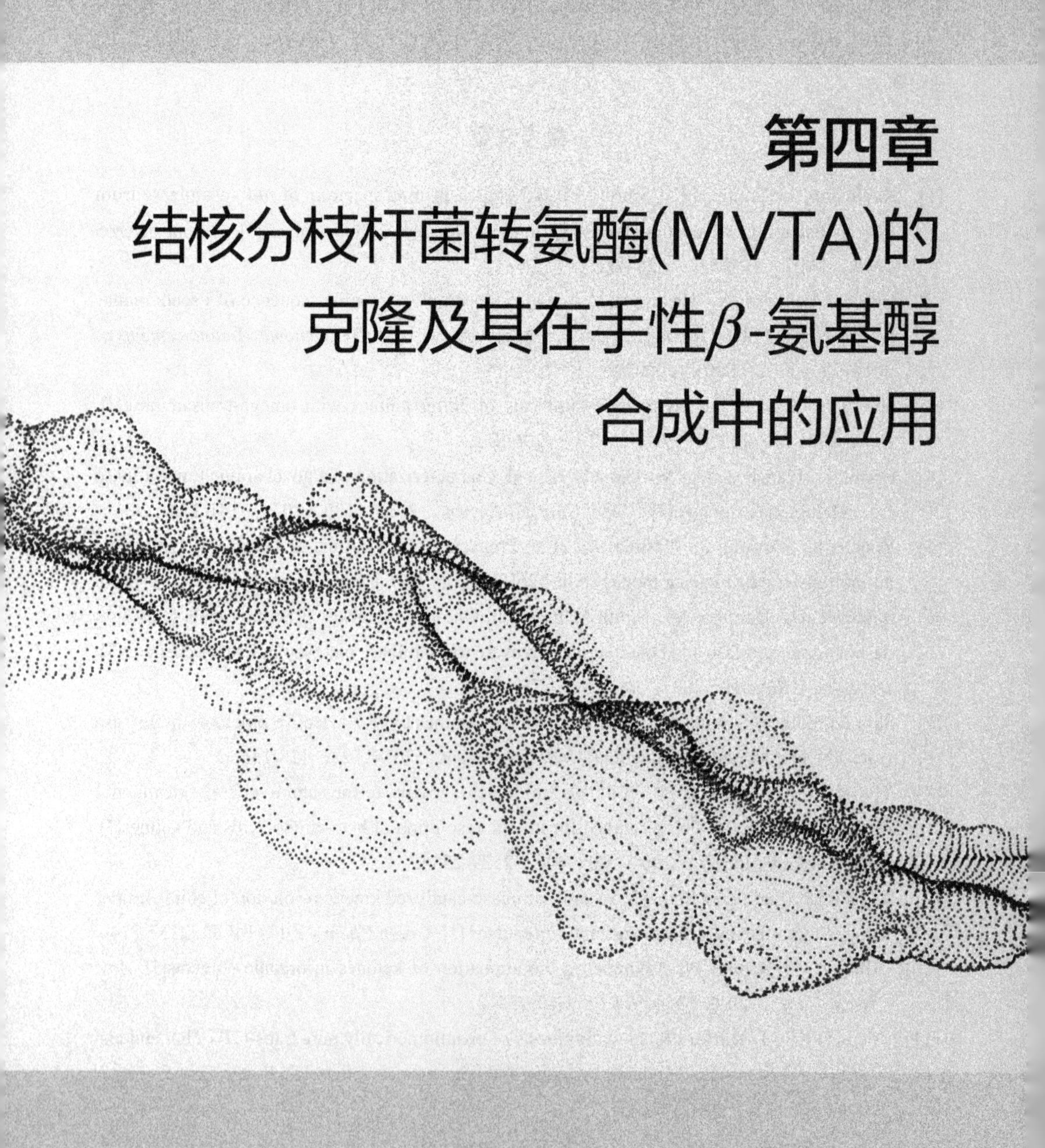

# 4.1 引言

基于前期构建好的高通量筛选方法[1]，筛选出来自结核分枝杆菌（*Mycobacterium vanbaalenii*）的具有高活性、高选择性的生物催化剂（*R*)-$\omega$TA（MVTA），并应用于手性$\beta$-氨基醇的动力学拆分和前手性 $\alpha$-羟酮的不对称还原胺化反应。通过基因重组技术，将转氨酶（MVTA）目的基因克隆表达于大肠杆菌细胞中，进行目的蛋白质的诱导表达纯化。对其酶学性质进行表征，包括最适 pH、pH 稳定性、最适温度、温度稳定性、有机溶剂耐受性、底物和产物耐受性的研究以及动力学参数的测定，为后续手性$\beta$-氨基醇的合成反应研究奠定理论基础[2]。

# 4.2 实验材料与仪器

## 4.2.1 菌株与质粒

大肠杆菌 *E. coli* DH5 α、*E. coli* BL21（DE3），质粒 pET28a，转氨酶（MVTA）菌种。

## 4.2.2 试剂盒

SanPrep 柱式质粒 DNA 小量抽提试剂盒，SanPrep 柱式 PCR 产物纯化试剂盒，SanPrep 柱式质粒 DNA 胶回收试剂盒，Brandford 法蛋白质浓度测定试剂盒；镍柱 Ni-NTA Sefinose Resin Kit。

## 4.2.3 实验试剂

聚合酶链式反应（PCR）引物；PCR 扩增试剂 dNTP，缓冲液，*Taq* plus DNA 聚合酶和 T4 连接酶；限制性内切酶 *Nde* Ⅰ、*Xho* Ⅰ；DNA 上样缓冲液，DNA 标准分子量 Marker；卡纳霉素、IPTG；Brandford 蛋白质染液、琼脂糖、考马斯亮蓝。

胰蛋白胨（tryptone），琼脂粉，酵母提取物（yeast extract），氯化钠，异丙基-$\beta$-D-硫代吡喃半乳糖苷（IPTG），氨苄西林（Amp），卡那霉素（Kana），丙烯酰胺，溴酚蓝，甘氨酸，琼脂糖，TEMED，牛血清蛋白，考马斯亮蓝 R-250，Brandford 蛋白质染色液，蛋白质分子量 Marker。

$NH_4Cl$，NaCl，无水乙醇，无水 $Na_2SO_4$，NaOH，二甲基亚砜，甘氨酸，均为分析纯；2-氨基-1-丙醇[(±)-2-amino-1-propanol]，2-氨基-1-丁醇[(±)-2-amino-1- butanol]，缬氨醇[(±)-valinol]，苯甘氨醇[(±)-2-amino-2-phenylethanol]，反式 2-氨基环己醇[(±)-trans-2-aminocyclohexanol]，顺式 2-氨基环己醇[(±)-cis-2-aminocyclohexanol]，反式 2-氨基环戊醇[(±)-trans-2-aminocyclopentanol]，顺式 1-氨基-2-茚醇[(±)-cis-1-amino-2-indanol]，顺式 2-氨基-1,2-二苯基乙醇[(±)-cis-2-amino-1,2- diphenylethanol]，1-羟基-2-丁酮（1-hydroxy-2-butanone），1-羟基-3-甲基-2-丁酮（1-hydroxy-3-methyl-2-butanone），2-羟基苯乙酮（1-phenyl-2-hydroxyethanone）；正十二烷，4-二甲氨基吡啶，醋酸酐。

### 4.2.4 实验仪器

所用主要仪器设备如表 4-1 所示。

**表 4-1 主要实验仪器**

| 名称 | 型号 | 生产商 |
|---|---|---|
| 电热蒸汽压力灭菌锅 | YXQ-LS-75SII | 上海博讯实业有限公司 |
| 电子天平 | BT 124S | 德国塞多利斯股份公司 |
| 冰箱 | BCD-205TJ | 青岛海尔股份有限公司 |
| 大容量振荡器 | DHZ-CA | 太仓市实验设备厂 |
| 数显 pH 计 | PB-10 | 德国塞多利斯股份公司 |
| 超净工作台 | ZHJH-C1106C | 上海智城分析仪器制造有限公司 |
| PCR 扩增仪 | Mastercycler pro S | 艾本德中国有限公司 |
| 凝胶成像分析仪 | WD-9413C | 北京市六一仪器厂 |
| 制冰机 | YN-200P | 上海因纽特制冷设备有限公司 |
| 超滤管 | 30kDa | Millipore |
| 高速冷冻离心机 | HC-3018R | 安徽中科中佳科学仪器有限公司 |
| 烘箱 | ZRD-5055 | 上海智城仪器仪表有限公司 |
| 恒温水浴锅 | XMTD-400 | 北京市永光明医疗仪器有限公司 |
| 超声波细胞粉碎机 | JY92-IIN | 宁波生物科技股份有限公司 |
| 恒温培养摇床 | ZWYR-240 | 上海智城仪器仪表有限公司 |
| 超低温保藏箱 | DW-86W100 | 青岛海尔特种电器有限公司 |
| 电热恒温鼓风干燥箱 | DHG-9243BS-III | 上海新苗医疗器械制造有限公司 |
| 移液器 | 10/100/1000μL | 艾本德 Eppendorf |
| 微波炉 | WP750A | 格兰仕 Galanz |
| 气相色谱仪 | GC-2010 | 岛津 SHIMADZU |
| 色谱柱 | HP-5 | 安捷伦 |
| 手性色谱柱 | CP-Chirasil-Dex CB | 安捷伦 |

续表

| 名称 | 型号 | 生产商 |
| --- | --- | --- |
| 液相色谱仪 | Agress1100 | 大连依利特分析仪器有限公司 |
| 色谱柱 | SinoPak SP C18 | 大连依利特分析仪器有限公司 |
| 手性色谱柱 | CROWNPAK ® CR-I（-） | 大赛璐药物手性技术有限公司 |
| 全波长酶标仪 | MultiskanGO1510-01180 | 美国赛墨飞世尔科技 |
| 真空冷冻干燥机 | FD-PpspuC0 | 北京博医康实验仪器有限公司 |
| 涡旋振荡器 | Vortex-Genie 2 | 科学工业（Scientific Industries） |
| 恒温振荡器 | DHZ-CA | 苏州培英实验设备有限公司 |

## 4.2.5 培养基及其他试剂配制

### 4.2.5.1 培养基

LB 培养基：取 10.0g NaCl，10.0g 胰蛋白胨，5.0g 酵母提取物，加去离子水定容至 1L，用 pH 计检测其 pH，然后用氢氧化钠慢慢调节 pH 至 7.0。用高压蒸汽灭菌锅在 121℃下，高压灭菌 30min，待冷却后放在 4℃低温冰箱中保存待用。

TB 培养基：将胰蛋白胨 12g，酵母提取物 24g，加一定量去离子水搅拌溶解，再加入甘油 4mL，继续加蒸馏水定容至 0.9L 后高压灭菌。冷却到 60℃，再加入 100mL 灭菌的磷酸缓冲液 0.17mol/L $NaH_2PO_4$/0.72mol/L $Na_2HPO_4$（称取 2.04g 的 $NaH_2PO_4$ 和 10.22g 的 $Na_2HPO_4$，加 90mL 去离子水溶解，完全溶解后加去离子水定容至 100mL，121℃下，高压灭菌 30min）。

LB 固体培养基：在配制 LB 液体培养基的基础上，加入 1.5%～2.0%的琼脂粉混匀后。在 121℃下，高压灭菌 30min，冷却后放在 4℃低温冰箱中保存待用。

### 4.2.5.2 其他试剂配制

（1）50mg/mL 卡纳霉素：称取 500mg 卡纳霉素固体粉末溶解于去离子水中，定容至 10mL，使用 0.22μm 滤膜进行过滤除菌，除菌后分装于 1.5mL 离心管中，保存于–20℃冰箱。

（2）100mg/mL 氨苄西林：称取 1000mg 氨苄西林固体粉末溶解于去离子水中，定容至 10mL，使用 0.22μm 滤膜进行过滤除菌，除菌后分装于 1.5mL 离心管中，保存于–20℃冰箱。

（3）0.5mol/L IPTG 溶液：称取 1194mg 异丙基-$\beta$-D-硫代吡喃半乳糖苷（IPTG）固体粉末溶解于去离子水中，定容至 10mL，使用 0.22μm 滤膜进行过滤除菌，除菌后分装于 1.5 mL 离心管中，保存于–20℃冰箱。

（4）蛋白质纯化所需溶液：缓冲液 A（50mmol/L $NaH_2PO_4$，300mmol/L NaCl，

pH 8.0），缓冲液 B～F 为 50mmol/L $NaH_2PO_4$、300mmol/L NaCl 以及 20mmol/L、50mmol/L、100mmol/L、250mmol/L、500mmol/L 咪唑，调节 pH 为 8.0；缓冲溶液 A～F 配制完成后，进行超声脱气处理，再用 0.45μm 滤膜过滤。

# 4.3 实验方法

## 4.3.1 引物设计及目的基因的 PCR 扩增

利用软件 primer premier 5.0 设计对应引物，根据 NCBI 数据库搜索得到的 DNA 全长基因序列设计引物 MVTA-F 和 MVTA-R 如表 4-2 所示。在引物中斜体表示为限制性内切酶酶切位点。

表 4-2　引物及酶切位点

| 序号 | 名称 | 引物（5′-3′） | 内切酶 |
|---|---|---|---|
| 1 | MVTA-F | GGGAATTC*CATATG*GGCATCGACACTGGCACCT | *Nde* I |
| 2 | MVTA-R | CCG*CTCGAG*GTACTGAATCGCTTCAATCAGTG | *Xho* I |

### 4.3.1.1 质粒抽提

将实验室–80℃冰箱保藏的重组大肠杆菌 *E. coli*（MVTA）接种于 5mL LB 培养基中，加入相应的卡纳霉素（50mg/mL），37℃，200r/min 摇床培养 10～12h 后，按照 SanPrep 柱式质粒 DNA 小量抽提试剂盒说明书抽提质粒，1%琼脂糖凝胶电泳检测抽提结果，保存于–20℃以便后续使用。

### 4.3.1.2 目的基因 PCR 扩增

用提取好的质粒为模板对转氨酶 MVTA 基因进行 PCR 扩增，50μL PCR 扩增体系如下：$ddH_2O$，40μL；模板，2μL；MVTA-F，1μL；MVTA-R，1μL；dNTP，1μL；10×*Taq* Plus 缓冲液，1μL；*Taq* DNA 聚合酶，1μL。

PCR 程序为：

| | | |
|---|---|---|
| 95℃ | 5min | |
| 94℃ | 1min | 30 个循环 |
| 60℃ | 40s | |
| 72℃ | 1.5min | |
| 72℃ | 10min | |

PCR 扩增产物经过核酸凝胶电泳检验目的条带与理论大小相同时，用 SanPrep 柱式 PCR 产物纯化试剂盒进行 PCR 产物纯化，纯化步骤详见说明书，纯化后的产物保存于–20℃冰箱以便后续使用。

## 4.3.2 转氨酶 MVTA 表达载体的构建及目的蛋白质的表达与纯化

### 4.3.2.1 表达载体的构建

表达载体构建流程如图 4-1 所示

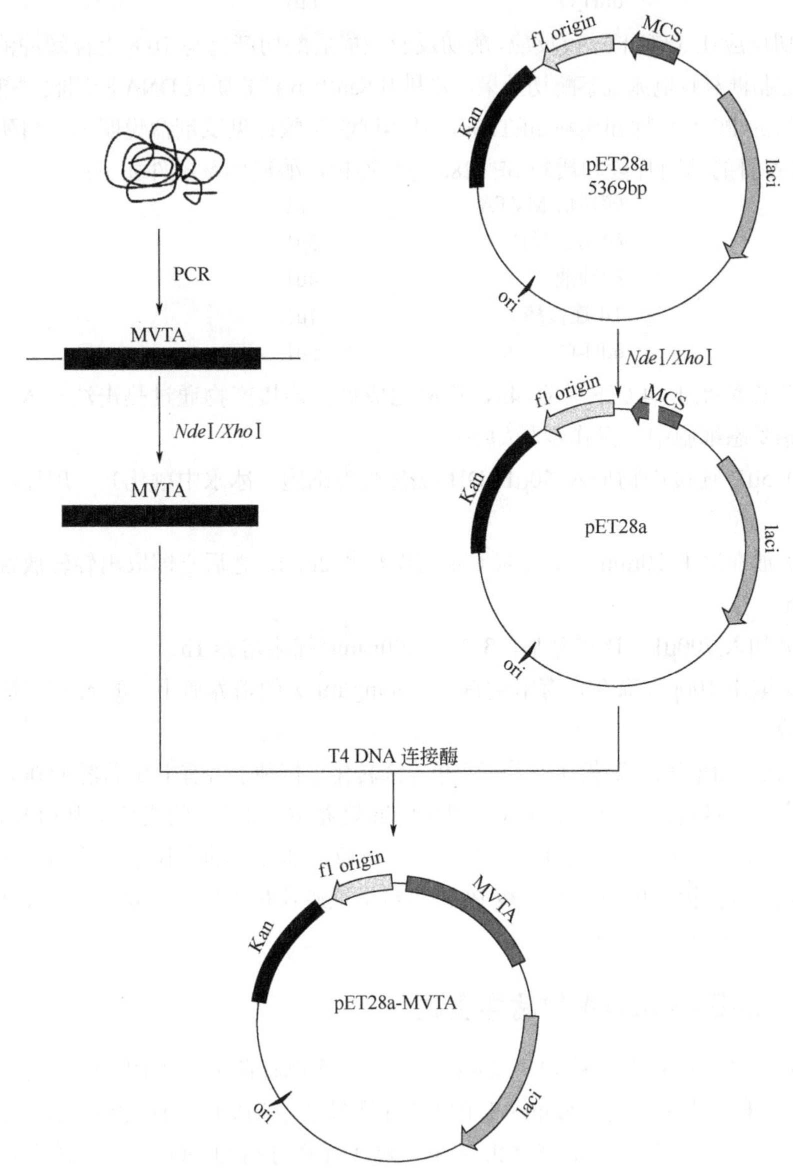


图 4-1 pET28a-MVTA 表达载体构建图

利用限制性内切酶 *Nde* I 和 *Xho* I 将纯化回收的 PCR 扩增产物 MVTA 和质粒载体 pET28a 双酶切，双酶切 50μL 反应体系为：

| | |
|---|---|
| 目的基因/表达载体 | 10μL |
| NEB 缓冲液 | 2μL |
| 限制性内切酶 *Nde* I | 1μL |
| 限制性内切酶 *Xho* I | 1μL |
| $ddH_2O$ | 6μL |

酶切反应在 37℃下过夜反应，酶切反应完成后酶切产物与 10×上样缓冲液混合后进行琼脂糖凝胶电泳观察酶切效果，并利用 SanPrep 柱式质粒 DNA 胶回收试剂盒回收酶切后的 PCR 产物和质粒 pET28a，具体回收步骤详见试剂盒说明书。将酶切好的 MVTA 目的基因片段和质粒 pET28a 进行连接，酶连体系条件如下：

| | |
|---|---|
| 酶切后 MVTA | 7μL |
| 酶切后载体 | 3μL |
| 缓冲液 | 4μL |
| T4 连接酶 | 1μL |
| $ddH_2O$ | 5μL |

将酶连体系于 4℃下反应 4h，反应完成后，连接产物通过热击法导入 *E.coli* DH5 $\alpha$感受态细胞中。操作步骤如下：

（1）5μL 连接产物加入 50μL DH5 $\alpha$感受态细胞（冰水中融化），用移液枪轻轻摇匀。

（2）放在冰上 20min，放入 42℃水浴锅热击 2min，之后立即取出轻轻放置冰上 2～3min。

（3）加入 700μL LB 培养基，37℃，200r/min 摇床培养 1h。

（4）取出 100μL 涂在含有卡纳霉素（50mg/mL）的培养皿上，放入 37℃恒温培养箱过夜。

待长出单菌落后，随机挑取若干个单克隆转化子接种于含有卡那霉素（50mg/mL）的 LB 液体培养基试管中，于 37℃、200r/min 培养 10～12h，收集菌液利用 SanPrep 柱式质粒 DNA 小量抽提试剂盒说明书抽提质粒，抽提后的质粒进行琼脂糖凝胶电泳检测后，以抽提好的质粒为模板 PCR 鉴定重组质粒是否构建成功，构建成功的质粒保存于–20℃冰箱以便后续使用。

#### 4.3.2.2 转氨酶 MVTA 的诱导表达

将构建成功的重组质粒 pET28a-MVTA 转入大肠杆菌 *E. coli* BL21（DE3）感受态细胞中，利用终浓度为 0.5mmol/L 的 IPTG 诱导表达 MVTA 目的蛋白质，于 20℃、200r/min 条件下摇床诱导培养 12h 左右。将上述诱导后的 50mL 发酵液在转速为 8000r/min 条件下离心 5min，收集菌体沉淀，用蒸馏水洗涤 2 次，离心后得到的重组细胞于–80℃下保存备用。

#### 4.3.2.3 转氨酶 MVTA 重组蛋白的纯化

将上述 4.3.2.2 得到的菌体用 10mL 磷酸钠缓冲液（100mmol/L，pH8.0）悬浮，置于冰上进行超声波破碎细胞（破碎条件：超声功率 50%，破碎时间 3s，间隔时间 7s，总破碎时间为 10min），破碎后的细胞裂解产物于 4℃、10000r/min 下冷冻离心 10min，将离心得到的上清液倒入干净的 50mL 离心管保存在 4℃冰箱备用。纯化时需用缓冲液 A 悬浮 4.3.2.2 得到的菌体，破碎条件相同，之后利用 Ni-NTA 纯化柱对其进行纯化，测定重组蛋白浓度采用 Bradford 法。

纯化步骤如下：

① 平衡缓冲液：加 5～10mL 体积的平衡缓冲液 A 来平衡镍柱；

② 上样：把细胞破碎后离心得到的上清溶液全部上样到纯化柱子中；

③ 再加入 5～10mL 体积的平衡缓冲液 A 来平衡镍柱；

④ 依次加入含 20mmol/L、50mmol/L、100mmol/L、250mmol/L 和 500mmol/L 咪唑的缓冲液 B～F 洗脱。流速控制在 0.5mL/min，分别收集各个梯度咪唑缓冲液的组分。

#### 4.3.2.4 重组转氨酶 MVTA SDS-PAGE 凝胶电泳

经 Ni-NTA 纯化柱纯化后得到的酶液利用 SDS-PAGE 凝胶电泳分析蛋白质纯化结果。将 40μL MVTA 蛋白质溶液和 3μL 6×SDS-PAGE 上样缓冲液混匀，在沸水浴中煮沸 5～10min。12000r/min 离心 5min 后分别取 10μL 蛋白质样液在用 12%分离胶、5%浓缩胶配好的蛋白质电泳胶中上样，电泳条件为电压 120V、电流 120mA。电泳结束后加入考马斯亮蓝染色液微波 1min，再加入脱色液微波 1min，脱色步骤重复两次，之后再加入脱色液静置过夜脱色使条带清晰，确定目标蛋白质分子量及表达量。

### 4.3.3 酶活力测定方法

含有 $\alpha$-羟基酮结构的化合物可以与无色 2,3,5-三苯基氯化四氮唑（TTC）反应，将其还原为红色的 1,3,5-三苯甲臜（TPF），TPF 在紫外波长为 510nm 处有吸收，利用这一原理检测$\alpha$-羟基酮生成的量来计算酶活力。

转氨酶 MVTA 酶活力测定方法如下：反应体系（1mL）包括 10mmol/L L-苯甘氨醇，10mmol/L 丙酮酸钠，0.1mmol/L PLP，100mmol/L 磷酸缓冲液（pH 8.0）和适量的酶液，于 30℃、200r/min 下恒温摇床反应 5min 后，立即取出 200μL 反应液与 40μL TTC 溶液混合均匀后在波长为 510nm 下进行动力学循环光度测量 5min，测得吸光度值后计算酶活力，实验重复三次，以不加底物或者酶的反应液作为空白对照。

转氨酶MVTA酶活力单位定义：在上述条件下，1mL转氨酶酶液每分钟转化底物生成1μmol 2-羟基苯乙酮为一个酶活力单位（U）。酶活力计算公式：酶活（U）=$a/(c\cdot t)$；比活力（U/mg）=酶活力/$m$；式中：$a$为2-羟基苯乙酮的物质的量，μmol；$t$为反应时间，min；$c$为酶的体积，mL；$m$为酶液中蛋白质含量，mg。

## 4.3.4 转氨酶MVTA酶活力的最适反应pH及pH稳定性

将转氨酶MVTA加入不同pH的100 mmol/L缓冲液中：$Na_2HPO_4$-$NaH_2PO_4$（pH 6.0～8.0）；Glycine-NaOH（pH9.0～11.0），于30℃、200r/min下恒温摇床反应10min后用上述4.3.3的方法计算转氨酶MVTA在不同pH条件下的酶活力，以最高酶活力为100%酶活力，计算相对活力，确定最适反应pH。

将转氨酶MVTA分别置于pH为6.0～10.0的缓冲液中，冷藏在4℃冰箱，定时取样于30℃、200r/min下恒温摇床反应10min，测定各pH下的残余酶活力随时间的变化，以初始酶活力为100%，计算相对活力，确定其pH稳定性。

## 4.3.5 转氨酶MVTA酶活力的最适反应温度及温度稳定性

1mL反应体系包括10mmol/L L-苯甘氨醇，10mmol/L丙酮酸钠，0.1mmol/L PLP，100mmol/L磷酸缓冲液（pH8.0）和适量的酶液，置于不同温度（20～55℃）的摇床中恒温反应10min，用上述4.3.3的方法计算转氨酶MVTA在不同温度条件下的酶活力，以最高酶活力为100%酶活力，计算相对活力，确定最适反应温度。

将转氨酶MVTA分别置于不同温度（20～55℃）的恒温水浴锅中，定时取样于30℃、200r/min下恒温摇床反应10min，测定各温度下的残余酶活力随时间的变化，以初始酶活力为100%，计算相对活力，确定其温度稳定性。

## 4.3.6 转氨酶MVTA动力学参数和对映选择性测定

反应体系200μL：于96孔板中加入6个不同浓度（1mmol/L、2mmol/L、3mmol/L、4mmol/L、5mmol/L、6mmol/L或10mmol/L、20mmol/L、30mmol/L、40mmol/L、50mmol/L、60mmol/L）的底物$\beta$-氨基醇，1～60mmol/L的丙酮酸钠，0.1mmol/L PLP，100mmol/L磷酸钠缓冲液（pH8.0）和适量的MVTA粗酶液，在30℃、1000r/min条件下振荡反应5～10min，反应完成后加入40μL TTC溶液轻轻混匀。用酶标仪在波长510nm处测定吸光度，计算不同底物浓度下的反应初速度，根据Lineweaver-Bark做双倒数曲线求出$K_M$，$V_{max}$等动力学常数。本章反应及测定动力学参数所用化合物如表4-3所示。

**表 4-3　MVTA 动力学拆分外消旋$\beta$-氨基醇**

| 化合物 | 分子结构 |
|---|---|
| 2-氨基丙醇<br>（±）-2-amino-1-propanol | $NH_2$ OH<br>1a |
| 2-氨基丁醇<br>（±）-2-amino-1-butanol | $NH_2$ OH<br>1b |
| 缬氨醇<br>（±）-valinol | $NH_2$ OH<br>1c |
| 苯甘氨醇<br>（±）-2-amino-2-phenylethanol | $NH_2$ OH<br>1d |
| 顺式-2-氨基-1,2-二苯基乙醇<br>（±）-*cis*-2-amino-1,2-diphenylethanol | $NH_2$ OH<br>1e |
| 反式-环戊胺醇<br>（±）-*trans*-2-aminocyclopentanol | $NH_2$ OH<br>1f |
| 反式-环己胺醇<br>（±）-*trans*-2-aminocyclohexanol | $NH_2$ OH<br>1g |
| 顺式-环己胺醇<br>（±）-*cis*-2-aminocyclohexanol | $NH_2$ OH<br>1g |
| 顺式-茚胺醇<br>（±）-*cis*-1-amino-2-indanol | $NH_2$ OH<br>1h |

## 4.3.7　转氨酶 MVTA 不对称胺化 $\alpha$-羟基酮氨基供体的筛选

以 2-羟基苯乙酮为底物，选择了 D-丙氨酸、异丙胺、*R*-苯乙胺三种廉价易得的氨基供体进行筛选。反应体系 1mL：磷酸盐缓冲液（100mmol/L，pH8.0），包括辅因子 PLP（0.1mmol/L），2-羟基苯乙酮 10mmol/L，氨基供体（10～500mmol/L），

100mL/L DMSO 和 3U/mL MVTA。使用 D-丙氨酸作为氨基供体时，加入量为250mmol/L，且需要额外加入 20U 乳酸脱氢酶（LDH）和 10U 葡萄糖脱氢酶（GDH），葡萄糖 100mmol/L；使用异丙胺作为氨基供体时，加入量为 500mmol/L；使用 *R*-苯乙胺作为氨基供体时，加入量为 10mmol/L。反应液在 30℃、200r/min 条件下振荡反应 1～12h。反应路线如图 4-2 所示。

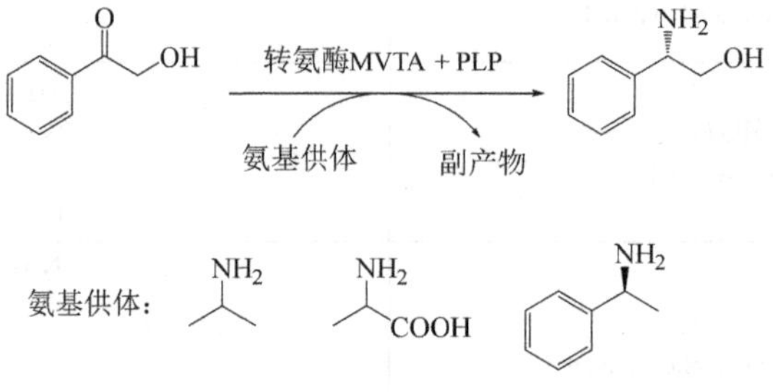

O OH 转氨酶MVTA + PLP $NH_2$ OH 氨基供体 副产物

氨基供体：$NH_2$ $NH_2$ COOH $NH_2$

图 4-2　不对称还原胺化反应氨基供体的筛选

## 4.3.8　转氨酶 MVTA 不对称胺化 *α*-羟基酮

1mL 反应体系包括 100mmol/L 磷酸钠缓冲液（pH8.0），20～300mmol/L *α*-羟基酮，20～300mmol/L *R*-苯乙胺，100mL/L DMSO，3U/mL MVTA。于 30℃、200r/min 条件下振荡反应 1～24h。反应路线如图 4-3 所示：

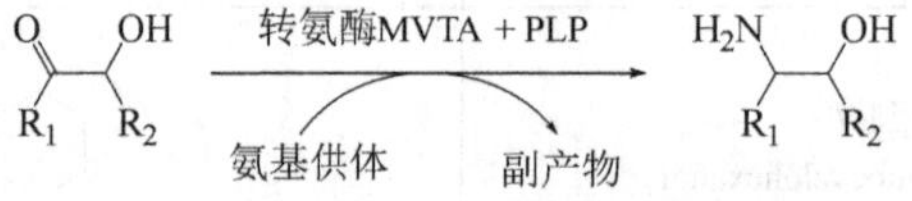

O OH $R_1$ $R_2$ 转氨酶MVTA + PLP $H_2N$ OH $R_1$ $R_2$ 氨基供体 副产物

图 4-3　转氨酶 MVTA 不对称还原胺化 *α*-羟基酮

## 4.3.9　不同浓度二甲基亚砜对反应的影响

以 100mmol/L 2-羟基苯乙酮为底物，分别取二甲基亚砜的浓度为 50～400mL/L，其他条件不变，测定 *E.coil*（MVTA）的酶活力，制作酶活力随二甲基亚砜浓度的变化曲线，比较在不同二甲基亚砜浓度条件下 *E. coil*（MVTA）酶活力的大小。

## 4.3.10　不同浓度 *R*-苯乙胺对反应的影响

以 100mmol/L 2-羟基苯乙酮为底物，分别取苯乙胺的浓度为 100～200mmol/L，其他条件不变，测定 *E. coil*（MVTA）的酶活力，制作酶活力随苯乙胺浓度的变化曲线，比较在不同 *R*-苯乙胺浓度条件下 *E. coil*（MVTA）酶活力的大小。

### 4.3.11 产物 L-苯甘氨醇对反应的影响

以 100mmol/L 2-羟基苯乙酮为底物，分别取 L-苯甘氨醇的浓度为 10～200mmol/L，其他条件不变，测定 *E.coil*（MVTA）的酶活力，制作酶活力随 L-苯甘氨醇浓度的变化曲线，比较在不同 L-苯甘氨醇的浓度条件下 *E. coil*（MVTA）酶活力的大小。

### 4.3.12 产物苯乙酮对反应的影响

以 100mmol/L 2-羟基苯乙酮为底物，分别取苯乙酮的浓度为 10～200mmol/L，其他条件不变，测定 *E. coil*（MVTA）的酶活力，制作酶活随苯乙酮浓度的变化曲线，比较在不同苯乙酮浓度条件下 *E. coil*（MVTA）酶活力的大小。

### 4.3.13 反应过程中底物浓度、反应时间和细胞用量对反应的影响

研究底物浓度对催化反应的影响，同时考查了产物的转化率和对映体过量 *ee* 值随反应时间的变化，取 2-羟基苯乙酮浓度分别为 100mmol/L、200mmol/L、300mmol/L，*E. coil*（MVTA）细胞浓度为 15g/L，进行不对称胺化反应，定时取样，气相色谱检测不同时间反应的转化情况。同时考查了浓度为 100mmol/L 的 2-羟基苯乙酮，加入不同细胞量（2～20g/L）对反应的影响。

### 4.3.14 制备 *S* 构型苯甘氨醇

制备规模 50mL 反应体系：300mmol/L 2-羟基苯乙酮，0.1mmol/L PLP，360mmol/L *R*-苯乙胺，Tris-HCl 缓冲液（pH 8.0），*E. coil*（MVTA）静息细胞（15g/L）。在 30℃、200r/min 条件下振荡反应 24h。反应完成后，加入 10mol/L 的氢氧化钠溶液碱化使其 pH>12，加氯化钠饱和，等体积乙酸乙酯重复萃取三次，有机相用 $Na_2SO_4$ 干燥，过滤后用旋转蒸发仪将溶剂蒸出，得到的产品放入真空干燥箱干燥。

### 4.3.15 分析方法

产物 $\alpha$-羟基酮和$\beta$-氨基醇萃取：取 500μL 反应液于 1.5mL 离心管中，加入 NaCl 饱和（邻氨基醇萃取需要加氢氧化钠溶液使其 pH>12，减少在水溶液中的溶解度），再加入等体积含有 20mmol/L 内标物十二烷的乙酸乙酯，振荡离心后取上层有机相，并用无水 $Na_2SO_4$ 进行干燥。

检测方法：气相色谱检测，色谱柱为 HP-5（30m×0.320mm×0.25mm；Agilent Technologies，Inc.），其检测条件为进样口温度 250℃，检测器温度 250℃，柱温 120℃。

底物的对映体过量值（*ee*，%）分析用 CP Chirasil-Dex CB 手性色谱柱（25m×0.32mm×0.25μm；Agilent Technologies，Inc.），其检测条件为：进样口温度 250℃，检测器温度 270℃，柱温为程序升温，于 120℃下，以 5℃/min 升到 160℃，保留时间为 20min。在检测前还需要对样品进行衍生，具体方法：取 0.5mL 样品，加入 0.1mL 含有 50mg/mL 4-二甲氨基吡啶（DMAP）的醋酸酐溶液，在 40℃、700r/min 下反应 4h 后再加 0.5mL 饱和 $NH_4Cl$ 溶液充分振荡混匀，离心后取上层有机相并加无水 $Na_2SO_4$ 进行干燥。

1-氨基-2-茚醇检测方法：液相色谱检测，色谱柱为 CROWNPAK CR（+）(4mm×150mm，5μm)，检测条件：紫外波长 210nm；流动相甲醇:高氯酸水溶液（pH 3.0）=10:90；流速 1.0mL/min。

# 4.4 结果与分析

## 4.4.1 重组载体的构建

### 4.4.1.1 目的基因的 PCR 扩增

按照 4.3.1 中所述方法进行目的基因 PCR 扩增，将 PCR 得到的产物利用 1%的琼脂糖凝胶核酸电泳进行检测验证，得到 1000bp 左右的 PCR 产物条带，与该酶目的基因的理论大小 1022bp 相符，电泳结果如图 4-4 所示。

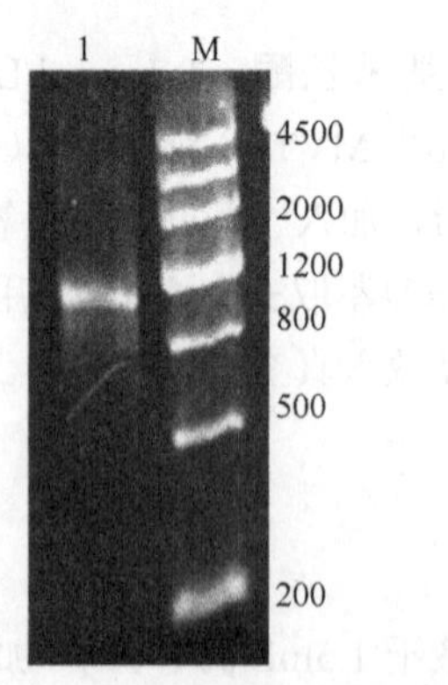


图4-4 目的基因PCR扩增

M：分子量标准；1：转氨酶 MVTA 基因 PCR 产物

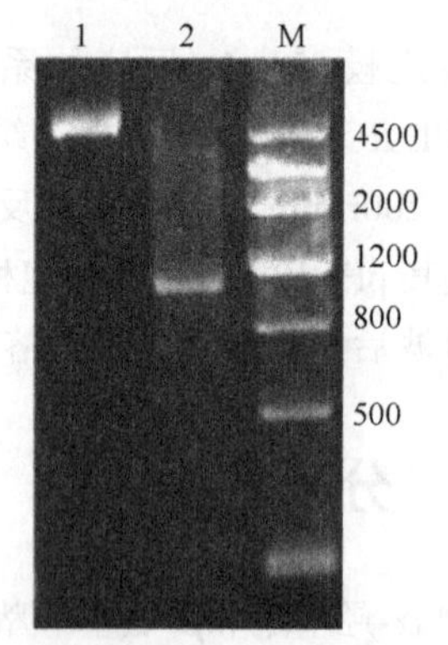


图4-5 重组表达载体和质粒PCR电泳图谱

M：分子量标准；1：重组质粒 pET28a-MVTA；2：重组质粒 PCR 鉴定

#### 4.4.1.2 质粒 PCR 验证

将酶切好的 MVTA 目的基因片段和质粒 pET28a 连接后导入克隆宿主菌大肠杆菌感受态细胞 DH5α中后，涂布于含有卡纳霉素（50μg/mL）的 LB 抗性平板筛选，提取质粒进行 PCR 鉴定，结果如图 4-5 所示。从琼脂糖凝胶电泳结果图中明显可以看到，重组质粒 pET28a-MVTA 提取成功，以重组质粒为模板经过质粒 PCR 鉴定，在 1000bp 左右有一条明显亮带，与 MVTA 目的基因理论大小 1022bp 相近，说明重组表达载体 pET28a-MVTA 构建成功。

### 4.4.2 MVTA 目的蛋白质的表达及纯化

将构建成功的重组质粒 pET28a-MVTA 转化宿主菌大肠杆菌感受态细胞 BL21 中后，获得重组菌株 *E. coli*（MVTA）进行培养，培养至 $OD_{600}$ 为 0.6 左右时，加入 IPTG 诱导表达约 12h，离心收集重组细胞，超声破碎制备粗酶液并对目的蛋白质纯化，粗酶液及纯化产物进行 SDS-PAGE 电泳，结果如图 4-6 所示。从 SDS-PAGE 分析的结果可以看到，重组菌在 37kDa 附近有一条明显的蛋白质表达条带，且纯化后的粗酶液只有一条清晰条带，位置与 MVTA 蛋白质条带相同，与其理论大小 36.92kDa 一致，表明成功实现了 MVTA 基因的克隆和其编码蛋白质的异源可溶性表达。

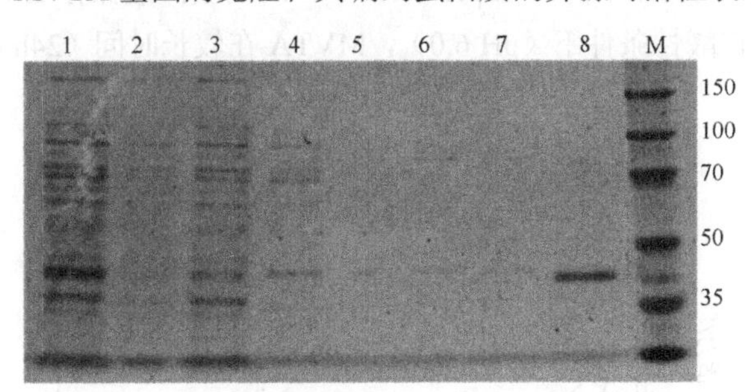


图 4-6 目的蛋白质粗酶液和纯化的 SDS-PAGE

M：蛋白质分子量标准；1：*E. coli*（MVTA）粗酶液；
2～7：MVTA 蛋白质洗脱；8：纯化后的 MVTA 蛋白质

### 4.4.3 转氨酶的最适 pH

pH 是影响转氨酶 MVTA 酶活力的一个重要因素，本实验按照方法 4.3.4 测定了在 pH6.0～11.0 时转氨酶 MVTA 酶活力。其结果如图 4-7 所示，转氨酶 MVTA 在 pH7.0～8.0 之间酶活力相对稳定，其保留约为最大酶活力的 90%以上，当 pH 小于 7 和大于 9 时，酶活力下降明显，在 pH 11.0 条件下，转氨酶 MVTA 酶活力基本全部丧失。

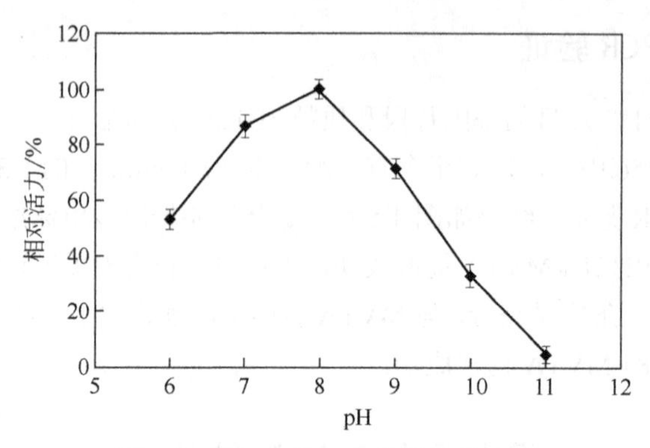

图 4-7　pH 对 MVTA 酶活力的影响

## 4.4.4　转氨酶 pH 稳定性

将转氨酶 MVTA 分别置于 pH6.0～11.0 的缓冲液中，保存于 4℃冰箱，定时取样考查 MVTA 在不同 pH 下随时间变化的残余酶活力。结果如图 4-8 所示，MVTA 在 pH 7.0 和 8.0 缓冲液中保存 24h 仍可保持 90%的活性，表现出较好的稳定性。当 pH 增加到 9.0 时，转氨酶 MVTA 在 24h 内也可以保持大于 60%的残留活性，当 pH 大于 9.0 时，酶活性明显下降，在 pH 10.0 和 11.0 的缓冲液保存 2h，酶的残留活性降到 40%左右。在酸性条件下（pH 6.0），MVTA 在较长时间（24h）内仍显示大于 80%的残留活性。

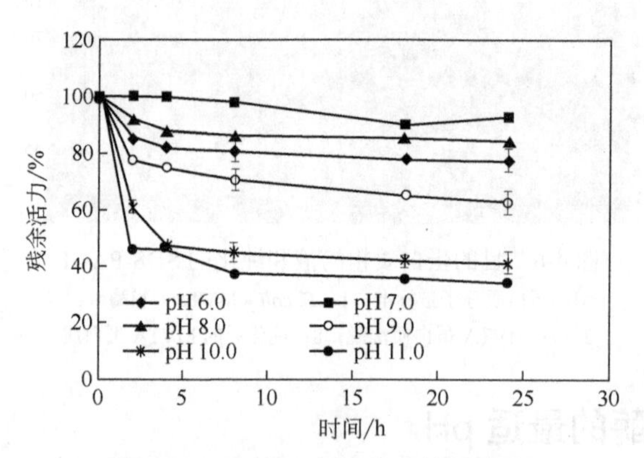

图 4-8　pH 对 MVTA 稳定性的影响

## 4.4.5　转氨酶的最适温度

升高温度有利于酶的催化反应加速进行，但酶是一种蛋白质，温度升高会改变蛋白质的结构导致蛋白质变性，使酶的催化活性降低甚至丧失。本部分内容探讨了

MVTA 在不同反应温度下酶活力的变化。结果如图 4-9 所示，随着温度的升高，MVTA 的酶活力呈先上升再下降的趋势，反应温度为 55℃时，酶活力最高，当反应温度为 65℃时，酶活力仍有最大酶活力的 75%左右，表明 MVTA 在短时间内有较好的耐热性。

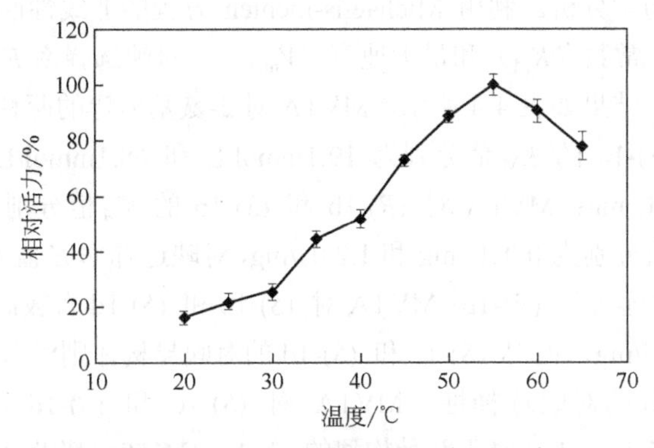


图 4-9　温度对 MVTA 酶活力的影响

## 4.4.6　转氨酶温度稳定性

温度稳定性是衡量酶学性质的重要指标之一，温度稳定性较好的酶可以在室温下分离、提纯、包装、运输，并长时间保持较高的催化反应活力。将转氨酶分别在 4℃、20℃、30℃、40℃和 50℃环境中孵育，定时取样考查 MVTA 在不同温度下随时间变化的残余酶活力。结果如图 4-10 所示，转氨酶 MVTA 在 40℃下都具有良好的稳定性，孵育 24h 残余酶活力可保留 80%以上，尤其在常温条件下其酶活力基本保持不变，说明该酶在常温环境中的热稳定性较强。当温度达到 50℃时，转氨酶 MVTA 酶活力下降明显，在 50℃孵育 24h 后，酶活力基本全部丧失。

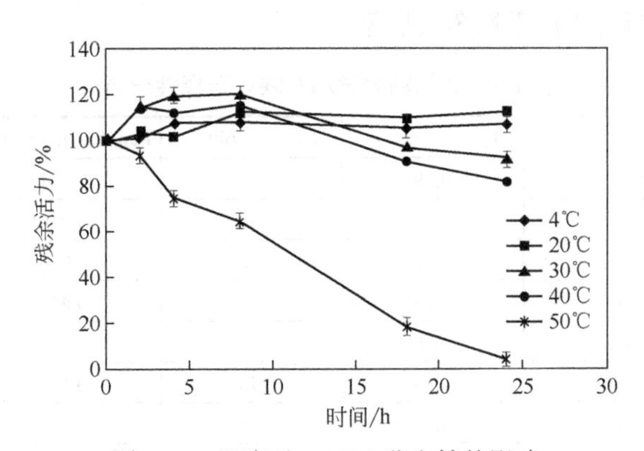


图 4-10　温度对 MVTA 稳定性的影响

## 4.4.7 MVTA 动力学参数和对映选择性测定

取 6 个不同浓度（1～6mmol/L 或 10～60mmol/L）的$\beta$-氨基醇为底物对 MVTA 动力学参数进行了测定，具体酶活力测定方法参照 4.3.3。用转化率低于 5%的初始速率数据进行动力学分析。利用 Michaelis-menten 方程的非线性回归拟合，确定了米氏（Michaelis）常数（$K_M$）和最大速度（$V_{max}$），对映选择率 *E* 表示酶反应对映体选择性的大小。结果如表 4-4 所示，MVTA 对 2-氨基丙醇的两种构型都有活性，且对 (*R*)-1a 和 (*S*)-1a 的 $K_M$ 值分别为 19.1mmol/L 和 68.1mmol/L，$V_{max}$ 值分别为 0.79U/mg 和 1.13U/mg；MVTA 对 (*R*)-1b 和 (*S*)-1b 的 $K_M$ 值分别为 1.2mmol/L 和 2.8mmol/L，$V_{max}$ 值分别为 0.02U/mg 和 1.24U/mg，对映选择率 *E* 值为 27（*S*），MVTA 对(*S*)-1b 的活性远远大于 (*R*)-1b；MVTA 对 (*S*)-1c 和 (*S*)-1d 有较高的活性，分别为 2.33U/mg 和 3.14U/mg，而对 (*S*)-1c 和 (*S*)-1d 的对映异构体则没有检测到活性，说明 MVTA 有极好的对映选择性，MVTA 对 (*S*)-1c 和 (*S*)-1d 的 $K_M$ 值分别为 17.0mmol/L 和 2.5mmol/L；对于两种构型的 *cis*-1e，MVTA 都没有检测到活性；同时也检测了转氨酶 MVTA 对于环状$\beta$-氨基醇的活性，MVTA 对 (1*R*,2*R*)-*trans*-1f 和（1*S*，2*S*）-*trans*-1f 的分别为 $K_M$ 值 9.5mmol/L 和 13.0mmol/L，$V_{max}$ 分别为 0.5U/mg 和 0.1U/mg；对于 (1*R*,2*S*)-*cis*-1g 和 (1*S*,2*R*)-*cis*-1g，MVTA 的 $K_M$ 值分别为 9.5mmol/L 和 11.7mmol/L，$V_{max}$ 值分别为 0.10U/mg 和 0.15U/mg；虽然 MVTA 对(1*R*,2*R*)-*trans*-1g 的活性较低（0.11U/mg），但对 (1*S*,2*S*)-*trans*-1g 却没有活性；对于 *cis*-1h，MVTA 对（1*S*，2*R*）异构体有很高的活性（1.0U/mg），而对于（1*R*，2*S*）异构体没有活性；由此可见，MVTA 对脂肪族$\beta$-氨基醇和环状$\beta$-氨基醇都有活性，MVTA 对 1a、1b、1f 和 1h 的对映选择率 *E* 分别为 2（*R*）、27（*S*）、7（*R*，*R*）和 1（*S*，*R*），对其他的底物 1c、1d、*trans*-1g、*cis*-1h 只对其中的一种对映异构体有活性，表明 MVTA 对$\beta$-氨基醇有很好的催化活性和优秀的对映选择性，可以作为一种很有前途的酶通过动力学拆分生产手性$\beta$-氨基醇。

**表 4-4　底物动力学和对映体选择性分析**

| 序号 | 底物 | $V_{max}$/（U/mg） | $K_M$/（mmol/L） | $V_{max}/K_M$/(L/s・mmol) | *E* |
| --- | --- | --- | --- | --- | --- |
| 1 | (*R*)-1a | 0.79 | 19.1 | 0.0413 | 2(*R*) |
| 2 | (*S*)-1a | 1.13 | 68.1 | 0.0166 | |
| 3 | (*R*)-1b | 0.02 | 1.2 | 0.0167 | 27(*S*) |
| 4 | (*S*)-1b | 1.24 | 2.8 | 0.4429 | |
| 5 | (*R*)-1c | n.d | — | — | -(*S*) |
| 6 | (*S*)-1c | 2.33 | 17.0 | 0.1370 | |
| 7 | (*R*)-1d | n.d | — | — | -(*S*) |
| 8 | (*S*)-1d | 3.14 | 2.5 | 1.2560 | |

续表

| 序号 | 底物 | $V_{max}$/（U/mg） | $K_M$/（mmol/L） | $V_{max}/K_M$/(L/s·mmol) | *E* |
|---|---|---|---|---|---|
| 9 | (1*R*，2*S*)-*cis*-1e | n.d | — | — | |
| 10 | (1*S*，2*R*)-*cis*-1e | n.d | — | — | |
| 11 | (1*R*，2*R*)-*trans*-1f | 0.50 | 9.5 | 0.0526 | 7(1*R*，2*R*) |
| 12 | (1*S*，2*S*)-*trans*-1f | 0.10 | 13.0 | 0.0077 | |
| 13 | (1*R*，2*R*)-*trans*-1g | 0.11 | 7.6 | 0.0145 | -(1*R*，2*R*) |
| 14 | (1*S*，2*S*)-*trans*-1g | n.d | — | — | |
| 15 | (1*R*，2*S*)-*cis*-1g | 0.10 | 9.5 | 0.0105 | 1(1*S*，2*R*) |
| 16 | (1*S*，2*R*)-*cis*-1g | 0.15 | 11.7 | 0.0128 | |
| 17 | (1*R*，2*S*)-*cis*-1h | n.d | — | — | -(1*S*，2*R*) |
| 18 | (1*S*，2*R*)-*cis*-1h | 1.0 | 1.1 | 0.9091 | |

注：表格中的白单元格表示“不适用”，一字线“—”表示“无法获得”。

### 4.4.8 MVTA 动力学拆分外消旋$\beta$-氨基醇

由于 MVTA 对手性$\beta$-氨基醇具有良好的催化活性和极好的对映选择性，本部分对外消旋$\beta$-氨基醇进行了动力学拆分实验。结果如表 4-5 所示，大部分的外消旋$\beta$-氨基醇（1b，1c，1d）的转化率达到了 50%左右，底物 *ee* 值大于 99.0%，且对于 1d 的转化浓度可以达到 200mmol/L；手性环状$\beta$-氨基醇在医药、化工领域有着广泛的应用，可用于合成大量的手性药物[32]，例如应用于基因靶向药物的设计的肽核酸（PNA），作为氨基嘌呤的代谢物存在于兔和大鼠的尿液中，是合成人类免疫缺陷病毒（HIV）蛋白酶抑制剂的关键组成部分。此外，还选择了 4 种不同的外消旋环状$\beta$-氨基醇化合物（*trans*-1f，*trans*-1g，*cis*-1g 和 *cis*-1h）进行动力学拆分，50mmol/L *cis*-1h 反应时间 12h 时，底物被完全拆分，底物转化率为 50%，底物 *ee* 值大于 99.0%；由于 MVTA 的 *trans*-1f 的催化活性较低，反应时间长达 96h 后转化率为 62%，底物 *ee* 值为 99%。对于 *trans*-1g 和 *cis*-1g，MVTA 对其活性均较低，因此动力学拆分效果均不佳。

**表 4-5　MVTA 动力学拆分外消旋$\beta$-氨基醇**

| 底物 | 浓度/（mmol/L） | 时间/h | 转化率/% | 未反应底物 | 底物 *ee*/% |
|---|---|---|---|---|---|
| 1a | 10 | 12 | 80 | nd | nd |
| 1b | 10 | 20 | 53 | (*R*)-1b | >99 |
| 1c | 10 | 20 | 50 | (*R*)-1c | >99 |
| 1c | 50 | 24 | 50 | (*R*)-1c | >99 |
| 1d | 50 | 24 | 50 | (*R*)-1d | >99 |
| 1d | 100 | 24 | 50 | (*R*)-1d | >99 |
| 1d | 200 | 36 | 50 | (*R*)-1d | >99 |
| *trans*-1f | 50 | 96 | 62 | (1*S*,2*S*)-1f | 99 |
| *cis*-1h | 50 | 12 | 50 | (1*R*,2*S*)-1h | >99 |

### 4.4.9 不对称胺化 $\alpha$-羟基酮氨基供体的选择

通过对 MVTA 不对称胺化 $\alpha$-羟基酮合成手性$\beta$-氨基醇的研究，以 2-羟基苯乙酮为底物，筛选出合适的氨基供体。结果如表 4-6 所示，选择异丙胺、D-丙氨酸、(*R*)-(+)-1-苯乙胺这三种化合物作为 MVTA 不对称胺化还原 2-羟基苯乙酮的氨基供体，其中 (*R*)-苯乙胺作为氨基供体仅反应 1h 转化率可以达到 99%，且使用量和底物 2-羟基苯乙酮相同；当使用 D-丙氨酸作为氨基供体时，乳酸脱氢酶可以除去副产物丙酮酸，使反应平衡向产物方向移动，从而提高转化率，但是需要辅因子 NADH，需加入葡萄糖和葡萄糖脱氢酶 GDH 与 LDH 构建辅酶再生体系，反应 12h 最大转化率只有 30%；异丙胺由于产品价格低廉、副产物丙酮易挥发，是转胺反应中常用的胺类供体，使用 500mmol/L 异丙胺作为氨基供体用于不对称胺化 2-羟基苯乙酮，反应 12h 转化率只有 20%左右。由此可知，(*R*)-(+)-1-苯乙胺为不对称还原胺化反应的最佳氨基供体。

**表 4-6 不对称胺化 2-羟基苯乙酮氨基供体的筛选**

| 氨基供体 | 浓度/（mmol/L） | 时间/h | 转化率/% | 产物构型 | 产物 *ee*/% |
|---|---|---|---|---|---|
| 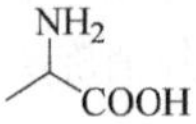 $NH_2$ / COOH | 500 | 12 | 20 | (*S*)-1d | >99 |
| 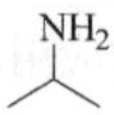 $NH_2$ | 250 | 12 | 30 | (*S*)-1d | >99 |
| 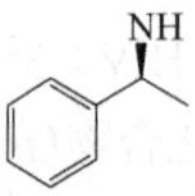 NH | 10 | 1 | 99 | (*S*)-1d | >99 |

### 4.4.10 pH 对不对称还原胺化反应的影响

pH 是影响细胞酶活的一个重要因素，本节以 2-羟基苯乙酮（2d）为底物，探索了 pH 值在 6.0～9.0 范围内对不对称还原胺化反应的影响。结果如图 4-11 所示，pH 值在 7.0～8.5 之间，底物转化率可达到 80%以上，pH 值为 8.0 时转化率最高（93%），当 pH 低于 7.0 或高于 8.5 时，转化率下降明显。

### 4.4.11 温度对不对称还原胺化反应的影响

温度也是影响细胞酶活的另一个重要因素，温度在 20～40℃范围内对不对称还原胺化反应的影响。结果如图 4-12，反应温度在 20～35℃转化率相差不大，转化率都在 85%以上，当反应温度超过 35℃后，转化率下降明显。

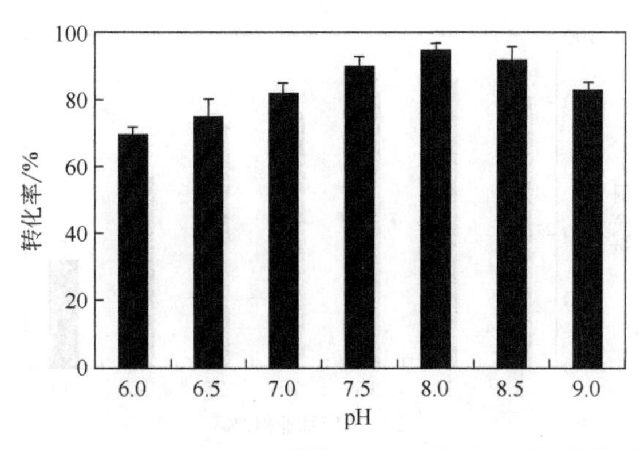


图 4-11　pH 对 *E. coil*（MVTA）催化 2-HAP 不对称还原胺化反应的影响

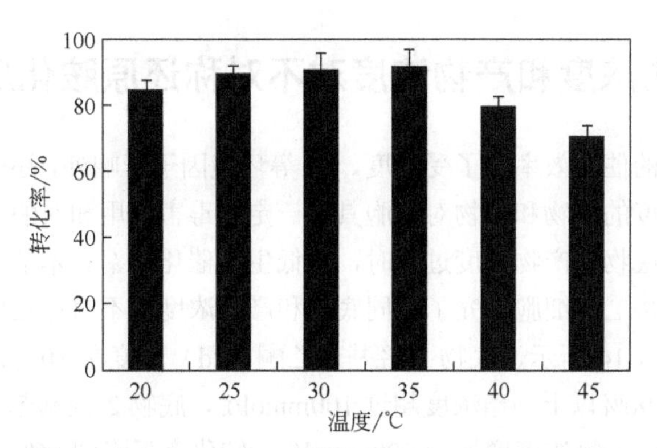


图 4-12　温度对 *E. oil*（MVTA）催化 2-HAP 不对称还原胺化反应的影响

## 4.4.12　助溶剂二甲基亚砜（DMSO）浓度对不对称还原胺化反应的影响

大多数转氨酶的催化反应体系常以缓冲液作为反应介质，但由于底物$\alpha$-羟基酮多为疏水性有机物，在水相中的溶解度较小，可能会与酶的接触不充分而影响转化率，故在反应中需加入一定量的助溶剂提高底物在水中的溶解度，进而提高底物的转化率，DMSO 是一种常见的溶解性能良好的溶剂，且对微生物具有很好的相容性，已广泛用于微生物转化。但是有机溶剂对微生物细胞具有一定的毒性，浓度过高破坏细胞结构，大大降低全细胞催化剂在催化反应过程中的效率和稳定性。因此本节考查了不同 DMSO 浓度对不对称还原胺化反应的影响。结果如图 4-13 所示，当 DMSO 浓度在 5%～15%之间，转化率较好，都在 80%以上，DMSO 浓度增加到 25%，也有 70%左右的转化率；继续增加 DMSO 的浓度，对细胞毒性作用增加，转化率下降开始明显，DMSO 浓度增加到 40%，转化率下降到了 30%。

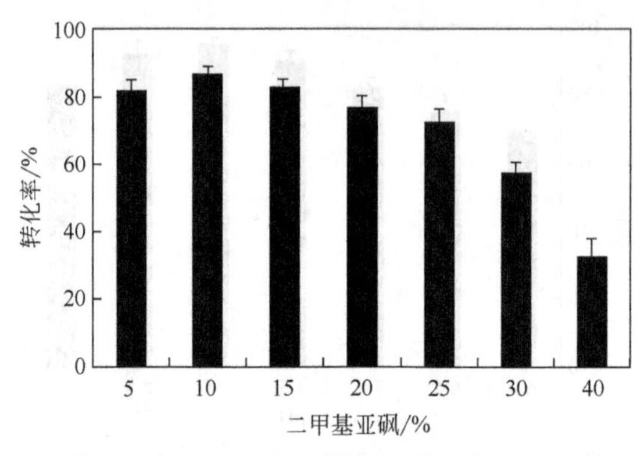


图 4-13 DMSO 浓度对 *E. coil*（MVTA）催化 2-HAP 不对称还原胺化反应的影响

### 4.4.13 底物浓度和产物浓度对不对称还原胺化反应的影响

微生物细胞的催化效率除了受温度、pH 等环境因子影响外，还受底物和产物浓度的影响，高浓度的底物和产物对细胞具有一定的毒害作用和对酶促反应具有抑制作用。因此，当底物或产物浓度过高时，降低生物催化速率。本节用 10g cdw/L 的重组大肠杆菌 MVTA 细胞研究了不同底物和产物浓度对不对称还原氨基化反应的影响。结果如图 4-14 所示，底物 2-羟基苯乙酮（2d）浓度在 10～100mmol/L 范围内转化率达到了 90%以上，当浓度超过 100mmol/L，底物 2-羟基苯乙酮（2d）的转化率呈下降趋势，底物浓度增加到 300mmol/L，转化率下降到 56%，可见高浓度 2-羟基苯乙酮限制了全细胞催化效率；对于氨基供体 *R*-苯乙胺，当浓度从 100mmol/L 增加到 140mmol/L，没有明显的抑制现象，转化率都在 90%以上，当 *R*-苯乙胺浓度超过 140mmol/L 以后，底物转化率明显下降，*R*-苯乙胺浓度过高也会影响催化反应的效率；对于产物 *S*-苯甘氨醇[(*S*)-1d]和副产物苯乙酮，浓度从 10mmol/L 增加到 200mmol/L，转化率基本不变，都在 95%以上，没有明显的抑制现象，说明重组大肠杆菌 MVTA 细胞对 *S*-苯甘氨醇和苯乙酮有很高的耐受性。

### 4.4.14 细胞用量对不对称还原胺化反应的影响

对于一定浓度的底物，在全细胞催化不对称还原胺化反应中，增加细胞用量能加快反应速率，从而提高催化效率，但是当微生物细胞用量增加到一定量时，反应速率不再增加，此时底物浓度下的细胞负载量达到饱和，进一步提高细胞用量会造成传质困难，本部分研究了不同细胞用量对不对称还原胺化反应的影响。结果如图 4-15 所示，随着细胞用量的不断增加，反应速率也在加快，底物转化率越来越高，当细胞浓度上升到 20g cdw/L 时，转化率达到了 99%，但是当细胞浓度大于 10g cdw/L

后，转化率增加缓慢，考虑到既能加快催化反应效率，又能节约细胞用量从而节省成本问题。故对于100mmol/L 的底物后续反应时，重组大肠杆菌细胞 *E. coil*（MVTA）的细胞用量采用 10g cdw/L。

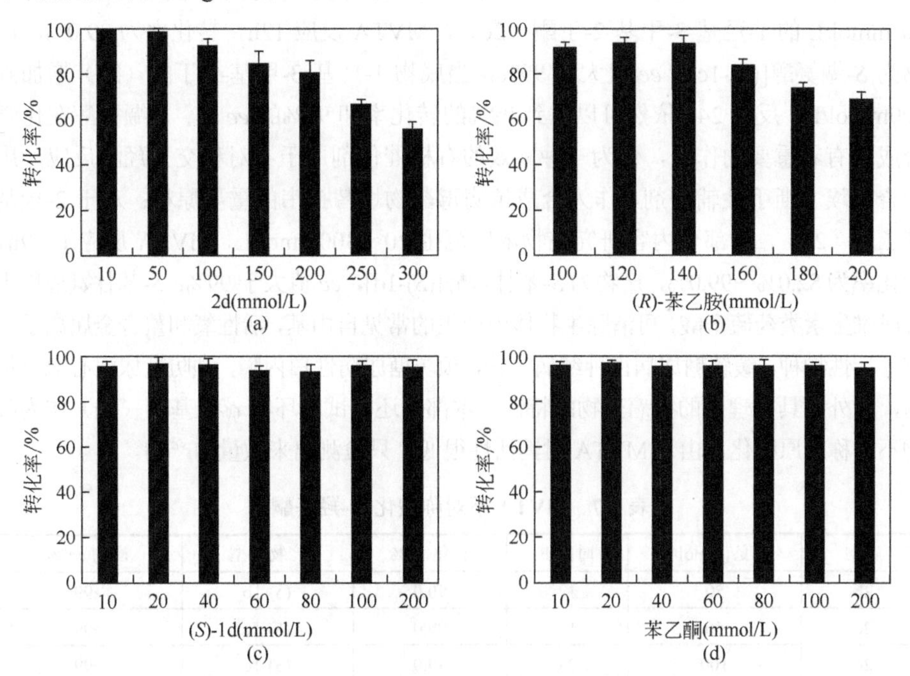


图 4-14　底物和产物浓度对 *E. coil*（MVTA）催化 2-HAP 不对称还原胺化反应的影响

(a) 底物 2-羟基苯乙酮（2d）浓度；(b) *R*-苯乙胺浓度；(c) 产物 *S*-苯甘氨醇（1d）浓度；(d) 产物苯乙酮浓度

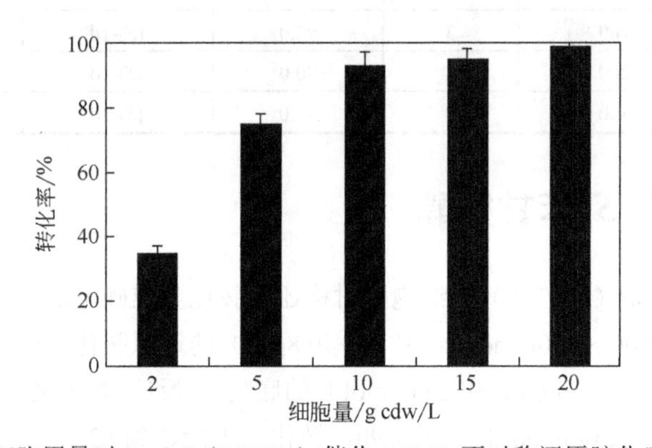


图 4-15　细胞用量对 *E. coil*（MVTA）催化 2-HAP 不对称还原胺化反应的影响

### 4.4.15　MVTA 不对称胺化 $\alpha$-羟基酮

筛选出合适的氨基供体后，本部分利用 MVTA 选择了三种 $\alpha$-羟基酮进行不对称胺化反应合成手性β-氨基醇的实验。结果如表 4-7 所示，对于 50 mmol/L 的 1-羟基-2-丁酮（2b），MVTA 反应 12h，转化率为 90.0%，产物为 *S*-2-氨基-1-丁醇[(*S*)-1b]，*ee* 值大于 99%；*S*-2-氨基-1-丁醇是合成抗结核药乙胺丁醇的关键中间体[122]。对于 50 mmol/L 的 1-羟基-3-甲基-2-丁酮（2c），MVTA 反应 12h，转化率为 99.0%，产物为 *S*-缬氨醇[(*S*)-1c]，*ee* 值大于 99%，当底物 1-羟基-3-甲基-2-丁酮（2c）增加到 100mmol/L，反应 24h 依然可以达到 99%的转化率和 99%的 *ee* 值；*S*-缬氨醇在化学合成中有着重要的作用，作为一种高效的有机催化剂用于不对称交叉羟醛反应，用于合成埃文斯手性辅助剂，作为合成抗病毒药物埃替拉韦的重要原料；对于 2-羟基苯乙酮（2d），本部分内容研究底物浓度范围 20～300mmol/L，MVTA 反应 1～9h，转化率为 82.0%～99.0%，产物为 *S*-苯甘氨醇[(*S*)-1d]，*ee* 值大于 99%；*S*-苯甘氨醇用于合成维生素类药硫辛酸，可清除生物体内产生的常见自由基，活性氧和螯合金属离子等有害活性物种，缓解糖尿病性神经病症状，预防糖尿病性白内障，预防糖尿病心血管损伤，此外还具有理想的抗癌药物的特性。本部分还测试了环状 α-羟基酮（2g）作为底物不对称还原胺化，由于 MVTA 对其活性很低，只检测出来微量的产物。

**表 4-7　MVTA 不对称胺化 α-羟基酮**

| 底物 | 浓度/(mmol/L) | 时间/h | 转化率/% | 产物构型 | 产物 *ee*/% |
|---|---|---|---|---|---|
| 2b | 50 | 12 | 90.0 | (*S*)-1b | >99 |
| 2c | 50 | 12 | 99.0 | (*S*)-1c | >99 |
| 2c | 100 | 24 | 99.0 | (*S*)-1c | >99 |
| 2d | 20 | 1 | 99.0 | (*S*)-1d | >99 |
| 2d | 50 | 2 | 99.0 | (*S*)-1d | >99 |
| 2d | 100 | 3 | 92.0 | (*S*)-1d | >99 |
| 2d | 200 | 4 | 90.0 | (*S*)-1d | >99 |
| 2d | 300 | 9 | 82.0 | (*S*)-1d | >99 |

## 4.4.16　制备 *S*-苯甘氨醇

重组菌 *E. coil*（MVTA）全细胞不对称还原胺化反应确定最佳条件后，进行了底物 2d 浓度为 100～300mmol/L（13.6～40.8g/L）的还原胺化反应的时间历程。结果如图 4-16 所示，100mmol/L 和 200mmol/L 的底物 2d 反应 4h 转化率可以达到 92%；当底物浓度增加到 300mmol/L，反应 9h，转化率也能达到 82%，*ee* 值大于 99%。

在 50mL 的反应体系中制备 *S*-苯甘氨醇，底物 2-羟基苯乙酮（2-HAP）浓度为 300 mmol/L，使用 10g cdw/L *E. coil*（MVTA）静息细胞进行不对称还原胺化反应，反应 12h，转化率达到 82%，*ee* 值大于 99%，产物经过简单的纯化处理后得率达到 71%（1.46 g），纯度大于 99%。

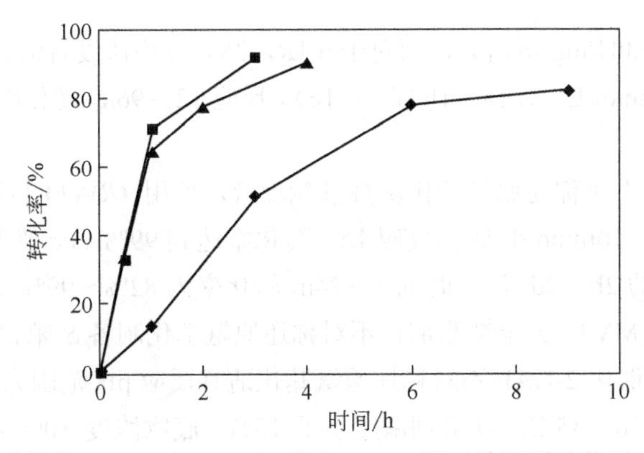


图 4-16　重组菌 *E. coil*（MVTA）催化 2-HAP 不对称还原胺化反应时间进程

# 4.5　小结

（1）将筛选得到的转氨酶 MVTA 进行克隆与表达。设计引物，以原有质粒为模板，进行 PCR，双酶切，酶连，转化。构建重组质粒 pET28a-MVTA，经 PCR 验证质粒构建成功，将重组质粒导入 *E.coli* BL21（DE3）感受态细胞得到重组菌，SDS-PAGE 电泳结果表明，重组菌在 37kDa 附近有一条明显的蛋白质表达条带，且经镍柱纯化后有一条清晰条带，位置与 MVTA 蛋白质条带相同，与其理论大小 36.92kDa 一致，表明成功实现了 MVTA 基因的克隆和其编码蛋白质的异源可溶性表达。

（2）对 MVTA 进行酶学性质表征，最适反应 pH 为 8.0，最适反应温度为 55℃；MVTA 在 pH7.0 和 8.0 缓冲液中保存 24h 仍可保持 90%以上的活性；MVTA 在 30℃下都具有良好的稳定性，孵育 24h 残余酶活可保留 95%以上。MVTA 对 (*R*)-1a 和 (*S*)-1a 的 $K_M$ 值分别为 19.1mmol/L 和 68.1mmol/L，$V_{max}$ 值分别为 0.79 U/mg 和 1.13U/mg 蛋白；MVTA 对 (*R*)-1b 和 (*S*)-1b 的 $K_M$ 值分别为 1.2 mmol/L 和 2.8 mmol/L，$V_{max}$ 值分别为 0.02U/mg 蛋白和 1.24U/mg 蛋白，对映选择率 *E* 值为 27（*S*），MVTA 对 (*S*)-1b 的活性远远大于 (*R*)-1b；MVTA 对 (*S*)-1c 和 (*S*)-1d 有较高的活性，分别为 2.33U/mg 蛋白和 3.14U/mg 蛋白，而对 (*S*)-1c 和 (*S*)-1d 的对映异构体则没有检测到活性，说明 MVTA 对 1c 和 1d 有极好的对映选择性，MVTA 对 (*S*)-1c 和 (*S*)-1d 的 $K_M$ 值分别为 17.0mmol/L 和 2.5mmol/L；对于两种构型的 *cis*-1e，MVTA 都没有检测到活性；MVTA 对 (1*R*,2*R*)-*trans*-1f 和 (1*S*,2*S*)-*trans*-1f 的分别为 $K_M$ 值 9.5mmol/L 和 13.0mmol/L，$V_{max}$ 分别为 0.5U/mg 蛋白和 0.1U/mg 蛋白；对于 (1*R*,2*S*)-*cis*-1g 和 (1*S*,2*R*)-*cis*-1g，MVTA 的 $K_M$ 值分别为 9.5mmol/L 和 11.7mmol/L，$V_{max}$ 值分别为 0.10 U/mg 蛋白和 0.15U/mg 蛋白；虽然 MVTA 对 (1*R*, 2*R*)-*trans*-1g 的活性较低（0.11U/mg 蛋白），但对 (1*S*,2*S*)-*trans*-1g 却没有活性；对于 *cis*-1h，MVTA 对 (1*S*,2*R*)异构体

有很高的活性（1.0U/mg 蛋白），而对于（1*R*，2*S*）异构体没有活性。MVTA 动力学拆分 10～200mmol/L（±）1a～1h（除了 1e），反应 12～96h，转化率为 50%～80%，*ee* 值大于 99%。

（3）MVTA 不对称还原氨基化$\alpha$-羟基酮反应，使用 (*R*)-(+)-1-苯乙胺作为氨基供体转化率最高，10mmol/L 底物反应 1h，转化率达到 99%，*ee* 值大于 99%；转化 50～200mmol/L 的 2b～2d，反应时间 1～24h，转化率为 82%～99%，*ee* 值大于 99%。

（4）*E. coil*（MVTA）全细胞催化不对称还原氨基化制备 *S*-苯甘氨醇条件优化。*E. coil*（MVTA）催化 2-HAP 不对称还原氨基化适宜反应 pH 范围为 7.5～8.5，适宜反应温度范围为 20～35℃，助溶剂浓度小于 15%，底物浓度 100mmol/L 时，最佳细胞用量为 10g cdw/L；以 300mmol/L 2-羟基苯乙酮（2-HAP）制备 *S*-苯甘氨醇，反应 12h，转化率达到 82%，*ee* 值大于 99%，产物经过简单的纯化处理后得率达到 71%（1.46g），纯度大于 99%。

## 参考文献

[1] Zhang J D，Wu H L，Tong M，et al. A high-throughput microtiter plate assay for the discovery of active and enantioselective amino alcohol-specific transaminases. *Anal. Biochem.*，2017，518：94-101.

[2] Zhang J D，Zhao J W，Gao L L，et al. Enantioselective synthesis of enantiopure $\beta$-amino alcohols via kinetic resolution and asymmetric reductive amination by a robust transaminase from *Mycobacterium vanbaalenii*，*J. Biotechnol.*，2019，290，24-32.

# 第五章

# 巨大芽孢杆菌转氨酶 BMTA 的克隆及其在手性邻氨基醇合成中的应用

# 5.1 引言

本章对来自巨大芽孢杆菌 (*Bacillus megaterium* SC6394)[1] 的一个 (*S*)-转氨酶（BMTA）基因序列进行了密码子优化，在大肠杆菌（*E. coli* BL21）中进行了表达纯化，对酶学性质进行了表征；应用该酶首次对外消旋*β*-氨基醇进行了动力学拆分（如图 5-1 所示）；同时考查了该酶不对称还原胺化*α*-羟酮合成(*R*)-*β*-氨基醇的效率（如图 5-2 所示）。本研究为生物法合成手性*β*-氨基醇提供了一种新的转氨酶，对重要手性*β*-氨基醇类药物中间体的合成具有潜在的应用价值。

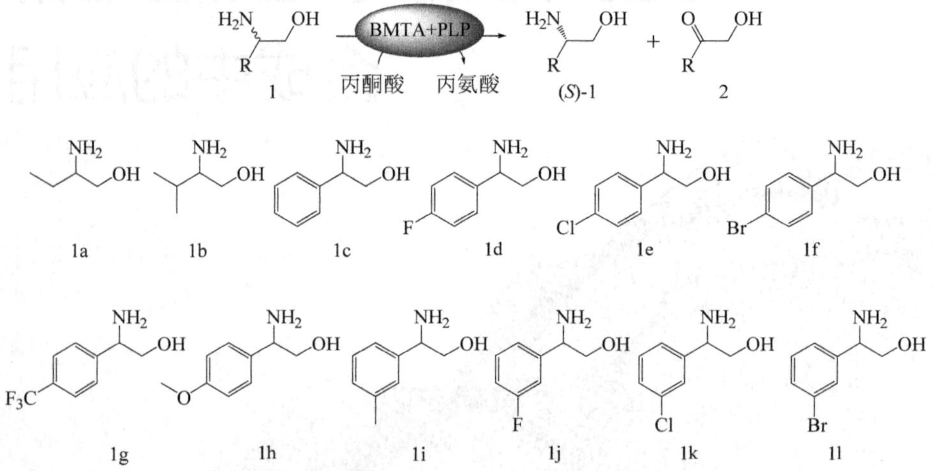

$H_2N$ OH R 1 BMTA+PLP 丙酮酸 丙氨酸 $H_2N$ OH R (*S*)-1 + O OH R 2

$NH_2$ OH 1a　$NH_2$ OH 1b　$NH_2$ OH 1c　$NH_2$ OH F 1d　$NH_2$ OH Cl 1e　$NH_2$ OH Br 1f

$NH_2$ OH $F_3C$ 1g　$NH_2$ OH O 1h　$NH_2$ OH 1i　$NH_2$ OH F 1j　$NH_2$ OH Cl 1k　$NH_2$ OH Br 1l

图 5-1　*ω*-转氨酶 BMTA 拆分外消旋*β*-氨基醇

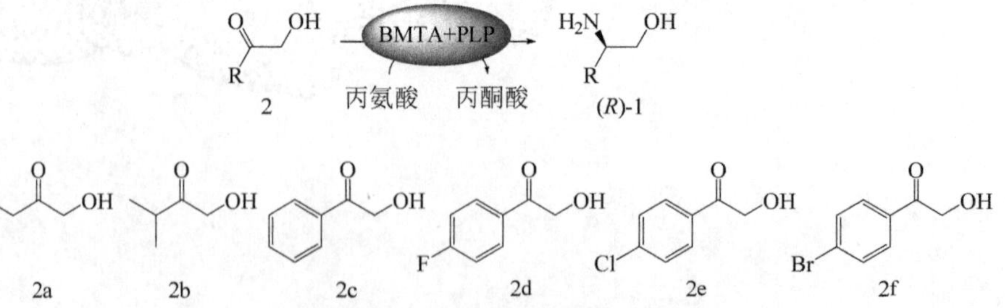

O OH R 2 BMTA+PLP 丙氨酸 丙酮酸 $H_2N$ OH R (*R*)-1

O OH 2a　O OH 2b　O OH 2c　O OH F 2d　O OH Cl 2e　O OH Br 2f

图 5-2　*ω*-转氨酶 BMTA 催化羟酮不对称还原胺化

## 5.2 实验部分

### 5.2.1 材料与试剂

菌种与质粒：*E. coli* BL21 感受态细胞，质粒 pET-28a（+）。

培养基：LB 液体培养基、TB 液体培养基、LB 固体培养基。其中涉及的试剂均为生化试剂级别。

试剂：(*R*)-2-氨基-1-丁醇[(*R*)-1a]、(*S*)-2-氨基-1-丁醇[(*S*)-1a]、(±)-2-氨基-1-丁醇[(±)-1a]、(*R*)-缬氨醇[(*R*)-1b]、(*S*)-缬氨醇[(*S*)-1b]、(±)-缬氨醇[(±)-1b]、(*R*)-苯甘氨醇[(*R*)-1c]、(*S*)-苯甘氨醇[(*S*)-1c]、(±)-苯甘氨醇[(±-1c)]、1-羟基-2-丁酮(2a)、1-羟基-3-甲基-2-丁酮(2b)、2-羟基苯乙酮(2c)、丙酮酸钠、L-丙氨酸、2,3,5-三苯基氯化四氮唑(TTC)和磷酸吡哆醛(PLP)、1-(4-氟苯基)-2-羟基乙酮(2d)、1-(4-氯苯基)-2-羟基乙酮(2e)和 1-(4-溴苯基)-2-羟基乙酮(2f)、(*R*)-2-氨基-2-(4-氟苯基)乙醇[(*R*)-1d]、(*S*)-2-氨基-2-(4-氟苯基)乙醇[(*S*)-1d]、(*R*)-2-氨基-2-(4-氯苯基)乙醇[(*R*)-1e]、(*S*)-2-氨基-2-(4-氯苯基)乙醇[(*S*)-1e]、(*R*)-2-氨基-2-(4-溴苯基)乙醇[(*R*)-1f]、(*S*)-2-氨基-2-(4-溴苯基)乙醇[(*S*)-1f]、(*R*)-2-氨基-2-[(4-三氟甲基)苯基]乙醇[(*R*)-1g]、(*S*)-2-氨基-2-[(4-三氟甲基)苯基]乙醇[(*S*)-1g]、(*R*)-2-氨基-2-[(4-甲氧基)苯基]乙醇[(*R*)-1h]、(*S*)-2-氨基-2-[(4-甲氧基)苯基]乙醇[(*S*)-1h]、(*R*)-2-氨基-2-[(3-甲基)苯基]乙醇[(*R*)-1i]、(*S*)-2-氨基-2-[(3-甲基)苯基]乙醇[(*S*)-1i]、(*R*)-2-氨基-2-(3-氟苯基)乙醇[(*R*)-1j]、(*S*)-2-氨基-2-(3-氟苯基)乙醇[(*S*)-1j]、(*R*)-2-氨基-2-(3-氯苯基)乙醇[(*R*)-1k]、(*S*)-2-氨基-2-(3-氯苯基)乙醇[(*S*)-1k]、(*R*)-2-氨基-2-(3-溴苯基)乙醇[(*R*)-1l]、(*S*)-2-氨基-2-(3-溴苯基)乙醇[(*S*)-1l]、(±)-2-氨基-2-(4-氟苯基)乙醇[(±)-1d]、(±)-2-氨基-2-(4-氯苯基)乙醇[(±)-1e]、(±)-2-氨基-2-(4-溴苯基)乙醇[(±)-1f]、(±)-2-氨基-2-[(4-三氟甲基)苯基]乙醇[(±)-1g]、(±)-2-氨基-2-[(4-甲氧基)苯基]乙醇[(±)-1h]、(±)-2-氨基-2-[(3-甲基)苯基]乙醇[(±)-1i]、(±)-2-氨基-2-(3-氟苯基)乙醇[(±)-1j]、(±)-2-氨基-2-(3-氯苯基)乙醇[(±)-1k]和(±)-2-氨基-2-(3-溴苯基)乙醇[(±)-1l]。本实验中所涉及的化学药品均为分析纯，其他化学试剂均可从市面上购买获得。

### 5.2.2 实验方法

#### 5.2.2.1 *ω*-转氨酶重组菌的构建

本研究中(*S*)-选择性*ω*-转氨酶 BMTA 来自于巨大芽孢杆菌(*Bacillus megaterium* SC6394)，为了便于 BMTA 在大肠杆菌中高效表达，对 BMTA 的密码子进行优化，并合成优化后的 BMTA 基因（通用生物公司）。然后利用 primer premier 5.0 设计所需要的引物（上游引物：CGC*GGATCC*GATGAGCCTGACGGTGC，包含限制性内切酶 *Bam*H Ⅰ的酶切位点；下游引物：CCG*CTCGAG*TTACTGCCATTCACCACTCTCC，包含限制性内切酶 *Xho* Ⅰ的酶切位点），利用 PCR 扩增技术获得所需要的目的基因 BMTA。然后将目的基因与表达载体 pET28a 相连接，获得重组质粒 pET28a-BMTA，最后将重组质粒 pET28a-BMTA 导入 *E.coli* BL21 感受态细胞中，诱导表达，即可获得重组菌 *E. coli* （BMTA）。将所获得重组菌 *E. coli* （BMTA）使用甘油保存法保藏于–80℃冰箱中，便于后续使用。

#### 5.2.2.2 $\omega$-转氨酶 BMTA 的表达及纯化

将–80℃冰箱中保藏的 *E. coli*（BMTA）细胞在 37℃下于含有 50mg/mL 的卡那霉素的 LB 液体培养基中进行复苏生长，7h 后，取 1mL 的培养液转移至 50mL 的 TB 液体培养基（含有 50mg/mL 的卡那霉素）中进行扩大培养。当培养液的 $OD_{600}$ 达到 0.5～0.6 时，向培养基中加入终浓度为 0.5 mmol/L 的诱导剂（IPTG），然后在 20℃、200 r/min 的条件下继续生长 12～14h。收集菌种，4℃、8000r/min 离心 5min 后除去上清液，得到重组 *E. coli*（BMTA）细胞。使用磷酸缓冲液（100mmol/L，pH 8.0）洗涤两次，最后使用磷酸缓冲液将细胞悬浮起来，置于冰上，在 400W 下进行超声破碎 10min，工作时间 4s，间歇时间 4s，然后将混合物在 4 ℃、3000r/min 的条件下离心 30min，除去细胞碎片，获得重组 *E. coli*（BMTA）的粗酶液，使用 Ni-NTA（生工生物工程有限公司）柱进行纯化，最后利用 SDS-PAGE 分析纯化后的蛋白质。

#### 5.2.2.3 $\omega$-转氨酶 BMTA 的酶活性检测

经初步试验，发现 BMTA 可以成功转化 (*R*)-苯甘氨醇[(*R*)-1c]为 2-羟基苯乙酮（2c），但对(*S*)-苯甘氨醇[(*S*)-1c]完全没有活性。因此以(*R*)-苯甘氨醇[(*R*)-1c]为底物，在 30℃，200r/min 条件下测定 BMTA 粗酶液以及纯化后的酶活性。反应混合物由 100mmol/L 磷酸钠缓冲液（pH8.0）、10mmol/L (*R*)-1c、10mmol/L 丙酮酸钠、0.2mmol/L PLP 和适量的酶组成。

定义 1 单位酶活力（U）是在 1min 内催化 1μmol/L 底物（1）(*R*)-苯甘氨醇转化生成产物所需要的酶量。以牛血清白蛋白（BSA）为标准，采用 Bradford 法测定酶液中蛋白质的浓度。

#### 5.2.2.4 pH 和温度对$\omega$-转氨酶 BMTA 酶活性的影响

用磷酸钠缓冲液（100mmol/L，pH6.0～8.0）、Tris·HCl 缓冲液（100mmol/L，pH8.0～9.0）和甘氨酸-氢氧化钠缓冲液（50mmol/L，pH9.0～10.0）三种缓冲体系在 30℃、200r/min 下测定纯化的 BMTA 的最佳 pH 值。然后在优化的 pH 值下，通过

测定25～65℃范围内$\omega$-转氨酶BMTA对(*R*)-1c的活性，确定纯化的$\omega$-转氨酶BMTA的最佳温度。将纯化的BMTA分别加入不同pH的缓冲液并保存于4℃环境中，检测该酶的pH稳定性，在不同时间点取样，并在标准实验条件下测定剩余酶活。在优化的pH条件下，将该酶在4～50℃的环境中孵育，测定BMTA的热稳定性，在不同时间点取样，在标准条件下分析检测残余酶活。

### 5.2.2.5 $\omega$-转氨酶BMTA的底物特异性

为了确定BMTA是否可以作用于其他消旋$\beta$-氨基醇[(±)-1]，在该酶最适反应pH和温度的条件下，检测BMTA对其他$\beta$-氨基醇[(*R*)-1和(*S*)-1]的酶活性：在30℃、200r/min条件下，反应总体系为1mL，包括10mmol/L底物、10mmol/L丙酮酸钠、0.2mmol/L PLP和BMTA（5mg/mL），反应10min后取样分析，进行酶活计算。

### 5.2.2.6 $\omega$-转氨酶BMTA拆分外消旋$\beta$-氨基醇

在50mL反应容器中采用5mL反应体系，加入5～20mmol/L底物[(±)-1a、(±)-1b、(±)-1c、(±)-1d、(±)-1e、(±)-1f、(±)-1g、(±)-1h、(±)-1i、(±)-1j、(±)-1k和(±)-1l]、0.2mmol/L PLP、5～20mmol/L丙酮酸钠、100mmol/L磷酸缓冲液（pH 7.5），最后添加10mg/mL纯化的$\omega$-转氨酶BMTA，在30℃，200r/min的条件下，振荡12h或反应达到平衡后，进行反应液的取样分析，并计算$\beta$-氨基醇的转化率以及*ee*值。

产物$\alpha$-羟基酮类化合物的萃取方法：取0.3mL反应样品，加入氯化钠饱和，再加入等体积的含有20mmol/L正十二烷为内标物的乙酸乙酯，充分振荡混匀，离心后取上层有机相于干净的离心管中，并加无水硫酸钠进行干燥以便进行气相色谱分析。

拆分剩余的手性$\beta$-氨基醇类化合物的萃取方法：取0.5mL反应样品，加入氯化钠饱和后加入10mol/L的氢氧化钠溶液碱化反应样品（pH>10），再加0.5mL含有20mol/L 正十二烷为内标物的乙酸乙酯充分振荡混匀，离心后取有机相并加无水硫酸钠进行干燥以便进行气相色谱分析。

### 5.2.2.7 $\omega$-转氨酶BMTA不对称还原胺化羟酮

在50mL反应容器中采用5mL反应体系，加入10～20mmol/L底物（2a、2b、2c、2d、2e和2f）、0.2mmol/L PLP、200～400mmol/L L-丙氨酸、100mmol/L磷酸缓冲液（pH7.5），最后添加10mg/mL纯化的BMTA，在30℃、200r/min的条件下，振荡10h或者反应达到平衡后，对产物$\beta$-氨基醇进行检测分析。

### 5.2.2.8 $\omega$-转氨酶BMTA制备(*S*)-苯甘氨醇

制备(*S*)-苯甘氨醇，采用100 mL反应体系，加入20mmol/L的外消旋苯甘氨醇[(±)1c]、

0.2mmol/L PLP、15mmol/L 丙酮酸钠、10mg/mL 纯化的 BMTA、100mmol/L 磷酸缓冲液（pH7.5），在 30℃、200r/min 下反应 24h。在反应完全后，加氯化钠饱和，使用盐酸酸化反应液，使其 pH<2，再用 100mL 乙酸乙酯重复三次萃取，可将生成的副产物 2-羟基苯乙酮（2c）移除。然后加入 10 mol/L 的氢氧化钠溶液将反应液碱化，使其 pH>10，同样用 100mL 乙酸乙酯重复萃取三次，最后将有机相分离出来并加入无水硫酸钠干燥。过滤后经过旋转蒸发将乙酸乙酯除去，将剩余的固体进行真空干燥处理。

### 5.2.3 分析方法

本研究中所使用的分析方法参照 4.3.15 中的方法。

## 5.3 结果与讨论

### 5.3.1 $\omega$-转氨酶 BMTA 的表达、纯化和酶活检测

将 $\omega$-转氨酶 BMTA 的基因克隆到质粒 pET28a 中，得到重组质粒 pET28a-BMTA，并在 *E. coli* BL21 细胞中进行了异源表达。利用 SDS-PAGE 分析 *E. coli* BL21 细胞中的蛋白质表达情况，如图 5-3 所示，可以清楚地看到一条大小约为 53kDa 的条带，与 $\omega$-转氨酶 BMTA 的蛋白质理论大小一致，初步确定重组菌 *E. coli*（BMTA）构建成功。

该酶经 Ni-NTA 柱纯化后进行 SDS-PAGE 分析（图 5-3），得到了单一目的蛋白质的条带，蛋白质大小也符合 $\omega$-转氨酶 BMTA 的理论大小。酶的纯化因子（纯化后/纯化前的比活力）约为 2.3，产率在 40%以上。酶活性分析表明，该酶对 (*R*)-1c 有较高的活性，而对 (*S*)-1c 无活性；纯化酶对 (*R*)-1c 的活性为 1.1U/mg。

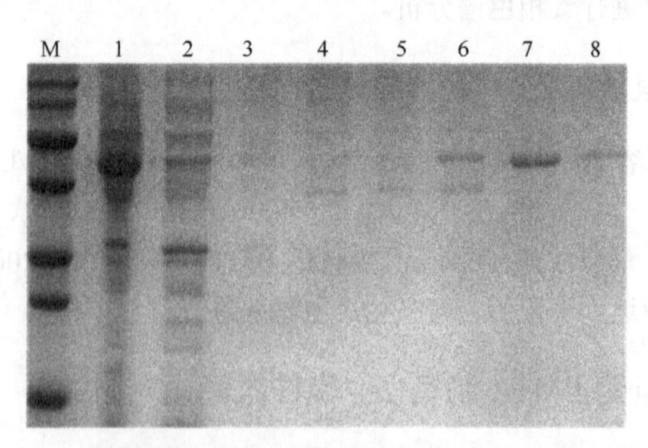


图 5-3 $\omega$-转氨酶 BMTA 表达及纯化的 SDS-PAGE 电泳图

## 5.3.2 pH 对$\omega$-转氨酶 BMTA 活性及稳定性的影响

在三种不同的缓冲体系中考查了 pH 值对 BMTA 活性的影响。如图 5-4（a）所示，pH 的改变对 BMTA 的活性有较大的影响。随着 pH 的增加，BMTA 的酶活力呈先上升再下降的趋势，与多数已报道的转氨酶相似，该酶在弱酸弱碱条件下能保持 60%以上的酶活性。BMTA 的最大酶活性出现在 7.0～8.0 的 pH 范围内，当 pH 值为 7.5 时，BMTA 对 (*R*)-1c 的催化活性最大，因此可确定 BMTA 的最适 pH 为 7.5。

在技术应用和工艺生产过程中，不同 pH 值下的酶稳定性也是一个关键参数。在 pH 稳定性实验中，考查了 BMTA 在 9 种不同 pH 值（6.0、6.5、7.0、7.5、8.0、8.5、9.0、9.5 和 10.0）下的稳定性。以放置 0h 即新鲜酶液的酶活力为 100 %，计算其他条件下的相对酶活力。结果如图 5-4（b）所示，BMTA 在 pH 7.0 的条件下稳定最好，在 24 h 后仍有 74 %的残留活性；在 pH 7.5 的条件下放置 24h 后有 68%以上的残留活性。当 pH 值大于 9.0 或小于 6.5 时，BMTA 的残余活性随时间显著降低。

根据上述实验结果，可知 BMTA 最适反应 pH 为 7.5，且在该 pH 条件下稳定性较好，因此选定 pH7.5 为最佳反应条件。

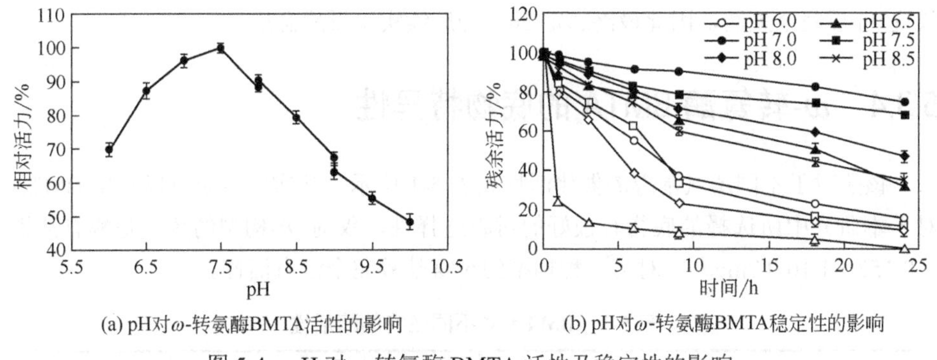


(a) pH对$\omega$-转氨酶BMTA活性的影响　　(b) pH对$\omega$-转氨酶BMTA稳定性的影响

图 5-4　pH 对$\omega$-转氨酶 BMTA 活性及稳定性的影响

## 5.3.3 温度对$\omega$-转氨酶 BMTA 活性及稳定性的影响

温度是影响酶活性的另一个重要因素，高温有利于提高转氨酶催化反应的反应速率，但温度太高则会导致蛋白质变性，从而影响酶活性。所以在 25～65℃范围内考查了温度对 BMTA 活性的影响，结果如图 5-5（a）所示，随温度变化 BMTA 的酶活性呈钟罩形状，与一般酶的情况类似。在 25～55℃范围内随着温度的升高，酶活力逐渐增加；到 55℃时达到最大活性。在常用反应温度 30℃下，BMTA 酶活力约为最大酶活力的 60%。

温度稳定性是衡量酶学性质的另一关键参数，若酶的温度稳定性较好，则可以在较长时间内保持较高的酶活力来催化反应，从而提高反应效率。将 BMTA 置于不同温度下孵育一定的时间，通过测定其残余酶活力来衡量其温度稳定性。实验结果如图 5-5（b）所示，与 4℃相比，BMTA 在 20℃下较稳定，并且在 24h 后仍保留有 65%以上的残余活性；在 50℃环境下放置 9h 后酶活力完全丧失。在 30℃条件下，放置 24h 后仍有 48%的残余酶活力。

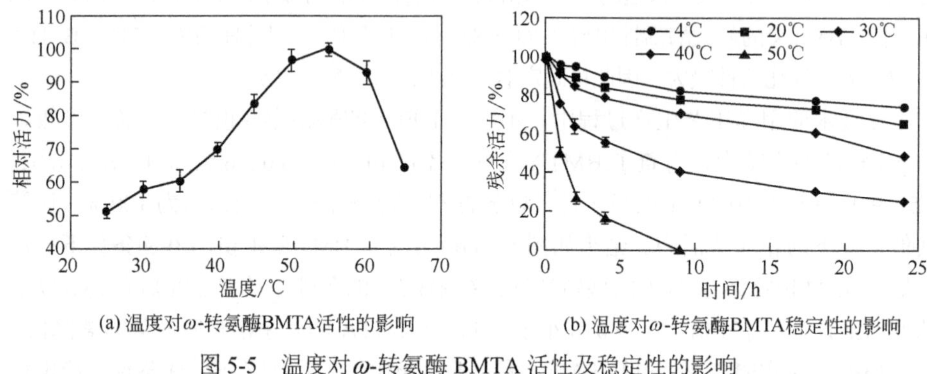

(a) 温度对ω-转氨酶BMTA活性的影响　(b) 温度对ω-转氨酶BMTA稳定性的影响

图 5-5　温度对ω-转氨酶 BMTA 活性及稳定性的影响

根据上述实验结果，虽然 BMTA 的最适反应温度为 55℃，但是该酶在 50℃下放置 9h 后完全失活，因此最终选定 30℃为后续实验反应温度。

## 5.3.4　ω-转氨酶 BMTA 的底物特异性

该酶对于不同β-氨基醇的催化活性如表 5-1 所示，从实验结果可以看出 BMTA 对于本研究中所选择的底物有极好的对映选择性，仅对 *R*-构型的β-氨基醇有活性（0.152～1.107U/mg），对另一种构型的β-氨基醇完全没有活性。

**表 5-1　BMTA 对不同底物的酶活性**

| 底物 | 浓度/（mmol/L） | 比活力/（U/mg） | 底物 | 浓度/（mmol/L） | 比活力/（U/mg） |
|---|---|---|---|---|---|
| (*R*)-1a | 10 | 0.152 | (*S*)-1a | 10 | — |
| (*R*)-1b | 10 | 1.083 | (*S*)-1b | 10 | — |
| (*R*)-1c | 10 | 1.107 | (*S*)-1c | 10 | — |
| (*R*)-1d | 10 | 0.658 | (*S*)-1d | 10 | — |
| (*R*)-1e | 10 | 0.480 | (*S*)-1e | 10 | — |
| (*R*)-1f | 10 | 0.353 | (*S*)-1f | 10 | — |
| (*R*)-1g | 10 | 0.352 | (*S*)-1g | 10 | — |
| (*R*)-1h | 10 | 0.624 | (*S*)-1h | 10 | — |
| (*R*)-1i | 10 | 0.331 | (*S*)-1i | 10 | — |
| (*R*)-1j | 10 | 0.758 | (*S*)-1j | 10 | — |
| (*R*)-1k | 10 | 0.438 | (*S*)-1k | 10 | — |
| (*R*)-1l | 10 | 0.346 | (*S*)-1l | 10 | — |

## 5.3.5 $\omega$-转氨酶 BMTA 动力学拆分外消旋$\beta$-氨基醇

本研究利用$\omega$-转氨酶 BMTA 对外消旋$\beta$-氨基醇 (±)-1 进行了动力学拆分，实验结果如表 5-2 所示，除底物 (±)-1a、(±)-1i 外，其余的底物都可在 12～24h 内被 BMTA 完全拆分，生成相对应的$\alpha$-羟酮 2 和未产生催化作用的另一构型底物 (*S*)-1，经检测发现其 *ee* 值都大于 99%。对于底物 (±)-1a，BMTA 对其活性较低，经过 24h 动力学拆分，底物 *ee* 值仅有 50.1%；对于底物 (±)-1i，BMTA 的活性较好，*ee* 值可以达到 98.2%。

**表 5-2　BMTA 拆分外消旋$\beta$-氨基醇**

| 底物 | 浓度/(mmol/L) | 时间/h | 转化率/% | 未反应底物 | *ee*/% |
|---|---|---|---|---|---|
| (±)-1a | 10 | 24 | 31.5 | (*S*)-1a | 50.1 |
| (±)-1b | 20 | 12 | 50.4 | (*S*)-1b | >99 |
| (±)-1c | 20 | 12 | 50.0 | (*S*)-1c | >99 |
| (±)-1d | 10 | 12 | 49.7 | (*S*)-1d | >99 |
| (±)-1e | 20 | 12 | 49.2 | (*S*)-1e | >99 |
| (±)-1f | 10 | 24 | 49.5 | (*S*)-1f | >99 |
| (±)-1g | 20 | 24 | 49.4 | (*S*)-1g | >99 |
| (±)-1h | 20 | 24 | 49.7 | (*S*)-1h | >99 |
| (±)-1i | 10 | 24 | 44.6 | (*S*)-1i | 98.2 |
| (±)-1j | 20 | 24 | 49.3 | (*S*)-1j | >99 |
| (±)-1k | 10 | 24 | 49.4 | (*S*)-1k | >99 |
| (±)-1l | 5 | 24 | 49.7 | (*S*)-1l | >99 |

## 5.3.6 $\omega$-转氨酶 BMTA 不对称还原胺化羟酮

为了获得 *R*-构型的手性$\beta$-氨基醇，本研究考查了转氨酶 BMTA 对六种 $\alpha$-羟酮的酶活性，实验结果如表 5-3 所示，从表中可以看出，BMTA 对 $\alpha$-羟酮同样具有良好的催化活性，转化率为 58.1%～96.9%，且 *ee* 值都大于 99%。对于底物 2c，当浓度增加至 20mmol/L 时，其转化率仍高达 95.2%，且 *ee* 值大于 99%。

**表 5-3　BMTA 催化$\alpha$-羟基酮的不对称还原胺化反应**

| 底物 | 浓度/(mmol/L) | 时间/h | 转化率/% | 产物 | *ee*/% |
|---|---|---|---|---|---|
| 2a | 10 | 10 | 58.1 | (*R*)-1a | >99 |
| 2b | 10 | 10 | 96.2 | (*R*)-1b | >99 |
| 2c | 10 | 10 | 96.9 | (*R*)-1c | >99 |

续表

| 底物 | 浓度/(mmol/L) | 时间/h | 转化率/% | 产物 | *ee*/% |
|---|---|---|---|---|---|
| 2c | 20 | 20 | 95.2 | (*R*)-1c | >99 |
| 2d | 10 | 10 | 93.3 | (*R*)-1d | >99 |
| 2e | 10 | 10 | 85.3 | (*R*)-1e | >99 |
| 2f | 10 | 10 | 60.2 | (*R*)-1f | >99 |

### 5.3.7 $\omega$-转氨酶 BMTA 动力学拆分外消旋苯甘氨醇制备（*S*）-苯甘氨醇

在 100mL 的反应体系中制备（*S*）-苯甘氨醇，利用 BMTA 对 20mmol/L 外消旋苯甘氨醇 (±)-1c 进行动力学拆分，底物转化率达到 50%左右，（*S*）-苯甘氨醇的 *ee* 值>99%。产物经过纯化处理后收率可达 40.2%（110.4mg），纯度大于 98%。

## 5.4 小结

本研究对来自巨大芽孢杆菌（*Bacillus megaterium* SC6394）一个 (*S*)-选择性$\omega$-转氨酶 BMTA 基因密码子进行了优化，并成功在大肠杆菌中进行高效表达，对酶进行了纯化和表征。研究发现 BMTA 不仅可以成功拆分外消旋$\beta$-氨基醇合成 (*S*)-$\beta$-氨基醇，而且可以成功催化$\alpha$-羟酮不对称还原胺化合成 (*R*)-$\beta$-氨基醇。此外，在 100 mL 规模的反应体系中使用 BMTA 对外消旋苯甘氨醇进行了动力学拆分，成功制备了 (*S*)-苯甘氨醇，得率高达 40.2%，*ee* 值>99%。本研究证明了 BMTA 对$\beta$-氨基醇类化合物具有较高的活力和极好的立体选择性以及较广的底物谱，对手性$\beta$-氨基醇类药物中间体工业化生产具有潜在的应用价值。

**参考文献**

[1] Hanson R L，Davis B L，Chen Y，et al. Preparation of (*R*)-amines from racemic amines with an (*S*)-amine transaminase from *Bacillus megaterium*. *Adv. Synth. Catal.*，2008，350 （9）：1367-1375.

# 第六章
# 羰基还原酶组合转氨酶级联催化外消旋$\beta$-氨基醇同时制备手性$\beta$-氨基醇和手性邻二醇

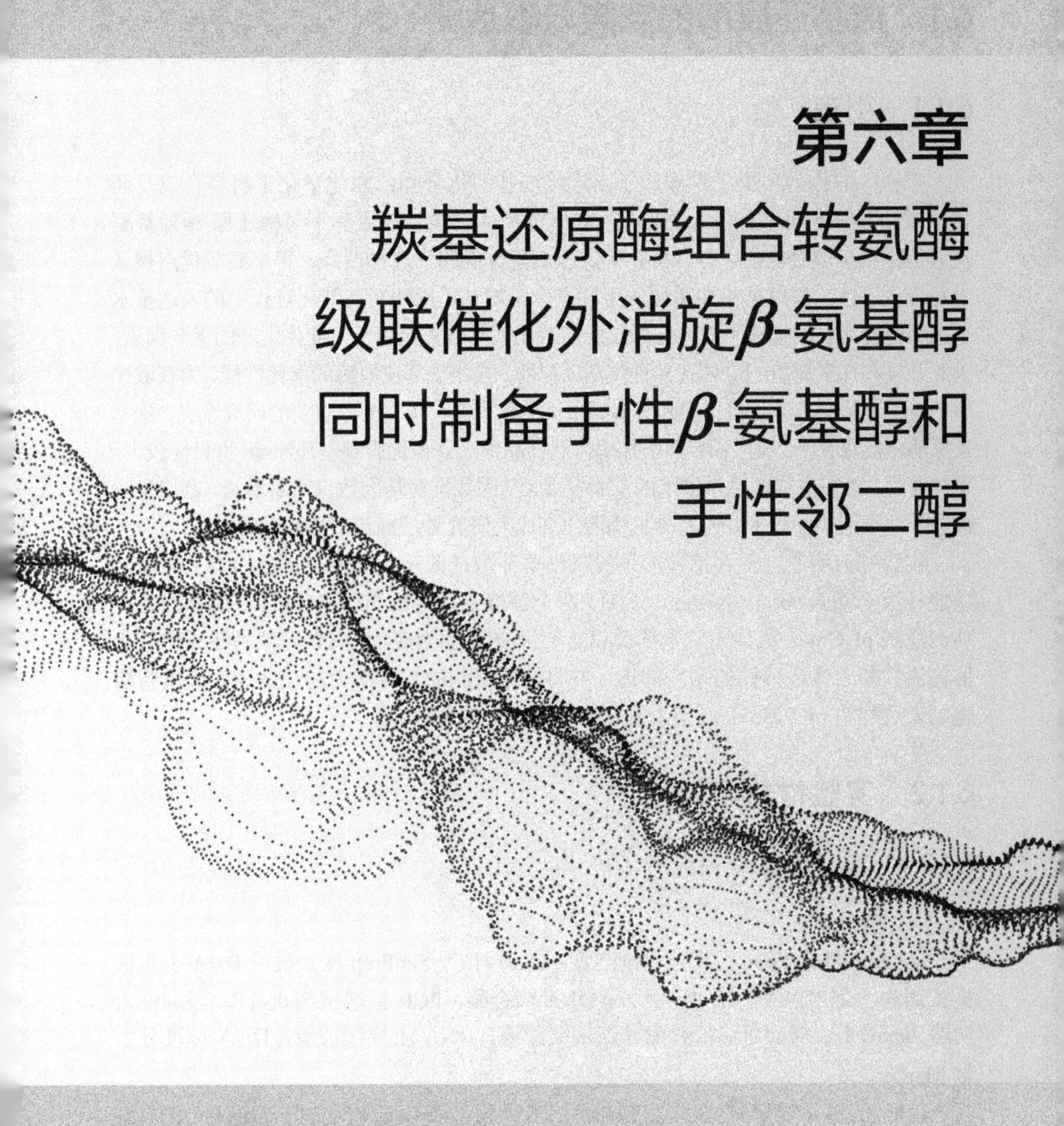

# 6.1 羰基还原酶的克隆与表达

## 6.1.1 引言

手性二醇作为一类手性碳原子上连接羟基的化合物，在化学化工材料合成及药物合成开发等方面具有巨大的作用。立体选择性的羰基还原酶不对称还原 $\alpha$-羟基酮及其衍生物生成对应的手性二醇，因其反应条件温和、选择性好、得率高等优点被认为是合成手性二醇最基本和重要的手段之一。羰基还原酶在其催化过程中的表达量水平，酶自身活性，催化不对称还原反应的转化效率是其应用于工业化生产的重要因素，因此开发和探索新型的立体选择性羰基还原酶，强化羰基还原酶的催化性能，为获取光学手性二醇提供有效途径，使其更能满足工业化生产，具有十分重要的研究意义。羰基还原酶广泛存在于大自然中，利用传统自然样品筛选获得优秀羰基还原酶，盲目性较大，费时费力。随着生物信息学技术的不断发展，基因数据库基因数目不断增长，利用生物信息学与基因工程技术开发新型生物催化剂成为研究者挖掘新型酶的重要方法。

实验室前期通过基因挖掘的手段从枯草芽孢杆菌（*Bacillus subtilis* 168）和葡萄糖酸杆菌（*Gluconobac oxydans* 621H）两个菌株中筛选出 20 种羰基还原酶基因并成功构建到 pUCm-T 载体上。本实验以 2-羟基苯乙酮为底物对 20 种羰基还原酶进行催化活性和立体选择性的初步筛选，并将筛选得到的具有潜力的羰基还原酶重新构建到表达载体 pET28a 上，于大肠杆菌中进行可溶表达。

## 6.1.2 实验材料与仪器

### 6.1.2.1 实验药品

（1）实验试剂

SanPrep 柱式 PCR 产物纯化试剂盒（SK8141），SanPrep 柱式质粒 DNA 小量抽提试剂盒（SK8192），缓冲液，*Taq* DNA 聚合酶，PCR 扩增试剂 dNTP，限制性内切酶 *Bam*HⅠ、*Hind*Ⅲ，连接酶和连接缓冲液，DNA 上样缓冲液，DNA 标准分子量 Marker。

琼脂粉，酵母提取物，胰蛋白胨，氯化钠，异丙基-$\beta$-D-硫代吡喃半乳糖苷（IPTG），氨苄霉素，卡那霉素，溴酚蓝，甘氨酸，丙烯酰胺，考马斯亮蓝 R-250，TEMED，牛血清蛋白，蛋白质分子量 Marker，Brandford 蛋白质染色液，琼脂糖。

磷酸氢二钾（$K_2HPO_4$）、磷酸二氢钾（$KH_2PO_4$）、丙三醇、无水乙醇、无水硫酸铜、二甲基亚砜均为分析纯，2-羟基苯乙酮、(*R*)-1-苯基-1,2-乙二醇、(*S*)-1-苯基-1,2-乙二醇、正十二烷。

（2）菌株与质粒

大肠杆菌 *E.coli* DH5α、*E.coli* BL21（DE3），pET28a，羰基还原酶菌种。

#### 6.1.2.2 实验仪器

所用主要实验仪器如表 6-1 所示。

**表 6-1 主要实验仪器**

| 序号 | 名称 | 型号 | 厂商 |
|---|---|---|---|
| 1 | 立式压力蒸汽灭菌锅 | YXQ-LS-30S2 | 上海博讯实业有限公司 |
| 2 | 电子天平 | BT 124S | 德国赛多利斯股份公司 |
| 3 | 小型双垂直电泳仪 | DYCZ-24DN | 北京市六一仪器厂 |
| 4 | 超声波细胞粉碎机 | JY 92-IIN | 宁波新芝生物科技股份有限公司 |
| 5 | 大容量振荡器 | DHZ-CA | 太仓市实验设备厂 |
| 6 | 高速冷冻离心机 | HC-3018 | 安徽中科中佳科学仪器有限公司 |
| 7 | 电泳仪 | DYY-10C | 北京市六一仪器厂 |
| 8 | 超净工作台 | ZHJH-C1106C | 上海智城分析仪器制造有限公司 |
| 9 | 微波炉 | WP750A | 格兰仕 |
| 10 | 凝胶成像分析仪 | WD-9413C | 北京市六一仪器厂 |
| 11 | 脱色摇床 | TS-8S | 海门市其林贝尔仪器制造有限公司 |
| 12 | PCR 仪 | Mastercycler pro S | 艾本德中国有限公司 |
| 13 | 制冰机 | YN-200P | 上海因纽特制冷设备有限公司 |
| 14 | pH 计 | PB-10 | 德国赛多利斯股份公司 |
| 15 | 涡旋振荡器 | Vortex-Genie 2 | 科学工业 Scientific Industries |
| 16 | 手性色谱柱 | CP-Chirasil-Dex CB | 安捷伦 |
| 17 | 气相色谱仪 | GC-2010 | 岛津 SHIMADZU |

#### 6.1.2.3 试剂配制

（1）培养基

LB 液体培养基：10.0g/L NaCl，10.0g/L 胰蛋白胨，5.0g/L 酵母粉，调节 pH 至 7.0。在配好的液体培养基的基础上，加入 1.5% 琼脂粉即可配得固体培养基。121℃ 高压灭菌 30min。

TB 培养基：胰蛋白胨 12g，酵母提取物 24g，甘油 4mL 定容至 0.9L，高压灭菌。冷却到 60℃，再加入 100mL 灭菌后的磷酸缓冲液（2.31g 的 $KH_2PO_4$、12.54g 的 $K_2HPO_4$ 溶于 100mL 水中）。

（2）DNA 电泳相关试剂

50×TAE 核酸电泳缓冲液配制方法：称取 242.0g Tris，37.2g 的乙二胺四乙酸二钠盐，量取 57.1mL 冰醋酸倒入其中，定容至 1L，充分搅拌混匀，于室温下保存；1×TAE 核酸电泳缓冲液：将配制好的 50×TAE 核酸电泳缓冲液用蒸馏水稀释 50 倍；EB 溶液：0.1g 溴化乙锭（EB），溶解于 10mL 蒸馏水中，待到染胶时，再将其稀释到 0.5μg/mL 的浓度。

（3）SDS-PAGE 蛋白质电泳相关试剂

6×SDS-PAGE 上样缓冲液：分别量取 3mL 30%的甘油和 7mL pH6.8 的 Tris-HCl 并混合，再向其中加 1g 的 SDS，0.93g 的二硫苏糖醇（DTT）和 1.2mg 的溴酚蓝，去离子水定容至 10mL，分装到离心管中后，–20℃保存。SDS-PAGE 电泳缓冲液：Tris 15.1g，甘氨酸（Glycine）94g，5.0g 的十二烷基磺酸钠（SDS），蒸馏水充分搅拌溶解，定容至 1L。电泳时，稀释 5 倍即为电泳缓冲液；300g/L 丙烯酰胺：290g 丙烯酰胺，10g BIS，定容到 1L，使用 0.45μm 的滤纸除去杂质，置于棕色瓶中于 4℃下保存。100g/L 过硫酸铵：0.1g 过硫酸铵溶于 1mL 去离子水，于 4℃下保存。考马斯亮蓝 R-250 染色液：1g 考马斯亮蓝 R-250，250mL 异丙醇，1L 冰醋酸，溶于 650mL 去离子水，使用滤纸去除杂质，室温下保存。考马斯亮蓝染色脱色液：100mL 醋酸，50mL 乙醇，去离子水定容到 1L；充分混合后，于室温下保存。

12%的分离胶（5mL）：1.6mL dd$H_2O$，2.0mL 30% 丙烯酰胺（Acrylamide），1.3mL 1.5mol/L pH8.8 Tris-HCl，0.05mL 10%十二烷基磺酸钠（SDS），0.05mL 10%过硫酸铵（Ap），0.002mL 四甲基二乙胺（TEMED）。5%浓缩胶的配制（1mL）：0.17mL 300g/L 丙烯酰胺（Acrylamide），0.13mL 1.0mol/L pH6.8 Tris-HCl，0.68mL dd$H_2O$，0.01mL 10%十二烷基磺酸钠（SDS），0.001mL 四甲基二乙胺（TEMED），0.01mL 10%过硫酸铵（Ap）。

### 6.1.3 分析方法

气相色谱（GC）检测法的操作过程如下。待反应结束后取反应液 300μL，加氯化钠至溶液饱和，用含有 20mmol/L 正十二烷为内标物的乙酸乙酯等体积萃取，充分振荡混匀后，12000r/min 离心 5min，取有机相用无水硫酸钠干燥，用气相色谱仪检测分析。

产物含量及对映体过量值（*ee*）是通过带有 CP Chirasil-Dex CB 手性色谱柱（25m × 0.32mm × 0.25μm；Agilent Technologies，Inc.）气相色谱仪（GC-2010，Shimadzu，Japan）检测的。其检测条件：进样口温度 250℃，检测器温度 270℃，程序升温，于 100℃下，以 2℃/min 升到 120℃，再以 5℃/min 升到 160℃，保留 10min。通过与外消旋标准品的保留时间确定产物的绝对构型。底物的对映体过量值的计算公式为：

$$ee = \frac{[R]-[S]}{[R]+[S]} \times 100\%$$

其中，［$R$］、［$S$］分别代表底物 $R$ 和 $S$ 构型对映体在气相色谱图中的峰面积大小。

为了更准确地分析反应转化率，进行了标准曲线的绘制：以正十二烷为内标，以样品与内标物的峰面积比为纵坐标，样品与内标物的浓度比为横坐标做出线性关系图，即为($R$)-PED、($S$)-PED 标准曲线。根据底物 2-HAP 的浓度与产物($R$)-PED 或($S$)-PED 的浓度计算转化率。

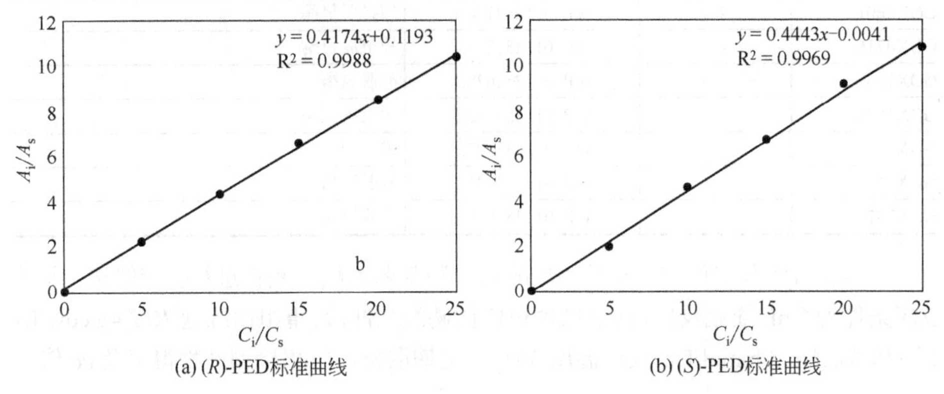


图 6-1　($R$)-PED 标准曲线和($S$)-PED 标准曲线

## 6.1.4　实验方法

### 6.1.4.1　羰基还原酶基因挖掘

*Bacillus subtilis* 168 [1] 和 *Gluconobac oxydans* 621H [2] 基因组序列已被公布，且这两个菌株已被报道具备选择性氧化还原能力。本实验前期采用基因组挖掘法，在 NCBI 基因组数据库采用关键字“脱氢酶（dehydrogenase）”“还原酶（reductase）”“氧化还原酶（oxidoreductase）”在其基因组序列中筛选，挑选分子质量大小 25～40kDa 的 20 种蛋白质为候选羰基还原酶（如表 6-2 所示），成功构建到 pUCm-T 载体。

**表 6-2　*Bacillus subtilis* 168 和 *Gluconobac oxydans* 621H 待表达羰基还原酶**

| 基因 | 基因 ID | 蛋白质 ID | 注　释 |
|---|---|---|---|
| bdhA | 939490 | NP_388505.1 | ($R$,$R$)-丁二醇脱氢酶 |
| yxnA | 937698 | NP_391880.2 | 氧化还原酶 |
| gutB | 939495 | NP_388496.1 | 山梨醇脱氢酶 |
| iolG | 937615 | NP_391849.2 | 肌醇脱氢酶 |
| yusZ | 938596 | NP_391177.1 | 氧化还原酶 |
| yutJ | 936600 | NP_391100.2 | NADH 脱氢酶类似蛋白 |
| yueD | 936558 | NP_391062.1 | 偶苯酰还原酶 |
| SCD | 937642 | NP_391863.2 | 氧化还原酶 |
| yugJ | 937164 | NP_391015.1 | NADH-依赖丁醇脱氢酶 |

续表

| 基因 | 基因 ID | 蛋白质 ID | 注　释 |
| --- | --- | --- | --- |
| GOSCR | — | WP_011253692.1 | 3-oxoacyl-ACP 还原酶 |
| GOX0313 | — | WP_011251899.1 | 醇脱氢酶 |
| GOX0314 | — | WP_011251900.1 | 醇脱氢酶 |
| GOX0398 | — | WP_011251982.1 | 醇脱氢酶 |
| GOX0601 | — | WP_011252178.1 | 短链脱氢酶 |
| GOX0716 | — | WP_011252291.1 | 短链脱氢酶 |
| GOX1067 | — | WP_011252628.1 | 醇脱氢酶 |
| GOX1538 | — | WP_011253065.1 | 短链脱氢酶 |
| GOX1675 | — | WP_011253197.1 | 脱氢酶 |
| GOX2108 | — | WP_011253621.1 | 醇脱氢酶 |
| GOX2378 | — | WP_011253879.1 | 醇脱氢酶 |

本实验对实验室保存的羰基还原酶以 2-羟基苯乙酮为底物进行初步筛选。具体反应条件为 5mL 摇瓶反应，其中包含 pH7 的磷酸缓冲液，重组菌细胞浓度 4g cdw/L，2-羟基苯乙酮 20mmol/L，反应温度 30℃，定期取样，气相检测产物得率及 *ee* 值。

### 6.1.4.2　PCR 扩增

通过筛选得到两个具有潜力的羰基还原酶 BDHA（2,3-丁二醇脱氢酶），GoSCR（多元醇脱氢酶），重新构建到表达载体 pET28a 中进行表达。利用 primer premier 5.0 重新设计引物 BDHA-F 和 BDHA-R、GoSCR-F 和 GoSCR-R（如表 6-3 所示）。引物中斜体表示限制性内切酶酶切位点。

**表 6-3　PCR 所用引物**

| 序号 | 名称 | 引物(5′-3′) | 限制性内切酶 |
| --- | --- | --- | --- |
| 1 | BDHA-F | CGC*GGATCC*ATGAAGGCAGCAAGATGGCATAACC | *Bam*H Ⅰ |
| 2 | BDHA-R | CCC*AAGCTT*TTAGTTAGGTCTAACAAGGATTTTG | *Hind* Ⅲ |
| 3 | GoSCR-F | CGC*GGATCC*ATGTACATGGAAAAACTCCGCCTC | *Bam*H Ⅰ |
| 4 | GoSCR-R | CCC*CTCGAG*TCACCAGACGGTGAAGCCCGCATC | *Xho* Ⅰ |

用实验室保存的原有质粒为模板对羰基还原酶基因 BDHA、GoSCR 进行 PCR 扩增，扩增体系为：

| | |
| --- | --- |
| 水 | 40μL |
| 10×缓冲液 | 5μL |
| dNTP | 1μL |
| 模板 | 1μL |
| 上游引物 | 1μL |
| 下游引物 | 1μL |
| *Taq* DNA 聚合酶 | 1μL |

PCR 程序为：

| | | |
|---|---|---|
| 95℃ | 5min | |
| 94℃ | 10min | 30 个循环 |
| 60℃ | 40s | |
| 72℃ | 1.5min | |
| 72℃ | 10min | |

将获取的 PCR 产物经电泳检验与预期片段相同后，分别用 PCR 产物纯化试剂盒回收纯化，具体步骤详见说明书。

### 6.1.4.3 表达载体的构建

表达载体构建流程如图 6-2 所示。

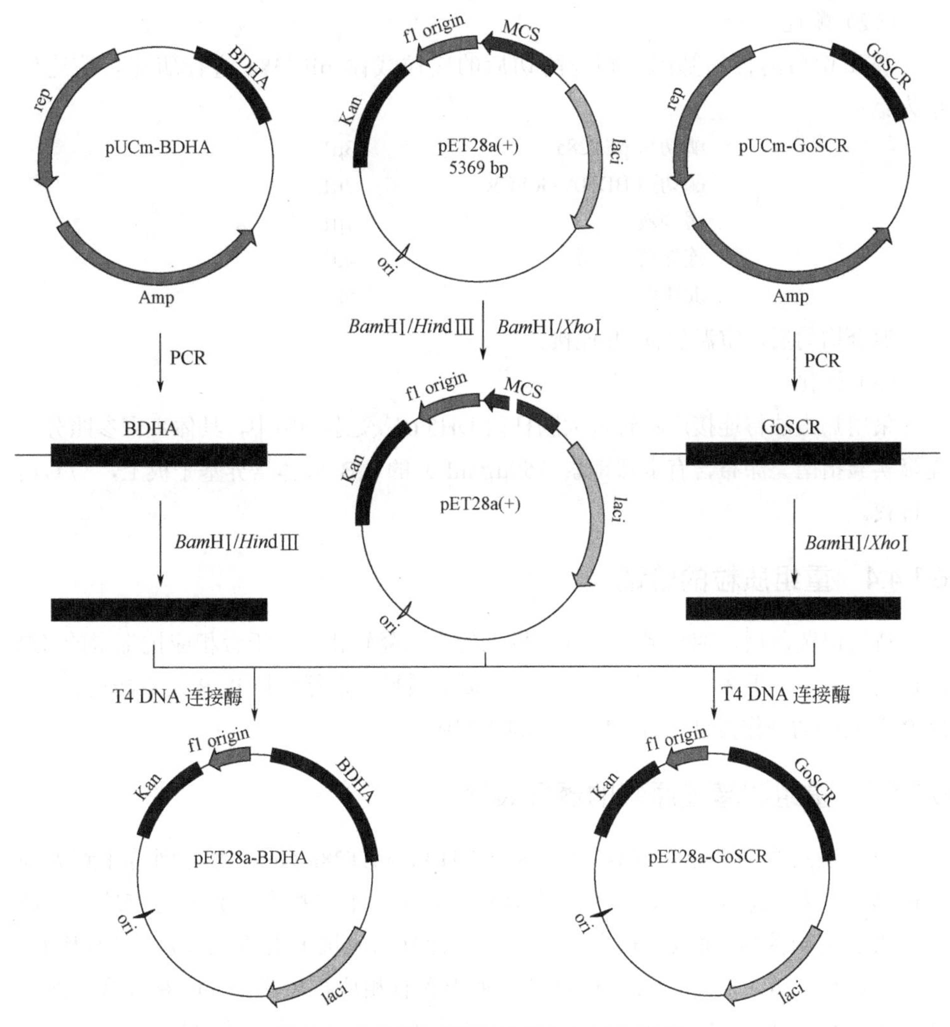


图 6-2　羰基还原酶表达载体构建示意图

（1）双酶切

将纯化回收的目的基因BDHA、GoSCR的PCR产物及质粒载体pET28a双酶切，双酶切50μL反应体系为：

| | |
|---|---|
| 目的基因/表达载体 | 15μL |
| 10×缓冲液 | 5μL |
| *Bam*HⅠ | 1μL |
| *Hin*dⅢ/*Xho*Ⅰ | 1μL |
| $ddH_2O$ | 28μL |

混合均匀后，37℃双酶切过夜。第二天进行琼脂糖电泳凝胶切胶回收目标片段。

（2）酶连

将酶切后的目的基因分别与酶切后的质粒载体 pET28a 进行酶连。酶连体系为：

| | |
|---|---|
| 酶切后 pET28a | 3μL |
| 酶切后 BDHA/GoSCR | 7μL |
| 缓冲液 | 1μL |
| 连接酶 | 4μL |
| $ddH_2O$ | 5μL |

混合均匀后，室温放置8h连接。

（3）转化

采用热击法将连接产物转入大肠杆菌DH5 α感受态细胞中，具体步骤参照分子克隆实验指南。涂布含有卡那霉素（50μg/mL）的 LB 固体培养基平板上，37℃培养过夜。

### 6.1.4.4 重组质粒的验证

待长出菌落后，随机挑取抗性平板上的单克隆转化子，于含相应抗生素的 LB 液体培养基中，于37℃摇床培养6～7h，提取质粒，进行质粒PCR及双酶切验证，PCR及双酶切操作方法与6.1.4.2、6.1.4.3相同。

### 6.1.4.5 重组羰基还原酶的诱导表达

将验证后得到的重组质粒 pET28a-BDHA，pET28a-GoSCR 分别转化到大肠杆菌BL21感受态细胞中，涂布于含有相应抗生素的平板上，37℃过夜培养。待第二天长出菌落后，挑取平板上的单菌落于含有相应抗生素的LB液体培养基中，37℃摇床培养 6～7h。按 1%的接种量接种于含有相应抗生素的 TB 液体培养基中37℃扩大培养 1.5～2h。待菌体 $OD_{600}$ 大约在 0.6 时，在培养基中加入 IPTG，其终浓度为 0.5mmol/L，20℃左右诱导 10h，离心收集菌体，用 pH7.0 的磷酸缓冲液洗涤菌体两次。用预冷的 pH7 的磷酸缓冲液重悬菌体，超声波破碎仪进行细胞破碎（破碎时间 10min，功率 400W，工作时间 3s，间歇时间 7s），保持菌液始终处于低温状态。破碎结束后 8000*g*、4℃离心 5min 取上清液得到粗酶液进行后续试验。

#### 6.1.4.6 重组羰基还原酶 SDS-PAGE 电泳

配制 SDS-PAGE 电泳凝胶，将含有 5～10μg 蛋白质的样品溶液和上样缓冲液以 5:1 混匀，并在沸水浴中煮沸 5min，使蛋白质样品彻底变性，5000r/min 离心 1min 后上样，以 120V 的电压 150mA 的电流进行蛋白质电泳。电泳结束后，采用考马斯亮蓝染色法进行染色，确定目标蛋白质分子量及表达量。

### 6.1.5 实验结果

#### 6.1.5.1 羰基还原酶的筛选

以 2-羟基苯乙酮为底物对实验室前期克隆表达的 20 种重组羰基还原酶进行酶活检测，结果如下表 6-4 所示，获得 *R* 型羰基还原酶 3 个，分别为 BDHA、GUTB、YUCD，*S* 型羰基还原酶两个，分别为 SCD、GoSCR。BDHA 在 6h 内可将底物 2-HAP 转化为(*R*)-PED，转化率为 90%，GoSCR 在 6h 内将 90%的底物底物 2-HAP 转化为(*S*)-PED，转化率为 90%。显然 BDHA 和 GoSCR 对底物 2-HAP 催化活性较高，底物选择性相反。

**表 6-4　不同羰基还原酶还原 2-HAP**

| 序号 | 酶 | 菌种来源 | 时间/h | 转化率/% | *ee*/% |
|---|---|---|---|---|---|
| 1 | BDHA | *Bacillus subtilis* 168 | 6 | 99.0 | >99(*R*) |
| 2 | GUTB | *Bacillus subtilis* 168 | 12 | 33.9 | >99(*R*) |
| 3 | YUCD | *Bacillus subtilis* 168 | 12 | 3.87 | >99(*R*) |
| 4 | SCD | *Bacillus subtilis* 168 | 12 | 2.48 | >99(*S*) |
| 5 | GoSCR | *Gluconobac oxydans* 621H | 6 | 99.0 | >99(*S*) |

BDHA 基因片段长为 1041bp，编码 346 个氨基酸，理论分子质量为 37.34kDa。通过在 NCBI 氨基酸序列同源性分析发现，BDHA 与 *Bacillus amyloliquefaciens* Y2 中的羰基还原酶 MUS_0631 同源性为 90%，与 *Bacillus amyloliquefaciens* KHG19 中的羰基还原酶 KHU1_0415 同源性为 90%。通过氨基酸序列比对发现，其 NAD（P）辅酶结合位点和与 Zn 结合的催化位点具有高度保守性，序列比对如图 6-3 所示。

```
BDHA        MKAARWHNQKDIRIEHIEEPKTEPGKVKIKVKWCGICGSDLHEYLGGPIFIPVDKPHPLT  60
MUS_0631    MKAARWHNQKDIRIENIDEPKAEPGKVKIKVKWCGICGSDLHEYLGGPIFIPVGKPHPLT  60
KHU1_0415   MKAARWHNQKDIRIENIDEPKAEPGKVKIKVKWCGICGSDLHEYLGGPIFIPVGKPHPLT  60

BDHA        NETAPVTMGHEFSGEVVEVGEGVENYKVGDRVVVEPIFATHGHQGAYNLDEQMGFLGLAG  120
MUS_0631    NEMAPVTMGHEFSGEVVEVGEGVKNYSVGDRVVVEPIFATHGHQGAYNLDEQMGFLGLAG  120
KHU1_0415   NEMAPVTMGHEFSGEVVEVGEGVKNYSVGDRVVVEPIFATHGHQGAYNLDEQMGFLGLAG  120

BDHA        GGGGFSEYVSVDEELLFKLPDELSYEQGALVEPSAVALYAVRSSKLKAGDKAAVFGCGPI  180
MUS_0631    GGGGFSEYVSVDEELLFKLPEELSYEQGALVEPSAVALYAVRQSKLKAGDKAAVFGCGPI  180
KHU1_0415   GGGGFSEYVSVDEELLFKLPEELSYEQGALVEPSAVALYAVRQSKLKAGDKAAVFGCGPI  180

BDHA        GLLVIEALKAAGATDIYAVELSPERQQKAEELGAIIVDPSKTDDVVAEIAERTGGGVDVA  240
MUS_0631    GLLVIEALKAAGATDIYAVELSPERQEKAKELGAIIIDPSKTDDVVEEIAKRTNGGVDVS  240
KHU1_0415   GLLVIEALKAAGATDIYAIELSPERQEKAKELGAIIIDPSKTDDVVEEIAKRTNGGVDVS  240

BDHA        FEVTGVPVVLRQAIQSTTIAGETVIVSIWEKGAEIHPNDIVIKERTVKGIIGYRDIFPAV  300
MUS_0631    YEVTGVPVVLRQAIQSTNIAGETVIVSIWEKGAEIHPNDIVIKERTVKGIIGYRDIFPSV  300
KHU1_0415   YEVTGVPVVLRQAIQSTNIAGETVIVSIWEKGAEIHPNDIVIKERTVKGIIGYRDIFPSV  300

BDHA        LSLMKEGYFSADKLVTKKIVLDDLIEEGFGALIKEKSQVKILVRPN  346
MUS_0631    LALMKEGYFSADKLVTKKIVLDDLIEEGFGALIKEKNQVKILVKPN  346
KHU1_0415   LALMKEGYFSADKLVTKKIVLDDLIEEGFGALIKEKNQVKILVKPN  346
```

图 6-3　BDHA 与其他羰基还原酶序列比对

GoSCR 基因全长 774bp，编码 257 个氨基酸，理论分子质量为 27.57kDa。通过在 NCBI 氨基酸序列同源性分析发现，GoSCR 与 *Bacillus nealsonii* 中的羰基还原酶 XVE_4300 同源性为 56%，与 *Rhizobiales bacterium* GAS188 中的羰基还原酶 SAMN05519104_5496（SAMN）同源性为 58%。通过氨基酸序列比对发现，其 NAD

（P）辅酶结合位点，催化活性位点具有高度保守性，序列比对如图 6-4 所示。

```
GoSCR       MYMEKLRLDNRVAIVTGGAQNIGLACVTALAEAGARVIIADLDEAMATKAVEDLRMEGHD  60
SAMN        MYLDKLRLDGRVAIVTGAGQGIGAACAQALGEAGATVVIAEILPERVEASLASLRQAGVT  60
XVE_4300    MYLDKFKLDGRVAVVTGGGRAIGLAICEALAEAGAKVVIADHDAAVAEQGLAMLRSKGLD  60

GoSCR       VSSVVMDVTNTESVQNAVRSVHEQEGRVDILVACAGICISEVKAEDMTDGQWLKQVDINL  120
SAMN        AHGLTLDVTKSRDVDAAAETVVKTHGRIDILVNNAGVAKSDVRAEDVSDQHWRFHMDINL  120
XVE_4300    AQIVQMDVTDSARVTSVADALNAQFGKVDILVNNAGIARSQTPAETVTDEHWLNVIDVNL  120

GoSCR       NGMFRSCQAVGRIMLEQKQGVIVAIGSMSGLIVNRPQQQAAYNASKAGVHQYIRSLAAEW  180
SAMN        DGLFWCCRAFGSRMLAQGKGSIVNIGSMSGFIVNKPQPQSFYNASKAAVHHLTRSLAAEW  180
XVE_4300    NGTFWCCRAFGKHMLDSGDGVIVNVGSMSGFIVNKPQAQAYYNASKAAVHHLTKSLAAEW  180

GoSCR       APHGIRANAVAPTYIETTLTRFGM-EKPELYDAWIAGTPMGRVGQPDEVASVVQFLASDA  239
SAMN        GQRGVRVNAVAPTYIETPLTSFGIKENPEMYKTWLEMTPMGRVGQPDEIASVVHFLASDA  240
XVE_4300    GARGVRVNAVAPTYIATPLNAF-VKEDPAMYEAWIGGTPMGRLGEVEEIASVALFLASPA  239

GoSCR       ASLMTGAIVNVDAGFTVW  257
SAMN        ASLMTGAIVAADGGYTCW  258
XVE_4300    ASLMTGSIVLADGGYTCW  257
```

图 6-4　GoSCR 与其他羰基还原酶序列比对

在已有研究报道中，从枯草芽孢杆菌中克隆得到的 BDHA（2,3-丁二醇脱氢酶，基因登陆号：AOA09926），既可以用于 2,3-丁二醇的合成，也可用于手性环状二元醇和羟基酮的合成[3-4]。但是目前还没有 BDHA 用于不对称还原 2-HAP 合成(*R*)-PED 的报道。GoSCR（多元醇脱氢酶，基因登陆号：AAW61917）是从氧化葡萄酸杆菌 621H 中克隆得到的羰基还原酶，还没有文献报道过其酶学性质和用于(*S*)-PED 合成的研究，因此后续研究以 BDHA 和 GoSCR 为主要研究对象将其重新构建到表达载体 pET28a 上，进行进一步研究。

### 6.1.5.2 羰基还原酶的克隆与表达

（1）PCR 获取目的基因

以原有质粒为模板，BDHA 和 GoSCR 经 PCR 扩增均得到亮度较高，单一性较好的条带。如图 6-5 所示 BDHA 扩增后得到 1000bp 左右的 DNA 产物，与目的基因 1041bp 相吻合。GoSCR 扩增后得到 770bp 左右的 DNA 产物，与目的基因 774bp 相吻合。

（2）重组质粒的验证

将质粒载体与目的基因连接后成功导入克隆宿主菌大肠杆菌 DH5α中后，提取质粒，进行质粒 PCR 及重组质粒双酶切验证，结果如图 6-6 所示。从琼脂糖凝胶电泳结果图中明显可以看到，重组质粒 pET28a-BDHA、pET28a-GoSCR 提取成功，经过质粒 PCR 验证和重组质粒双酶切验证，分别均得到约 1041bp 的 BDHA 基因片段和约 774bp 的 GoSCR，说明重组质粒构建成功。

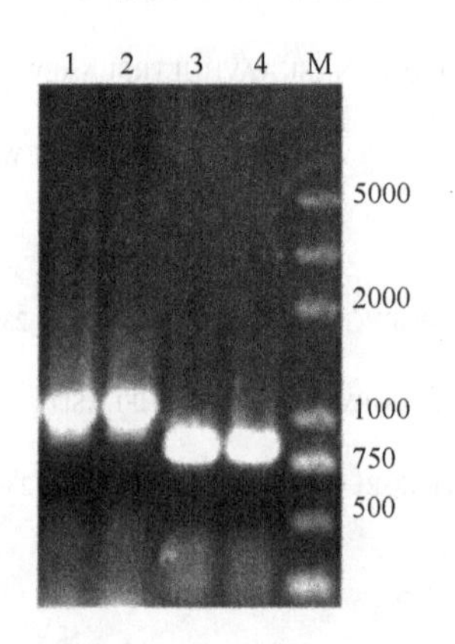


图 6-5 羰基还原酶 PCR 产物电泳图谱

1～2 列：BDHA 基因 PCR 产物；3～4 列：GoSCR 基因 PCR 产物；M 列：分子量标准

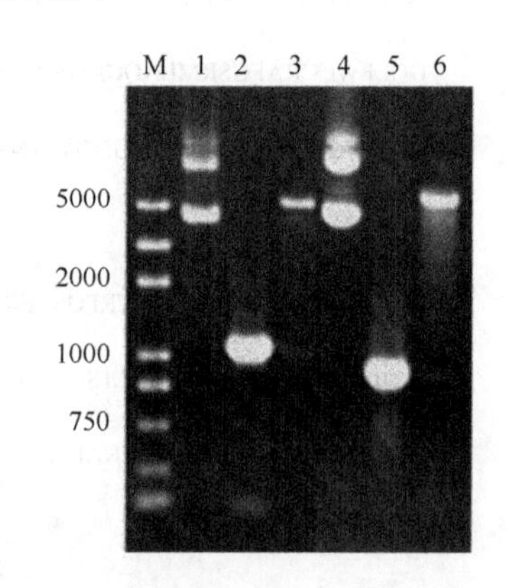


图 6-6 羰基还原酶表达质粒、质粒 PCR 和质粒双酶切电泳图谱

M 列：分子量标准；1 列：重组质粒 pET28-BDHA；2 列：BDHA 重组质粒 PCR 鉴定；3 列：重组质粒 pET28-BDHA 双酶切验证；4 列：重组质粒 pET28-GoSCR；5 列：GoSCR 重组质粒 PCR 鉴定；6 列：重组质粒 pET28-GoSCR 双酶切验证

（3）重组羰基还原酶的 SDS-PAGE 电泳

验证成功的重组质粒成功导入表达宿主菌大肠杆菌 BL21 中后，挑取单菌落，培养至 $OD_{600}$ 为 0.6 左右时，加入 IPTG 诱导表达后制备粗酶液进行电泳，其结果如图 6-7 所示，BDHA 在 45kDa，GoSCR 在 28kDa 出现明显条带，BDHA 理论大小 37.34kDa，GoSCR 为 27.57kDa，说明目标蛋白质均已成功可溶表达，其中 BDHA 实际大小比理论大小偏大可能的原因是表达载体 pET28 自身带有组氨酸标签。

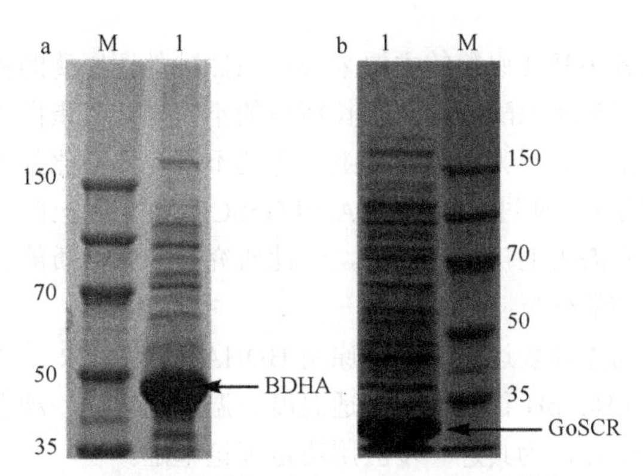


图 6-7　羰基还原酶 SDS-PADE 电泳图

### 6.1.6　小结

（1）对实验室保存的 20 种羰基还原酶重组菌进行筛选，分别利用整细胞对 20mmol/L 2-HAP 进行不对称还原反应，发现羰基还原酶 BDHA 和 GoSCR 对 2-HAP 具有明显催化活性且选择性不同，羰基还原酶 BDHA 遵循 *Anti-Prelog* 规则在 6h 生成 (*R*)-PED，得率为 90%，*ee* 值大于 99%；羰基还原酶 GoSCR 遵循 *Prelog* 规则在 6h 生成 (*S*)-PED，得率为 90%，*ee* 值大于 99%。实验结果表明 BDHA 和 GoSCR 是极具潜力的羰基还原酶。

（2）通过在 NCBI 氨基酸序列同源性分析发现，BDHA 与 *Bacillus amyloliquefaciens* Y2 中的羰基还原酶 MUS_0631 同源性为 90%，与 *Bacillus amyloliquefaciens* KHG19 中的羰基还原酶 KHU1_0415 同源性为 90%；GoSCR 与 *Bacillus nealsonii* 中的羰基还原酶 XVE_4300 同源性为 56%，与 *Rhizobiales bacterium* GAS188 中的羰基还原酶 SAMN05519104_5496（SAMN）同源性为 58%。通过氨基酸序列比对发现，BDHA 与所比对的羰基还原酶 NAD（P）辅酶结合位点和与 Zn 结合的催化位点具有高度保守性，GoSCR 与所比对的羰基还原酶 NAD（P）辅酶结合位点与催化活性位点具有高度保守性。

（3）将筛选得到的羰基还原酶 BDHA 和 GoSCR 进行重新克隆与表达。以原有质粒为模板，进行 PCR、酶切、酶连，经 PCR 及质粒双酶切验证表明重组质粒 pET28a-BDHA、pET28a-GoSCR 均构建成功。将重组质粒导入大肠杆菌中进行原核表达，SDS-PAGE 电泳结果表明，BDHA 和 GoSCR 均成功高效可溶表达。

## 6.2　羰基还原酶酶学性质表征

### 6.2.1　引言

在自然界中，几乎所有生物中都存在羰基还原酶，微生物因其广泛的分布和生物多样性成为研究者羰基还原酶的主要来源。虽然羰基还原酶的种类繁多，但不同来源的立体选择性羰基还原酶，因其生长环境的不同导致其蛋白质结构、酶活性中心构象、辅酶依赖性、分子大小、亚基组成等的不同，在催化效率和立体选择性等方面会存在较大的差异。通过考查 BDHA 和 GoSCR 重组菌全细胞对 2-HAP 的还原能力发现它们是很有潜力的羰基还原酶，因此研究其酶学性质能够更进一步研究其催化反应性能，提高催化反应效率。

本章主要对成功克隆表达的羰基还原酶 BDHA 和 GoSCR 纯化，进行酶学性质分析，包括：最适 pH、pH 稳定性、最适温度、温度稳定性、动力学参数、底物耐受性、有机溶剂耐受性，为其进一步应用奠定理论基础。

## 6.2.2 实验材料与仪器

### 6.2.2.1 实验仪器

所用主要实验仪器如表 6-5 所示。

**表 6-5 主要实验仪器**

| 序号 | 名称 | 型号 | 厂商 |
| --- | --- | --- | --- |
| 1 | 立式压力蒸汽灭菌锅 | YXQ-LS-30S2 | 上海博讯实业有限公司 |
| 2 | 电子天平 | BT 124S | 德国赛多利斯股份公司 |
| 3 | 小型双垂直电泳仪 | DYCZ-24DN | 北京市六一仪器厂 |
| 4 | 超声波细胞粉碎机 | JY 92-IIN | 宁波新芝生物科技股份有限公司 |
| 5 | 大容量振荡器 | DHZ-CA | 太仓市实验设备厂 |
| 6 | 高速冷冻离心机 | HC-3018 | 安徽中科中佳科学仪器有限公司 |
| 7 | 全波长酶标仪 | Multiskan GO | 美国赛默飞世尔科技有限公司 |
| 8 | 超净工作台 | ZHJH-C1106C | 上海智城分析仪器制造有限公司 |
| 9 | 制冰机 | YN-200P | 上海因纽特制冷设备有限公司 |
| 10 | 热恒温水浴锅 | XMTD-4000 | 北京市永光明医疗仪器有限公司 |
| 11 | 脱色摇床 | TS-8S | 海门市其林贝尔仪器制造有限公司 |
| 12 | pH 计 | PB-10 | 德国赛多利斯股份公司 |

### 6.2.2.2 菌种及质粒

菌株为构建好的重组菌 *E. coli*（pET28a-GoSCR）、*E.coli*（pET28a-BDHA）。

## 6.2.3 分析方法

### 6.2.3.1 羰基还原酶酶活性测定

利用酶标仪检测 NADH 在 340nm 处吸光度的变化值来测定羰基还原的酶活。

具体测定方法如下：于 300μL 孔板中加入 pH7.0、100mmol/L 磷酸缓冲液，加入 0.2mmol/L NADH、10mmol/L 2-羟基苯乙酮、10μL 酶液，在 340nm 下进行动力学循环光度测量 1min，测得吸光度进行酶活的计算，以不加 NADH 或者酶的反应液作为对照。

羰基还原酶催化 2-羟基苯乙酮生成 1-苯基-1,2-乙二醇，辅酶 NADH 为电子供体失氢被氧化为 $NAD^+$，酶活测定根据 30℃条件下 NADH 被氧化为 $NAD^+$的速率来定量。酶活单位定义为 1 国际单位（1U）等于每分钟氧化 1μmol 底物 NADH 或生成 1μmol 产物 $NAD^+$的酶量。

$$酶活(U)=\Delta A\cdot(T_s/S_v)/(\varepsilon\cdot t\cdot L)；\ 比活力（U/mg）=\Delta A\cdot(T_s/S_v)/(\varepsilon\cdot t\cdot L\cdot m)$$

式中，$\varepsilon$为 1mol/cm 消光系数；NADH 为 6220；$\Delta A$ 为吸光度变化；$T_s$ 为总反应体积；$S_v$ 为样品体积；$t$ 为时间（min）；$L$ 为光径 1cm；$m$ 为酶液中蛋白质含量（mg）。

### 6.2.3.2 蛋白质浓度测定

蛋白质含量测定采用 Bradford 检测法。

## 6.2.4 实验方法

### 6.2.4.1 重组羰基还原酶的纯化

pET28a 是带有组氨酸标签的表达质粒，用该质粒表达羰基还原酶 BDHA 和 GoSCR 分别带有一个组氨酸标签。本实验采用用于简单一步纯化组氨酸标签蛋白质的纯化柱 Ni-NTA Sefinose Resin Kit，纯化目标蛋白质，以下简称镍柱。将诱导表达后的重组菌经过低温离心，缓冲液悬浮以及超声破壁，离心去除细胞碎片后获得粗酶液以备上样。上样前先用 10 倍柱体积的平衡缓冲液平衡镍柱，待平衡后上样，用 5 倍柱体积的平衡液洗脱未结合蛋白质，再用 20～500mmol/L 咪唑的缓冲液 A～E 洗脱。收集含目的蛋白质的洗脱液做蛋白质电泳上样准备。

### 6.2.4.2 羰基还原酶酶学性质研究

（1）酶的最适 pH 及 pH 稳定性

将酶液分别置于 pH 为 5.0～10.0 的缓冲液中（其中 pH5.0 柠檬酸-柠檬酸钠缓冲液，pH6.0～8.0 磷酸氢二钠-磷酸二氢钠缓冲液，pH9.0～10.0 甘氨酸-氢氧化钠缓冲液），以 2-HAP 为底物，NADH 为辅酶，用标准酶活力测定方法分别测定羰基还原酶的酶活力，以最高酶活力为 100%，计算相对活力，比较其在不同 pH 值条件下酶活力的大小，确定其最适催化 pH。

将酶液分别置于 pH 为 5.0～10.0 的缓冲液中，定期取样用标准酶活力测定方法测定残余酶活力随时间的变化，以 0h 酶活力为 100%，计算相对酶活力，确定其 pH 稳定性。

（2）酶的最适温度及温度稳定性

将酶液分别置于不同温度（25℃、30℃、35℃、40℃、45℃、50℃）的水浴锅中孵育 10min，使之达到目标温度，以 2-HAP 为底物，NADH 为辅酶，100mmol/L pH7.0 的磷酸钾溶液为缓冲液，在不同温度下用标准的酶活测定方法测定羰基还原酶的酶活，以最高酶活力为 100%，计算相对活力，比较在不同温度条件下酶活力的大小，确定其最适温度。

将酶液分别置于不同温度（4℃、20℃、30℃、40℃、50℃）的水浴锅中，定期取样用标准的酶活力测定方法测定残余酶活力随时间的变化，将最高酶活力定义为 100%，计算相对活力，比较在不同温度条件下随时间变化的残余酶活力，确定其温度稳定性。

（3）酶的动力学参数

分别以不同浓度的 2-HAP 为底物，固定辅酶 NADH 的浓度，100 mmol/L pH7.0 的磷酸钾溶液为缓冲液，30℃下测定不同底物浓度下的反应初速度，根据 Lineweaver-Bark 做双倒数曲线求出 $K_M$、$V_{max}$ 等动力学常数。

（4）不同 DMSO 浓度对酶活力的影响

以 2-HAP 为底物，NADH 为辅酶，改变测定体系中不同 DMSO 浓度（0～300mL/L），用标准的酶活力测定方法测定羰基还原酶酶活力，以空白对照无 DMSO 为 100%酶活力，计算相对活力，考查不同浓度 DMSO 对羰基还原酶酶活力的影响。

（5）酶的底物耐受性

以 2-羟基苯乙酮为底物，NADH 为辅酶，改变不同 2-HAP 底物浓度（20～200mmol/L），用标准的酶活力测定方法测定羰基还原酶酶活力，考查不同底物浓度对羰基还原酶酶活力的影响。

## 6.2.5 实验结果

### 6.2.5.1 重组羰基还原酶的纯化

由于目标蛋白质 BDHA 和 GoSCR 的 N 端带有 His-Tag 标签，经过镍柱亲和纯化即可获得电泳纯的酶，如图 6-8 所示，BDHA 目的蛋白质分子质量大约在 45kDa，GoSCR 目的蛋白质分子质量大约在 28kDa，纯化后均得到单一条带，说明得到的酶液纯度已经达到电泳纯。

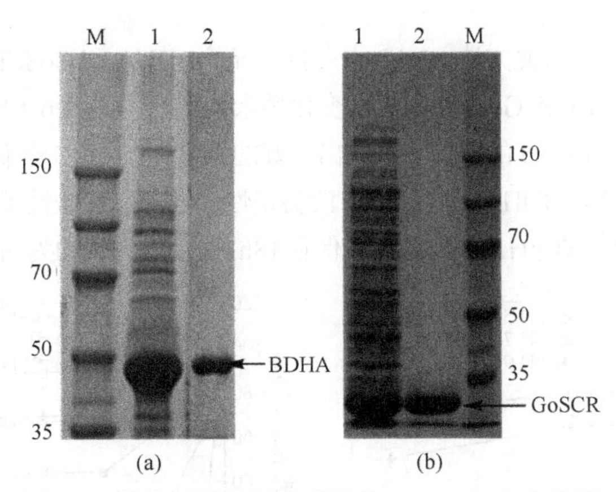


图 6-8　羰基还原酶蛋白质纯化 SDS-PAGE 电泳图

(a) M 列—分子量标准；1 列—*E.coli*（BDHA）破碎液；2 列—BDHA 蛋白质纯化后；
(b) 1 列—*E.coli*（GoSCR）破碎液；2 列—GoSCR 蛋白质纯化后；M 列—分子量标准

## 6.2.5.2　酶的最适 pH

反应介点的 pH 可以显著影响酶的活力及立体选择性，可能是通过改变酶的构象和基团的解离引起的。pH 较低时，酶活力随着 pH 的增大而逐渐增加，当 pH 超过某一临界 pH 时，酶活力会开始降低，当继续增加到某一 pH 时，酶活力会全部消失。因此，确定最适 pH 和 pH 适宜范围对后续催化实验有很重要的作用。

按照方法 6.2.4.2，考查了不同 pH 下 BDHA 和 GoSCR 的相对活力，其结果如图 6-9 所示。羰基还原酶的氧化反应最适 pH 大都偏碱性，而还原反应最适 pH 大都偏酸性，由图可见，本实验得到的羰基还原酶 BDHA 和 GoSCR 最适还原 pH 均为 6.0，与之相符合。BDHA 在 pH5.0～8.0 范围内，GoSCR 在 pH6.0～8.0 范围内酶活力相对稳定，均可以保持 80%以上的活力。

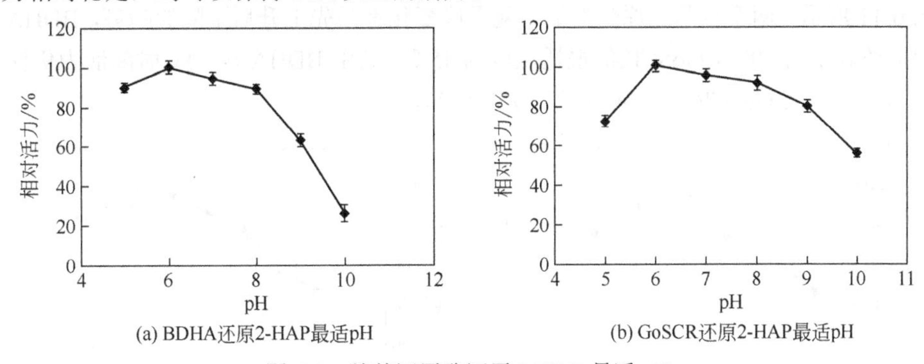


(a) BDHA还原2-HAP最适pH　　(b) GoSCR还原2-HAP最适pH

图 6-9　羰基还原酶还原 2-HAP 最适 pH

## 6.2.5.3　酶的 pH 稳定性

pH 的变化可以影响酶结构的稳定性，通过对酶的 pH 稳定性的研究，可以确定酶的反应条件和保存条件。按照方法 6.2.4.2 本实验考查了 BDHA 和 GoSCR 的 pH 稳定性。

不同 pH 下 BDHA 和 GoSCR 随时间变化残余相对活力如图 6-10 所示。由图可知，BDHA 和 GoSCR 在 pH7.0 的条件下表现出较好的稳定性，保存 18h 仍可保持 80%的酶活力。在酸性条件下，BDHA 和 GoSCR 的稳定性均较差。在碱性条件下，GoSCR 的稳定性要强于 BDHA，在 pH10.0 的条件下保存 18h，残余活力大约为初始酶活力的 40%。

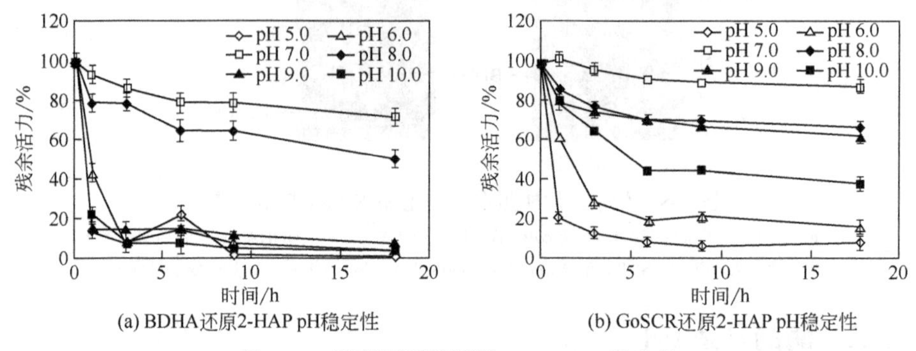

(a) BDHA还原2-HAP pH稳定性　(b) GoSCR还原2-HAP pH稳定性

图 6-10　羰基还原酶还原 2-HAP pH 稳定性

### 6.2.5.4　酶的最适温度

酶的催化反应速率与温度有关，温度升高会使活化分子数目增多从而加快酶催化速率，但是温度升高到一定限度后会加快酶蛋白质变性，使其酶活力降低。不同来源的羰基还原酶最适温度各不相同，从微生物中纯化或克隆得到的羰基还原酶最适温度一般在 30～50℃左右[5-6]。有学者[7]从拟热带假丝酵母 *Candida pseudotropicalis* 104（C104）中分离得到的羰基还原酶，最适反应温度就在 50℃。

按照方法 6.2.4.2 本实验考查不同温度下 BDHA 和 GoSCR 的相对活力其结果如图 6-11 所示。两个羰基还原酶的活力随温度变化都呈先上升后下降的趋势，BDHA 的最适温度为 40℃，GoSCR 的最适温度为 45℃，其中 BDHA 在 50℃时酶活力仍保持为 83%，而 GoSCR 却显著下降，仅为 59%。

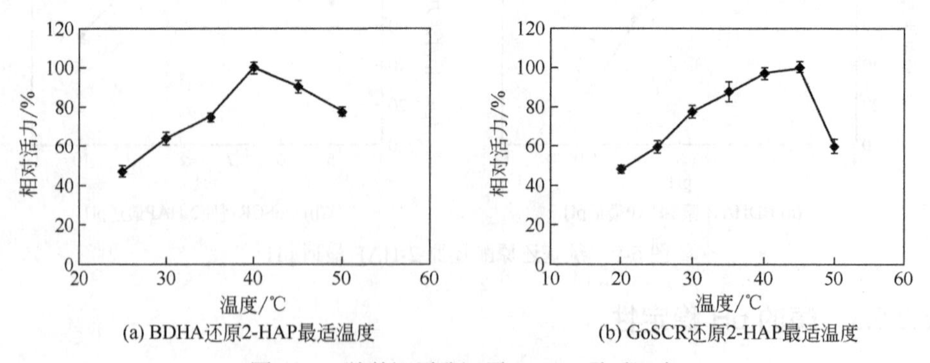

(a) BDHA还原2-HAP最适温度　(b) GoSCR还原2-HAP最适温度

图 6-11　羰基还原酶还原 2-HAP 最适温度

### 6.2.5.5 酶的温度稳定性

酶的热稳定性是酶的重要性质之一。不同来源的羰基还原酶，由于其生长环境的温度不同，其热稳定性也有很大差异。例如嗜热菌生长在温度较高的环境中，Machielsen 等人[8]从嗜热古细菌 *Pyrococcus furiosus* 中克隆得到的羰基还原酶热稳定性很高，在 100℃高温下半衰期仍长达 130min。具有较好热稳定的酶意味着其可以在较长时间内保留催化活力，不仅可以有效简化工艺，降低成本，又易于储存。本实验考查酶的热稳定有利于确定酶的储存条件，控制整个反应过程，为后续催化反应的温度提供依据。通过考查 BDHA 和 GoSCR 的温度稳定性，不同温度下 BDHA 和 GoSCR 随时间变化残余相对活力如下图 6-12 所示。随着温度的升高，剩余酶活力均逐渐降低。在 4℃时，BDHA 和 GoSCR 热稳定性较好，孵育 18h 以上均可保留初始酶活力的 80%。BDHA 在 30℃以下孵育时酶活力损失较小，在 30℃放置 18h，残余酶活力可保留 60%以上，而 GoSCR 则酶活力下降明显。在 50℃孵育 2h，二者的酶活力急剧下降，几乎全部丧失，说明这两个酶对温度均较为敏感，对高温的耐受性较差。

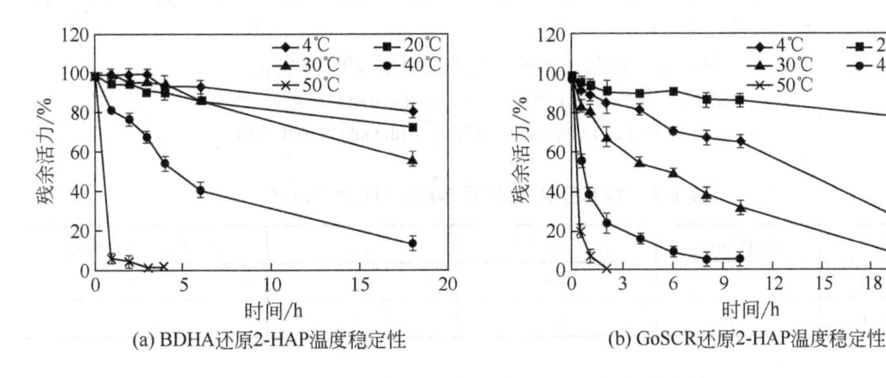


图 6-12　羰基还原酶还原 2-HAP 温度稳定性

### 6.2.5.6 酶的动力学参数

通过改变反应体系中 2-HAP 的浓度，按照羰基还原酶标准酶活力测定方法，测定反应的初速度，做 Lineweaver-Bark 双倒数曲线求得相关动力学常数如下。由图 6-13 可知，BDHA 和 GoSCR 的反应初速度均随着底物浓度的增加而增加，当底物浓度达到一定限度时，反应初速度变化较小，趋于平缓。如表 6-6 所示，BDHA 的最大酶活力为 2.1U/mg，约为 GoSCR 最大酶活力（1.1U/mg）的两倍。BDHA 的 $k_{cat}$ 值为 $1.3s^{-1}$，$k_{cat}/K_M$ 值为 1.3/(L/s·mmol)，$K_M$ 值为 0.8mmol/L，$k_{cat}$ 值为 $0.5s^{-1}$，GoSCR 的 $k_{cat}/K_M$ 值为 0.6/(L/s·mmol)。

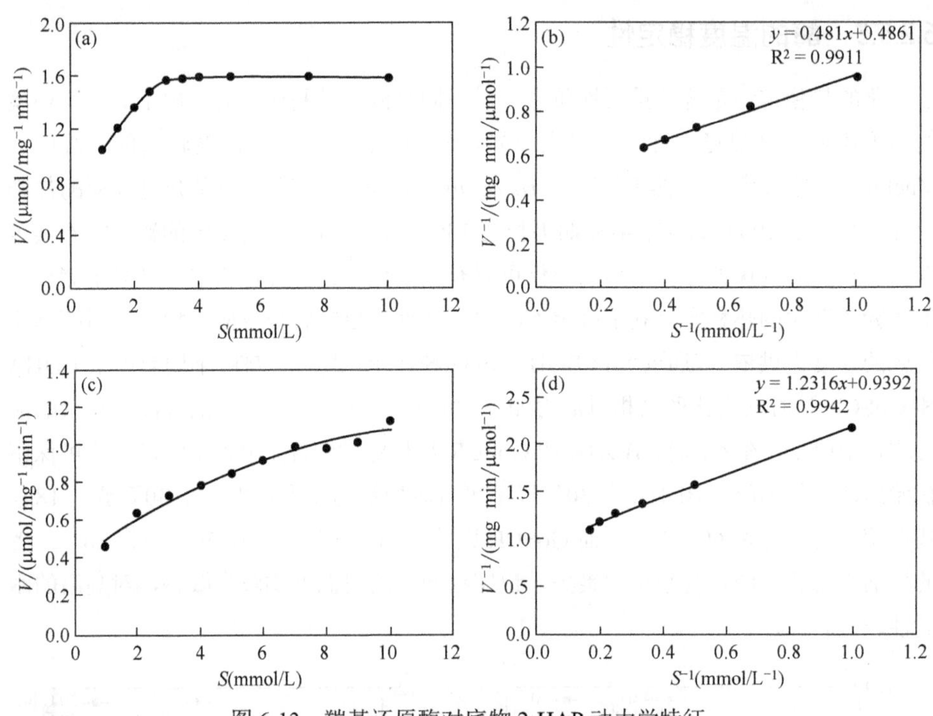


图 6-13　羰基还原酶对底物 2-HAP 动力学特征

(a) BDHA 不同 2-HAP 浓度反应初速度；(b) BDHA 双倒数曲线；

(c) GoSCR 不同 2-HAP 浓度反应初速度；(d) GoSCR 双倒数曲线

**表 6-6　羰基还原酶还原 2-HAP 动力学常数**

| 酶 | $V_M$/(U/mg) | $K_M$/(mmol/L) | $k_{cat}$/$s^{-1}$ | $k_{cat}/K_M$/(L/s·mmol) |
|---|---|---|---|---|
| BDHA | 2.1 | 1.0 | 1.3 | 1.3 |
| GoSCR | 1.1 | 0.8 | 0.5 | 0.6 |

#### 6.2.5.7　不同二甲基亚砜浓度对酶活力的影响

大多数羰基还原酶的催化反应是在水相中进行的，但底物 2-HAP 的水溶性较差，需要加入助溶剂提高其在水中的溶解度。合适的助溶剂量可以促进底物在反应体系中的溶解，有利于反应的进行，但是高浓度的助溶剂会对酶功能蛋白产生毒害作用，抑制其活性，从而影响反应的进行。二甲基亚砜（DMSO）是常见的助溶剂，与水互溶且对大部分有机物具有较好的溶解性，但其具有毒性仍可能会对功能蛋白酶活力造成影响。因此本实验考查不同 DMSO 浓度对酶活力的影响，这对后续的酶催化反应具有指导意义。由图 6-14 可知，随着 DMSO 浓度的增大，BDHA 和 GoSCR 酶活力均显著下降。当 DMSO 浓度小于 15%时，BDHA 可保留 70%以上的初始酶活力，GoSCR 可保留 50%以上的初始酶活力。当 DMSO 为 30%时，BDHA

和 GoSCR 酶活力下降 80%以上。因此在保证酶活力和 2-HAP 可溶解的前提下后续的催化反应中应尽量减少 DMSO 的含量。

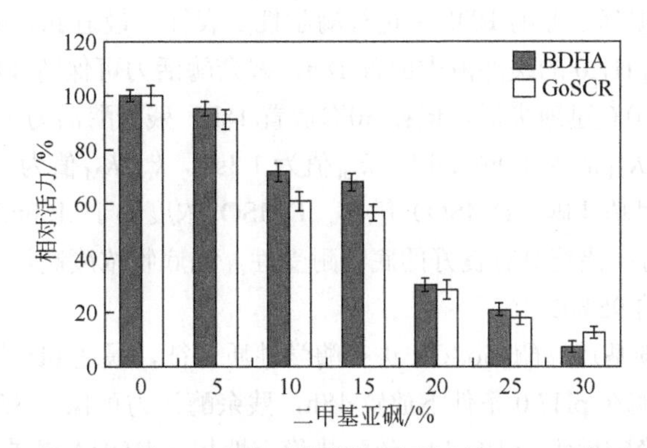


图 6-14　不同二甲基亚砜浓度对羰基还原酶还原 2-HAP 酶活力的影响

#### 6.2.5.8　不同底物浓度对酶活力的影响

酶在作为催化剂，催化有机反应时，非天然的底物和产物会对其酶活力产生较大影响。特别是在底物浓度较高的条件下，对酶促反应的抑制作用越剧烈，因此，会大大限制生物催化剂的工业化应用。本实验考查不同底物浓度对酶活力的影响，实验结果如图 6-15 所示。由图可知，当底物浓度增加到 200mmol/L 时，BDHA 和 GoSCR 仍能保留初始酶活力的 95%。在高浓度底物条件下，BDHA 和 GoSCR 仍保留了大部分的酶活力，以上结果说明，二者均具有很高的底物耐受性。

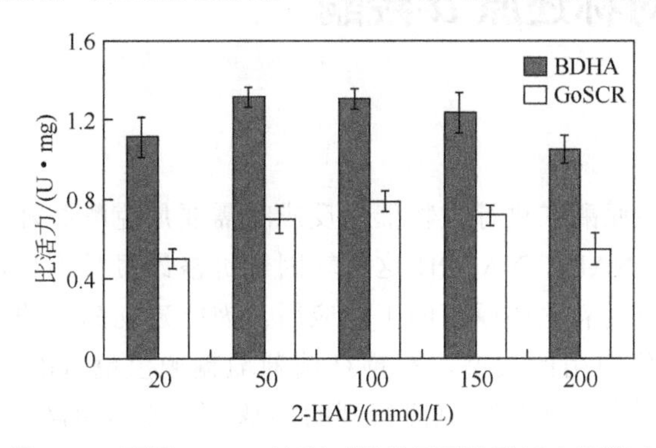


图 6-15　不同 2-HAP 浓度对羰基还原酶酶活力的影响

### 6.2.6　小结

本部分内容对克隆得到的两个羰基还原酶基本酶学性质进行了较为系统全面的研究，为其进一步应用提供重要的理论依据。

（1）对 *R* 型羰基还原酶 BDHA，*S* 型羰基还原酶 GoSCR 经过镍柱蛋白质纯化分别得到电泳纯的酶。

（2）对 *R* 型羰基还原酶 BDHA 进行酶学性质表征，最适 pH 为 6.0，最适温度为 40℃；该酶在 pH7.0 的缓冲液中放置 18h，残余酶活力可保留 80%以上；该酶对高温敏感，大于 40℃迅速失活，但在 30℃放置 18h，残余酶活力可保留 60%以上；$V_{max}$ 为 2.1U/mg，$K_M$ 值为 1.0mmol/L，$k_{cat}$ 值为 $1.3s^{-1}$，$k_{cat}/K_M$ 值为 1.3/s.mmol/L；该酶对有机溶剂二甲基亚砜（DMSO）敏感，DMSO 浓度小于 150mL/L 时，可保留 70%的初始酶活力；该酶具有良好的底物耐受性，当底物浓度高达 200mmol/L，仍能保留初始酶活的 95%以上。

（3）对 *S* 型羰基还原酶 GoSCR 进行酶学性质表征，最适 pH 为 6.0，最适反应温度为 45℃；该酶在 pH7.0 条件下放置 18h，残余酶活力可保留 85%以上，在碱性条件下的酶活力稳定性大于 BDHA；该酶热稳定性相比 BDHA 较差，20℃放置 10h，残余酶活力可保留 60%以上；$V_{max}$ 为 1.1U/mg，约为 BDHA 的 50%，$K_M$ 值为 0.8mmol/L，$k_{cat}$ 值为 $0.5s^{-1}$，$k_{cat}/K_M$ 值为 0.6/(L/s·mmol)；高浓度有机溶剂二甲基亚砜会使其丧失大多数酶活力，当 DMSO 浓度小于 150mL/L 时，仅可保留 50%以上的初始酶活力；但该酶同样具有较好的底物耐受性，底物浓度为 200mmol/L 时，仍能保留初始酶活力的 95%以上。

## 6.3 羰基还原酶与葡萄糖脱氢酶在 *E.coli* 中共表达及不对称还原 *α*-羟酮

### 6.3.1 引言

大多数氧化还原酶在进行生物催化反应时需要尼克酰胺辅因子的参与。但是 $NAD^+$/NADH、$NADP^+$/NADPH 这些辅因子价格昂贵且不稳定，同时会增加生产成本，严重限制氧化还原酶的工业应用。因此建立高效的辅酶再生体系是氧化还原酶工业化应用的关键，芽孢杆菌葡萄糖脱氢酶 GDH 已广泛应用于 NAD(P)H 的再生[9-10]。本实验克隆得到的羰基还原酶 BDHA 和 GoSCR 催化底物 2-羟基苯乙酮不对称还原的过程需要辅酶 NADH，而葡萄糖脱氢酶 GDH 能催化 $NAD^+$生成 NADH，因而这两个反应可以构建双酶偶联辅酶再生体系。为简化操作过程，降低反应成本，研究者通过构建双酶共表达系统将两种酶在一个细胞中表达组成一个封闭的辅酶再生体系。双酶共表达系统不仅不需要分别表达和纯化酶蛋白，而且可以充分利用细胞的稳定性和代谢优势，使不同的酶能在同一个细胞内更好地发挥其功能，更容易实现辅酶高效再生，从而有效提高不对称转化效率。

本实验构建羰基还原酶与葡萄糖脱氢酶双酶偶联辅酶再生体系实现辅酶NADH再生，并将葡萄糖脱氢酶和不同立体选择性的羰基还原酶分别在大肠杆菌中共表达，构建羰基还原酶-葡萄糖脱氢酶组合的一菌双酶体系，以2-羟基苯乙酮为底物，制备不同立体选择性手性苯乙二醇，优化共表达重组菌还原2-HAP反应条件，包括反应pH、反应温度、细胞量用量、底物浓度等，提高了偶联体系的催化效率，最大限度提高其工业潜力，为手性二醇走向工业化提供了一种重要的选择[11]。

## 6.3.2 实验材料与仪器

### 6.3.2.1 实验仪器

参照6.1。

### 6.3.2.2 药品与试剂

（1）实验药品

限制性内切酶*Xho* Ⅰ、*Nco* Ⅰ，其余试剂参照6.1。

（2）试剂配制

参照6.1.2.3。

### 6.3.2.3 质粒及菌种

质粒pETDuet，枯草芽孢杆菌本实验保藏，重组菌*E.coli*（pET28a-GoSCR），*E.coli*（pET28a-BDHA）本实验构建。

## 6.3.3 分析方法

### 6.3.3.1 葡萄糖脱氢酶酶活力测定

葡萄糖脱氢酶（GDH）催化葡萄糖生成葡萄糖酸，辅酶$NAD^+$为电子受体得氢被氧化为NADH。酶活测定根据30℃条件下$NAD^+$被还原为NADH的速率来定量。酶活力单位定义为1国际单位（1U）等于每分钟还原1μmol底物$NAD^+$生成1μmol产物NADH的酶量。

利用酶标仪检测NADH在340nm处吸光度的变化值测定GDH的酶活。具体测定方法如下：于300μL体系中加入pH7.0，100mmol/L磷酸钾缓冲液，$NAD^+$（1mmol/L），葡萄糖（10mmol/L），在340nm下进行动力学循环光度测量，测得吸光度进行酶活的计算。

公式：酶活力(U)=$\Delta A\cdot(T_s/S_v)/(\varepsilon\cdot t\cdot L)$；比活力（U/mg）=$\Delta A\cdot$（$T_s/S_v$）/（$\varepsilon\cdot t\cdot L\cdot m$）

式中，$\varepsilon$为 1/mol/cm 消光系数；NADH 为 6220；$\Delta A$ 为吸光度变化；$T_s$为总反应体积；$S_v$为样品体积；$t$ 为时间（min）；$L$ 为光径 1cm；$m$ 为酶液中蛋白质含量（mg）。

#### 6.3.3.2 气相色谱（GC）检测法

分析检测参照 6.1。

### 6.3.4 实验方法

#### 6.3.4.1 葡萄糖脱氢酶的克隆与表达

根据已报道过的枯草芽孢杆菌 168 全基因组序列及葡萄糖脱氢酶 GDH 基因（全长 786bp），设计引物 GDH-F 和 GDH-R（如表 6-7 所示）。枯草芽孢杆菌基因组利用细菌基因组提取试剂盒进行提取（具体提取步骤参照试剂盒）。

**表 6-7 葡萄糖脱氢酶所用引物**

| 序号 | 名称 | 引物（5′-3′） | 内切酶 |
|---|---|---|---|
| 1 | GDH-F | CATG<u>CCATGG</u>GCATGTATCCGGATTTAAAAG | *Nco* I |
| 2 | GDH-R | CCG<u>CTCGAG</u>TTAACCGCGGCCTGCCTGGAATG | *Xho* I |

需要注意的是，为了便于后续实验中共表达重组菌的筛选，葡萄糖脱氢酶基因采用氨苄抗性的 pETDuet 载体进行克隆（图 6-16）。

#### 6.3.4.2 体外双酶偶联体系的构建

（1）不同辅酶浓度对体外双酶偶联催化的影响

标准反应体系为 5mL 的 pH7.0 100mmol/L 磷酸钾缓冲液，含有 50mmol/L 2-羟基苯乙酮、60mmol/L 葡萄糖、15U/mL *E.coli*（GDH）细胞提取物、10U/mL R 型羰基还原酶 *E.coli*（BDHA）细胞提取物或者 15U/mL *S* 型羰基还原酶 *E.coli*（GoSCR）细胞提取物和不同浓度的 $NAD^+$。反应液在 50mL 反应瓶中，25℃、200r/min 振荡反应 10h，每隔一段时间进行取样测定反应体系中产物含量及 *ee* 值，考查不同辅酶浓度对反应的影响。

（2）双酶偶联游离酶系的不对称还原过程

基于对羰基还原酶底物耐受性与不同辅酶添加量对还原反应影响的考查，本实验选用了 2-羟基苯乙酮浓度 50～200mmol/L，葡萄糖浓度 60～250mmol/L（底物浓度 1.2 倍），不添加辅酶，隔不同时间进行取样测定反应体系中产物含量及 *ee* 值，考查不同反应时间对游离酶催化不对称合成效果的影响。酶用量及反应条件与 6.3.4.2(1) 相同。

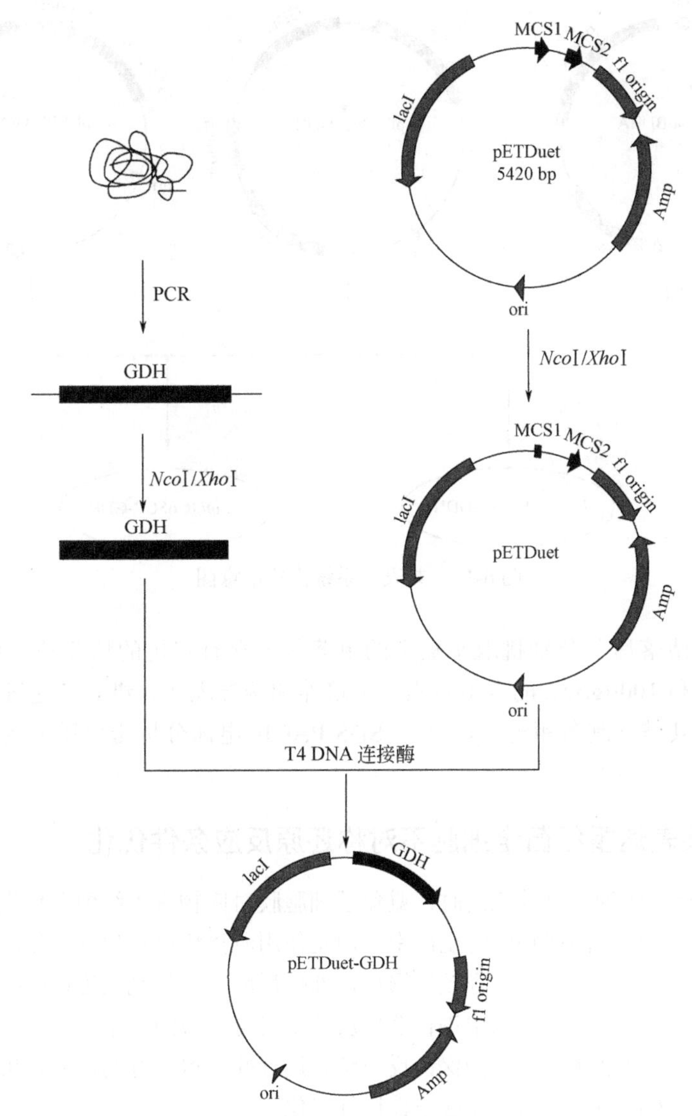


图 6-16　pETDuet-GDH 载体构建示意图

### 6.3.4.3　重组大肠杆菌双酶偶联共表达体系的构建

从构建成功的重组菌中分别提取重组质粒，将重组质粒 pET28a-BDHA 和 pETDuet-GDH，pET28a-GoSCR 和 pETDuet-GDH 通过热击法分别共同转入大肠杆菌 BL21 感受态细胞中（如图 6-17 所示），分别涂布于含有氨苄西林和卡那霉素的平板上，37℃过夜培养。

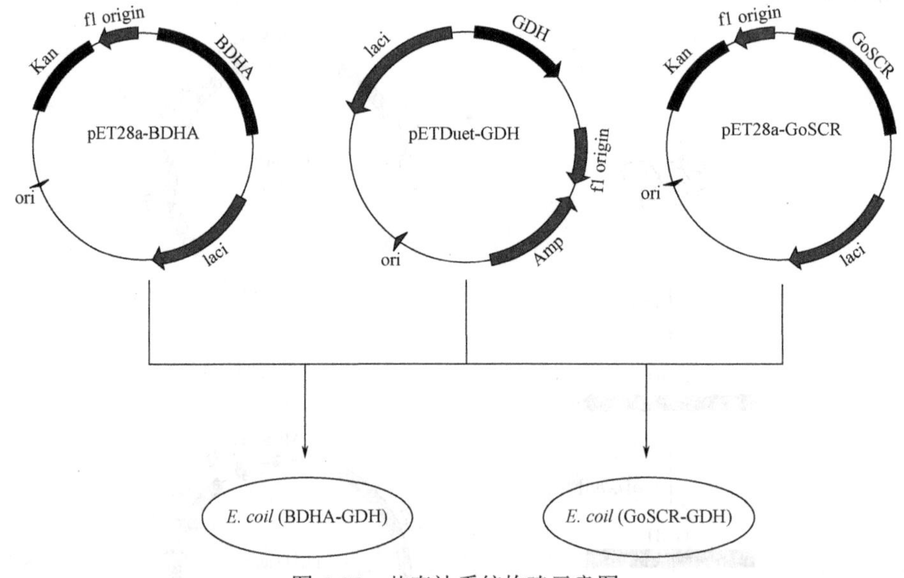


图 6-17　共表达系统构建示意图

待长出菌落后，分别挑取平板上的单菌落于含有双抗的培养基（100μg/mL 的氨苄西林和 100μg/mL 的卡纳霉素）中培养和诱导表达，进一步通过超声波细胞粉碎机对其破壁制备粗酶液，进行 SDS-PAGE 电泳分析蛋白质表达结果并测定其酶活。

### 6.3.4.4　共表达重组菌全细胞不对称还原反应条件优化

虽然游离酶作为生物催化剂时，避免了细胞膜对底物进入细胞及酶蛋白与底物结合的阻碍，从而提高产物的时空产率。但是使用游离酶进行生物催化时，酶的稳定性差，易失活，分离纯化过程较为繁琐，催化反应后催化剂又难以回收，会大大增加反应的成本。直接利用细胞进行催化反应不仅可以节约成本，还可以利用细胞自身的稳定性提高催化效率。为保证反应顺利进行并取得较好的反应效果，本实验构建了双酶共表达系统并对其反应条件进行优化。

（1）温度优化

准确称取 50mg 冻干细胞悬浮于 5mL pH7.0 的磷酸缓冲液中，使细胞浓度为 10g/L，加入 100 mmol/L 2-羟基苯乙酮，100mL/L DMSO 助溶剂，150 mmol/L D-葡萄糖，200r/min 于 20～45℃间不同温度下反应 1h 取样分析，考查不同温度下的转化率及产物 *ee* 值。

（2）pH 优化

选择不同 pH 的缓冲液，固定反应温度 30℃，考查不同 pH 缓冲液反应条件下的转化率及产物 *ee* 值。反应体系中其他试剂用量及反应条件与步骤（1）相同。

（3）底物浓度优化

选择不同的 2-羟基苯乙酮浓度（50～300mmol/L），葡萄糖浓度（75～500mmol/L），考查不同底物浓度下的转化率及产物 *ee* 值。反应体系中其他试剂用量及反应条件与步骤（1）相同。

（4）细胞浓度优化

选择不同的细胞量（2～20g/L），考查不同细胞量条件下的转化率及产物 *ee* 值。反应体系中其他试剂用量及条件与步骤（1）相同。

#### 6.3.4.5 共表达重组菌全细胞不对称还原反应过程

基于对共表达重组菌全细胞不对称还原反应条件的优化，本实验选用较大底物浓度，考查反应时间对共表达重组菌全细胞不对称还原反应过程的影响。标准反应体系为 5mL 的 pH 7.0 100mmol/L 磷酸钾缓冲液，含有 200～400mmol/L 2-羟基苯乙酮，250～500mmol/L 葡萄糖，150mL/L DMSO 助溶剂，20～30g cdw/L *E.coil*（BDHA-GDH）或者 30～50g cdw/L *E.coil*（GoSCR-GDH）。反应液置于 50mL 反应瓶中，30℃、200r/min 振荡反应 4h，隔不同时间进行取样测定反应体系中产物含量。

### 6.3.5 实验结果与分析

#### 6.3.5.1 GDH 的克隆与表达

（1）PCR 获取目的基因

以枯草芽孢杆菌基因组为模板，以 GDH-F、GDH-R 为引物，经 PCR 扩增，经过 1%琼脂糖凝胶电泳检测，发现得到 780bp 左右的 DNA 产物，与目的基因 786bp 大小相符，电泳结果如图 6-18 所示。

（2）pETDuet-GDH 重组质粒验证

将 PCR 扩增得到的基因，连接到质粒载体 pETDuet 上，将得到连接产物转化到克隆工程菌大肠杆菌 DH5 α感受态细胞中，涂板，37℃过夜培养。挑取单菌落扩大培养，提取质粒进行质粒 PCR 及双酶切验证，其结果如图 6-19 所示。

由图 6-19 可知，从单菌落中成功提取质粒，重组质粒 PCR 验证，质粒双酶切验证均在 780bp 出现明显条带，说明重组质粒 pETDuet-GDH 构建成功。

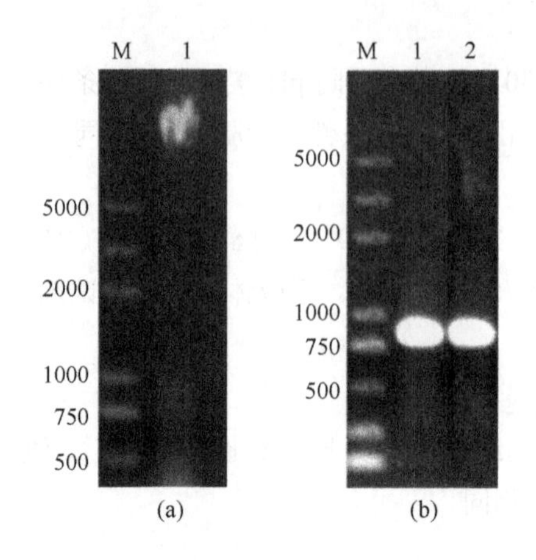


图 6-18　枯草芽孢杆菌基因组和 GDH PCR 产物电泳图谱

(a)M 列：分子量标准；1 列：枯草芽孢杆菌基因组；(b)M 列：分子量标准；1～2 列：PCR 产物

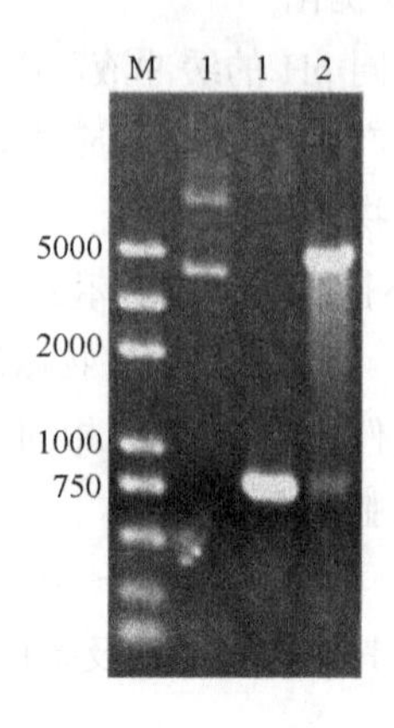


图 6-19　GDH 表达质粒，质粒 PCR 和质粒双酶切电泳图谱

M 列：分子量标准；1 列：重组质粒 pETDuet-GDH；2 列：GDH 重组质粒 PCR 鉴定；3 列：重组质粒 pETDuet-GDH 双酶切验证

（3）GDH 的表达及酶活分析

将验证成功的重组质粒 pETDuet-GDH，再转化到表达工程菌大肠杆菌 BL21 中诱导表达。将收集到的菌体经超声破碎得到粗酶液，经 SDS-PAGE 电泳检测，结果如图 6-20 所示。重组菌 GDH 破碎液上清液在 30kDa 处出现明显蛋白质表达条带，与预计蛋白质大小一致。通过方法 6.3.3.1，测得 GDH 酶活为 3.71U/mg。

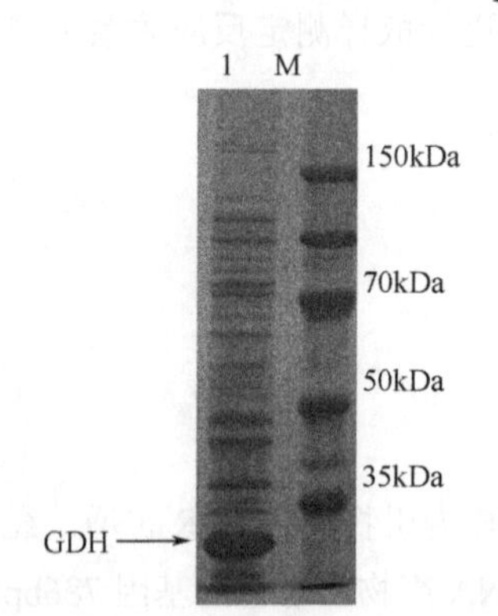


图 6-20　葡萄糖脱氢酶（GDH）SDS-PADE 电泳图

### 6.3.5.2　体外双酶偶联催化体系的构建

羰基还原酶虽然对酮类、醛类底物有特异性催化能力，但是转化过程中需以辅酶 NADP（H）或 NAD（H）作为电子受体，具有高度的辅酶依赖性，且辅酶自身的价格非常昂贵。因此羰基还原酶在参与氧化还原反应时，应尽量以最小的辅酶添加量实现催化反应效率的最大化。游离酶系在进行生物催化时辅酶 $NAD^+$可以以直接添加的方式进行，并且转化数（TTN）可以用来评价其再生效果。

本实验充分考查了不同辅酶添加量对游离酶反应的影响，利用分光光度计法分别测定了重组菌细胞破碎液中辅酶 NADH 的浓度，都约为 0.001mmol/L。实验结果表明（表 6-8 所示），葡萄糖脱氢酶参与辅酶再生，羰基还原酶与 GDH 游离酶系完全转化 50mmol/L 2-羟基苯乙酮，TTN 数值在 242～12162 之间。TTN 数值越高，说明辅酶再生效率越高，本实验获得如此高的 TTN 数值，说明此方法可以适用于一定范围内光学手性苯基乙醇的生产。另外，还发现在不额外添加昂贵辅酶的条件下，2-羟基苯乙酮的转化率也能达到 99%以上，这可能是由于细胞中原始的 $NAD^+$/NADH 被高效利用，充分说明本实验构建的辅酶再生系统是高效的。Ni 等[12]和 Xu 等[13]也发现 GDH 参与辅酶再生时，在不额外添加辅因子的条件下，反应也可顺利完成。

**表 6-8　不同辅酶添加量对酶偶联体系催化还原 2-HAP 的影响**

| 序号 | BDHA /(U/mL) | GoSCR /(U/mL) | GDH /(U/mL) | $NAD^+$ /(mmol/L) | 时间 /h | 转化率 /% | *ee* /% | TTN |
| --- | --- | --- | --- | --- | --- | --- | --- | --- |
| 1 | 10 | — | 0 | 0.001 | 9.0 | 2.4 | >99(*R*) | — |
| 2 | 0 | — | 10 | 0.001 | 9.0 | 0 | — | — |
| 3 | 10 | — | 10 | 0.202 | 0.5 | 100 | >99(*R*) | 242 |
| 4 | 10 | — | 10 | 0.022 | 0.5 | 99.0 | >99(*R*) | 2196 |
| 5 | 10 | — | 10 | 0.004 | 0.5 | 99.0 | >99(*R*) | 12075 |
| 6 | 10 | — | 10 | 0.002 | 1.0 | 99.0 | >99(*R*) | 24150 |
| 7 | — | 15 | 0 | 0.001 | 9.0 | 1.7 | >99(*S*) | — |
| 8 | — | 0 | 10 | 0.001 | 9.0 | 0 | — | — |
| 9 | — | 15 | 10 | 0.202 | 0.5 | 100 | >99(*S*) | 243 |
| 10 | — | 15 | 10 | 0.022 | 0.5 | 100 | >99(*S*) | 2234 |
| 11 | — | 15 | 10 | 0.004 | 0.5 | 99.0 | >99(*S*) | 12162 |
| 12 | — | 15 | 10 | 0.002 | 1.0 | 99.0 | >99(*S*) | 24325 |

#### 6.3.5.3　体外双酶偶联不对称还原过程

游离酶在催化反应时，底物与酶直接接触，非天然底物和产物会对其功能性蛋白造成很大损伤，进而影响其催化效果。基于对酶学性质表征中底物浓度对游离酶活性影响的考查，发现 BDHA 和 GoSCR 均具有较好的底物耐受性，本实验考查了 2-HAP 浓度 50～200mmol/L，两种不同立体选择性羰基还原酶的催化时间进程。游离酶在不对称还原 2-羟基苯乙酮时，产物的 *ee*（%）均大于 99%。由图 6-21 可以看出，随着时间的增加，(*R*)-PED，(*S*)-PED 的含量逐渐增加，并仅在 1h 时 50～200mmol/L 的 2-羟基苯乙酮转化率均达到 99%，说明随着底物浓度的加大，BDHA 和 GoSCR 均保留了大多数酶活，具有较好的底物耐受性，与酶学性质表征中底物耐受性对酶活力影响的结果一致。

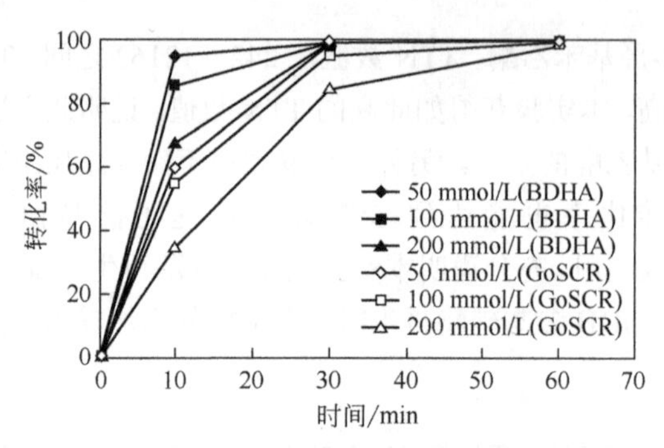


图 6-21 游离酶酶偶联体系催化还原 2-羟基苯乙酮反应进程

### 6.3.5.4 重组大肠杆菌双酶偶联共表达体系的构建

为了考查羰基还原酶与葡萄糖脱氢酶的构建与表达情况，取重组菌粗酶液，SDS-PAGE 电泳结果如图 6-22 所示，*E.coil*（BDHA-GDH）破碎液上清液在 45kDa 出现 BDHA 目的条带，在 30kDa 出现 GDH 目的条带；*E.coil*（GoSCR-GDH）在 30kDa 出现大量表达，这是因为 GDH 目标蛋白质在 30kDa 左右，GoSCR 目标蛋白质在 28kDa 左右，二者均大量表达。由此可见，共表达重组菌 *E.coil*（BDHA-GDH），*E.coil*（GoSCR-GDH）已构建成功。通过酶活力测定得出，共表达重组菌 *E.coil*（BDHA-GDH），BDHA 酶活力为 1.3U/mg，GDH 酶活力为 1.2U/mg；共表达重组菌 *E.coil*（GoSCR-GDH），GoSCR 酶活力为 0.4U/mg，GDH 酶活力为 1.1U/mg。

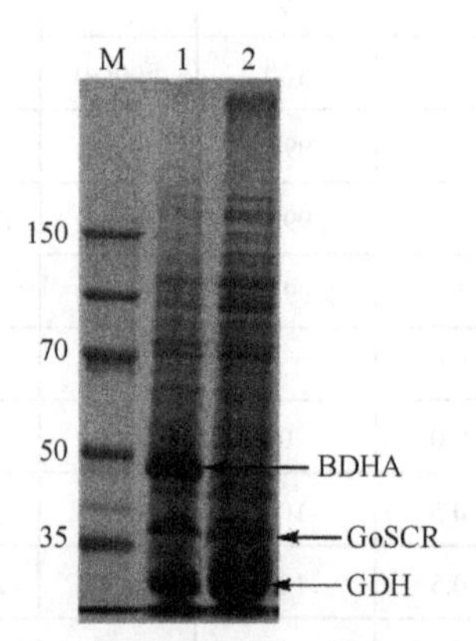


图 6-22 羰基还原酶与葡萄糖脱氢酶共表达重组菌 SDS-PADE 电泳图

M 列：分子量标准；1 列：*E.coli*（BDHA-GDH）破碎液；2 列：*E.coli*（GoSCR-GDH）破碎液

### 6.3.5.5 共表达重组菌全细胞不对称还原反应温度优化

反应温度会显著影响酶的活力进而影响全细胞催化的得率。当反应温度较高时，会导致酶蛋白质变性使酶活力降低；当反应温度较低时，活化分子所需的能量无法满足，酶活力也会降低，当处于最适反应温度时，酶的活力最高，全细胞催化反应的得率也最佳，因此进行反应温度的优化是很有必要的。如图 6-23 所示是在不同反应温度下对 *E.coil*（BDHA-GDH）和 *E.coil*（GoSCR-GDH）得率的考查结果。*E.coil*（BDHA-GDH）具有较宽的反应温度范围，在 20～35℃范围内，(*R*)-PED 得率达到 99%以上。当反应温度达到 40℃时，由于酶失活速度加快，得率开始下降。*E.coil*

（GoSCR-GDH）的产物得率随温度变化先上升后下降，在 20～30℃时得率较高。鉴于全细胞反应的反应速度及产物得率，后续反应 *E. coil*（BDHA-GDH）和 *E. coil*（GoSCR-GDH）的反应温度均采用 30℃。

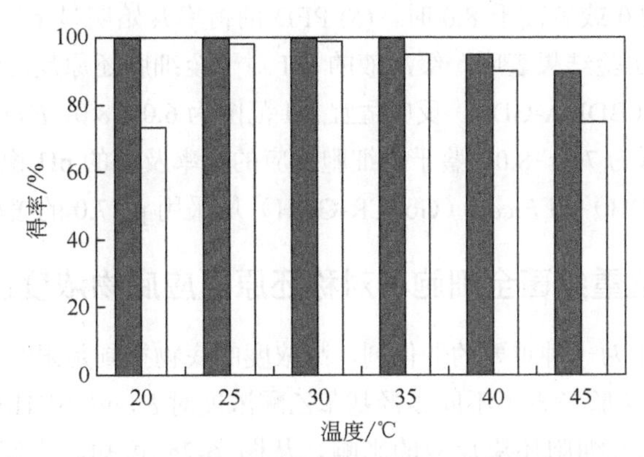


图 6-23 反应温度对共表达重组菌催化 2-羟基苯乙酮还原反应的影响

■重组菌 *E.coil*（BDHA-GDH）；□重组菌 *E.coil*（GoSCR-GDH）

### 6.3.5.6 共表达重组菌全细胞不对称还原反应 pH 优化

对于氧化还原酶催化的反应，反应 pH 不仅会影响酶活性中心必需基团的解离状态及酶的构型，还会影响反应中氢的传递及电子的转移。研究表明，在已发现立体选择性的羰基还原酶中有部分酶在催化性能上具有一定程度的 pH 依赖性，因此缓冲液的 pH 对羰基还原酶的催化效率及立体选择性有很大影响。

本实验考查了不同 pH 对 *E.coil*（BDHA-GDH）和 *E.coil*（GoSCR-GDH）催化的影响，结果如图 6-24 所示，pH 不会对产物的 *ee* 值造成影响，产物的光学纯度均

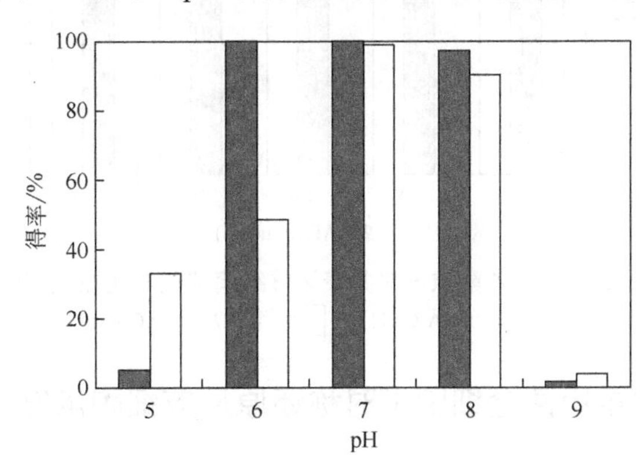


图 6-24 反应 pH 对共表达重组菌催化 2-羟基苯乙酮还原反应的影响

■重组菌 *E.coil*（BDHA-GDH）；□重组菌 *E.coil*（GoSCR-GDH）

在 99%以上。对于 *E.coil*（BDHA-GDH），在 pH6.0～8.0 范围内，(*R*)-PED 的得率均在 99%以上，但是当 pH 低于 6.0 或者高于 8.0 时，(*R*)-PED 的得率急剧下降。对于 *E.coil*（GoSCR-GDH），在 pH7.0～8.0 范围内，(*S*)-PED 的得率均在 90%以上，但是当 pH 低于 7.0 或者高于 8.0 时，(*S*)-PED 的得率开始明显下降，pH6.0 的得率就下降到 50%。实验结果表明，缓冲液的 pH 对于全细胞还原反应酶催化效率具有一定影响，*E.coil*（BDHA-GDH）反应适宜 pH 范围为 6.0～8.0，*E.coil*（GoSCR-GD）反应适宜 pH 范围为 7.0～8.0。鉴于全细胞反应的得率及酶的 pH 稳定性，后续反应 *E.coil*（BDHA-GDH）和 *E.coil*（GoSCR-GDH）均采用 pH7.0 的缓冲体系。

#### 6.3.5.7 共表达重组菌全细胞不对称还原反应底物浓度优化

羰基还原酶作为一种重要的催化剂，高浓度的底物抑制是限制其工业化生产的一个重要因素。本实验考查了不同 2-羟基苯乙酮浓度对 *E.coil*（BDHA-GDH）和 *E.coil*（GoSCR-GDH）全细胞还原反应的影响，从图 6-25 可知，当底物浓度在 50～150mmol/L 时，*E.coil*（BDHA-GDH）和 *E.coil*（GoSCR-GDH）产物得率都在 95%以上。随着底物浓度提高到 300mmol/L 时，产物的得率有所下降，*E.coil*（BDHA-GDH）产物得率降为 83%，*E.coil*（GoSCR-GDH）产物得率为 68%，说明高浓度的底物会对全细胞催化反应造成影响，但重组细胞仍具有较好的底物耐受性，可用于大浓度底物的催化。

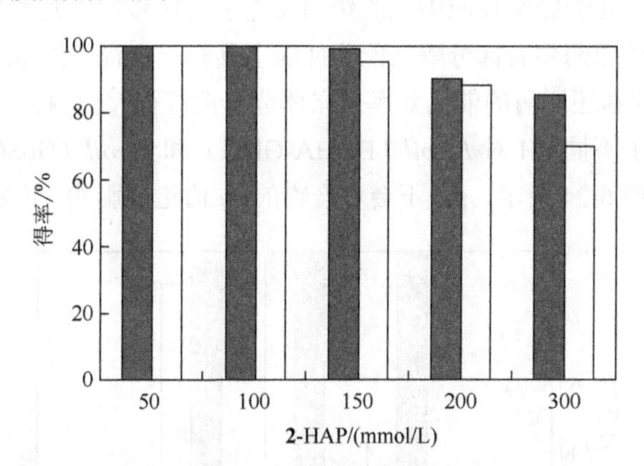


图 6-25 2-羟基苯乙酮浓度对共表达重组菌催化其还原反应的影响

■重组菌 *E.coil*（BDHA-GDH）；□重组菌 *E.coil*（GoSCR-GDH）

#### 6.3.5.8 共表达重组菌全细胞不对称还原反应细胞浓度优化

微生物全细胞进行生物催化反应时，细胞用量直接影响参与反应的酶量，合适的细胞用量不仅可以降低反应体系的黏度，较好地促进反应进行，而且可以有效降低反应的成本。本实验考查两个氧化还原系统 *E.coil*（BDHA-GDH）和 *E.coil*

（GoSCR-GDH）全细胞反应，当系统处于黏稠状态时，不利于体系中各种物质的混合和传质，同时也不利于辅酶的再生继而会影响产物的得率。因此本实验考查了不同细胞量对 *E.coil*（BDHA-GDH）和 *E.coil*（GoSCR-GDH）全细胞还原反应的影响。如图 6-26 所示，随着细胞浓度的不断增加，*E.coil*（BDHA-GDH）和 *E.coil*（GoSCR-GDH）全细胞还原反应的得率不断增大，当干细胞浓度上升到 10g/L 时，(*R*)-PED 和(*S*)-PED 的得率均已达到 99%以上，且 *ee* 值均大于 99%。鉴于全细胞反应的反应产物得率及反应成本，后续反应当底物浓度为 100mmol/L 时，*E.coil*（BDHA-GDH）和 *E.coil*（GoSCR-GDH）的最佳细胞用量均采用 10g cdw/L。

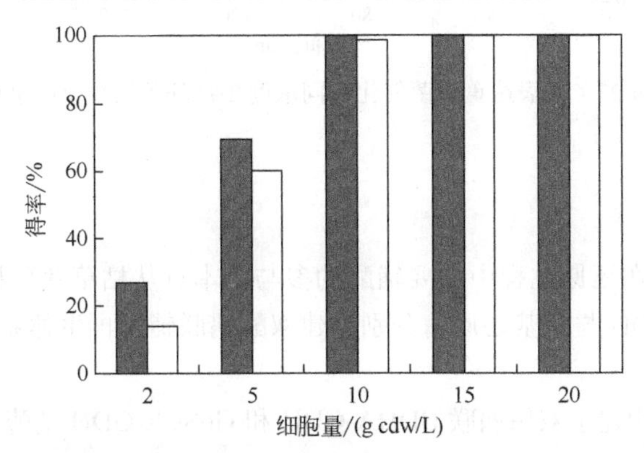


图 6-26 细胞量对共表达重组菌催化 2-羟基苯乙酮还原反应的影响

■重组菌 *E.coil*（BDHA-GDH）；□重组菌 *E.coil*（GoSCR-GDH）

### 6.3.5.9 共表达重组菌全细胞不对称还原反应过程

共表达重组菌全细胞不对称还原反应经过条件优化后确定最佳反应 pH7.0 和反应温度 30℃。在 pH7.0、反应温度 30℃和不添加辅酶的条件下，200mmol/L（27.2g/L）和 400mmol/L（54.5g/L）的 2-羟基苯乙酮通过 *E.coil*（BDHA-GDH）和 *E.coil*（GoSCR-GDH）全细胞还原反应时间进程如图 6-27 所示。当 2-羟基苯乙酮浓度为 200mmol/L 时，20g cdw/L *E.coil*（BDHA-GDH）仅在 1h 内得率就达到了 99%以上，而 20g cdw/L *E.coil*（GoSCR-GDH）也仅用了 2h 得率就达到了 99%以上。当底物浓度为 400mmol/L 时，30g cdw/L *E.coil*（BDHA-GDH）和 50g cdw/L *E.coil*（GoSCR-GDH）均在 3h 内得率达到 99%，时空转化率为 18g/(L·h)。当继续增大底物浓度时，(*R*)-PED 和(*S*)-PED 的得率大大减少，可能原因是当底物 2-HAP 浓度大于 400mmol/L 的至少需要 20%的 DMSO 作为助溶剂，而大浓度 DMSO 会严重影响 BDHA 和 GoSCR 酶活。另外，本实验克隆得到的两种羰基还原酶及所构建的辅酶再生体系可催化底物 2-羟基苯乙酮浓度高达 54g/L，时空转化率达到 18g/(L·h)，在工业化应用上潜力巨大。

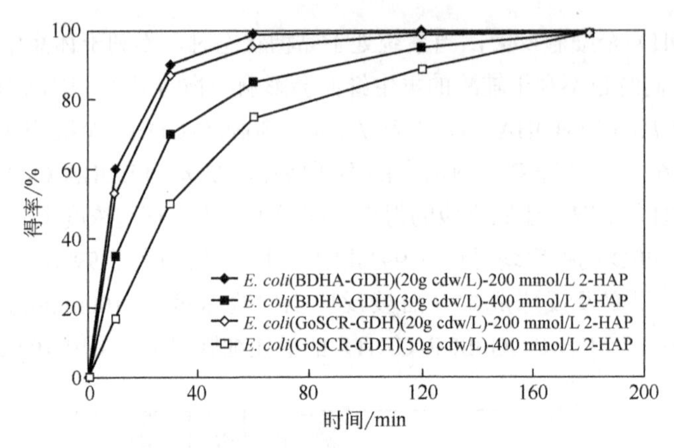


图 6-27 共表达重组菌催化不同浓度 2-羟基苯乙酮反应进程

## 6.3.6 小结

羰基还原酶在还原过程中需要辅酶的参与，本章从枯草芽孢杆菌中克隆表达葡萄糖脱氢酶 GDH 与羰基还原酶分别构建双酶偶联辅酶再生体系，得到以下主要结论：

（1）本实验构建了双酶偶联 BDHA-GDH 和 GoSCR-GDH 辅酶高效再生体系。在不对称完全转化 50mmol/L 2-羟基苯乙酮过程中，游离酶 BDHA-GDH 体系的总转化数（TTN）在 242～12075，游离酶 GoSCR-GDH 体系总转化数（TTN）243～12162，且在不额外添加辅酶的条件下，两个体系 2-羟基苯乙酮的转化率均达到 99%以上，产物 (*R*)-PED 和 (*S*)-PED *ee* 值均大于 99%，说明本实验构建的辅酶再生体系是十分高效的，可以充分利用细胞破碎液中原始辅酶完成反应。

（2）双酶偶联体系体外催化 2-羟基苯乙酮不对称还原，游离酶 GDH 用量 15U/mL，(*S*)-GoSCR 用量 15U/mL，(*R*)-BDHA 用量 10U/mL，辅底物葡萄糖浓度 60～250mmol/L，不额外添加辅酶条件下，双酶偶联分别催化底物浓度 50～200mmol/L 的 2-羟基苯乙酮，反应时间 1h 时，产物得率均大于 99%，产物 (*R*)-PED 和 (*S*)-PED 的 *ee* 值均大于 99%。

（3）共表达全细胞反应条件优化：*E.coil*（BDHA-GDH）催化 2-羟基苯乙酮不对称还原适宜反应温度范围为 20～35℃，适宜反应 pH 范围为 6.0～8.0，具有较高的底物耐受性，底物浓度 100mmol/L 时，最佳细胞用量为 10g cdw/L；*E.coil*（GoSCR-GDH）催化 2-羟基苯乙酮不对称还原适宜反应温度范围为 25～30℃，适宜反应 pH 范围为 7.0～8.0，具有较高的底物耐受性，底物浓度 100mmol/L 时，最佳细胞用量为 10g cdw/L。

（4）共表达全细胞转化：在最佳反应条件下，20g cdw/L *E.coil*（BDHA-GDH）

催化还原浓度为200mmol/L的2-羟基苯乙酮，反应1h产物（*R*)-PED得率大于99%，*ee*值大于99%，30g cdw/L *E.coil*（BDHA-GDH）催化还原浓度为400mmol/L的2-羟基苯乙酮，反应3h产物（*R*)-PED得率大于99%，*ee*值大于99%，时空转化率达18g/(L·h)；同样30g cdw/L *E.coil*（GoSCR-GDH）催化还原浓度为200mmol/L的2-羟基苯乙酮，反应2h产物（*S*)-PED得率大于99%，*ee*值大于99%，50g cdw/L *E.coil*（GoSCR-GDH）催化还原浓度为400mmol/L的2-羟基苯乙酮，反应3h产物（*S*)-PED得率大于99%，*ee*值大于99%，时空转化率达18g/(L·h)。

## 6.4 级联生物催化外消旋$\beta$-氨基醇同时制备手性$\beta$-氨基醇和邻二醇

### 6.4.1 引言

化学法合成手性邻二醇需要复杂的操作步骤，昂贵的催化剂，生物法合成手性邻二醇原料成本高，部分商业上不可获取。因此一锅级联催化技术是最近一个令人兴奋的发展。级联反应不需要对中间体进行提纯和分离，因此减少了操作时间、生产成本和资源浪费，从而提高了化学转化的整体效率。此外，通过多种催化剂之间的协同作用，还可以克服不稳定或有毒中间体这些难以处理的问题，避免不利的反应平衡，提高反应活性和选择性。

本节构建了一种新的级联催化体系用于转化外消旋$\beta$-氨基醇同时制备手性二醇和手性$\beta$-氨基醇，整个过程分为两步，第一步利用转氨酶动力学拆分外消旋$\beta$-氨基醇，将其中一个对映体转化为$\alpha$-羟基酮，剩下另一个对映体，第二步利用羰基还原酶不对称还原$\alpha$-羟基酮生成手性邻二醇，同时本部分内容研究了底物和产物对级联催化反应的影响。级联催化反应路线如图6-28所示[13]。

### 6.4.2 实验材料与仪器

#### 6.4.2.1 实验材料

菌种：实验构建好的重组菌*E.coli*（MVTA）、*E.coli*（CV2025）、*E.coli*（Pp21050）、*E.coli*（Pp36420）、*E.coli*（PpbauA）、*E.coli*（PpspuC）、*E.coli*（BDHA）、*E.coli*（GoSCR）、*E.coli*（GDH）、*E.coli*（BDHA-GDH）和*E.coli*（GoSCR-GDH）。

试剂：参考6.1.2。

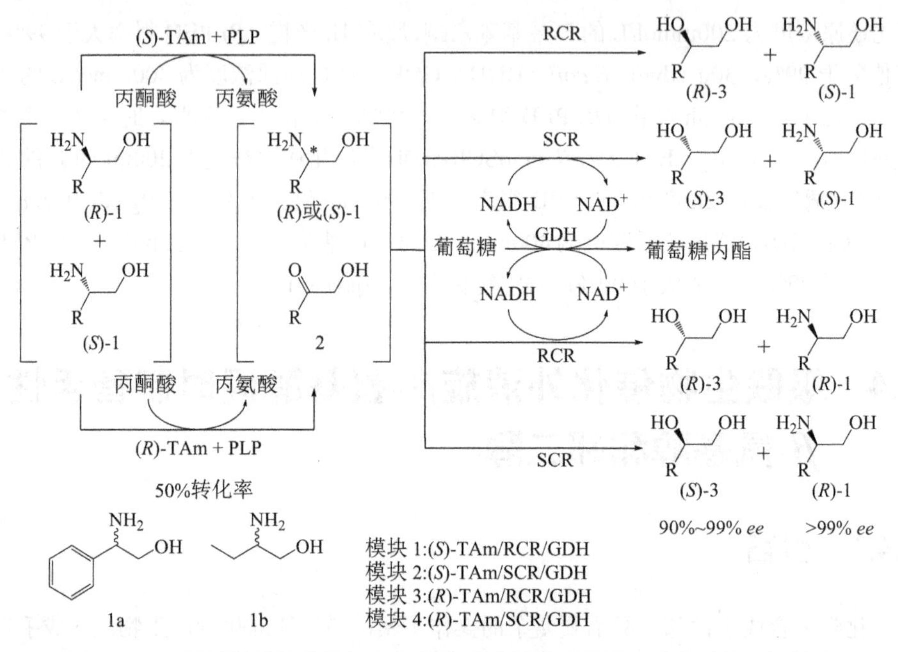


图 6-28 一锅级联催化外消旋$\beta$-氨基醇同时制备手性邻二醇和手性$\beta$-氨基醇

### 6.4.2.2 实验仪器

参考 6.1.2。

### 6.4.2.3 其他试剂配制

参考 6.1.2。

## 6.4.3 实验方法

### 6.4.3.1 转氨酶和羰基还原酶的筛选

以外消旋苯甘氨醇为底物，来筛选实验室已经构建好的转氨酶，5mL 反应体系如下：50mmol/L 外消旋苯甘氨醇，50mmol/L 丙酮酸钠，0.1mmol/L PLP，100mmol/L 磷酸钠缓冲液（pH 8.0）和转氨酶粗酶液（10mg/mL），于 25℃、200r/min 下恒温振荡反应，定时取样检测产物 2-羟基酮，直到底物和产物不再变化，气相检测产物的转化率和底物 *ee* 值，检测方法参考 3.2.3.8。

### 6.4.3.2 苯甘氨醇对转氨酶活性的影响

分别取不同浓度的苯甘氨醇（10mmol/L、20mmol/L、40mmol/L、60mmol/L、

80mmol/L、100mmol/L），其他条件固定（50mmol/L 的丙酮酸钠、0.1mmol/L PLP、10mg/mL 的粗酶液）绘制酶活力随苯甘氨醇浓度的变化曲线，比较在不同苯甘氨醇浓度条件下转氨酶酶活力的大小，确定转氨酶的最适催化底物浓度。

#### 6.4.3.3 丙酮酸钠对转氨酶活性的影响

分别取不同浓度的丙酮酸钠（10～100mmol/L），其他条件固定（50mmol/L 的苯甘氨醇、0.1mmol/L PLP、10mg/mL 的粗酶液），绘制酶活力随丙酮酸钠浓度的变化曲线，比较在不同丙酮酸钠浓度条件下转氨酶酶活力的大小，确定转氨酶的最适催化底物浓度。

#### 6.4.3.4 丙氨酸对转氨酶活性的影响

分别取不同浓度的丙氨酸（0～300mmol/L），其他条件固定（50mmol/L 的苯甘氨醇、25mmol/L 的丙酮酸钠、0.1mmol/L PLP、10mg/mL 的粗酶液），绘制酶活力随丙氨酸浓度的变化曲线，比较在不同丙氨酸浓度条件下转氨酶酶活力的大小，确定转氨酶的最适催化底物浓度。

#### 6.4.3.5 2-羟基苯乙酮对转氨酶活性的影响

分别取不同浓度的 2-羟基苯乙酮（0～20mmol/L），其他条件固定（50mmol/L 的苯甘氨醇、25mmol/L 的丙酮酸钠、0.1mmol/L PLP、10mg/mL 的粗酶液），绘制酶活力随 2-羟基苯乙酮浓度的变化曲线，比较在不同 2-羟基苯乙酮浓度条件下转氨酶酶活力的大小，确定转氨酶的最适催化底物浓度。

#### 6.4.3.6 苯甘氨醇对羰基还原酶活性的影响

分别取不同浓度的苯甘氨醇（0～100mmol/L），其他条件固定（10mmol/L 的 2-羟基苯乙酮、0.1mmol/L NADH、10mg/mL 的粗酶液），绘制酶活力随苯甘氨醇浓度的变化曲线，比较在不同苯甘氨醇浓度条件下羰基还原酶酶活力的大小，确定羰基还原酶的最适催化底物浓度。

#### 6.4.3.7 TAm、CR 和 GDH 三酶级联催化反应过程

经过上述反应条件优化，确定最适反应浓度，标准反应体系为 5mL：包括 100mmol/L pH 7.0 的磷酸钠缓冲液、20～40mmol/L 消旋苯甘氨醇、0.1mmol/L PLP、20～40mmol/L 丙酮酸钠、20～40mmol/L 葡萄糖、0.002mmol/L NADH，组合 1：1U/mL MVTA + 10U/mL BDHA + 2U/mL GDH，组合 2：1U/mL MVTA + 20U/mL GoSCR + 4U/mL GDH，组合 3：10U/mL CV2025 + 10U/mL BDHA + 2 U/mL GDH，组合 4：10U/mL CV2025 + 20U/mL GoSCR + 4 U/mL GDH。反应液置于 50mL 反应瓶中，

25℃、200r/min 振荡反应 1～6h，取样测定转化率和 *ee* 值。

#### 6.4.3.8 静息细胞 *E.coli*（TAm）和 *E.coli*（CR-GDH）级联催化反应过程

标准反应体系为 5mL：含有 100mmol/L pH 7.0 的磷酸钠缓冲液，10～60mmol/L 消旋苯甘氨醇（1a）和 2-氨基-1-丁醇（1b），0.1mmol/L PLP，10～60mmol/L 丙酮酸钠，10～60mmol/L 葡萄糖，0.002mmol/L NADH，加入 10～15g cdw/L *E.coli*（TAm）和 10～15g cdw/L *E.coli*（CR-GDH），反应液置于 50mL 反应瓶中，25℃、200r/min 振荡反应 1～6h，取样测定转化率和 *ee* 值。

#### 6.4.3.9 制备手性邻二醇和手性*β*-氨基醇

50mL 规模体系制备：磷酸钠缓冲液（100mmol/L、pH 7.0）、PLP（0.1mmol/L）、（±）-1a（50mmol/L，343.0mg）、丙酮酸钠（30mmol/L）、葡萄糖（60mmol/L），组合 1：*E.coli*（MVTA）（10g cdw/L）+ *E.coli*（BDHA-GDH）（10g cdw/L）；组合 2：*E.coli*（MVTA）（10g cdw/L）+ *E.coli*（GoSCR-GDH）（10g cdw/L）；组合 3：*E.coli*（CV2025）（15g cdw/L）+ *E.coli*（BDHA-GDH）（15g cdw/L）；组合 4：*E.coli*（CV2025）（15g cdw/L）+ *E.coli*（GoSCR-GDH）（15g cdw/L）。反应体系于 25℃、200r/min 条件下振荡反应 24h。

### 6.4.4 分析方法

产物二醇萃取：取 300μL 反应液于 1.5mL 离心管中，加入氯化钠饱和，再加入等体积含有 20mmol/L 内标物十二烷的乙酸乙酯，振荡离心后取上层有机相，并用无水硫酸钠进行干燥。*β*-氨基醇萃取参考 3.2.3.6。

检测方法：气相色谱检测，色谱柱为 CP Chirasil-Dex CB 手性色谱柱（25m×0.32mm×0.25μm；Agilent Technologies，Inc.），其检测条件为：进样口温度 250℃，检测器温度 270℃，柱温为程序升温，于 100℃下，先以 2℃/min 升到 120℃，再以 5℃/min 升到 160℃，保留时间为 10min。*β*-氨基醇 *ee* 检测参考 3.2.3.8。

### 6.4.5 结果与分析

#### 6.4.5.1 转氨酶和羰基还原酶的筛选

以外消旋苯甘氨醇为底物对实验室前期克隆表达的 6 种转氨酶进行酶活检测。结果如下表 6-9 所示，除了 PpbauA，其他 5 种测试的转氨酶对苯甘氨醇都有较高的活性，反应时间 2～18h，转化率为 49%～50%，*ee* 值为 97%～99%；PpbauA 对苯甘氨醇的活性很低，反应 12h 转化率只有 17%，*ee* 值为 20%，但是 PpbauA 对于 2-氨基-1-丁醇有较高的活性和对映选择性；CV2025、Pp21050、Pp36420 和 PpspuC 催化动力学拆分 50mmol/L 外消旋苯甘氨醇得到 (*S*)-苯甘氨醇，这四种酶对苯甘氨醇的 *R* 构型有活性，和 MVTA 的选择性相反。鉴于 CV2025、PpbauA 和 MVTA 对底物有很高的对映选择性和催化活性，因此选择这三种酶用于后续的动力学拆分步骤。BDHA 和 GoSCR 是两个选择性相反的羰基还原酶，已经证明了对 2-羟基苯乙酮具有高的活性和对映选择性，被用于后续还原反应步骤。

**表 6-9　转氨酶的筛选**

| 序号 | 酶 | 时间/h | 活力/(U/mg) | 转化率/% | 底物 *ee*/% |
|---|---|---|---|---|---|
| 1 | CV2025 | 6 | 1.23 | 50 | >99(*S*) |
| 2 | Pp21050 | 18 | 0.25 | 50 | >99(*S*) |
| 3 | Pp36420 | 12 | 0.17 | 49 | 97(*S*) |
| 4 | PpbauA | 12 | 0.12 | 17 | 20(*S*) |
| 5 | PpspuC | 12 | 0.26 | 50 | >99(*S*) |
| 6 | MVTA | 2 | 3.16 | 50 | >99(*R*) |

### 6.4.5.2　苯甘氨醇对转氨酶活性的影响

本部分考查了不同苯甘氨醇浓度（10～100mmol/L）对转氨酶酶活力的影响，实验结果如图 6-29 所示。底物苯甘氨醇浓度在 10～50mmol/L 时转氨酶 MVTA 酶活力一直在增加，没有观察到抑制现象，当底物浓度超过 50mmol/L，MVTA 催化反应速率开始下降，继续增加到 70mmol/L，反应速率依然有 50mmol/L 时反应速率的 80%，说明 MVTA 对苯甘氨醇有较高的耐受性；对于 CV2025，当浓度超过 50mmol/L 后，可以观察到明显的抑制现象，反应速率急剧下降，浓度为 60mmol/L 与 40mmol/L 相比，反应速率下降了 70%，可见 CV2025 对苯甘氨醇的耐受性较差。

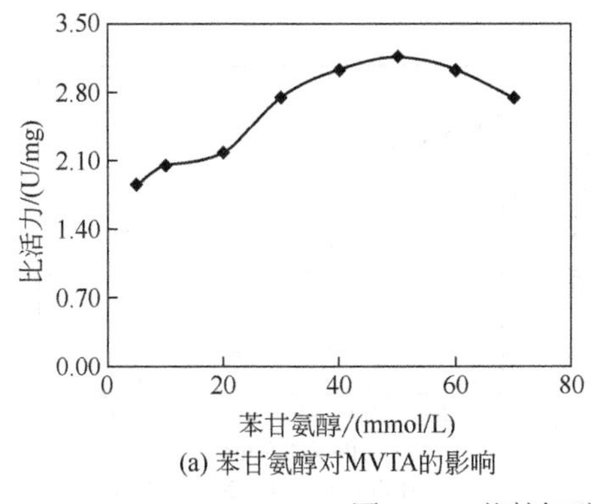

(a) 苯甘氨醇对MVTA的影响

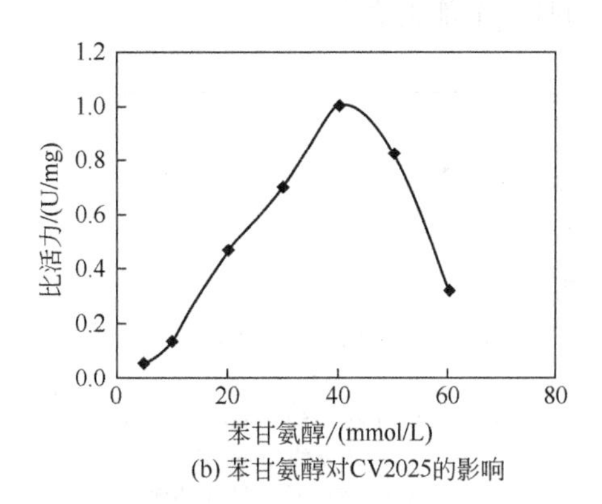

(b) 苯甘氨醇对CV2025的影响

图 6-29　苯甘氨醇对转氨酶活性的影响

### 6.4.5.3 丙酮酸钠对转氨酶活性的影响

本文考查了不同丙酮酸钠浓度（10～100mmol/L）对转氨酶酶活力的影响，实验结果如图 6-30 所示。丙酮酸钠对于转氨酶 MVTA 的酶活力影响不大，虽然 MVTA 最大酶活力的丙酮酸钠浓度为 60mmol/L 左右，但增加到 100mmol/L 仍有最大酶活力的 87%；对于 CV2025，随着丙酮酸钠浓度增加，转氨酶 CV2025 的酶活力抑制在下降，增加到 100mmol/L，酶活力已不足最初酶活力的 50%。

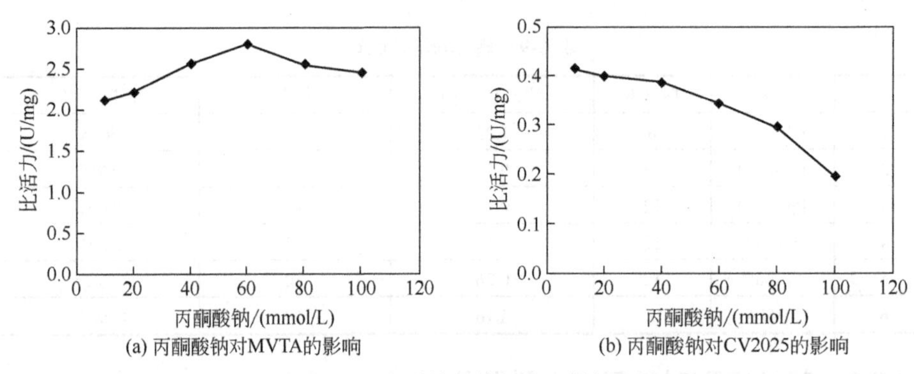


图 6-30 丙酮酸钠对转氨酶活性的影响

### 6.4.5.4 丙氨酸对转氨酶活性的影响

本部分考查了不同丙氨酸浓度（0～300mmol/L）对转氨酶酶活力的影响，实验结果如图 6-31 所示。丙氨酸浓度在 0～80mmol/L 范围内对转氨酶 MVTA 和 CV2025 的影响不大，保持着较好的活性；丙氨酸浓度超过 100mmol/L，反应速率急剧下降，200mmol/L 时，MVTA 下降到最大酶活力的 30%，CV2025 下降到最大酶活力的 20%；当丙氨酸浓度增加到 300mmol/L，MVTA 和 CV2025 的酶活力基本全部丧失。

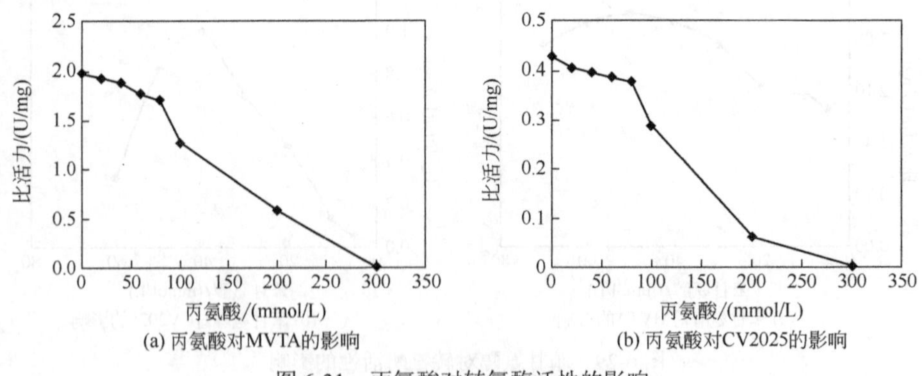


图 6-31 丙氨酸对转氨酶活性的影响

### 6.4.5.5 2-羟基苯乙酮对转氨酶活性的影响

本部分考查了不同2-羟基苯乙酮浓度（0～300mmol/L）对转氨酶酶活力的影响，实验结果如图6-32所示。没有观察到产物2-羟基苯乙酮对MVTA的严重抑制，在20mmol/L 2-羟基苯乙酮的存在下，酶的活性达到最高酶活的90%。对于CV2025,2-羟基苯乙酮浓度超过10mmol/L时，CV2025受到明显抑制，反应速率大大降低，在20mmol/L 2-羟基苯乙酮的存在下，CV2025活性只有最初活性的50%。

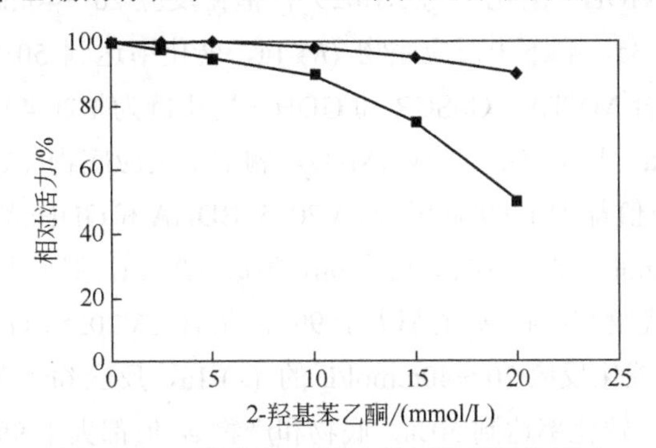


图6-32 2-羟基苯乙酮对转氨酶活性的影响

◆：2-羟基苯乙酮对MVTA的影响；■：2-羟基苯乙酮对CV2025的影响

### 6.4.5.6 苯甘氨醇对羰基还原酶活性的影响

本部分考查了不同苯甘氨醇浓度（0～300mmol/L）对羰基还原酶酶活力的影响，实验结果如图6-33所示。苯甘氨醇对BDHA和GoSCR两个选择性相反的羰基还原酶酶活力都有明显的抑制，对于BDHA，加入40mmol/L的苯甘氨醇，酶活力就已经损失近50%，100mmol/L苯甘氨醇存在下，BDHA酶活力基本全部丧失；对于GoSCR，0～20mmol/L苯甘氨醇浓度范围内酶活力比较稳定，保持较高的活性，超过20mmol/L后，抑制现象开始明显，反应速率急剧下降，苯甘氨醇浓度为60 mmol/L时，GoSCR酶活力下降了50%，100 mmol/L 苯甘氨醇存在下，剩下约20%的活性。

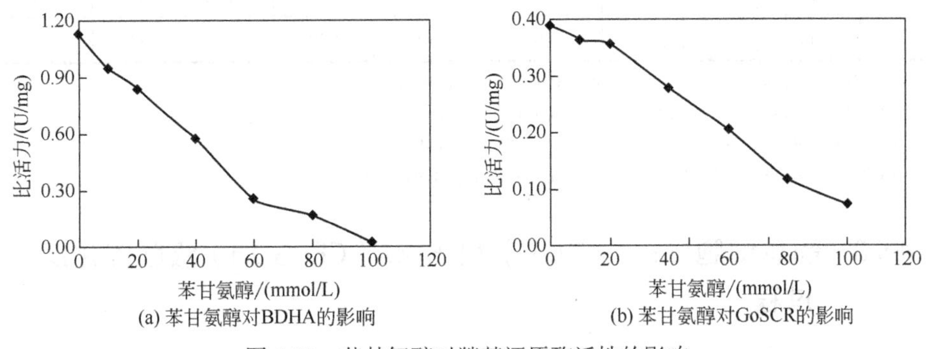


图6-33 苯甘氨醇对羰基还原酶活性的影响

### 6.4.5.7 TAm、CR 和 GDH 三酶级联催化反应过程

转氨酶（MVTA、CV2025）和羰基还原酶（BDHA、GoSCR）的酶学性质之前已经探究，MVTA 和 CV2025 对苯甘氨醇的最大活性处于 pH 7.0～9.0，而 BDHA 和 GoSCR 对 2-羟基苯乙酮的最大活性处于 pH 6.0～8.0，因此本部分选择了 pH 7.0 的磷酸缓冲液作为研究级联生物催化体系的反应介质。结果如表 6-10 所示，组合 MVTA、BDHA 和 GDH（酶比例为 1:10:2），催化反应 20～40mmol/L 的 (±)-1a，反应 1h，生成 (*R*)-3a，剩下未反应底物 (*R*)-1a，转化率达到 50%，底物和产物 *ee* 值都大于 99%；组合 MVTA、GoSCR 和 GDH（酶比例为 1:20:4），催化反应 20～40mmol/L 的 (±)-1a，反应 6h，生成 (*S*)-3a，剩下未反应底物 (*R*)-1a，转化率达到 50%，底物和产物 *ee* 值都大于 99%；组合 CV2025，BDHA 和 GDH（酶比例为 10:10:2），催化反应 20～40mmol/L 的 (±)-1a，反应 6h，生成 (*R*)-3a，剩下未反应底物 (*S*)-1a，转化率达到 50%，底物和产物 *ee* 值都大于 99%；组合 CV2025、GoSCR 和 GDH（酶比例为 10:20:4），催化反应 20～40mmol/L 的 (±)-1a，反应 6h，生成 (*S*)-3a，剩下未反应底物 (*S*)-1a，转化率达到 50%，底物和产物 *ee* 值都大于 99%。

**表 6-10 TAm、CR、GDH 三酶组合级联催化消旋苯甘氨醇生成苯乙二醇和苯甘氨醇**

| 序号 | 底物 /(mmol/L) | 模块 | 时间 /h | 转化率 /% | 未反应底物 /% | 底物 *ee* /% | 产物 | 产物得率 /% | 产物 *ee* /% |
|---|---|---|---|---|---|---|---|---|---|
| 1 | 20 | 1 | 1 | 50 | (*R*)-1a | >99 | (*R*)-3a | 49 | >99 |
| 2 | 40 | 1 | 1 | 50 | (*R*)-1a | >99 | (*R*)-3a | 49 | >99 |
| 3 | 20 | 2 | 6 | 50 | (*R*)-1a | >99 | (*S*)-3a | 48 | >99 |
| 4 | 40 | 2 | 6 | 50 | (*R*)-1a | >99 | (*S*)-3a | 48 | >99 |
| 5 | 20 | 3 | 6 | 50 | (*S*)-1a | >99 | (*R*)-3a | 49 | >99 |
| 6 | 40 | 3 | 6 | 50 | (*S*)-1a | >99 | (*R*)-3a | 49 | >99 |
| 7 | 20 | 4 | 8 | 50 | (*S*)-1a | >99 | (*S*)-3a | 49 | >99 |
| 8 | 40 | 4 | 8 | 50 | (*S*)-1a | >99 | (*S*)-3a | 49 | >99 |

注：模块 1 指 1U/mL MVTA + 10U/mL BDHA + 2U/mL GDH。
模块 2 指 1U/mL MVTA + 20U/mL GoSCR + 4U/mL GDH。
模块 3 指 10U/mL CV2025 + 10U/mL BDHA + 2U/mL GDH。
模块 4 指 10U/mL CV2025 + 20U/mL GoSCR + 4U/mL GDH。

### 6.4.5.8 静息细胞 *E.coli*（TAm）和 *E.coli*（CR-GDH）级联催化反应过程

与酶催化相比，全细胞催化有着独特的优势，成本低，提高酶的稳定性，细

胞本身内含有辅因子 $NAD^+$/NADH 用于辅酶再生体系。本文研究了静息细胞 *E.coli*（TAm）和 *E.coli*（CR-GDH）级联催化外消旋$\beta$-氨基醇合成手性邻二醇和$\beta$-氨基醇，结果如表 6-11 所示，组合 10g CDW/L *E.coli*（MVTA）和 10g CDW/L *E.coli*（BDHA-GDH）催化 20～60mmol/L 的外消旋苯甘氨醇，反应 1～6h，转化率达 50%，生成 (*R*)-苯乙二醇，剩下未反应的 (*R*)-1a，底物和产物 *ee* 值都大于 99%；组合 10g CDW/L *E.coli*（MVTA）和 10g CDW/L *E.coli*（GoSCR-GDH）催化 40～60mmol/L 外消旋苯甘氨醇，反应 3～6h，转化率达 50%，生成 (*S*)-苯乙二醇，剩下未反应的 (*R*)-苯甘氨醇，底物和产物 *ee* 值都大于 99%；组合 15g CDW/L *E.coli*（CV2025）和 15g CDW/L *E.coli*（BDHA-GDH）催化 40mmol/L 的外消旋苯甘氨醇，反应 6h，转化率达 50%，生成 (*R*)-苯乙二醇，剩下未反应的 (*S*)-苯甘氨醇，底物和产物 *ee* 值都大于 99%；组合 15g CDW/L *E.coli*（CV2025）和 15g CDW/L *E.coli*（GoSCR-GDH）催化 40mmol/L 的外消旋苯甘氨醇，反应 12h，转化率达 50%，生成 (*S*)-苯乙二醇，剩下未反应的 (*S*)-苯甘氨醇，底物和产物 *ee* 值都大于 99%；组合 15g CDW/L *E.coli*（PpbauA）和 15g CDW/L *E.coli*（BDHA-GDH）催化 10mmol/L 外消旋 2-氨基-1-丁醇，反应 24h，生成 (*R*)-1,2-丁二醇，剩下未反应的 (*S*)-2-氨基-1-丁醇，由于 PpbauA 对 (*S*)-2-氨基-1-丁醇也有着微弱的活性，转化率大于 50%，达到 52%，底物和产物 *ee* 值都大于 99%；组合 15g CDW/L *E.coli*（PpbauA）和 15g CDW/L *E.coli*（GoSCR-GDH）催化 10mmol/L 外消旋 2-氨基-1-丁醇，反应 24h，生成 (*S*)-1,2-丁二醇，转化率达 52%，剩下未反应的 (*S*)-2-氨基-1-丁醇，底物 *ee* 值大于 99%，由于 GoSCR 对 1-羟基-2-丁酮的选择性不高，导致产物 *ee* 值低于 99%；组合 10g CDW/L *E.coli*（MVTA）和 10g CDW/L *E.coli*（BDHA-GDH）催化 10mmol/L 外消旋 2-氨基-1 丁醇，反应 24h，生成 (*R*)-1,2-丁二醇，剩下未反应的 (*S*)-2-氨基-1-丁醇，MVTA 对 (*R*)-2-氨基-1-丁醇也有着微弱的活性，转化率大于 50%，达到 52%，底物和产物 *ee* 值都大于 99%；组合 10g CDW/L *E.coli*（MVTA）和 10g CDW/L *E.coli*（GoSCR-GDH）催化 10mmol/L 外消旋 2-氨基-1-丁醇，反应 24h，生成 (*S*)-1,2-丁二醇，转化率达 52%，剩下未反应的 (*R*)-2-氨基-1-丁醇，底物 *ee* 值大于 99%，产物 *ee* 值为 90%。本部分同时研究了级联 *E.coli*（CV2025）和 *E.coli*（BDHA-GDH）生物催化 40mmol/L 的外消旋苯甘氨醇的反应时间进程，如图 6-34 所示，随着反应时间的增加，(*R*)-苯甘氨醇不断减少，(*R*)-苯乙二醇不断增加，到 6h，(*R*)-苯甘氨醇全部转化为 (*R*)-苯乙二醇，底物和产物 *ee* 值都大于 99%，*E.coli*（CV2025）催化 (*R*)-苯甘氨醇生成的 2-羟基苯乙酮迅速被 *E.coli*（BDHA-GDH）转化生成 (*R*)-苯乙二醇，因此整个反应过程中几乎看不到中间产物 2-羟基苯乙酮。

**表 6-11　全细胞组合 *E.coli*（TAm）和 *E.coli*（CR-GDH）级联催化外消旋 $\beta$-氨基醇制备手性邻二醇和手性$\beta$-氨基醇**

| 序号 | 底物 | 底物/(mmol/L) | 模块 | 时间/h | 转化率/% | 未反应底物 | 得率/% | 底物 ee/% | 产物 | 得率/% | 产物 ee/% |
|---|---|---|---|---|---|---|---|---|---|---|---|
| 1 | 1a① | 20 | 1 | 1 | 50 | (*R*)-1a | 50 | >99 | (*R*)-3a | 50 | >99 |
| 2 | 1a | 40 | 1 | 2 | 50 | (*R*)-1a | 50 | >99 | (*R*)-3a | 50 | >99 |
| 3 | 1a | 60 | 1 | 6 | 50 | (*R*)-1a | 50 | >99 | (*R*)-3a | 50 | >99 |
| 4 | 1a | 40 | 2 | 3 | 50 | (*R*)-1a | 50 | >99 | (*S*)-3a | 50 | >99 |
| 5 | 1a | 60 | 2 | 6 | 50 | (*R*)-1a | 50 | >99 | (*S*)-3a | 50 | >99 |
| 6 | 1a | 40 | 3 | 6 | 50 | (*S*)-1a | 50 | >99 | (*R*)-3a | 50 | >99 |
| 7 | 1a | 40 | 4 | 12 | 50 | (*S*)-1a | 50 | >99 | (*S*)-3a | 50 | >99 |
| 8 | 1b② | 10 | 5 | 24 | 52 | (*S*)-1b | 48 | >99 | (*R*)-3b | 51 | >99 |
| 9 | 1b | 10 | 6 | 24 | 52 | (*S*)-1b | 48 | >99 | (*S*)-3b | 50 | 90 |
| 10 | 1b | 10 | 1 | 24 | 52 | (*R*)-1b | 48 | >99 | (*R*)-3b | 51 | >99 |
| 11 | 1b | 10 | 2 | 24 | 52 | (*R*)-1b | 48 | >99 | (*S*)-3b | 50 | 90 |

① $NH_2$ OH 。② $NH_2$ OH 。

注：模块 1 指 10g CDW/L *E.coli*（MVTA）+ 10 g CDW/L *E.coli*（BDHA-GDH）。

模块 2 指 10g CDW/L *E.coli*（MVTA）+ 10 g CDW/L *E.coli*（GoSCR-GDH）。

模块 3 指 15g CDW/L *E.coli*（CV2025）+ 15 g CDW/L *E.coli*（BDHA-GDH）。

模块 4 指 15g CDW/L *E.coli*（CV2025）+ 15 g CDW/L *E.coli*（GoSCR-GDH）。

模块 5 指 15g CDW/L *E.coli*（PpbauA）+ 15 g CDW/L *E.coli*（BDHA-GDH）。

模块 6 指 15g CDW/L *E.coli*（PpbauA）+ 15 g CDW/L *E.coli*（GoSCR-GDH）。

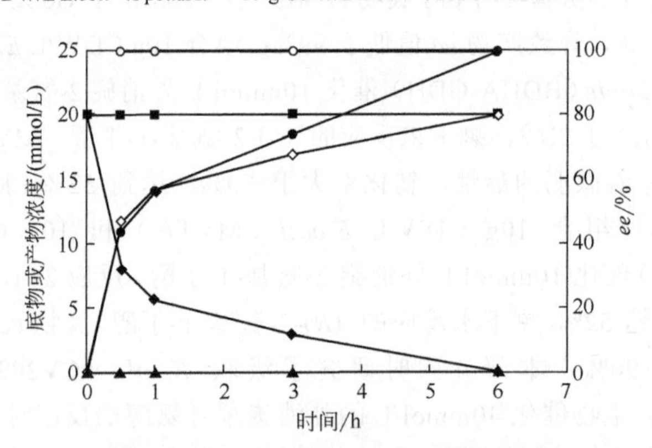


图 6-34　*E.coli*（CV2025）和 *E.coli*（BDHA-GDH）级联催化 (±)-1a 反应时间进程

◆: (*R*)-1a；■: (*S*)-1a；◇: (*R*)-3a；▲: 2a；○: 3a *ee*；●: 1a *ee*

## 6.4.5.9　制备手性邻二醇和手性$\beta$-氨基醇

在 50mL 规模体系中制备苯乙二醇和苯甘氨醇，结果如表 6-12 所示，利用 *E.coli*（TAm）和 *E.coli*（CR-GDH）级联催化外消旋苯甘氨醇，反应 3～12h，底物转化率达到50%，经过简单的纯化处理后，未反应底物苯甘氨醇得率40%～42%，产物苯乙二醇得率40.2%～42.0%，底物和产物 *ee* 值都大于99%。与化学法合成手性$\beta$-氨基醇和邻二醇需要苛刻的反应条件、复杂的保护基团和昂贵的金属催化剂相比，生物催化剂的高效率、高选择性、反应条件温和及绿色环保等优点，成为了一种可观的合成手性$\beta$-氨基醇和邻二醇的方法。

**表6-12　静息细胞 *E.coli*（TAm）和 *E.coli*（CR-GDH）级联催化制备1a和3a**

| 序号 | 模块 | 时间/h | 转化率/% | 未反应底物 | 分离得率/% | 底物 *ee* /% | 底物/mg | 产物 | 分离得率/% | 产物 *ee* /% | 产物/mg |
|---|---|---|---|---|---|---|---|---|---|---|---|
| 1 | 1 | 3 | 50 | (*R*)-1a | 40 | >99 | 137.2 | (*R*)-3a | 40.2 | >99 | 137.9 |
| 2 | 2 | 6 | 50 | (*R*)-1a | 42 | >99 | 144.0 | (*S*)-3a | 42.0 | >99 | 144.0 |
| 3 | 3 | 8 | 50 | (*S*)-1a | 40 | >99 | 137.2 | (*R*)-3a | 41.3 | >99 | 141.7 |
| 4 | 4 | 12 | 50 | (*S*)-1a | 40 | >99 | 137.2 | (*S*)-3a | 42.0 | >99 | 144.0 |

注：模块1指10g CDW/L *E.coli*（MVTA）+ 10g CDW/L *E.coli*（BDHA-GDH）。
模块2指10g CDW/L *E.coli*（MVTA）+ 10g CDW/L *E.coli*（GoSCR-GDH）。
模块3指15g CDW/L *E.coli*（CV2025）+ 15g CDW/L *E.coli*（BDHA-GDH）。
模块4指15g CDW/L *E.coli*（CV2025）+ 15g CDW/L *E.coli*（GoSCR-GDH）。

### 6.4.6　小结

以外消旋苯甘氨醇为底物对实验室保存的6种转氨酶重组菌进行筛选，发现CV2025和MVTA对苯甘氨醇具有较高的催化活性，而且选择性相反，BDHA和GoSCR是极具潜力的羰基还原酶用于不对称还原2-羟基苯乙酮合成手性邻二醇。

对筛选出的两种转氨酶（MVTA和CV2025）和两种羰基还原酶（BDHA和GoSCR）进行了底物和产物抑制实验。MVTA对底物苯甘氨醇和丙酮酸钠的耐受性较好，对苯甘氨醇的最大酶活力的浓度范围为40～60mmol/L，对丙酮酸钠的最大酶活力的浓度范围为40～80mmol/L，MVTA对产物2-羟基苯乙酮的适宜浓度为0～20mmol/L，保留最大酶活力的90%以上，对产物丙氨酸的适宜浓度为0～80mmol/L，保留最大酶活力的86%以上；CV2025对底物和产物的耐受性均较差，对苯甘氨醇的最大酶活力的浓度范围为40mmol/L左右，对丙酮酸钠的最大酶活力的浓度范围为0～60mmol/L，对2-羟基苯乙酮的最大酶活的浓度范围为0～10mmol/L，对丙氨酸的最大酶活力范围为0～80mmol/L。苯甘氨醇对BDHA和GoSCR酶活力有很大的抑制，浓度在0～20mmol/L范围内可保留较高的活性。

静息细胞 *E.coli*（TAm）和 *E.coli*（CR-GDH）级联催化外消旋$\beta$-氨基醇反应过程：组合 *E.coli*（MVTA）和 *E.coli*（BDHA-GDH），反应生成(*R*)-二醇和(*R*)-$\beta$氨基醇；组合 *E.coli*（MVTA）和 *E.coli*（GoSCR-GDH），反应生成(*S*)-二醇和(*R*)-$\beta$氨基醇；组合 *E.coli*（CV2025或PpbauA）和 *E.coli*（BDHA-GDH），反应生成(*R*)-二醇和(*S*)-$\beta$-氨基醇；组合 *E.coli*（CV2025或PpbauA）和 *E.coli*（GoSCR-GDH），

反应生成 (*S*)-二醇和 (*S*)-*β*-氨基醇；这四种组合催化反应，转化率达 50%～52%，底物 *ee* 值大于 99%，产物 *ee* 值为 90%～99%，最后制备出的苯甘氨醇得率 40%～42%，苯乙二醇得率 40.2%～42.0%。

## 参考文献

[1] Zhang J，Xu T，Li Z. Enantioselective biooxidation of racemic trans-cyclic vicinal diols: one-pot synthesis of both enantiopure（*S*, *S*）-cyclic vicinal diols and (*R*)- α-hydroxy ketones. *Cheminform*，2014，45（15）：3147-3153.

[2] Prust C，Hoffmeister M，Liesegang H，et al. Complete genome sequence of the acetic acid bacterium *Gluconobacter oxydans*. *Nat. Biotechnol.*，2005，23（2）：195-200.

[3] Nicholson W L. The *Bacillus subtilis* ydjL（bdhA）gene encodes acetoin reductase/2,3-butanediol dehydrogenase. *Appl. Environ. Microb.*，2008，74（22）：6832-6838.

[4] Zhang J，Wu S，Wu J，et al. Enantioselective cascade biocatalysis via epoxide hydrolysis and alcohol oxidation: one-pot synthesis of (*R*)- α-hydroxy ketones from meso - or racemic epoxides. *ACS Catal.*，2015，5（1）：51-58.

[5] Xie Q，Wu J P，Lin L，et al. Purification and characterization of a carbonyl reductase from *Candida pseudotropicalis*. *J. Chem. Engin. Chinese U.*，2009，23（1）：92-98.

[6] Yang M，Yan X U，Xiaoqing M U，et al. Purification and characterization of a novel carbonyl reductase with high stereo-selectivity [J］. *Front. Chem. Sci. Eng.*，2007，1（4）：404-410.

[7] Nie Y，Xu Y，Yang M，et al. A novel NADH-dependent carbonyl reductase with unusual stereoselectivity for (*R*)-specific reduction from an (*S*)-1-phenyl-1,2-ethanediol-producing micro-organism: purification and characterization. *Lett. Appl. Microbiol.*，2007，44（5）：555-562.

[8] Machielsen R，Uria A，Kengen S，et al. Production and characterization of a thermostable alcohol dehydrogenase that belongs to the aldo-keto reductase superfamily. *Appl. Environ. Microbiol.*2006，72（1）：233-238.

[9] Zhang J D，Li A T，Yu H L，et al. Synthesis of optically pure *S*-sulfoxide by *Escherichia coli* transformant cells coexpressing the P450 monooxygenase and glucose dehydrogenase genes. *J. Ind. Microbiol. Biot.*，2011，38（5）：633-641.

[10] Xu Z，Jing K，Liu Y，et al. High-level expression of recombinant glucose dehydrogenase and its application in NADPH regeneration. *J. Ind. Microbiol. Biot.*，2007，34（1）：83-90.

[11] Cui Z M，Zhang J D，Fan X J，Zheng G W，Chang H H，Wei W L. Highly efficient bioreduction of 2-hydroxyacetophenone to (*S*)-and (*R*)-1-phenyl-1,2-ethanediol by two substrate tolerance carbonyl reductases with cofactor regeneration. *J. Biotechnol.*，2017，243: 1-9.

[12] Ni Y，Li C X，Zhang J，et al. Efficient reduction of ethyl 2-oxo-4-phenylbutyrate at 620g/L by a bacterial reductase with broad substrate spectrum. *Adv. Synth. Catal.*，2011，353（8）：1213-1217.

[13] Zhao J W，Wu H L，Zhang J D，et al. One pot simultaneous preparation of both enantiomer of β-amino alcohol and vicinal diol via cascade biocatalysis. *Biotechnol. Lett.*，2018，40（2），349-358.

# 第七章

# 环氨基醇特异性脱氨酶产生菌的筛选及其应用于手性环氨基醇的合成

# 7.1 高活力高选择性环氨基醇脱氨酶产生菌的筛选

## 7.1.1 引言

手性环状$\beta$-1,2-氨基醇是一类非常重要的化合物，它们存在于多种生物活性分子中，并且作为立体化学控制元件成功用于不对称合成的研究中。合成方法包括羟酮的不对称还原氨化和外消旋环氨基醇的动力学拆分。本章通过利用产物2-羟基环己酮与无色2,3,5-三苯基氯化四氮唑（TTC）反应生成红色的TPF（简称显色反应）这一原理，构建一种高通量固相筛选方法，用于环氨基醇脱氨酶产生菌的筛选。通过该方法从土壤环境中筛选出对环状氨基醇具有高活性和高选择性的菌株，对筛选菌株进行了菌种鉴定，并探究了该菌株的培养条件、脱氨活性、生长曲线、pH和温度对脱氨活性的影响，以及对$\beta$-氨基醇化合物进行了动力学拆分，并可用于手性环状$\beta$-1,2-氨基醇的合成，为后续实验研究奠定了基础[1]。

## 7.1.2 实验材料与仪器

### 7.1.2.1 土样来源

本实验所收集的土壤样品来自于太原理工大学图书馆旁边的草坪。

### 7.1.2.2 试剂盒

基因组DNA提取试剂盒、SanPrep柱式PCR产物纯化试剂盒。

### 7.1.2.3 实验试剂

反式-2-氨基环戊醇、反式-2-氨基环己醇、$\beta$-氨基-4-氟代苯乙醇、$\beta$-氨基-4-氯代苯乙醇、$\beta$-氨基-4-溴代苯乙醇、苯乙胺、1,2,3,4-四氢-1-萘胺、2-氨基-1-丁醇、缬氨醇、2-氨基-2-苯基乙醇、顺式-1-氨基-2-茚满醇。2,3,5-三苯基氯化四氮唑（TTC）、磷酸二氢钾（$KH_2PO_4$）、磷酸氢二钾（$K_2HPO_4$）、七水合硫酸锰（$MgSO_4 \cdot 7H_2O$）、氯化钙（$CaCl_2$）、三氯化铁（$FeCl_3$）、氯化钠（NaCl）、氢氧化钠（NaOH）。酵母提取液（yeast extract）、琼脂粉、DNA上样缓冲液TAE、*Taq* DNA聚合酶、DNA标准分子量Marker、其他化学药品均为分析纯。

#### 7.1.2.4 实验仪器

所用主要仪器设备如表 7-1 所示。

**表 7-1 主要实验仪器**

| 序号 | 名称 | 型号 | 生产厂家 |
| --- | --- | --- | --- |
| 1 | 超净工作台 | ZHJH-C1106C | 上海智城分析仪器制造有限公司 |
| 2 | 电热蒸汽压力灭菌锅 | YXQ-LS-75SII | 上海博讯实业有限公司 |
| 3 | 恒温培养摇床 | THZ-300 | 上海一恒科学仪器有限公司 |
| 4 | 涡旋振荡器 | Vortex-Genie 2 | 科学工业（Scientific Industries） |
| 5 | 恒温振荡器 | DHZ-CA | 苏州培英实验设备有限公司 |
| 6 | 恒温培养振荡器 | ZWYR-240 | 上海智城仪器仪表有限公司 |
| 7 | 数量电热培养箱 | HPX-9162MBE | 上海予卓仪器有限公司 |
| 8 | 移液器 | 10/100/1000μL | 艾本德（Eppendorf） |
| 9 | 恒温水浴锅 | XMTD-400 | 北京市永明医疗仪器有限公司 |
| 10 | 电子天平 | BT 124S | 德国赛多利斯股份公司 |
| 11 | 冰箱 | BCD 205TJ | 青岛海尔股份有限公司 |
| 12 | 超低温保藏箱 | DW-86W100 | 青岛海尔特种电器有限公司 |
| 13 | 烘箱 | ZRD-5055 | 上海智城仪器仪表有限公司 |
| 14 | 高速冷冻离心机 | HC-3018R | 安徽中科中佳科学仪器有限公司 |
| 15 | 台式高速离心机 | TG16-W | 湘仪离心机仪器有限公司 |
| 16 | PCR 扩增仪 | Mastercycler pro S | 艾本德中国有限公司 |
| 17 | 数显 pH 计 | PB-10 | 德国赛多利斯股份公司 |
| 18 | 电泳仪 | JY300E | 北京君意东方电泳设备有限公司 |
| 19 | 水平电泳槽 | JY-SPCT | 北京君意东方电泳设备有限公司 |
| 20 | 气相色谱仪 | GC-2010 | 岛津 SHIMADZU |
| 21 | 色谱柱 | HP-5 | 安捷伦 |
| 22 | 手性色谱柱 | CP-Chirasil-Dex CB | 安捷伦 |
| 23 | 液相色谱仪 | Agress1100 | 大连依利特分析仪器有限公司 |
| 24 | 色谱柱 | SinoPak SP C18 | 大连依利特分析仪器有限公司 |
| 25 | 手性色谱柱 | CHIRALCEL OJ-H | 大赛璐药物手性技术有限公司 |

#### 7.1.2.5 培养基及其他试剂配制

（1）培养基

改良的基本盐培养基（MBSM）：含有 1.152g/L 外消旋反式-2-氨基环己醇，把 0.5g/L 磷酸二氢钾（$KH_2PO_4$），5.24g/L 三水合磷酸氢二钾（$K_2HPO_4·3H_2O$），0.2g/L 七水合硫酸镁（$MgSO_4·7H_2O$），2.5mL 1%体积的氯化钙（$CaCl_2$），250μL 1%体积的三氯化铁（$FeCl_3$），250μL 1%体积的氯化钠（NaCl），2mL 1%体积的酵母提

取液和 5mL 微量元素溶液溶于 1L 蒸馏水中，调节最终 pH 为 7.5。经 121℃高温高压灭菌 30min 后备用。

改良的固体基本盐培养基（MBSM）：在液体基本盐培养基中加入 1.7%的琼脂粉，于 121℃进行高温高压灭菌 30min，倒入培养皿中备用。

（2）其他试剂配制

微量元素溶液：称 100mg 六水氯化镁 $MgCl_2·6H_2O$、100mg 乙二胺四乙酸 EDTA、20mg 七水硫酸锌（$ZnSO_4·7H_2O$）、10mg 二水氯化钙（$CaCl_2·2H_2O$）、50mg 七水合硫酸亚铁（$FeSO_4·7H_2O$）、2mg 二水钼酸钠（$NaMoO_4·2H_2O$）、2mg 五水硫酸铜（$CuSO_4·5H_2O$）、4mg 六水氯化钴（$CoCl_2·6H_2O$）、10mg 二水氯化锰（$MnCl_2·2H_2O$）于烧杯中溶解，再倒入容量瓶中定容至 1 L。

## 7.1.3 实验方法

### 7.1.3.1 环氨基醇脱氨酶产生菌的富集和分离

使用收集的土壤样品。将改良的基础盐培养基（MBSM）用于土壤中环状氨基醇脱氨细菌的富集培养，该培养基把 10mmol/L 外消旋反式-2-氨基环己醇作为碳源，由 0.5g/L $KH_2PO_4$，5.24g/L $K_2HPO_4·3H_2O$，0.2g/L $MgSO_4·7H_2O$，2.5mL 1%体积的 $CaCl_2$，250μL 1%体积的 $FeCl_3$，250μL 1%体积的 NaCl，2mL 1%体积的酵母提取液和 5mL 微量元素溶液组成。溶于 1L 蒸馏水中，调节最终 pH 为 7.5。将 1.0g 土壤样品孵育到 50.0mL MBSM 中，在 30℃和 200r/min 条件下培养 1 周，吸取 1mL 的上清液于灭菌的 50.0mL MBSM 中，相同条件下培养 3～5 天，再次重复上一步，最后将上清液稀释到一定倍数后进行涂板。使用连续稀释技术从培养基中用 10 mmol/L 外消旋反式-2-氨基环己醇分离出纯细菌培养物。

### 7.1.3.2 高通量筛选方法构建

基于先前构建的转氨酶比色测定方法[2]，开发了一种新的高通量固相方法（如图 7-1 所示），用于筛选具有环状氨基醇脱氨活性的细菌。按 1:3 的混合比例把 75%乙醇和 1 mmol/L 的氢氧化钠溶液混合制备 2,3,5-三苯基氯化四氮唑（TTC）（3.0mol/L）溶液。将少量经过滤灭菌的 TTC 溶液轻轻喷到已培养菌落的固相培养基表面，喷洒 2～3 次，使产生的 2-羟基环己酮与 TTC 反应形成红色，并挑取红色菌落。挑选后在液体培养基（MBSM）中培养 24h。通过在室温下离心（8000*g*，5min）收集细胞，用磷酸钠缓冲液（100mmol/L，pH 8.0）洗涤两次，并重悬于相同的缓冲液中。用于脱氨基的反应混合物（500μL）包含 10mmol/L 反式-2-氨基环己醇，100mmol/L 磷酸钠缓冲液（pH 8.0）和适量的细胞。反应在 30℃和 200r/min 下进行

3h，将反应溶液于 8000*g* 离心 5min，将 200μL 上清液添加到 96 孔板中，快速添加 40μL 的 TTC 溶液并在 30℃下放置 5min，形成红色。将剩余的 300μL 反应混合物用 NaCl 饱和，用 300μL 乙酸乙酯（EtOAc）萃取，用无水硫酸钠干燥，并通过 GC 鉴定来自反应混合物的 *α*-羟基酮产物。

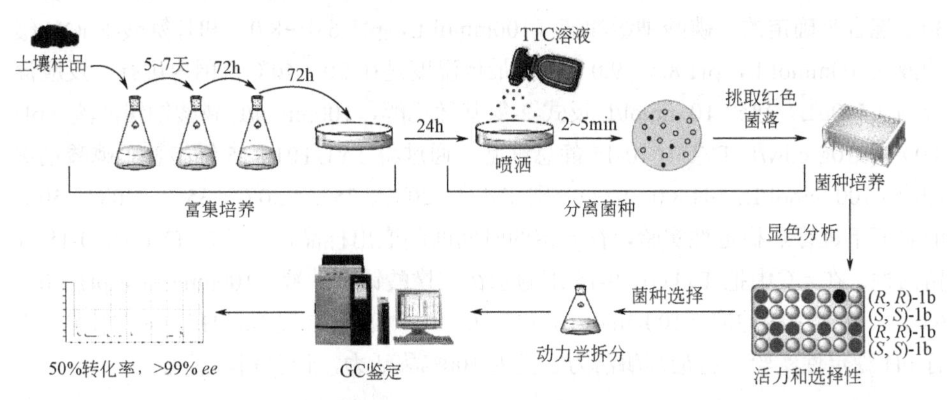


图 7-1　高通量固相筛选具有环氨基醇脱氨活性的细菌

### 7.1.3.3　菌种鉴定

为了鉴定分离的菌株，通过聚合酶链反应扩增了 16S rDNA 基因。使用 DNA 提取试剂盒提取分离菌株的基因组。以基因组 DNA 为模板，在 *Taq* DNA 聚合酶和一对通用引物（正向引物：5'-AGTTTGATCMTGGCTCAG-3' 和反向引物：5'-GGTTACCTTGTTACGACTT-3'）的作用下进行聚合酶链反应。将扩增产物通过 PCR 产物纯化试剂盒纯化后进行测序。用 BLASTN 程序分析分离菌株的 16S rRNA 基因序列，并通过 ClustalW 将 16S rRNA 基因序列与从 GenBank 检索到的相关序列进行比对，构建系统发育树。最终选中分离菌株 TYUT010-15 并存放于中国普通微生物菌种保藏管理中心（CGMCC）。

### 7.1.3.4　菌株 TYUT010-15 的培养及脱氨活性测定

在 50mL 含有 10mmol/L 反式-2-氨基环己醇的 MBSM 中培养分离菌株 TYUT010-15。通过紫外分光光度计在不同时间点于 600nm 处测量 TYUT010-15 的细胞密度，并分析 TYUT010-15 的脱氨活性。在含有 10mmol/L 反式-2-氨基环己醇和适量细胞的磷酸钠缓冲液（100mmol/L，pH 8.0）（500μL）中进行脱氨活性测定。反应混合物在 30℃和 200r/min 条件下振荡 10min，将 300μL 样品用含有 20mmol/L 正十二烷作为内标的乙酸乙酯（EtOAc）（300μL）萃取，用氯化钠进行饱和，有机相用无水硫酸钠干燥。把从反应混合物中提取的产物 *α*-羟基酮进行 GC 分析，计算菌株 TYUT010-15 的比活力。脱氨活性的一个单位定义为，在上述条件下，1min 催化底物生成 1μmol 的 2-羟基环己酮的为一个酶活单位（U）。

### 7.1.3.5 pH 和温度对 TYUT010-15 脱氨活性的影响

TYUT010-15 的最佳 pH 值是通过将反应混合物与两种不同的缓冲液系统在 30℃混合来确定的：磷酸钠缓冲液（100mmol/L，pH 6.0～8.0）和甘氨酸-NaOH 缓冲液（100mmol/L，pH 8.5～9.0）。而最佳温度是在 20～40℃范围内进行，反应混合物（500μL）包含 10 mmol/L 反式-2-氨基环己醇，100mmol/L 磷酸钠缓冲液（pH 8.0）和 10g cdw/L TYUT010-15 静息细胞。通过将 TYUT010-15 细胞悬于磷酸钠缓冲液（100 mmol/L，pH 8.0）中并分别在 4℃、20℃、25℃、30℃、35℃、40℃、50℃的温度下进行热稳定性实验，在一定的时间间隔取出样品，并计算 TYUT010-15 残留活性。在 4℃中把 TYUT010-15 细胞悬在柠檬酸钠缓冲液（100mmol/L，pH 5.0～6.0），磷酸钠缓冲液（100mmol/L，pH 6.0～8.0）和甘氨酸-NaOH 缓冲液中孵育进行 pH 稳定性实验。将最高酶活力定义为 100%酶活力，计算相对活力。

### 7.1.3.6 TYUT010-15 的底物特异性

在 50mL 反应容器中加入 5mL 反应混合物，其中包含 10～50mmol/L 底物（表 7-2 所示），100mmol/L 磷酸钠缓冲液（pH 8.0）和 10g cdw/L TYUT010-15 静息细胞，于 30℃和 200r/min 下进行反应。通过添加 0.1mL NaOH 溶液（10mmol/L）碱化样品（0.3mL），并用 NaCl 进行饱和，然后用含有 20mmol/L 正十二烷作为内标的乙酸乙酯（0.3mL）萃取氨基醇。为了提取 $\alpha$-羟基酮产物，将反应物（300μL）用 NaCl 饱和，然后用乙酸乙酯（300μL）提取。通过 GC 分析检测产物和底物计算 *ee* 值。

**表 7-2 节杆菌属 TYUT010-15 动力学拆分外消旋 $\beta$-氨基醇和胺**

| 化合物 | 分子结构 |
| --- | --- |
| 反式-2-氨基环戊醇 | 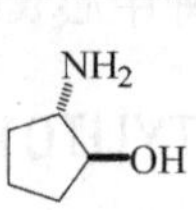 $NH_2$ OH 1a |
| 反式-2-氨基环己醇 | 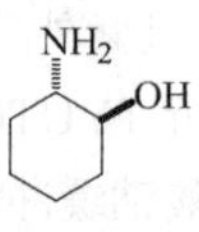 $NH_2$ OH 1b |
| 顺式-1-氨基-2-茚满醇 | 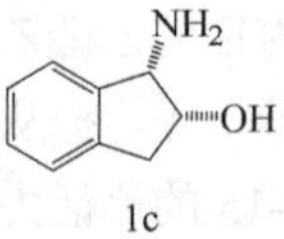 $NH_2$ OH 1c |

续表

| 化合物 | 分子结构 |
| --- | --- |
| 2-氨基-1-丁醇 | 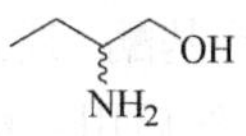 OH NH$_2$ 1d |
| 缬氨醇 | 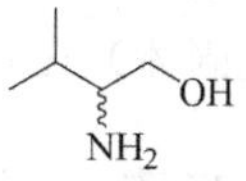 OH NH$_2$ 1e |
| 2-氨基-2-苯基乙醇 | 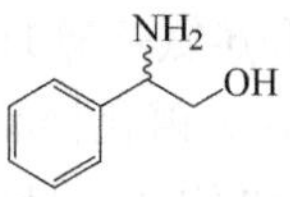 NH$_2$ OH 1f |
| *β*-氨基-4-氟代苯乙醇 | 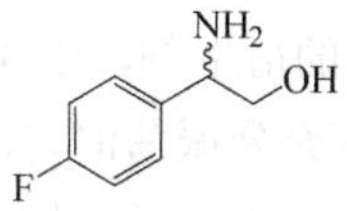 NH$_2$ OH F 1g |
| *β*-氨基-4-氯代苯乙醇 | 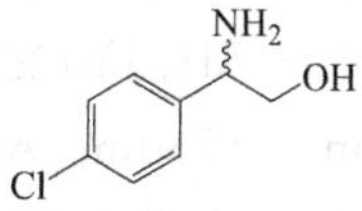 NH$_2$ OH Cl 1h |
| *β*-氨基-4-溴代苯乙醇 | 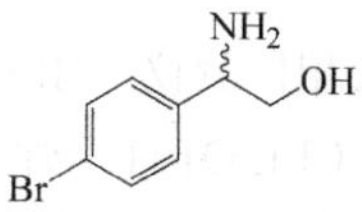 NH$_2$ OH Br 1i |
| 苯乙胺 | 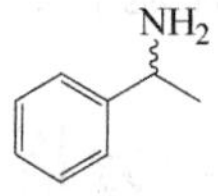 NH$_2$ 3a |
| 1,2,3,4-四氢-1-萘胺 | 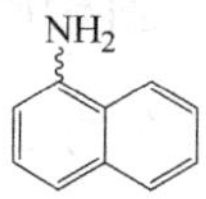 NH$_2$ 3b |

### 7.1.3.7 制备实验

在含有 200mmol/L 外消旋反式-2-氨基环己醇（1160mg）和 10g cdw/L TYUT010-15 静息细胞的 50mL 磷酸钠缓冲液（100mmol/L，pH 8.0）中进行制备实

验。将 250mL 烧瓶中的反应混合物于 30℃和 200r/min 下振荡 48h。反应完成后，通过加入 HCl（1mmol/L）将反应混合物酸化至 pH<2.0，然后用 50mL 乙酸乙酯萃取 2 次除去 $\alpha$-羟基酮。通过添加 NaOH（10mmol/L）将水相的 pH 碱化至 pH>12，用 NaCl 饱和，然后用乙酸乙酯萃取 3 次，每次用 50mL。混合的有机相用无水 $Na_2SO_4$ 干燥并过滤，通过旋转蒸发除去乙酸乙酯，剩余的（1*S*,2*S*）-反式-2-氨基环己醇样品（白色固体）在减压下干燥过夜。

### 7.1.3.8 分析方法

产物羟酮和$\beta$-氨基醇的萃取：取 300μL 反应液于 EP 管中，加入 0.1mL NaOH 溶液（10mmol/L）碱化样品，添加等量的含 20mmol/L 十二烷内标的乙酸乙酯进行萃取，并用 NaCl 饱和，最后用无水 $Na_2SO_4$ 对样品进行干燥处理。

衍生实验：在经过萃取的 0.5mL 样品中加入 0.1mL 含有 4-二甲氨基吡啶（50mg/mL）的衍生剂，于 40℃、700r/min 的振荡器上振荡 3～4h，再用 500μL 饱和 $NH_4Cl$ 溶液充分振荡混匀，离心后取上清液加入无水 $Na_2SO_4$ 进行干燥。

羟酮产物的浓度通过气相色谱仪（GC-14C，日本岛津，日本）检测，使用的柱子是 HP-5 色谱柱（30m × 0.320mm × 0.25mm）。GC 分析条件：进样器温度 250℃，检测器温度 250℃和柱箱 120℃。底物的 *ee* 值通过手性柱（CP-Chirasil-Dex CB，25m × 0.32mm × 0.25μm；AgilentTechnologies，Inc.）测定。GC 分析条件为：进样口温度 250℃，检测器温度 250℃，柱箱 120℃，以 5℃/min 升至 160℃，保留 5min。

用高效液相检测仪（HPLC）测定顺式-1-氨基-2-茚满醇的对映体过量值，使用的是 CHIRALCEL OJ-H 手性色谱柱（4.6mm × 250mm；Agilent Technologies，lnc.），其工作温度为 25℃，流动相是正己烷（含有 0.2%的三氟乙酸）和异丙醇（90:10），以 0.5mL/min 的流速于 254nm 处检测顺式-1-氨基-2-茚满醇。

## 7.1.4 结果与分析

### 7.1.4.1 高通量固相筛选方法的构建

本研究利用无色的 2,3,5-三苯基氯化四氮唑（TTC）可以将 $\alpha$-羟基酮氧化为二酮或醛酮，并形成深红色的沉淀，开发了一种简单的高通量固相筛选具有反式-2-氨基环己醇脱氨活性细菌的方法（如图 7-1）。为了证明该方法的可靠性和适用性，使用实验室保藏的重组大肠杆菌 MVTA 细胞作为环状$\beta$-氨基醇脱氨基活性实验的阳性对照，将具有空质粒 pET28a 的大肠杆菌细胞作为阴性对照。如图 7-2 所示，发现在用 TTC 溶液喷洒已培养菌落的固体培养基表面后，阳性对照中 98%的菌落形成红色，而阴性对照中几乎没有红色出现，只有一小部分形成粉红色。为了进一步证实该显色法的可靠性，通过 GC 分析证明了氨基醇底物向相应 $\alpha$-羟基酮的转化，结果表明阳性对照的菌落（随机选择 20 个菌落）均具有脱氨活性，而阴性对照的菌落（随机选择 20 个菌落）对反式-2-氨基环己醇没有脱氨活性。这些结果充分证明，具有低背景显色水平的固相筛选方法是可靠的，并且可以用于以高通量形式筛选具有环状氨基醇脱氨活性的细菌。

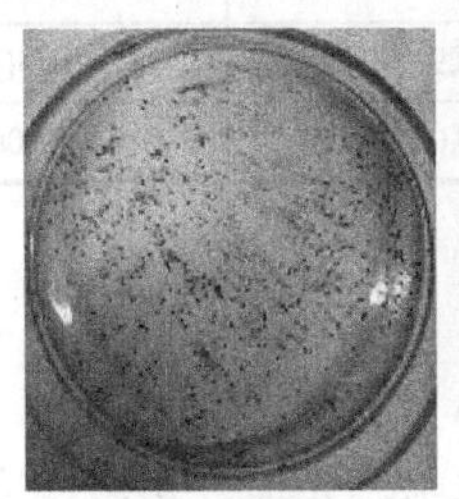
(a) 阳性对照

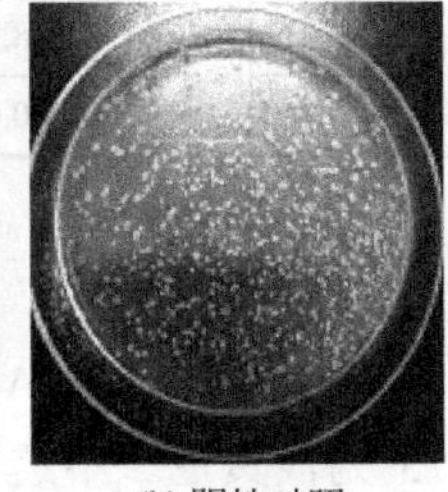
(b) 阴性对照

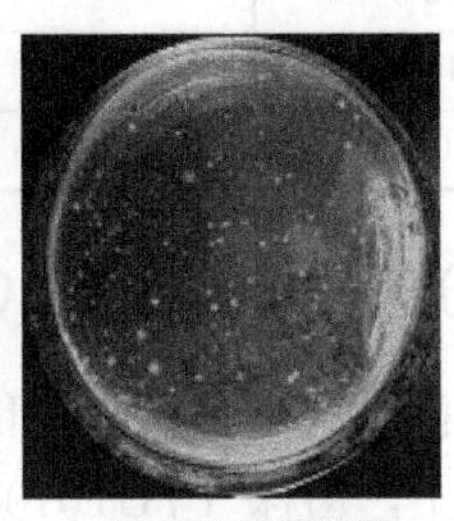
(c) 实验筛选结果

图 7-2 从土壤环境中筛选具有环状$\beta$-氨基醇脱氨活性的细菌

## 7.1.4.2 环氨基醇脱氨酶产生菌的分离筛选

通过构建的高通量固相筛选方法，经过第一轮筛选后，获得了 300 个可将外消旋反式-2-氨基环己醇转化为 $\alpha$-羟基酮的分离菌株。选择了 50 个颜色较深的菌株与不同构型的反式-2-氨基环己醇反应，测试其对反式-2-氨基环己醇的选择性。经过第二轮筛选，最终获得 6 个对环氨基醇具有高活力高选择性的分离菌株（图 7-3）。通过 GC 分析进一步证明了 6 个分离菌株对底物的转化率和 *ee* 值。如表 7-3 所示，将分离菌株与 10mmol/L 底物在 30℃和 200r/min 下反应 4h 时菌株 TYUT010-11 和 TYUT010-15 显示出对反式-2-氨基环己醇的高转化率，分别为 43.6%和 45.5%，对应的 *ee* 值为 73.5%和 85.7%。其他分离菌株对反式-2-氨基环己醇的活性相对较低，转化率为 22.4%～38.9%。将反应时间进一步延长至 8h 时菌株 TYUT010-15 可拆分外消旋反式-2-氨基环己醇，并以 50%的转化率和 99% *ee* 值获得了（1*S*,2*S*)-反式-2-氨基环己醇。最终选择菌株 TYUT010-15 为接下来研究的对象。

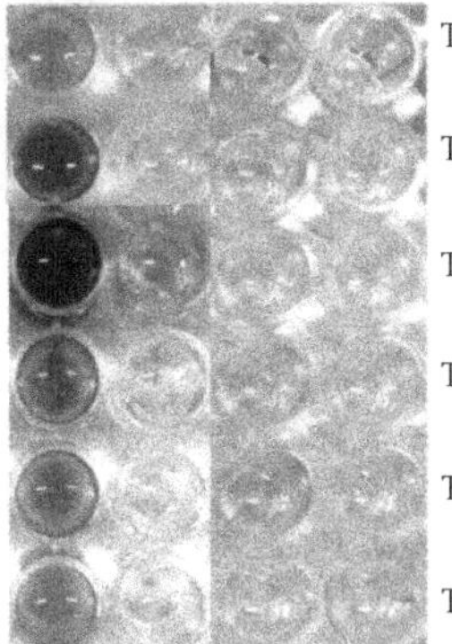

图 7-3 显色法分析分离菌株的立体选择性

C1：空白对照（无生物催化剂）；C2：空白对照（无底物）

表 7-3　分离菌株对外消旋反式-2-氨基环己醇的动力学拆分

| 分离菌株 | 反应时间/h | 转化率/% | 底物 *ee*/% |
| --- | --- | --- | --- |
| TYUT004-2 | 4 | 22.4 | 39.7(1*S*,2*S*) |
| TYUT010-11 | 4 | 43.6 | 73.5(1*S*,2*S*) |
| TYUT012-3 | 4 | 37.1 | 60.8(1*S*,2*S*) |
| TYUT010-15 | 4 | 45.5 | 85.7(1*S*,2*S*) |
| TYUT012-8 | 4 | 34.8 | 59.3(1*S*,2*S*) |
| TYUT014-6 | 4 | 38.9 | 61.5(1*S*,2*S*) |
| TYUT010-15 | 8 | 50.0 | >99.0(1*S*,2*S*) |

### 7.1.4.3　分离菌株 TYUT010-15 的菌种鉴定

根据菌株 TYUT010-15 的形态特征和 16S rRNA 序列比对鉴定菌株。在 MBSM 固体培养基上，菌株 TYUT010-15 为浅黄色、不透明、光滑、边缘整齐的凸起菌落。使用光学显微镜观察菌株 TYUT010-15 的细胞形态为球形，革兰氏染色呈阳性菌株。通过 16S rRNA 基因序列比对分析表明，该菌株属于节杆菌属，与节杆菌属 *Arthrobacter* sp.TS15 的 16S rRNA 序列相似性为 99%，其系统发育树如图 7-4 所示，显示了密切相关的种群中菌株的所在位置。因此，菌株 TYUT010-15 被命名为 *Arthrobacter* sp. TYUT010-15（GenBank 登录号 MN006968）。然后将其存放在中国普通微生物菌株保藏管理中心（保藏号：CGMCC1.17204）。

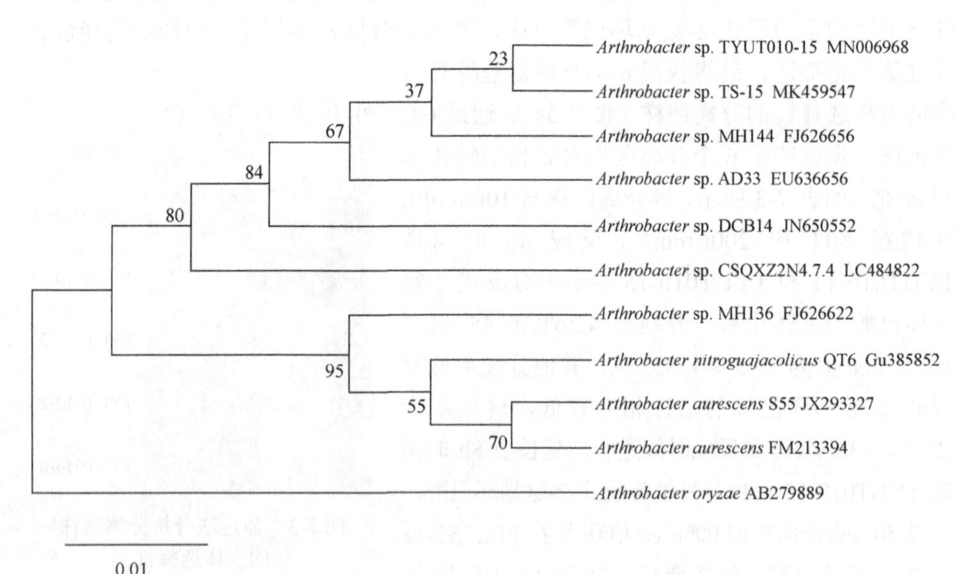


图 7-4　菌株 *Arthrobacter* sp.TYUT010-15 的系统发育树状图

### 7.1.4.4　菌株 TYUT010-15 的生长曲线和比活

对细胞的生长条件和菌株 TYUT010-15 的脱氨活性进行优化。如图 7-5 所示，菌株 TYUT010-15 的生长趋势呈 S 形曲线，当培养 0～2h 时细胞处于停滞期，对应的脱氨活性无明显变化。当培养至 2～9h 时细胞进入对数生长期，此时 $OD_{600}$ 达到最高为 1.0，脱氨活性也迅速上升并达到最大值 126U/g（以细胞干重计）。在生长 12h 后，细胞生长进入稳定期，OD 值开始缓慢下降，脱氨活力也逐渐下降。这表明菌株 TYUT010-15 的脱氨活力在细胞对数生长期时迅速增加并达到最大值，进入稳定期后逐渐下降。

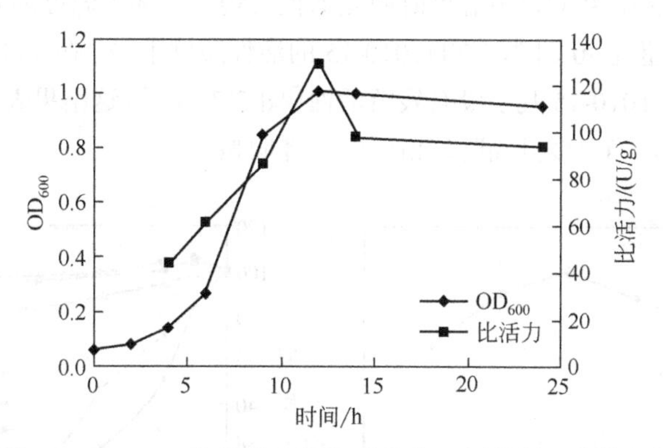


图 7-5　菌株 TYUT010-15 的生长曲线和对反式-2-氨基环己醇脱氨基的比活力

### 7.1.4.5　pH 对 TYUT010-15 脱氨活性的影响

在 pH 值为 6.0～9.0 范围内测定菌株 TYUT010-15 对外消旋反式-2-氨基环己醇脱氨基的最佳反应 pH 值。如图 7-6（a）所示，当 pH 值低于 7.5 或在 8.0 以上时，TYUT010-15 的脱氨活性急剧降低，当 pH 为 8.0 时显示出对外消旋反式-2-氨基环己醇脱氨的最高活性。而 pH 稳定性实验表明，TYUT010-15 细胞在 7.0～9.0 的 pH 范

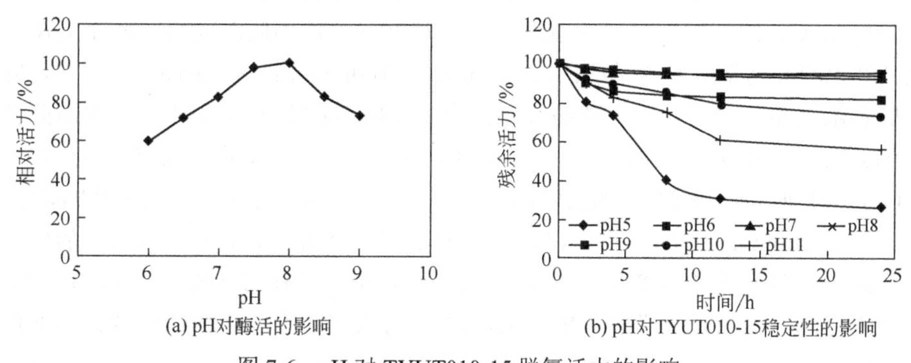


(a) pH对酶活的影响　　(b) pH对TYUT010-15稳定性的影响

图 7-6　pH 对 TYUT010-15 脱氨活力的影响

围内是稳定的（图 7-6b）。当 pH 值为 5.0 时，24h 内细胞的残留活性降到 20%左右。在碱性条件下，TYUT010-15 细胞在 pH 为 10.0 的缓冲液中放置 24h 后仍然有 78%的残留活性，而当 pH 为 11.0 时该活性急剧下降至 60%左右。这表明菌株 TYUT010-15 对酸性条件极为敏感，在中性和碱性环境下活性相对稳定。

### 7.1.4.6 温度对 TYUT010-15 脱氨活性的影响

在 20～40℃的温度下考查温度对脱氨反应的影响，由图 7-7（a）可知 TYUT010-15 对反式-2-氨基环己醇脱氨的最佳反应温度为 30℃。温度稳定性实验表明，TYUT010-15 在 30℃以下温度时脱氨活性较稳定，随着温度的升高对应活性逐渐下降，当温度超过 30℃时，TYUT010-15 的活性急剧下降，在 40℃和 50℃下孵育 24 h 后菌株 TYUT010-15 几乎没有残留活性[图 7-7（b）]。这结果表明 TYUT010-15 对高温环境敏感，当温度升高时残留活性下降明显。

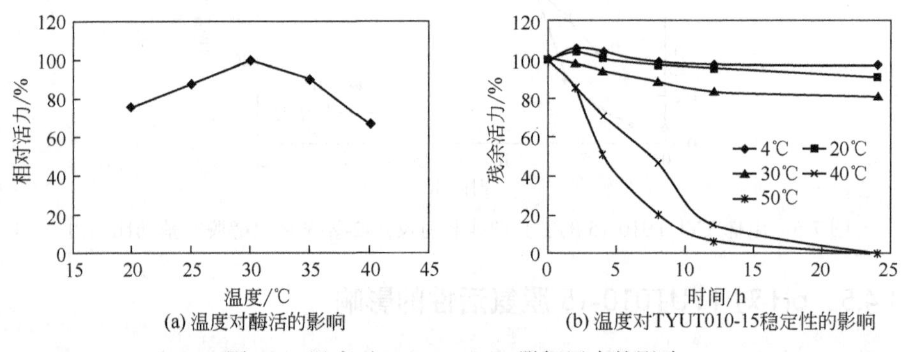


图 7-7 温度对 TYUT010-15 脱氨活力的影响

### 7.1.4.7 不同底物浓度对脱氨活性的影响

研究了不同底物浓度对 TYUT010-15 脱氨活性的影响。反应体系（5mL）包括 10g cdw/L 的 TYUT010-15 细胞，10～300mmol/L 不同浓度的外消旋反式-2-氨基环己醇和适量的磷酸钠缓冲液（pH 8.0，100mmol/L）。由图 7-8 可知，随着底物浓度不断增加，该菌株的脱氨活力从 130U/g（以细胞干重计）逐渐降低至 30U/g（以细胞干重计）。当底物外消旋反式 2-氨基环己醇浓度为 10～100mmol/L 时，反应 24h 后能够拆分完全，获得 50%的转化率和大于 99%的 *ee* 值。对于 200mmol/L 的底物，将反应时间延长至 42h 后，可获得 49.6%的转化率。进一步将底物浓度增加至 300mmol/L，即使反应时间延长至 72h，转化率也仅为 24%，这可能是菌株 TYUT010-15 对高浓度底物的活性低使转化率低的主要原因。

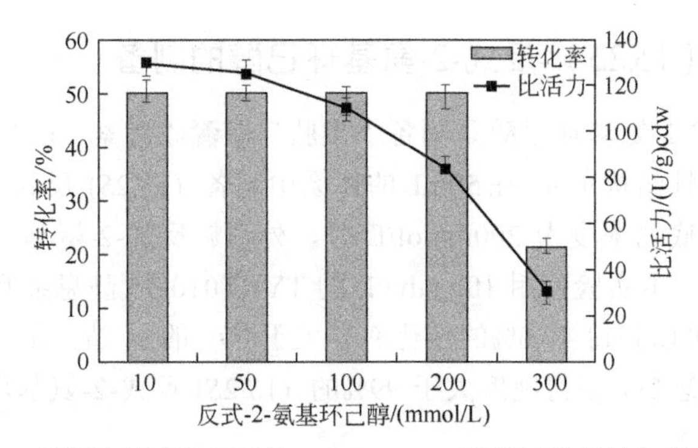


图 7-8　不同浓度底物对菌株 TYUT010-15 脱氨活性和转化率的影响

### 7.1.4.8　TYUT010-15 的底物特异性

本实验用九种不同的外消旋$\beta$-氨基醇和两种外消旋胺对节杆菌属 *Arthrobacter* sp.TYUT010-15 底物特异性进行了研究。如表 7-4 所示，菌株 TYUT010-15 对环状$\beta$-氨基醇 (±)-*trans*-1a、(±)-*trans*-1b 和 (±)-*cis*-1c 表现出高活性和高对映选择性，其活性分别为 113.5U/g（以细胞干重计），130.0U/g（以细胞干重计）和 110.0U/g（以细胞干重计）。动力学拆分这三种外消旋环状$\beta$-氨基醇时，转化率可达到 49.7%～50%，*ee* 值大于 99%。然后测试了其他四种芳香族$\beta$-氨基醇 1f～1i，显示出相对较低的活性（从 58.7～122.1U/g）（以细胞干重计），但具有优异的对映选择性，当反应时间延长至 12h 时转化率可达到 49.6%～49.9%，*ee* 值大于 99%。通过 GC 分析对两种链状$\beta$-氨基醇 (±)-1d 和 (±)-1e 均未检测到活性，这与显色实验的结果一致。为了扩展 TYUT010-15 的底物谱，进一步测试了两种外消旋胺 3a 和 3b，结果表明 TYUT010-15 对这两种胺具有高活性和高对映选择性，在反应 12h 后，50mmol/L 消旋胺可以完全被拆分，并以大于 99%的 *ee* 值获得 (*R*)-胺。

**表 7-4　菌株 TYUT010-15 的底物特异性**

| 底物 | 浓度/(mmol/L) | 时间/h | 比活/(U/g)(以细胞干重计) | 转化率/% | 底物 *ee*/% |
|---|---|---|---|---|---|
| 1a | 50 | 3 | 113.5 | 50.0 | >99.0(1*S*,2*S*) |
| 1b | 50 | 3 | 130.0 | 50.0 | >99.0(1*S*,2*S*) |
| 1c | 20 | 3 | 110.0 | 49.7 | >99.0(1*S*,2*R*) |
| 1d | 10 | 12 | nd | — | — |
| 1e | 10 | 12 | nd | — | — |
| 1f | 50 | 4 | 122.1 | 49.9 | >99.0(*S*) |
| 1g | 10 | 12 | 101.8 | 49.7 | >99.0(*S*) |
| 1h | 10 | 10 | 79.7 | 49.7 | >99.0(*S*) |
| 1i | 10 | 12 | 58.7 | 49.6 | >99.0(*S*) |
| 3a | 50 | 12 | 80.8 | 49.8 | >99.0(*R*) |
| 3b | 50 | 12 | 63.9 | 49.6 | >99.0(*R*) |

### 7.1.4.9 手性（1*S*,2*S*）-反式-2-氨基环己醇的制备

(1*S*,2*S*)-反式-2-氨基环己醇是制备“类肽”胆囊收缩素（CCK-B）受体拮抗剂非常重要的手性结构单元。在50mL的体系中制备 (1*S*,2*S*)-反式-2-氨基环己醇，图 7-9 显示了当底物浓度为 200mmol/L 时，外消旋反式-2-氨基环己醇的动力学拆分的时间进程。本实验使用 10g cdw/L 的 TYUT010-15 静息细胞对 200mmol/L 底物反应 42h，可以获得 49.6%的转化率和大于 99%的 *ee* 值。最后产物经过简单的提取和纯化处理后，获得纯度大于 99%的 (1*S*,2*S*)-反式-2-氨基环己醇，收率为 40.0%（464.0mg）。

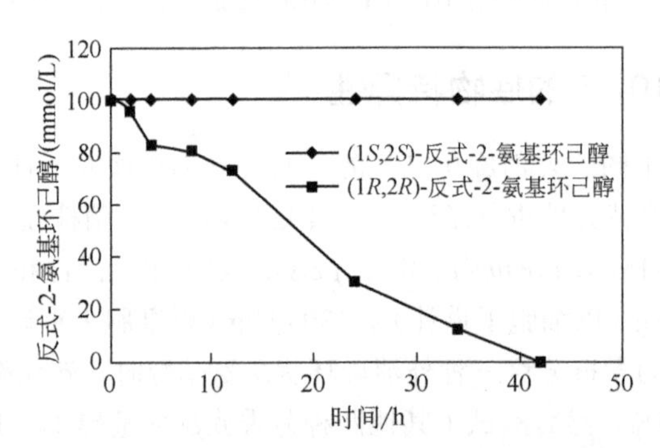


图 7-9 节杆菌属菌株 TYUT010-15 静息细胞对外消旋反式-2-氨基环己醇的动力学拆分

## 7.1.5 小结

（1）通过研究，开发了一种简单且快速的固相显色筛菌方法，且该方法具有低水平的背景显色，能够高效地从土壤环境中筛选出环氨基醇脱氨酶产生菌。

（2）运用高通量固相筛选方法经过两轮筛选后获得了一株高活性高选择性的菌株 TYUT010-15，经菌种鉴定为节杆菌属 *Arthrobacter* sp. TYUT010-15。

（3）对菌株 TYUT010-15 的生长特性进行了研究，发现当培养至 12h 时菌株 TYUT010-15 可达到最高 $OD_{600}$ 为 1.0，脱氨活性也达到最大 126 U/g cdw。对该菌株脱氨化的最适反应条件进行了优化，结果显示最佳反应 pH 为 8.0，最适反应温度为 30℃。稳定性实验表明菌株在低温和偏碱性环境中脱氨化活性相对稳定。

（4）对 9 种$\beta$-氨基醇化合物和 2 种胺类化合物进行动力学拆分，结果显示该菌株 TYUT010-15 对链状$\beta$-氨基醇没有活性，对芳香族$\beta$-氨基醇和胺底物具有较高活性。其中环状$\beta$-氨基醇 (±)-*trans*-1a、(±)-*trans*-1b 和 (±)-*cis*-1c 表现出高活性和高对映选择性，其活性分别为 113.5U/g cdw，130.0U/g cdw 和 110.0U/g cdw。反应 3h 后转化率可达到 49.7%～50%，*ee* 值大于 99%。同时其他四个氨基醇 1f～1i 也表现出优异的对映选择性，但活性相对较低（从 58.7～122.1U/g cdw），另外两个外消旋

胺也具有高活性和高对映选择性，这与显色结果一致。50mmol/L 外消旋胺在反应12h 后可以被完全拆分，并以大于 99%的 *ee* 值获得 (*R*)-胺。

（5）在 50mL 体系中对 200mmol/L 外消旋环状$\beta$-1,2-氨基醇进行动力学拆分可以获得49.6%的转化率和大于 99%的 *ee* 值。最后产物经过简单的提取和纯化处理后，可获得纯度大于 99%的 (1*S*,2*S*)-反式-2-氨基环己醇，收率为 40.0%（464.0mg）。

# 7.2 节杆菌环己胺氧化酶的克隆及其酶学性质表征

## 7.2.1 引言

手性氨基醇和胺是许多药物的必要组成部分，其在化学、医学和生物学中有广泛的应用，但它们的合成仍具有挑战性。本节通过对前期实验筛选到的 *Arthrobacter* sp.TYUT010-15 菌株的全基因测序结果进行分析，从中筛选出一个新的环己胺氧化酶。根据该酶基因序列设计引物，通过 PCR 扩增实验获得目的基因。将目的基因和质粒载体一起进行双酶切反应，用连接酶进行连接获得重组质粒，并导入 *E.coli* DH5α感受态细胞中进行克隆。提取重组质粒进行双酶切验证和 PCR 验证，将成功的重组质粒转化到 *E.coli* BL21（DE3）感受态细胞中进行目的蛋白质的诱导表达，通过镍柱纯化的方法对目的蛋白质进行纯化。对成功克隆的环己胺氧化酶进行酶学性质表征，具体包括该酶的最佳反应温度，温度的稳定性，最佳反应 pH，pH 的稳定性，底物特异性以及对 $K_M$、$V_{max}$、$k_{cat}$ 等动力学参数进行测定。这些研究为后期合成手性环状氨基醇化合物提供了一定的理论基础[3]。

## 7.2.2 实验材料与仪器

### 7.2.2.1 菌株

前期从土壤中富集培养筛选出的节杆菌属 TYUT010-15 菌株。*E.coli* DH5 α、*E.coli* BL21（DE3）购买自生工生物工程股份有限公司。

### 7.2.2.2 试剂盒与质粒

基因组 DNA 提取试剂盒、SanPrep 柱式质粒 DNA 小量抽提试剂盒、SanPrep 柱式 PCR 产物纯化试剂盒、SanPrep 柱式质粒 DNA 胶回收试剂盒和感受态细胞制备试剂盒，Ni-NTA Sefinose Resin Kit，质粒 pET28a。

### 7.2.2.3 实验试剂

2,3,5-三苯基氯化四氮唑（TTC）、$KH_2PO_4$、$K_2HPO_4$、乙酸乙酯、$NH_4Cl$、无水 $Na_2SO_4$、无水乙醇、NaOH、甘氨酸、酵母提取液（yeast extract）、胰蛋白胨（tryptone）、琼脂粉、NaCl、卡那霉素（Kana）、氨苄霉素（Amp）、异丙基-$\beta$-D-硫代吡喃半乳糖苷（TPTG）、DNA 上样缓冲液 TAE、DNA 标准分子量 Marker、TEMED，考马斯亮蓝 R-250、*Taq* DNA 聚合酶、限制性内切酶 *Nde* Ⅰ及 *Hin*dⅢ，$T_4$ 连接酶、反式-2-氨基环戊醇、反式-2-氨基环己醇、$\beta$-氨基-4-氟代苯乙醇、$\beta$-氨基-4-氯代苯乙醇、$\beta$-氨基-4-溴代苯乙醇、苯乙胺和 1,2,3,4-四氢-1-萘胺、2-氨基-1-丁醇、缬氨醇、2-氨基-2-苯基乙醇、顺式-1-氨基-2-茚满醇。

### 7.2.2.4 实验仪器

主要实验仪器设备如表 7-5 所示。

**表 7-5 主要实验仪器**

| 序号 | 名称 | 型号 |
|---|---|---|
| 1 | 超净工作台 | ZHJH-C1106C |
| 2 | 电热蒸汽压力灭菌锅 | YXQ-LS-75SII |
| 3 | 恒温培养摇床 | THZ-300 |
| 4 | 恒温振荡器 | THZ-D |
| 5 | 数量电热培养箱 | HPX-9162MBE |
| 6 | 移液器 | 10/100/1000μL |
| 7 | 恒温水浴锅 | XMTD-400 |
| 8 | 电子天平 | BT 124S |
| 9 | 超低温保藏箱 | DW-86W100 |
| 10 | 台式高速离心机 | TG16-W |
| 11 | 电泳仪 | JY300E |
| 12 | 高速冷冻离心机 | HC-3018R |
| 13 | 数显 pH 计 | PB-10 |
| 14 | 朗基 PCR 仪 | A300 |
| 15 | 超声波细胞粉碎机 | JY92-IIN |
| 16 | 色谱柱 | HP-5 |
| 17 | 凝胶成像分析仪 | WD-9413C |
| 18 | 气相色谱仪 | GC-2010 |
| 19 | 色谱柱 | HP-5 |
| 20 | 手性色谱柱 | CP-Chirasil-Dex CB |
| 21 | 液相色谱仪 | Agress1100 |
| 22 | 手性色谱柱 | CHIRALCEL OJ-H |

#### 7.2.2.5 培养基及其他试剂配制

（1）培养基配制

LB 培养基：LB 培养基是一种应用最广泛和最普通的细菌基础培养基，一般用该培养基来预培养菌种，使菌种达到使用要求。在 950mL 去离子水中加入：酵母提取物 5g、胰化蛋白胨 10g、氯化钠（NaCl）10g 于磁力搅拌器上搅拌直至完全溶解。然后用 pH 计检测溶液 pH 值，用 5mmol/L 氢氧化钠（NaOH）溶液调节 pH 至 7.0。最后用去离子水定容至 1L。于 121℃的高压蒸汽灭菌锅中灭菌 30min，待冷却后使用或是放置在 4℃冰箱内备用。

TB 培养基：用天平称量 24g 酵母提取物，12g 胰蛋白胨于 900mL 去离子水中溶解，加入 4mL 甘油。再称取 2.04g 的磷酸二氢钠（$NaH_2PO_4$）和 10.22g 的磷酸氢二钠（$Na_2HPO_4$）（0.17mol/L $NaH_2PO_4$/0.72mol/L $Na_2HPO_4$）加入 100mL 去离子水中溶解完全。将配制好的溶液在 121℃高温高压下灭菌 30min，待冷却至 60℃时把已灭菌的磷酸缓冲溶液加入 TB 培养基中。

LB 固体培养基：在配制 LB 液体培养基中加入 1.7%的琼脂粉混合均匀，再进行 121℃的高温高压灭菌 30min，待冷却至一定温度倒入培养皿中，放于 4℃备用。

（2）其他试剂配制

IPTG 溶液（0.5mol/L）：于 1mL 灭菌水中加入 50.0mg 的异丙基-$\beta$-D-硫代吡喃半乳糖苷固体粉末（IPTG），用 0.22μm 滤膜过滤除菌后置于–20℃备用。

卡那霉素抗生素（50 mg/mL）：称量 500mg 卡纳霉素（Kanamycin）固体粉末于 10mL 灭菌水中溶解，用 0.22μm 滤膜过滤除菌后分装在 1.5mL 的离心管中，保存在–20℃冰箱中备用。

氨苄西林抗生素（100mg/mL）：称量 1000mg 氨苄西林（Ampicillin）固体粉末于 10mL 灭菌水中溶解，用 0.22μm 滤膜过滤除菌后分装在 1.5mL 离心管中，保存在–20℃冰箱中备用。

蛋白质纯化需要的溶液：平衡缓冲液 A 为 50mmol/L $NaH_2PO_4$ 和 300mmol/L NaCl 溶液，用酸度计将 pH 值调至 8.0。

缓冲液 B～F：50mmol/L $NaH_2PO_4$ 和 300mmol/L NaCl 中分别加入 20mmol/L、50mmol/L、100mmol/L、250mmol/L、500mmol/L 咪唑，混合均匀后调节 pH 为 8.0。将所有配制好的缓冲液进行超声脱气处理，最后用 0.45μm 滤膜进行过滤，放置在 4℃冰箱备用。

### 7.2.3 实验方法

#### 7.2.3.1 筛选对环氨基醇有脱氨作用的酶

对前期获得的菌株 *Arthrobacter* sp.TYUT010-15 进行全基因组测序，一方面用该野生菌株破碎后获得的破碎液对外消旋环状$\beta$-1,2-氨基醇作反应，在不加氨基受体时通过 GC 分析检测是否有产物 2-羟基环己酮生成，另一方面用过氧化氢检测试剂盒检测是否有红色物质生成。随后对全基因测序结果进行分析，从中筛选出对环氨基醇有脱氨活性的酶，通过 BLAST 序列比对对其基因序列进行分析。

#### 7.2.3.2 引物的设计

通过分析菌株 *Arthrobacter* sp.TYUT010-15 的全基因组测序结果，从中筛选获得了环己胺氧化酶，根据其基因序列用 primer premier 5.0 软件设计相应引物（表 7-6）。对载体 pET28a 上的限制性内切酶进行筛选，最终选择限制性内切酶 *Nde* Ⅰ和 *Hind*Ⅲ为酶切位点。选择 $T_m$ 值和目的片段合适的引物进行合成。

表 7-6 引物及酶切位点

| 序号 | 名称 | 引物（5′-3′） | 内切酶 |
|---|---|---|---|
| 1 | gene4149-F | GGGAATTC*CATATG*TGCCGTAGCAGGCAAGCCGCAAG | *Nde* Ⅰ |
| 2 | gene4149-R | CCC*AAGCTT*TCATACGAGAGCTCCTTTGTTGGCG | *Hind*Ⅲ |

#### 7.2.3.3 提取目的基因及目的基因 PCR 扩增

将前期保藏在–80℃冰箱的菌种 TYUT010-15 接种在 5mL LB 培养基中进行复苏，在 37℃和 200r/min 摇床中培养 12～14h 后，使用柱式细菌基因组 DNA 提取试剂盒提取 *Arthrobacter* sp.TYUT010-15 的全基因组。

以野生菌株 TYUT010-15 的全基因组为模板进行聚合酶链式反应，PCR 扩增体系（50μL）为：ddH$_2$O，22μL；上游引物（100μmol/L），1μL；下游引物（100μmol/L），1μL；2 × *Taq* DNA 聚合酶，25μL；模板，1μL。

使用的 PCR 程序如下：

95℃ 5min
94℃ 1min ⎫
65℃ 40s ⎬ 30 个循环
72℃ 1min ⎭
72℃ 10min

用核酸凝胶电泳检验 PCR 产物的目的条带大小，证明其与理论大小相符后使用 SanPrep 柱式 PCR 产物纯化试剂盒对其进行纯化，PCR 纯化产物通过核酸凝胶电泳检验无误后置于–20℃冰箱保存，以供之后实验使用。

#### 7.2.3.4 环己胺氧化酶表达载体的构建

将质粒载体 pET28a 和已纯化的 PCR 扩增产物用限制性内切酶 *Nde* Ⅰ和 *Hind*Ⅲ进行双酶切，双酶切反应体系为（20μL）：

| | |
|---|---|
| 目的基因/表达载体 | 10μL |
| 10× 缓冲液 | 2μL |
| 限制性内切酶 *Nde* Ⅰ | 1μL |
| 限制性内切酶 *Hind* Ⅲ | 1μL |
| $ddH_2O$ | 6μL |

将双酶切反应物放于 37℃的水浴锅中过夜，之后对双酶切产物用琼脂糖凝胶电泳检验酶切结果，成功后用 SanPrep 柱式质粒 DNA 胶回收试剂盒对酶切后的质粒载体和目的基因进行胶回收。

用连接酶把酶切成功的目的基因片段和质粒载体 pET28a 连接起来，在室温下进行过夜连接，通过热击法将连接产物导入 *E.coli* DH5α感受态细胞中。

具体连接反应的条件如下：

| | |
|---|---|
| 酶切后的目的基因 | 7μL |
| 酶切后的载体 | 3μL |
| 缓冲液 | 2μL |
| T4 连接酶 | 1μL |
| $ddH_2O$ | 7μL |

具体的转化步骤如下所示：

（1）将 DH5α感受态细胞置于冰上融化，在超净台中把融化的感受态细胞进行分装，每管 50μL，再加入 5μL 连接产物，并用移液器轻轻抽吸混匀放在冰上。

（2）等待 15min 后，把冰上的混合物置于 42℃的水浴锅中热击 2min，促进 DNA 复合物的吸收，到时间后立即取出放于冰上静置 2～3min。

（3）在超净台中向每个 EP 管加入 600μL 的 LB 液体培养基，之后盖严盖子放在 37℃和 200r/min 的摇床中培养 1.5h。

（4）待细胞长至能明显看见浑浊，取 100μL 涂在含 Kana 抗性（50μg/mL）的 LB 固体培养基上，在 37℃的培养箱中过夜培养，将培养皿先倒放 10min 再正放。

次日，待培养皿表面长出菌落后，挑取若干个单菌落于 LB 液体培养基（含 50μg/mL 的卡那抗生素）中，在 37℃和 200r/min 的摇床中培养 12～14h，之后用 SanPrep 柱式质粒 DNA 抽提试剂盒提取质粒。提取完成后进行琼脂糖凝胶电泳实验，验证质粒提取成功后则以重组质粒为模板进行 PCR 验证，并可同时用相同的限制性内切酶进行双酶切验证。验证构建成功后，则可以把提取的重组质粒置于–20℃冰箱，以便进行下一步实验。

#### 7.2.3.5 环己胺氧化酶的诱导表达

参考 7.2.3.4 中的转化步骤把构建成功的重组质粒导入 *E.coli* BL21（DE3）感受态细胞中，于 37℃下过夜培养。从培养皿表面挑取单菌落于 LB 液体培养基中培养

6～7h，再将 1mL 种子液转移至含 50mL 的 TB 培养基的摇瓶中进行扩大培养，培养 2～3h 至 $OD_{600}$ 达到 0.6～0.8 时加入 IPTG（0.5 mmol/L）诱导目的蛋白质表达。诱导条件为：20℃、200r/min 培养 12h 左右。通过用转速 8000g 的高速离心机离心 5min 收集菌体，用磷酸钠缓冲液（100mmol/L，pH 7.0）洗涤两次，并重悬于相同的缓冲液中，将收集的细胞用于之后活性检测或是其他实验。

### 7.2.3.6 目的蛋白质的纯化

使用高速离心机 8000r/min 离心 5min 收集菌体，用蒸馏水洗涤两次以彻底洗掉培养基。加入蛋白质纯化所用的缓冲液 A 进行重悬，之后将其放在冰上进行超声波破碎，破碎条件为：超声功率 50%，破碎时间 3s，间隔时间 7s，破碎 15min。把得到的粗酶液放在 4℃、8000r/min 的高速冷冻离心机中离心 15min，离心后将获得的上清液收集在干净的管中，放在 4℃冰箱中保存备用。

纯化的具体步骤如下：

（1）先用 5～10 倍体积的平衡缓冲液 A 对镍柱进行平衡；

（2）将保存的上清液全部加到镍柱中，控制流速，收集流穿液；

（3）再次用平衡缓冲液 A（5～10 倍体积）平衡镍柱；

（4）分别加入 5～10 倍体积的缓冲液 B～F（含 20mmol/L、50mmol/L、100mmol/L、250mmol/L、500mmol/L 的咪唑）洗脱杂蛋白，控制流速为 0.5mL/min，每个浓度梯度的流出液体分两次进行收集，之后保存在 4℃冰箱中备用；

（5）用 20%的乙醇将镍柱保存在 4℃冰箱中。

### 7.2.3.7 环己胺氧化酶的 SDS-PAGE 凝胶电泳

把 7.2.3.6 中得到的纯化酶液用 SDS-PAGE 凝胶电泳检测纯化结果，使用 12%的分离胶和 5%的浓缩胶。具体操作是分别取 40μL 的各浓度梯度的收集液体于 EP 管中，加入 4μL 的 10×SDS-PAGE 上样缓冲液混匀，之后煮沸 5min，取样 10μL 加入胶孔中，电压 120V、电流 120mA 进行电泳。电泳完成后用适量的考马斯亮蓝染液微波 1min 进行染色，再用脱色液洗两次，分别微波 1min，最后加入脱色液于室温放置一晚，第二天检查目的条带是否已跑出，对比目的条带表达的理论值。

### 7.2.3.8 酶活的测定方法

通过用气相色谱仪检测 2-羟基环己酮的产量计算环己胺氧化酶的酶活，将酶活单位定义为：1mL 酶液每分钟使底物转换生成 1μmol 对应产物为一个酶活单位（U）。具体反应条件为 1mL 体系中包括 10mmol/L 反应底物，100μL 酶液和适量磷酸钠缓冲液（100mmol/L，pH 7.0）。在 30℃、200r/min 的摇床中反应 10min，将反应物萃取后用气相检测生成羟酮的量。

#### 7.2.3.9 pH 对酶活的影响

通过将环己胺氧化酶与外消旋反式-2-氨基环己醇在不同 pH 值的缓冲液中反应来确定 pH 对酶活性的影响。包括磷酸钠缓冲液（100mmol/L，pH 6.0～8.0）和甘氨酸-NaOH 缓冲液（100mmol/L，pH 8.5～11.0）两种缓冲液。在不同 pH 值的缓冲液中分别加入 10mmol/L 外消旋反式-2-氨基环己醇和适量酶液于 500μL 体系中，于 30℃和 200r/min 的摇床中反应 10min。而 pH 稳定性实验则是将酶液悬于不同 pH 的缓冲液中，放在 4℃冰箱中，一定时间间隔取样进行实验。具体反应条件如上所述，最后经过气相色谱检验后计算酶活力。把最高酶活力视为 100%酶活力，计算出对应的相对活力。

#### 7.2.3.10 温度对酶活的影响

在 20～50℃范围内进行最佳反应温度实验，将反应混合物（500μL 体系：10mmol/L 外消旋反式-2-氨基环己醇，磷酸钠缓冲液（100mmol/L，pH 7.0）和适量酶液）放在不同温度的摇床中进行反应。10min 后用乙酸乙酯萃取反应物，再用气相检测产物并计算酶活力。分别在 4℃、20℃、25℃、30℃、35℃、40℃、50℃温度的水浴锅中温育酶液，在规定时间取样于 EP 管中，与 10mmol/L 外消旋反式-2-氨基环己醇反应进行热稳定性实验，记录数据并计算酶的残余活力，同样将最高酶活力定义为 100%酶活力，计算相对活力。

#### 7.2.3.11 环己胺氧化酶动力学参数测定

在优化的分析条件下，于 100mmol/L 磷酸钠缓冲液（pH7.0）和五种浓度（5mmol/L、10mmol/L、15mmol/L、20mmol/L、30mmol/L）的底物中测定纯化的环己胺氧化酶的动力学参数。通过 Michaelis-Menten 方程的非线性回归拟合获得米氏常数（$K_M$）和最大速度（$V_{max}$）。所有测定至少进行三次，给出动力学数据相关测量值的平均值。

#### 7.2.3.12 环己胺氧化酶的底物特异性

在 50mL 的反应容器中加入 20～50mmol/L 不同浓度的底物，100mmol/L 磷酸钠缓冲液（pH 7.0）和 10g cdw/L 的细胞，5mL 体系的反应在 30℃和 200r/min 下进行。将 0.5mL 样品用 NaCl 饱和，并用 0.5mL 乙酸乙酯（含 20mmol/L 正十二烷作内标）萃取，提取$\alpha$-羟基酮。为了提取氨基醇，通过添加 NaOH（0.1mL，10mmol/L）碱化样品的 pH，并用 NaCl 饱和。然后通过振荡和离心（5min，12000r/min）用 0.5mL EtOAc 萃取氨基醇。最后加入无水 $Na_2SO_4$ 干燥并通过 GC 检测进行分析。

本章所用化合物参考 7.1.2。

#### 7.2.3.13 制备实验

在 250mL 反应容器中进行制备实验，50mL 反应体系包括：磷酸钠缓冲液（100mmol/L，pH 7.0），外消旋反式-2-氨基环己醇（3g）和适量细胞液。使反应混合物在 30℃和 200r/min 下摇动 30h，之后高速离心（8000 *g*，10min），将反应液酸化（pH < 2.0，1mol/L HCl），并用乙酸乙酯（3 × 50mL）萃取，以除去 *α*-羟基酮。将水相的 pH 调节至 pH > 12（10mol/L NaOH），用 NaCl 饱和，并用乙酸乙酯（3 × 50mL）萃取。然后经无水 $Na_2SO_4$ 干燥，过滤后，在减压下（约 0.08～0.09MPa）通过旋转蒸发除去乙酸乙酯，将剩余的（1*S*，2*S*）-反式-2-氨基环己醇样品（白色固体）在减压下干燥过夜。

#### 7.2.3.14 分析方法

分析方法参考 7.1.2。

## 7.2.4 结果与分析

### 7.2.4.1 基因序列的分析结果

在不加氨基受体时将野生菌株的破碎液与外消旋反式-2-氨基环己醇反应，GC 检测到有 2-羟基环己酮生成，而用过氧化氢检测试剂盒检测时有红色物质形成，表明反应有过氧化氢副产物形成，判定该反应可能是由一种胺氧化酶起作用。通过对菌株 *Arthrobacter* sp.TYUT010-15 的全基因测序结果分析，筛选获得了环己胺氧化酶基因序列，该基因共有 1467bp，编码 489 个氨基酸，理论分子质量为 53kDa。用 NCBI 的 BLAST 进行比对，结果显示环己胺氧化酶基因与不同来源的氧化酶具有较高相似性，其中与来自氧化短杆菌 IH-35A 的环己胺氧化酶基因高度相似，其基因序列具有 99%的一致性，而氨基酸序列一致性为 100.00%（如图 7-10 所示）。并与来自节杆菌属 *Arthrobacter* sp. TB 26 的 FAD 依赖性氧化还原酶的氨基酸序列具有 99.79%的一致性。

### 7.2.4.2 提取 *Arthrobacter* sp.TYUT010-15 的全基因组

将按照 7.2.3.3 的方法提取基因组，用 1%的琼脂糖凝胶电泳进行验证，由图 7-11 可知，在 5000bp 的分子标记上方有一条明亮的条带，则表明基因组提取成功。

```
ArCHAO   MCRSRQAARSKREESALTHLNTYESVTPDPDVDVIIIGAGISGSAAAKALHDQGASVLVV   60
         MCRSRQAARSKREESALTHLNTYESVTPDPDVDVIIIGAGISGSAAAKALHDQGASVLVV
IH-35A   MCRSRQAARSKREESALTHLNTYESVTPDPDVDVIIIGAGISGSAAAKALHDQGASVLVV   60

ArCHAO   EANDRIGGRTWTEQEGAPGGPIDYGGMFIGETHTHLIELGTSLGLEMTPSGKPGDDTYIV   120
         EANDRIGGRTWTEQEGAPGGPIDYGGMFIGETHTHLIELGTSLGLEMTPSGKPGDDTYIV
IH-35A   EANDRIGGRTWTEQEGAPGGPIDYGGMFIGETHTHLIELGTSLGLEMTPSGKPGDDTYIV   120

ArCHAO   AGNVLRAPDDQLDPNLPFVPEFLSSLKALDELADSVGWDQPWASPNAAALDSKTVATWLA   180
         AGNVLRAPDDQLDPNLPFVPEFLSSLKALDELADSVGWDQPWASPNAAALDSKTVATWLA
IH-35A   AGNVLRAPDDQLDPNLPFVPEFLSSLKALDELADSVGWDQPWASPNAAALDSKTVATWLA   180

ArCHAO   ETIESEEVRRLHTVIVNTLLGADPYEVSLLYWAYYVSECEGIQSLMGTRDGAQWAWWFGG   240
         ETIESEEVRRLHTVIVNTLLGADPYEVSLLYWAYYVSECEGIQSLMGTRDGAQWAWWFGG
IH-35A   ETIESEEVRRLHTVIVNTLLGADPYEVSLLYWAYYVSECEGIQSLMGTRDGAQWAWWFGG   240

ArCHAO   AAQVSWRIADAIGRDKFLLEWPVDRIEHDESGVTLFSGQRSLRARHIVIAMSPLAANQIR   300
         AAQVSWRIADAIGRDKFLLEWPVDRIEHDESGVTLFSGQRSLRARHIVIAMSPLAANQIR
IH-35A   AAQVSWRIADAIGRDKFLLEWPVDRIEHDESGVTLFSGQRSLRARHIVIAMSPLAANQIR   300

ArCHAO   FEPALPTSRAQLQARAPMGRYYKVQARYPSSFWVEQGYSGALLDTEDVGVFLLDGTKPTD   360
         FEPALPTSRAQLQARAPMGRYYKVQARYPSSFWVEQGYSGALLDTEDVGVFLLDGTKPTD
IH-35A   FEPALPTSRAQLQARAPMGRYYKVQARYPSSFWVEQGYSGALLDTEDVGVFLLDGTKPTD   360

ArCHAO   TLATLIGFIGGSNYDRWAAHTPQERERAFLDLLVKAFGPQAADPSYFHETDWTQQEWAKG   420
         TLATLIGFIGGSNYDRWAAHTPQERERAFLDLLVKAFGPQAADPSYFHETDWTQQEWAKG
IH-35A   TLATLIGFIGGSNYDRWAAHTPQERERAFLDLLVKAFGPQAADPSYFHETDWTQQEWAKG   420

ArCHAO   GPVTYMPPGVLANFGAALRDPVGKVHFAGTEASFQWSGYMEGGVRAGQKAAAAIAEELER   480
         GPVTYMPPGVLANFGAALRDPVGKVHFAGTEASFQWSGYMEGGVRAGQKAAAAIAEELER
IH-35A   GPVTYMPPGVLANFGAALRDPVGKVHFAGTEASFQWSGYMEGGVRAGQKAAAAIAEELER   480

ArCHAO   TANKGALV   488
         TANKGALV
IH-35A   TANKGALV   488
```

图 7-10　ArCHAO 和 IH-35A 的氨基酸序列比对

#### 7.2.4.3 重组载体的构建

（1）目的基因 PCR 扩增

按照 7.2.3.3 中所述的方法得到目的基因 PCR 扩增产物，其理论值为 1467bp，琼脂糖凝胶核酸电泳结果如图 7-12 所示，从图中看出在 Marker 标记的 1500bp 附近有明显的条带，表明 PCR 产物的大小与理论值相符，证明了 PCR 扩增实验成功。

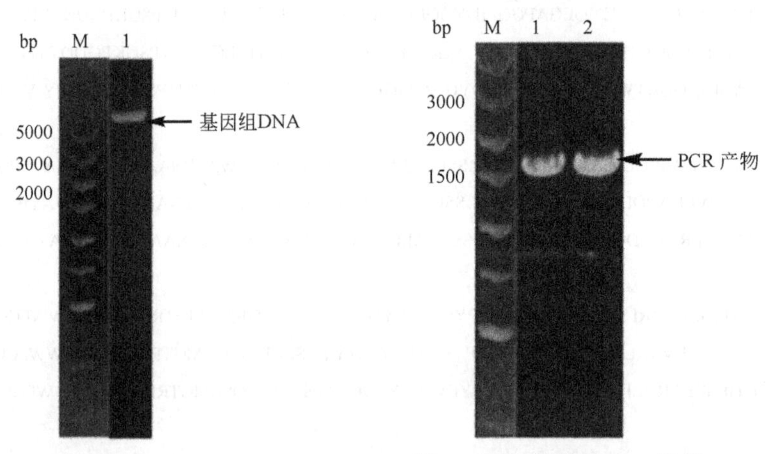


图 7-11　*Arthrobacter* sp.TYUT010-15 的全基因组提取　　图 7-12　目的基因 PCR 扩增

（2）重组质粒 PCR 验证

将双酶切成功的表达载体 pET28a 和目的基因进行连接后导入克隆载体大肠杆菌感受态细胞 DH5α中，具体转化步骤参考 7.2.3.4 中的方法，于 37℃的培养箱中过夜培养。次日挑取培养基表面的单个菌落进行培养，使用 SanPrep 柱式质粒 DNA 小量抽提试剂盒提取质粒。把重组质粒作为模板进行 PCR 验证，验证结果如图 7-13 所示，在对应值附近均有明亮的条带，这符合目的基因的理论值，表明成功构建了重组表达载体。

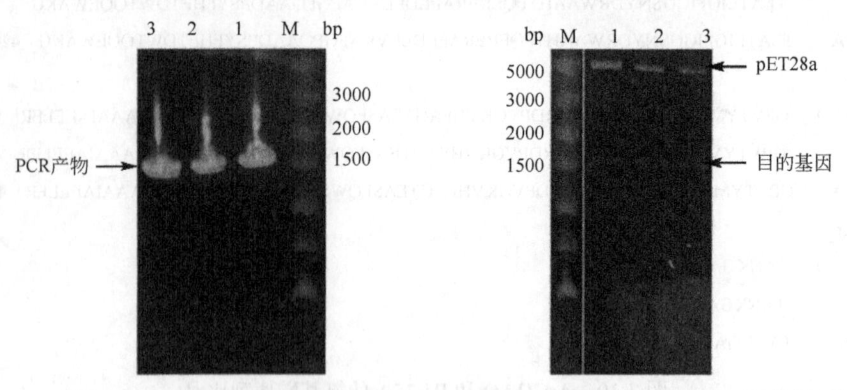


图 7-13　重组表达载体 PCR 验证　　图 7-14　重组表达载体的双酶切验证

（3）重组质粒双酶切验证

用限制性内切酶 *Nde* Ⅰ和 *Hin*dⅢ对提取成功的重组质粒进行双酶切验证，经过1%琼脂糖凝胶核酸电泳验证可知：在 5000bp 和基因理论值 1467bp 附近有明亮条带出现，实际大小和理论大小符合（图 7-14 所示），表明目的基因已经成功地连到表达载体 pET28a 上，可继续进行下一步实验。

### 7.2.4.4 目的蛋白质表达

把验证成功的重组质粒根据 7.2.3.4 描述的转化方法导入大肠杆菌 BL21 感受态细胞中，均匀地涂于含 50μg/mL 的 Kana 抗生素的平板表面，在 37℃下过夜培养。之后对目的基因进行诱导表达，经过 3.3.5 的具体步骤收集菌体，获得重悬在磷酸钠缓冲液（100mmol/L，pH8.0）中的细胞，把细胞用超声波破碎仪破碎后获得粗酶液，进过 SDS-PAGE 电泳后结果如图 7-15 所示。环己胺氧化酶目的蛋白质的理论值为 53kDa，由图可知，理论大小与实际相符，说明环己胺氧化酶成功进行了异源可溶性表达。

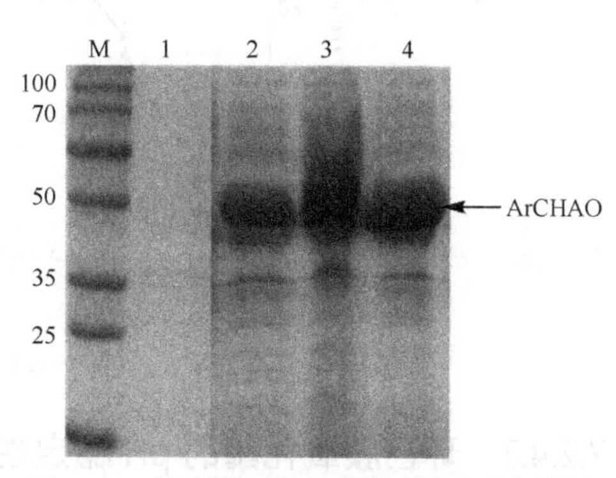


图 7-15　目的蛋白质粗酶液的蛋白质电泳图

### 7.2.4.5 环己胺氧化酶的目的蛋白质纯化

根据 7.2.3.5 描述的蛋白质纯化方法，获得各个浓度梯度的洗脱液，用 SDS-PAGE 电泳实验进行验证。从图 7-16 中可看出经过不同咪唑浓度缓冲液洗脱后，最后得到一条清晰的蛋白质条带，其大小比 50kDa 稍大点，这与 53kDa 的理论大小一致，成功实现了对目的蛋白质的纯化。

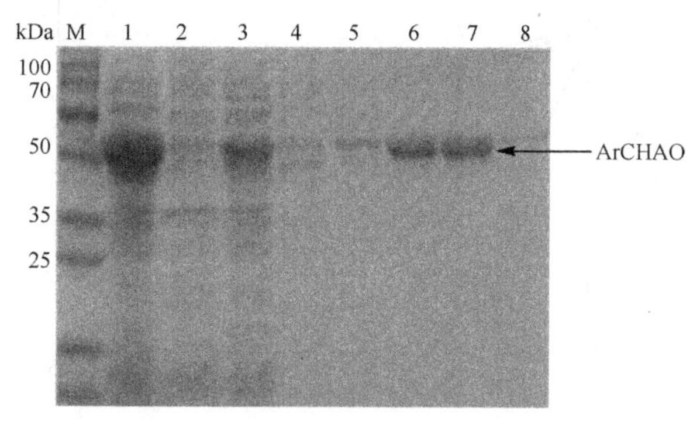


图 7-16　目的蛋白质纯化的蛋白质电泳图

### 7.2.4.6 环己胺氧化酶的最适 pH

pH 是影响环己胺氧化酶酶活力的一个重要因素，本实验在两个不同的缓冲液体系中研究了 pH 对环己胺氧化酶活性的影响。如图 7-17 所示，环己胺氧化酶在 pH 为 7.0 时酶活最高，在 pH 6.0～10.0 范围内酶活相对稳定，酶活力保留约为最大酶活力的 60%以上，当 pH 值低于 6.0 或超过 10.0 时酶的活性急剧下降。

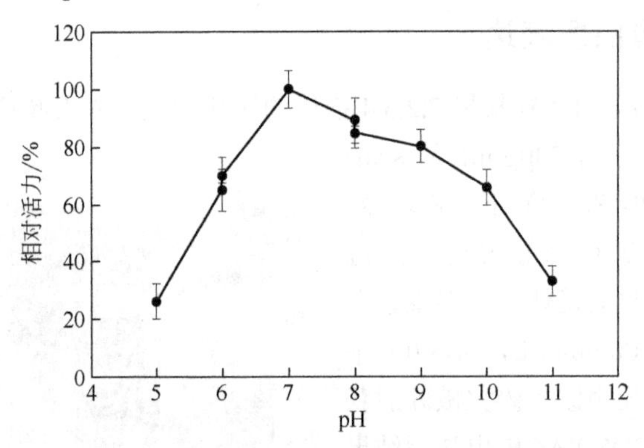


图 7-17 pH 对环己胺氧化酶酶活的影响

### 7.2.4.7 环己胺氧化酶的 pH 稳定性

将重悬于不同 pH 值缓冲液中的细胞进行破碎得到酶液，放在 4℃冰箱中，定时取样进行反应。由图 7-18 可知，于 4℃冰箱放置 24 h 后在 pH 为 7.0、8.0、9.0、10.0 的缓冲液中环己胺氧化酶仍然可保持 80%左右的活性，稳定性较好。当 pH 值降为 6.0 时，酶液经过 24h 再反应只能保留 50%左右的活性，而把 pH 增加为 11.0 时，酶活力明显下降，在缓冲液中保存 2h 时，酶的残留活性就降为 70%左右，这表明该酶在中性条件下稳定性较好。

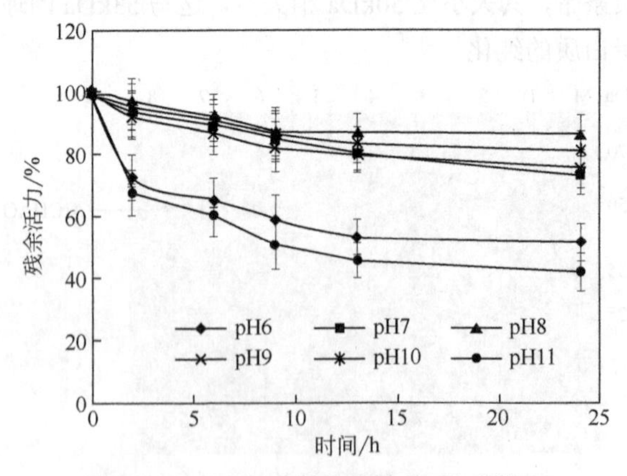


图 7-18 环己胺氧化酶的 pH 稳定性

### 7.2.4.8 环己胺氧化酶的最适温度

酶的催化作用受温度的影响很大，本实验研究了20℃、25℃、30℃、35℃、40℃、50℃这几个不同温度下酶的残留活性。结果如图7-19所示，随着温度升高，酶活力也逐渐增加，当反应温度为30℃时酶活力最高，之后温度再升高酶活则逐渐降低，但当温度升高至50℃时仍能保持50%左右的相对活性。

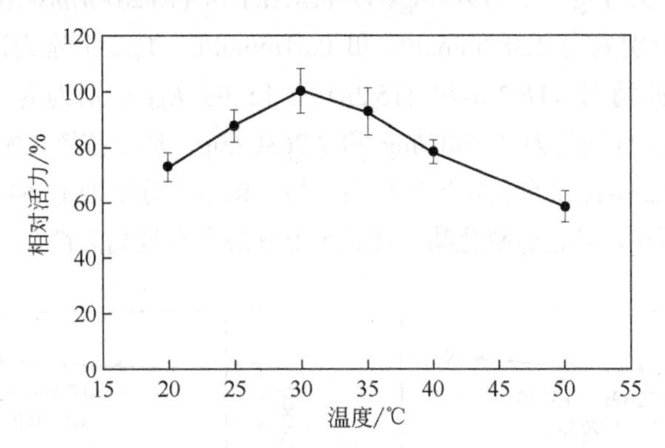


图7-19 温度对环己胺氧化酶酶活力的影响

### 7.2.4.9 环己胺氧化酶的温度稳定性

温度稳定性是衡量酶学性质的重要指标，温度稳定性较好的酶可以在一定时间内保持较高的酶活力，具有催化反应活性。本实验将酶液分别置于4℃、20℃、30℃、40℃和50℃的水浴锅中，按时取样进行反应，测定其残余的酶活力。把4℃下的酶活视为100%，以此对其他温度进行相对酶活力计算。结果如图7-20所示，在30℃的温度下胺氧化酶具有较好的稳定性，反应24h后仍然具有80%的残余活性，当温度升高至40℃时，反应12h残余酶活力只剩40%，继续升高温度为50℃，胺氧化酶酶活力急剧下降，反应24h后酶活力降至8%。

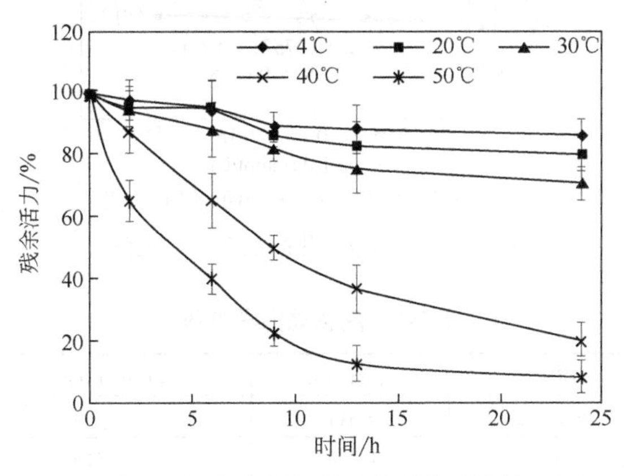


图7-20 环己胺氧化酶的温度稳定性

### 7.2.4.10 底物动力学性质

对环己胺氧化酶底物动力学特征进行研究，通过做双倒数曲线（如图 7-21），利用米氏方程计算得出如表 7-7 所示的结果。环己胺氧化酶对 (1*R*,2*R*)-和 (1*S*,2*S*)-*trans*-1a 两种构型都有活性，其米氏常数 $K_M$ 分别为为 1.311mmol/L 和 0.244mmol/L，最大速率 $V_{max}$ 分别为为 6.173U/mg 和 2.519U/mg。以 (1*R*,2*R*)-和 (1*S*,2*S*)-*trans*-1b 作底物时，环己胺氧化酶的 $K_M$ 分别为为 1.382mmol/L 和 0.61mmol/L，$V_{max}$ 分别为为 6.373U/mg 和 2.68U/mg。并且此酶对 (1*R*,2*S*)-和 (1*S*,2*R*)-*cis*-1c 的 $K_M$ 分别为为 0.375mmol/L 和 0.627mmol/L，$V_{max}$ 分别为为 4.958U/mg 和 2.263U/mg。环己胺氧化酶对 (1*R*,2*R*)-1a、(1*R*,2*R*)-1b 和 (1*R*,2*S*)-1c 的催化常数明显高于另一构型，分别为 $13.647s^{-1}$，$14.089s^{-1}$，$10.961s^{-1}$。综上所述，环己胺氧化酶对环状*β*-氨基醇具有较高活性。

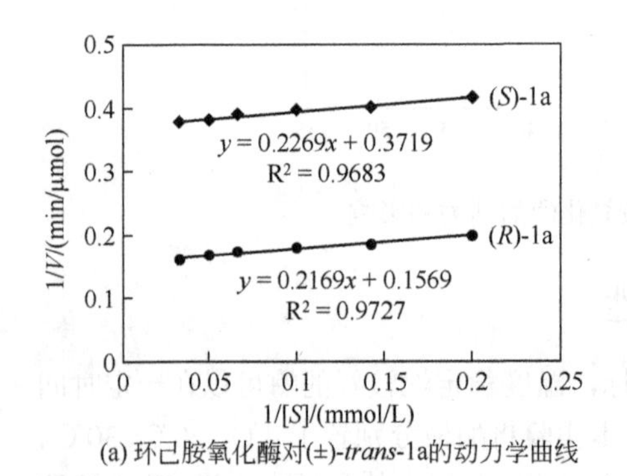


(a) 环己胺氧化酶对(±)-*trans*-1a的动力学曲线

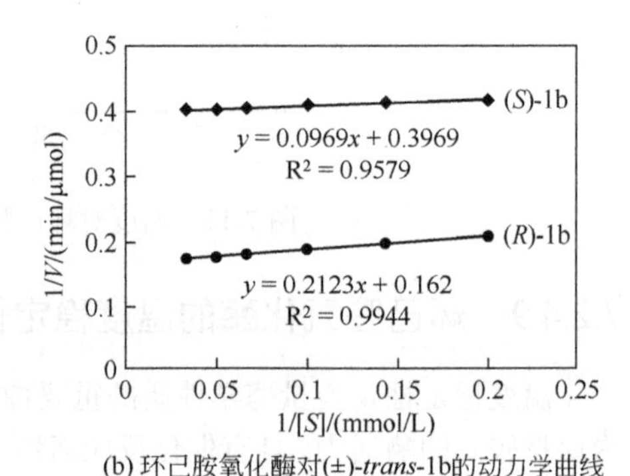


(b) 环己胺氧化酶对(±)-*trans*-1b的动力学曲线

(S)-1c

y = 0.2773x + 0.4419

R² = 0.9586

(R)-1c

y = 0.0757x + 0.2017

R² = 0.9598

1/V/(min/μmol)

1/[S]/(mmol/L)

(c) 环己胺氧化酶对(±)-*cis*-1c的动力学曲线

图 7-21 环己胺氧化酶的动力学曲线

表 7-7 底物动力学参数

| 序号 | 对映体 | $K_M$/(mmol·L$^{-1}$) | $V_{max}$/(μmol·min$^{-1}$·mg) | $k_{cat}$/s$^{-1}$ |
|---|---|---|---|---|
| 1 | (1*R*,2*R*)-*trans*-1a | 1.311 | 6.173 | 13.647 |
| 2 | (1*S*,2*S*)-*trans*-1a | 0.244 | 2.519 | 5.569 |
| 3 | (1*R*,2*R*)-*trans*-1b | 1.382 | 6.373 | 14.089 |

续表

| 序号 | 对映体 | $K_M$/(mmol·L$^{-1}$) | $V_{max}$/(μmol·min$^{-1}$·mg) | $k_{cat}$/s$^{-1}$ |
|---|---|---|---|---|
| 4 | (1*S*,2*S*)-*trans*-1b | 0.61 | 2.68 | 5.925 |
| 5 | (1*R*,2*S*)-*cis*-1c | 0.375 | 4.958 | 10.961 |
| 6 | (1*S*,2*R*)-*cis*-1c | 0.627 | 2.263 | 5.003 |

### 7.2.4.11 底物特异性

分别对不同浓度的*β*-氨基醇和胺进行动力学拆分（表 7-8 所示），结果显示环己胺氧化酶对环状*β*-氨基醇 (±)-*trans*-1a、(±)-*trans*-1b 和 (±)-*cis*-1c 表现出高活性，其活性分别为 6.53U/mg、6.62U/mg、5.27U/mg。在反应一定时间后其底物可被完全拆分，转化率为 53.4%～56.2%，*ee* 值大于 99%。并用环己胺氧化酶对其他 6 种*β*-氨基醇化合物和 2 种胺类化合物进行拆分，结果表明两种链状*β*-氨基醇 (±)-1d 和 (±)-1e 相对环状*β*-氨基醇其活性较低，分别为 4.76U/mg 和 4.15U/mg，20mmol/L 的底物反应 3h 后转化率达到 54.6%～55.4%，*ee* 值大于 99%。其他四种芳香族*β*-氨基醇 1f～1i 具有较高的活性（5.77～6.34U/mg）和选择性，转化率为 50.2%～50.4%，*ee* 值大于 99%。最后对两种外消旋胺 3a 和 3b 进行了检测，20mmol/L 的消旋胺反应 3h 后被完全拆分，并具有高活性。实验结果表明环己胺氧化酶对环状*β*-氨基醇具有较高活性，但选择性相对较低，而对芳香族*β*-氨基醇具有高活力和高选择性。

**表 7-8　底物特异性**

| 底物 | 浓度/(mmol/L) | 时间/h | 比活/(U/mg) | 转化率/% | 底物 *ee*/% |
|---|---|---|---|---|---|
| 1a | 50 | 2 | 6.53 | 56.2 | >99.0(1*S*,2*S*) |
| 1b | 50 | 2 | 6.62 | 58.1 | >99.0(1*S*,2*S*) |
| 1c | 30 | 4 | 5.27 | 53.4 | >99.0(1*S*,2*R*) |
| 1d | 20 | 3 | 4.76 | 55.4 | >99.0(*S*) |
| 1e | 20 | 3 | 4.15 | 53.6 | >99.0(*S*) |
| 1f | 50 | 4 | 6.34 | 50.2 | >99.0(*S*) |
| 1g | 20 | 6 | 5.91 | 50.4 | >99.0(*S*) |
| 1h | 20 | 7 | 5.58 | 50.2 | >99.0(*S*) |
| 1i | 20 | 8 | 5.77 | 50.2 | >99.0(*S*) |
| 3a | 20 | 3 | 6.53 | 50.3 | >99.0(*R*) |
| 3b | 20 | 3 | 5.75 | 50.2 | >99.0(*R*) |

### 7.2.4.12 制备（1*S*,2*S*）-反式-2-氨基环己醇

本实验使用 10g cdw/L 的细胞对外消旋反式-2-氨基环己醇进行动力学拆分，当 400mmol/L 底物反应 30h 后可获得 58.3%的转化率和大于 99%的 *ee* 值。最后产

物经过简单的提取和纯化处理后，获得 26.34%的收率（790.2mg），纯度大于 99%的（1*S*,2*S*）-反式-2-氨基环己醇（如图 7-22 所示）。

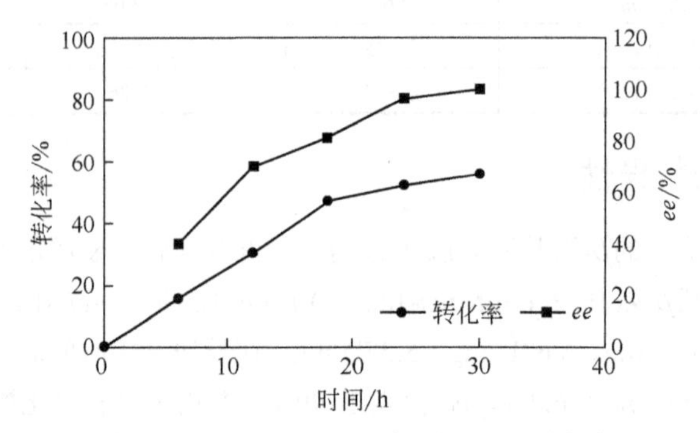


图 7-22　(1*S*,2*S*)-反式-2-氨基环己醇的制备

## 7.2.5　小结

（1）从菌株 *Arthrobacter* sp.TYUT010-15 的全基因测序结果中筛选出对外消旋反式-2-氨基环己醇具有脱氨活性的环己胺氧化酶，并通过 BLAST 比对对其基因序列进行了分析。

（2）对环己胺氧化酶进行克隆表达，通过 PCR 扩增目的基因，用限制性内切酶 *Nde* Ⅰ和 *Hin*dⅢ对目的基因和载体一起进行双酶切，连接转化一系列实验获得重组质粒，将验证成功的质粒转入 BL21 感受态细胞，经诱导表达后成功获得了目的蛋白质。并用镍柱对目的蛋白质进行了纯化。

（3）在两种不同的缓冲液体系中检查 pH 对酶活性的影响，得出最佳反应 pH 为 7.0。进行的 pH 稳定性实验结果表明 pH 在 7.0～10.0 范围内酶活力较稳定，当 pH 值低于或超过这个范围时，酶的活性急剧下降。而该酶的最适反应温度为 30℃，在较高温度下活性开始显著下降。在热稳定性实验中环己胺氧化酶 30℃时的热稳定性与 4℃时相比相对较差，当酶在 40℃下孵育 12h 后残余酶活力降至 40%，而继续升高温度为 50℃，酶的残留活性急剧下降，较高的温度导致了活性快速丧失。

（4）以 5～30mmol/L 不同浓度的单一构型环状$\beta$-1,2-氨基醇 ((±)-*trans*-1a、(±)-*trans*-1b 和 (±)-*cis*-1c) 为底物分别对环己胺氧化酶进行了动力学参数的测定，当底物为 (1*R*,2*R*)-1a、(1*R*,2*R*)-1b 和 (1*R*,2*S*)-1c 时得出 $K_M$ 值分别为 1.311mmol/L、1.382mmol/L、0.375mmol/L，$V_{max}$ 分别为 6.173U/mg、6.373U/mg、4.958U/mg，催化常数分别为 13.647$s^{-1}$、14.089$s^{-1}$、10.961$s^{-1}$。并用该酶对外消旋$\beta$-氨基醇和胺类化合物进行了动力学拆分，结果显示该酶对链状$\beta$-氨基醇活性较低，对芳香族$\beta$-氨基醇和胺底物有较高活性和选择性。其中环状$\beta$-氨基醇 (±)-*trans*-1a，(±)-*trans*-1b 和 (±)-*cis*-1c 表现出高活性，其活性分别为 6.53U/mg、6.62U/mg、5.27U/mg。在反

应一定时间后转化率达到 53.4%～56.2%，*ee* 值大于 99%。并在 50mL 的反应体系中对外消旋环状*β*-1,2-氨基醇（400mmol/L）进行了动力学拆分，反应 30h 后转化率达到 58.6%，*ee* 值大于 99%。最后产物经过简单的提取和纯化处理后，可获得纯度大于 99%的 (1*S*,2*S*)-反式-2-氨基环己醇，收率为 26.34%（790.2mg）。

## 参 考 文 献


[1] Chang Y W，Zhang J D，Yang X X，et al. High throughput solid-phase screening of bacteria with cyclic amino alcohol deamination activity for enantioselective synthesis of chiral cyclic β-amino alcohols. *Biotechnol. Lett.*，2020，42（8），1501-1511.

[2] Zhang J D, Wu H L, Meng T, et al. A high-throughput microtiter plate assay for the discovery of active and enantioselective amino alcohol-specific transaminases[J]. *Anal. Biochem.*，2017，518：94-101.

[3] Zhang J D, Chang Y W, Dong R, et al. Enantioselective cascade biocatalysis for deracemization of racemic *β*-amino alcohols to enantiopure (*S*)-*β*-amino alcohols employing cyclohexylamine oxidase and ω-transaminase. *ChemBioChem*，2020，10.1002/cbic. 202000491.

# 第八章

# 生物催化环氧化物不对称开环制备手性$\beta$-氨基醇

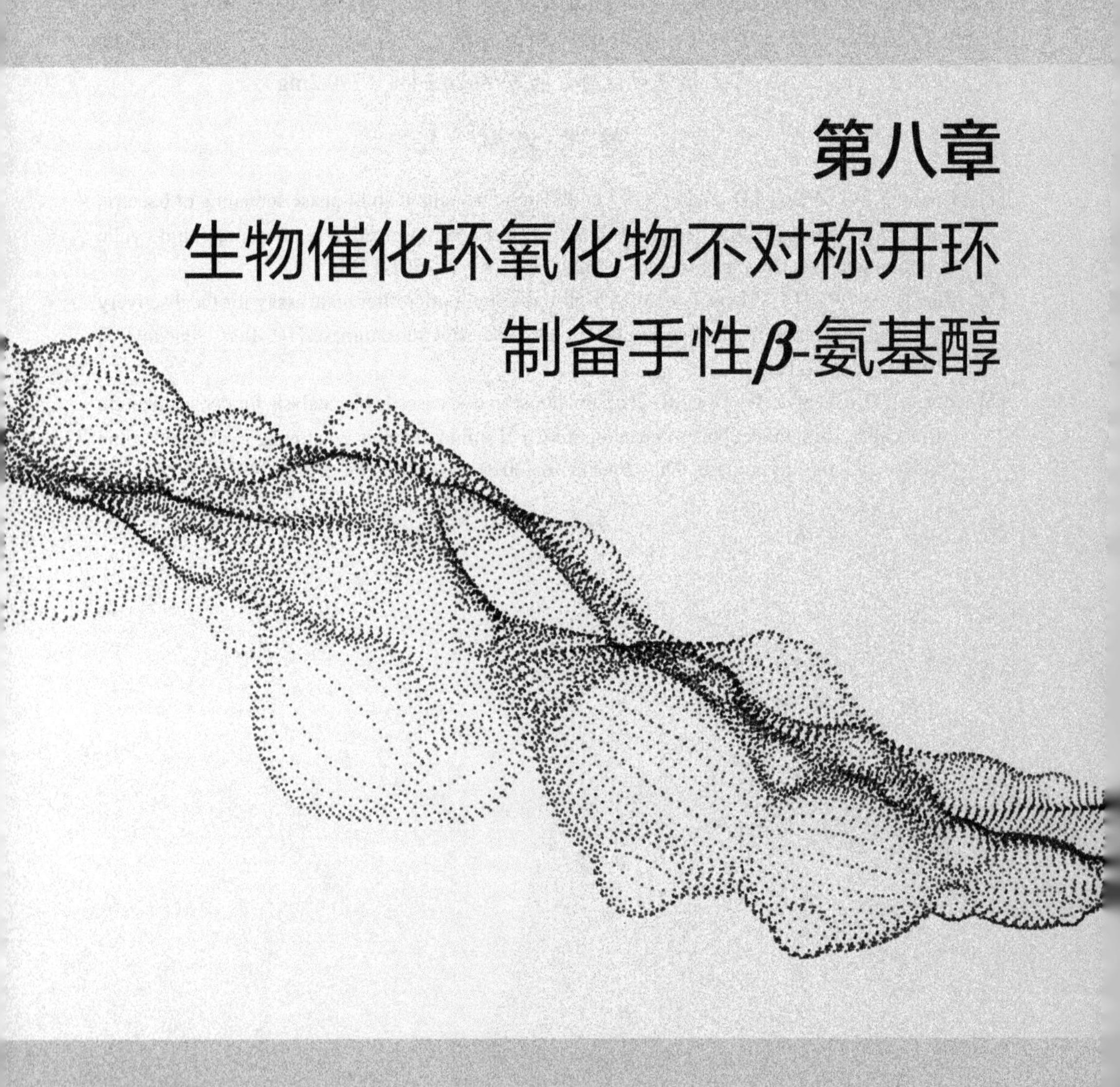

环氧化物是一种便宜易得的化合物，环氧化物不对称开环作为一种有效的方法可以直接获得手性$\beta$-氨基醇，在过去的几十年里，科学家们尝试了不同的化学方法对环氧化物进行不对称开环，如通过胺类化合物作为亲核试剂，对环氧化物进行了不对称开环制备$\beta$-氨基醇，并得到了较好的结果。然而，化学法大多都存在底物谱窄、产物*ee*值不高、产物得率和区域选择性不高、反应条件苛刻等缺点。生物催化作为一种绿色可持续的方法，在有机合成中得到大量应用。尤其在最近十几年里，多酶级联催化被广泛应用于合成多种高附加值手性化合物。然而，生物催化环氧化物不对称开环制备手性$\beta$-氨基醇的研究目前还未有相关报道。本实验以环氧化物作为底物，通过四种酶［环氧化物水解酶（EH）、醇脱氢酶（ADH）、转氨酶（TA）］一锅煮的级联反应，将环氧化物直接转化为手性$\beta$-氨基醇，同时，在反应过程中通过醇脱氢酶实现了级联反应体系中辅酶的自我循环再生。其反应路线如图 8-1 所示[1]。

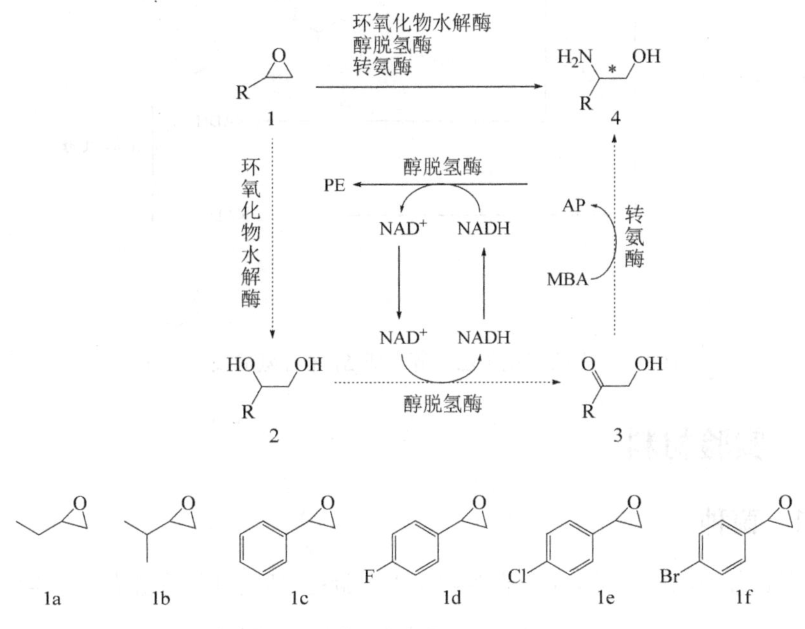


图 8-1　生物催化环氧化物不对称开环合成手性$\beta$-氨基醇

# 8.1　醇脱氢酶的筛选

## 8.1.1　引言

本研究的反应分两步进行。第一步为二醇作为底物在两种立体选择性相反的醇脱氢酶的作用下生成$\alpha$-羟酮，辅酶 $NAD^+$作为电子受体生成 NADH，第二步反应为

$\alpha$-羟酮在转氨酶的催化作用下转化生成对映体纯的手性$\beta$-氨基醇。结合工业生产实际需要，通过底物偶联法构建辅酶再生系统，引入(*R*)-1-甲基苄胺为第二步反应中的氨基供体，其在转氨酶作用下转化生成苯乙酮，苯乙酮又在醇脱氢酶的作用下被还原成苯乙醇，这个过程伴随着NADH氧化生成$NAD^+$，补充了第一步反应中消耗的$NAD^+$。因此，需要首先筛选具有高活力高选择性的醇脱氢酶，对本实验室已有的15种醇脱氢酶进行了筛选，从中筛选得到对苯乙二醇和苯乙酮都具有活力的酶，并构建辅酶自我循环再生系统。反应路线如图8-2所示。

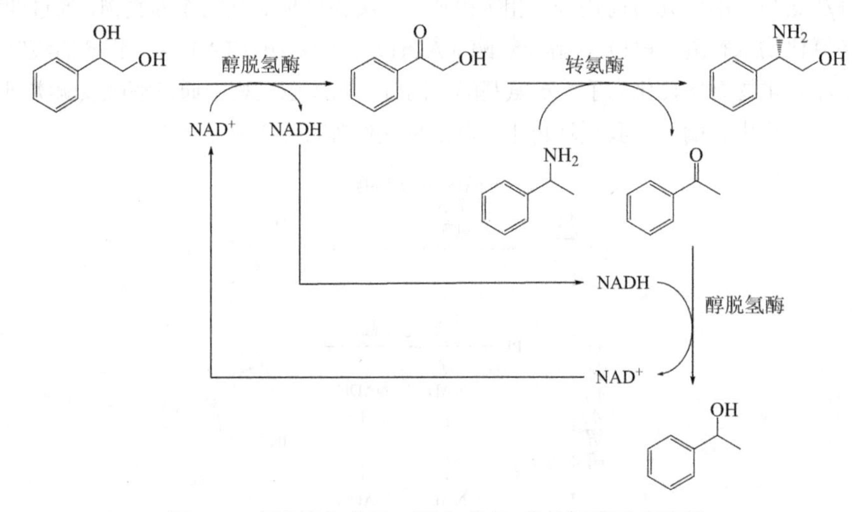


图8-2　多酶催化苯乙二醇合成(*S*)-苯甘氨醇反应路线

## 8.1.2　实验材料

### 8.1.2.1　菌种

表达醇脱氢酶的重组大肠杆菌保藏于本实验室，所用到的重组菌如表8-1所示。

**表8-1　重组大肠杆菌及其表达的醇脱氢酶**

| 序号 | 菌种 | 表达的醇脱氢酶 |
| --- | --- | --- |
| 1 | *E.coli*(GO0716) | GO0716 |
| 2 | *E.coli*(RDR) | RDR |
| 3 | *E.coli*(GO2108) | GO2108 |
| 4 | *E.coli*(GO2378) | GO2378 |
| 5 | *E.coli*(YuCD) | YuCD |
| 6 | *E.coli*(SCD) | SCD |
| 7 | *E.coli*(GuTB) | GuTB |
| 8 | *E.coli*(GO1538) | GO1538 |

续表

| 序号 | 菌种 | 表达的醇脱氢酶 |
| --- | --- | --- |
| 9 | *E.coli*(YXnA) | YXnA |
| 10 | *E.coli*(BDHA) | BDHA |
| 11 | *E.coli*(GoSCR) | GoSCR |
| 12 | *E.coli*(IOLG) | IOLG |
| 13 | *E.coli*(GO0313) | GO0313 |
| 14 | *E.coli*(YugJ) | YugJ |
| 15 | *E.coli*(YutJ) | YutJ |

#### 8.1.2.2 实验试剂

本部分实验内容所用到的药品如表 8-2 所示。

**表 8-2 实验所需药品**

| 药品 | 厂商 |
| --- | --- |
| 丙三醇 | 天津市科密欧化学试剂有限公司 |
| 酵母提取物 | 上海生工生物工程有限公司 |
| 胰蛋白胨 | 上海生工生物工程有限公司 |
| 氯化钠 | 上海生工生物工程有限公司 |
| Kana 抗生素、Amp 抗生素 | 上海生工生物工程有限公司 |
| 辅酶 NADH、$NAD^+$ | 上海生工生物工程有限公司 |
| (*R*)-苯乙二醇，(*S*)-苯乙二醇 | 萨恩化学技术有限公司 |
| 苯乙酮 | 萨恩化学技术有限公司 |

#### 8.1.2.3 试剂配制

（1）培养基及相关试剂配制

LB 培养基：LB 培养基是一种应用最广泛和最普通的细菌基础培养基，一般用该培养基来预培养菌种，使菌种达到使用要求。在 950mL 去离子水中加入：酵母提取物 5g、胰蛋白胨 10g、氯化钠（NaCl）10g 于磁力搅拌器上搅拌直至完全溶解。然后用 pH 计检测溶液 pH 值，用 5mmol/L 氢氧化钠（NaOH）溶液调节 pH 至 7.0。最后用去离子水定容至 1L。于 121℃的高压蒸汽灭菌锅中灭菌 30min，待冷却后使用或是放置在 4℃冰箱内备用。

TB 培养基：用天平称量 24g 酵母提取物，12g 胰蛋白胨于 900mL 去离子水中溶解，加入 4mL 甘油。再称取 2.04g 磷酸二氢钠（$NaH_2PO_4$）和 10.22g 磷酸氢二钠（$Na_2HPO_4$）（0.17mol/L $NaH_2PO_4$/0.72mol/L $Na_2HPO_4$）加入 100 mL 去离子水中溶解完全。将配制好的溶液在 121℃高温高压下灭菌 30min，待冷却至 60℃时把已灭菌的磷酸缓冲溶液加入 TB 培养基中。

LB 固体培养基：在配制的 LB 液体培养基中加入 1.7%的琼脂粉混合均匀，再进行 121℃的高温处理。

IPTG 溶液（0.5mol/L）：于 1mL 灭菌水中加入 50.0mg 的异丙基-$\beta$-D-硫代吡喃半乳糖苷固体粉末（IPTG），用 0.22μm 滤膜过滤除菌后置于–20℃备用。

卡那霉素抗生素（50mg/mL）：称量 500mg 卡那霉素（Kanamycin）固体粉末于 10mL 灭菌水中溶解，用 0.22μm 滤膜过滤除菌后分装在 1.5mL 离心管中，保存在–20℃冰箱中备用。

氨苄西林抗生素（100mg/mL）：称量 1000mg 氨苄西林（Ampicillin）固体粉末于 10mL 灭菌水中溶解，用 0.22μm 滤膜过滤除菌后分装在 1.5mL 离心管中，保存在–20℃冰箱中备用。

（2）SDS-PAGE 蛋白质电泳相关试剂

SDS-PAGE 蛋白质电泳相关试剂配方如表 8-3 所示。

**表 8-3　SDS-PAGE 蛋白质电泳相关试剂配方**

| 名称 | 配方 | 备注 |
| --- | --- | --- |
| 5×SDS-PAGE 上样缓冲液(5mL) | 1.25mL 1mol/L Tris-HCl(pH=6.8)<br>0.5g 十二烷基磺酸钠<br>25mg PB<br>2.5mL 丙三醇<br>去离子水定容 | 分装成 500μL 室温保存；使用前每小份中加 25μL 2-ME |
| SDS-PAGE 电泳缓冲液(1L) | 15.1g Tris<br>94.0g 甘氨酸<br>5.0g SDS<br>去离子水定容 | 室温保存 |
| 300g/L 丙烯酰胺(1L) | 290.0g 丙烯酰胺<br>10.0g BIS<br>去离子水定容 | 用 0.45μm 滤器滤去杂质；棕色瓶中 4℃保存 |
| 10%十二烷基磺酸钠(100 mL) | 10.0 g 高纯度十二烷基磺酸钠<br>去离子水定容 | 68℃加热溶解;滴加浓盐酸调 pH 至 7.2 |
| pH=8.8 1mol/L Tris-HCl(1L) | 181.7g Tris<br>去离子水定容 | 浓盐酸调节 pH 至 8.8；高温高压灭菌后 4℃保存 |
| 考马斯亮蓝染色脱色液(1L) | 100mL 醋酸,50mL 乙酸<br>850mL $dH_2O$ | 室温保存 |
| 12%的分离胶(10mL) | 3.3mL 去离子水<br>4.0mL 300g/L 丙烯酰胺<br>2.5mL 1.5mol/L Tris-HCl(pH=8.8)<br>0.1mL 10%十二烷基磺酸钠<br>0.1mL 10%过硫酸铵<br>4μL 四甲基乙二胺 | 枪头吸打混匀后加入制胶板 |
| 5%的浓缩胶(2mL) | 1.4mL 去离子水<br>0.33mL 300g/L 丙烯酰胺<br>0.25mL 1.5mol/L Tris-HCl(pH=6.8)<br>0.02mL10%十二烷基磺酸钠<br>0.02mL10%过硫酸铵<br>2μL 四甲基乙二胺 | 枪头吸打混匀后加入制胶板 |

### 8.1.2.4 实验仪器

本部分实验所用到的实验仪器如表 8-4 所示。

表 8-4 所需仪器设备

| 仪器 | 型号 | 来源 |
| --- | --- | --- |
| 超净工作台 | SW-CJ-2F | 苏州净化设备有限公司 |
| 电子天平 | FA1004B | 上海精密科学仪器有限公司 |
| 立式压力蒸汽灭菌锅 | YXQ-LS-30S2 | 上海博讯实业有限公司 |
| 恒温培养振荡器 | ZWYR-240 | 上海智诚分析仪器制造有限公司 |
| −20℃冰箱 | BC/BD-220GSA | 青岛海尔股份有限公司 |
| −80℃冰箱 | BCD-290W | 青岛海尔特种电气有限公司 |
| 立式冷藏柜 | BCD-290W | 青岛海尔股份有限公司 |
| 磁力搅拌器 | HZ85-2 | 北京中兴伟业仪器有限公司 |
| 高速离心机 | TG16-W | 湖南湘立科学仪器有限公司 |
| 制冰机 | YN-200P | 上海因纽特制冷设备有限公司 |
| 双光束紫外-可见光分光光度计 | TU-1901 | 北京普析通用仪器有限责任公司 |
| 酸度计 | PHS-3C | 上海仪电科学仪器股份有限公司 |
| 超声波破碎仪 | 92-IIN | 宁波新芝生物科技有限公司 |
| 涡旋振荡器 | G560E | 科学工业公司 |

## 8.1.3 实验方法

### 8.1.3.1 醇脱氢酶的表达及粗酶液的制取

本实验所用醇脱氢酶表达菌种均为实验室保藏的重组菌。获得粗酶液需要以下几个步骤:

（1）菌种复壮：在 10mL 无菌小试管中加入 3～4mL LB 无菌培养液，并加入终浓度为 50μg/mL 的 Kana 抗生素，在 37℃、200r/min 条件下培养 6～7h;

（2）扩大培养：取 45mL 无菌 TB 培养液，加入 5mL 无菌磷酸缓冲液与终浓度为 50μg/mL 的 Kana 抗生素，再加入占总扩培体积 20%的种子液，37℃，200r/min 条件下培养 2～3h;

（3）诱导表达：待培养液 $OD_{600}$ 达到 0.6 后，向其中加入 0.5mmol/L 异丙基$\beta$-D-硫代-吡喃半乳糖苷（IPTG），20℃，200r/min 条件下诱导约 10～14h。

（4）收菌：将诱导结束后的培养液倒入 50mL 离心管中，在 15℃、8000r/min 条件下离心 5min 收集菌体，用 pH=7.4 的磷酸缓冲液重悬，相同条件下离心以除去残留培养基，重复两次;

破碎：将步骤（4）中离心得到的细胞用 pH=7.4 的磷酸缓冲液重悬，利用超声波破碎仪在室温下，功率为 400W 超声 10min，超声工作时间为 3s，间歇 7s。破碎液在 4℃、10000r/min 条件下离心 5min 以除去细胞碎片得到粗酶液，储存在冰水中以免失活。

### 8.1.3.2 酶活力测定方法

利用可见光-紫外分光光度计检测 340nm 处吸光度的变化来测定不同醇脱氢酶对苯乙酮的活力。具体测定方法如下，于 1mL 体系中加入 10mmol/L 底物（苯乙二醇或苯乙酮），pH=7.4 的磷酸缓冲液补全至 1mL 校零，然后取出 1 号比色皿加入 10mmol/L 苯乙酮，1mmol/L $NAD^+$/NADH，10μL 醇脱氢酶粗酶液，pH=7.4 磷酸缓冲液补全至 1mL，迅速上下颠倒三次混匀，在 340nm 下测量 1min，根据吸光度值的变化计算酶活力。

醇脱氢酶催化苯乙酮生成苯乙醇，辅酶 NADH 作为电子供体失去氢被氧化生成 $NAD^+$，或者催化苯乙二醇生成 2-羟基苯乙酮，辅酶 $NAD^+$作为电子受体被还原生成 NADH。酶活力根据 30℃下 NADH 被氧化为 $NAD^+$的速率来定量。酶活力单位（1U）定义为等于每分钟氧化 1μmol NADH 生成 1μmol $NAD^+$的酶量。

公式为：

$$酶活(U/mL)=\Delta A\cdot(T_v/S_v)\cdot1000/(\varepsilon\cdot t\cdot L)$$

$$比活力(U/mg)=\Delta A\cdot(T_v/S_v)\cdot1000/(\varepsilon\cdot t\cdot L\cdot m)$$

式中 $\Delta A$——吸光度的变化值；

$T_v$——测量体系总体积；

$S_v$——测量体系中酶液体积；

$t$——时间，min；

$L$——光径，本实验所用比色皿的光径为 1cm；

$m$——酶液中蛋白质质量，mg；

$\varepsilon$——摩尔消光系数，NADH 的摩尔消光系数为 6220L/(mol·cm)。

### 8.1.3.3 蛋白质浓度测定方法

本实验所用蛋白质定量方法 Bradford 法，利用双光束紫外-可见光分光光度计测定吸光度，所用比色皿体积为 1mL，此种方法所能测到的蛋白质浓度范围为 0～10μg/mL。

操作步骤如下：

（1）使用前先轻轻混匀 Bradford 试剂，然后取实验所需体积转移到至干净试管中，平衡至室温待用；

（2）根据表 8-5 用 0.5 mg/mL 牛血清白蛋白（BSA）溶液制备蛋白质标准溶液，一式三份；

表 8-5　蛋白质标准溶液表

| 序号 | 0.5mg/mL BSA/μL | 0.15mol/L NaCl/μL | 每管标准液体积/μL | 每管 BSA 量/μg |
| --- | --- | --- | --- | --- |
| 空白 | 0 | 100 | 100 | 0 |
| S1 | 5 | 95 | 100 | 2.5 |
| S2 | 10 | 90 | 100 | 5 |
| S3 | 15 | 85 | 100 | 7.5 |
| S4 | 20 | 80 | 100 | 10 |

（3）向每管标准液中加 1mL Bradford 试剂并混合，室温静置 2min 至稳定结合；

（4）用 1mL 比色皿测量 595nm 处吸光度。绘制 595nm 处吸光度和蛋白质浓度的标准曲线；

（5）对于待测未知样品，使用样品代替 BSA 重复步骤 1～3。通过标准曲线确定未知样品的浓度。

#### 8.1.3.4　SDS-PAGE 蛋白质电泳

SDS-PAGE 是据混合蛋白质的分子量不同对蛋白质进行量化的一种分离方法。其中，SDS 是一种表面活性剂，与蛋白质的疏水部分结合，折叠结构被破坏。SDS 与蛋白质结合形成长棒状复合物，其长度与其分子量成正比。因此，在样品介质和凝胶中加入强还原剂和表面活性剂后，蛋白质亚基的迁移率只取决于分子量，电荷因素被忽略。

具体操作步骤如下：

（1）分离胶和浓缩胶配制

将样品梳、玻璃板清洗干净后，按说明书要求装好玻璃板，用去离子水检查是否漏液。按照 8.1.2.3（2）中方法分别配制 12%分离胶（10mL），混匀后，向玻璃板间灌制分离胶，在上方加附一层去离子水使分离胶表面平整，大约 20min 后分离胶即可聚合。按照 8.1.2.3（2）中配方要求配制 5%浓缩胶（2mL），混匀后，将上层去离子水倒掉并用滤纸吸干，灌制浓缩胶，插好样品梳待其聚合。

（2）样品制备及上样

取蛋白质样品 40μL 与上样缓冲液 5μL 在 EP 管中混合均匀，在 100℃沸水中煮 5～10min 使蛋白质变性，8000r/min 下离心 3min；加入电泳缓冲液，装好电极系统后，取离心后样品上清液加至上样孔中，稳压 120V 启动。

（3）染色脱色

待溴酚蓝接近分离胶底部时停止电泳，卸下胶板，剥胶置入考马斯亮蓝染色液中，放入微波炉中微波加热 1min；倒掉染色液，加入脱色液微波加热 1min，更换脱色液微波脱色步骤重复两次后，过夜脱色即可。

## 8.1.4 实验结果分析

### 8.1.4.1 蛋白质浓度标准曲线

按照 8.1.3.3 中操作步骤，绘制得到蛋白质浓度标准曲线如图 8-3 所示。

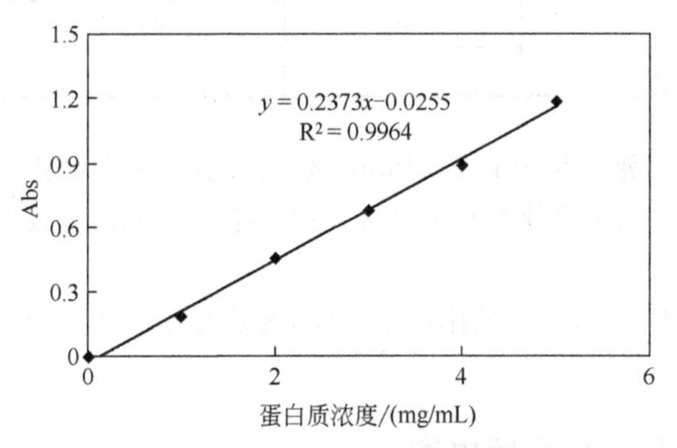


图 8-3 蛋白质浓度标准曲线

### 8.1.4.2 醇脱氢酶的表达

实验室保存的醇脱氢酶表达情况通过 SDS-PAGE 电泳检测，结果如图 8-4 所示。

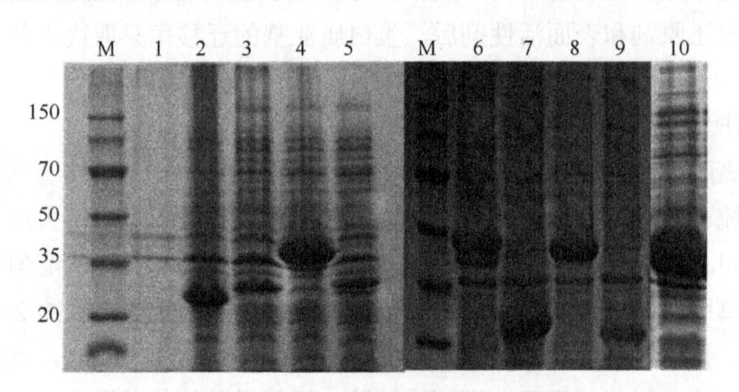


图 8-4 醇脱氢酶 SDS-PAGE 电泳图

根据分子量标记，可以推断得到图 8-4 所表达醇脱氢酶大小如下。1：YXnA≈42kDa，2：YuCD≈28kDa，3：SCD≈30kDa，4：GuTB≈36kDa，5：GO2378≈30kDa，6：BDHA≈45kDa，7：GoSCR≈28kDa，8：IOLG≈40kDa，9：RDR≈27kDa，10：YugJ≈40kDa。

### 8.1.4.3 醇脱氢酶活力检测

对实验室保藏的 15 种醇脱氢酶重组表达之后，分别检测了它们对苯乙二醇以及苯乙酮的活力。结果如表 8-6 所示，15 种醇脱氢酶中对苯乙酮与苯乙二醇均有活力的有五种，分别为 GO2378、GuTB、BDHA、GoSCR、GO0313。其中，对 (*R*)-苯乙二醇活力最高的为 BDHA，对 (*S*)-苯乙二醇活力最高的为 GO0313，但考虑到 GO0313 对苯乙酮活力不高，为构建高效辅酶再生系统，最终选择立体选择性相反的两种酶 BDHA、GoSCR 催化苯乙二醇的氧化以及对苯乙酮的还原反应。

**表 8-6　不同醇脱氢酶对苯乙二醇、苯乙酮活力**

| 序号 | 酶 | 苯乙酮/(U/mg) | (*R*)-苯乙二醇/(U/mg) | (*S*)-苯乙二醇/(U/mg) |
|---|---|---|---|---|
| 1 | GO0716 | 1.206 | nd | nd |
| 2 | RDR | 2.204 | nd | nd |
| 3 | GO2108 | 0.724 | nd | nd |
| 4 | GO2378 | 0.119 | 0.036 | 0.044 |
| 5 | YuCD | 1.272 | nd | nd |
| 6 | SCD | 0.905 | nd | nd |
| 7 | GuTB | 0.392 | 0.22 | nd |
| 8 | GO1538 | 0.503 | nd | nd |
| 9 | YXnA | 0.415 | nd | nd |
| 10 | BDHA | 0.8 | 0.79 | nd |
| 11 | GoSCR | 1.257 | nd | 0.12 |
| 12 | IOIG | 0.286 | nd | nd |
| 13 | GO0313 | 0.238 | 0.12 | 0.07 |
| 14 | YugJ | 0.252 | nd | nd |
| 15 | YutJ | 0.318 | nd | nd |

注：nd 全称 not detected，表示未检测到活力。

### 8.1.4.4　BDHA、GoSCR 对不同二醇活力检测

尽管酶分子具有比较高的专一性，但有时这种专一性并不是严格的。本实验首先选取苯乙二醇为模式底物，探究了两种醇脱氢酶 BDHA、GoSCR 对苯乙二醇的活力。为构建完善的底物谱，检测 BDHA、GoSCR 对其他二醇的活力以拓宽其在手性 $\beta$-氨基醇合成方面的应用，在相同条件下探究了它们对其他五种不同底物的活性。结果如表 8-7 所示，BDHA 对五种二醇的活力为 0.133～0.791U/mg，对 (*R*)-2c 活力最高，可达 0.791U/mg；而 GoSCR 对五种二醇活力为 0.067～0.119U/mg，其中对 (*S*)-2c 达到 0.119U/mg。

表 8-7 BDHA、GoSCR 对不同二醇氧化活力

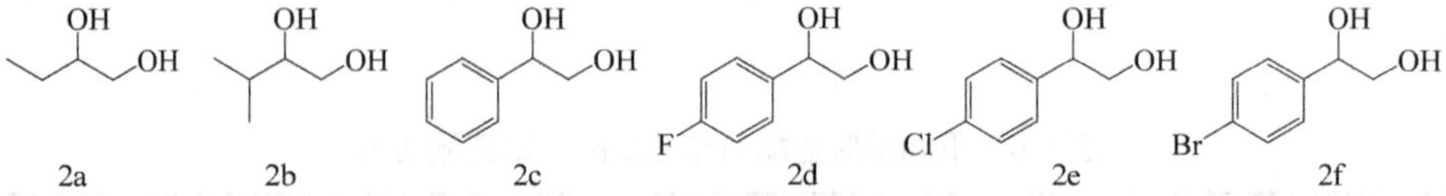

| 序号 | 底物 | BDHA/(U/mg) | GoSCR/(U/mg) |
| --- | --- | --- | --- |
| 1 | (*R*)-2a | 0.181 | |
| 2 | (*R*)-2b | 0.488 | |
| 3 | (*R*)-2c | 0.791 | |
| 4 | (*R*)-2d | 0.133 | |
| 5 | (*R*)-2e | 0.168 | |
| 6 | (*R*)-2f | 0.488 | |
| 7 | (*S*)-2a | | 0.087 |
| 8 | (*S*)-2b | | 0.068 |
| 9 | (*S*)-2c | | 0.119 |
| 10 | (*S*)-2d | | 0.068 |
| 11 | (*S*)-2e | | 0.071 |
| 12 | (*S*)-2f | | 0.067 |

## 8.1.5 小结

（1）为了实现级联生物催化苯乙烯氧化物不对称开环合成手性$\beta$-氨基醇，首先对本实验室保存的醇脱氢酶进行了筛选，以苯乙二醇为模式底物，成功筛选过的 2 种立体选择性相反的醇脱氢酶 BDHA、GoSCR，对苯乙二醇以氧化活力最高，且 2 种酶都对苯乙酮具有较高的还原活力。结果将为下一步通过醇脱氢酶和转氨酶级联催化外消旋二醇合成手性$\beta$-氨基醇奠定基础。

（2）分别对 2 种醇脱氢酶 BDHA、GoSCR 的底物特异性进行了检测，结果显示 2 种醇脱氢酶对所检测的二醇底物都具有较高的氧化活力。

# 8.2 立体选择性级联生物催化外消旋二醇合成手性 β-氨基醇

## 8.2.1 引言

本实验以苯乙二醇为底物，(*R*)-1-甲基苄胺为氨基供体，在两种立体选择性相反的醇脱氢酶 BDHA、GoSCR 以及一种转氨酶 MVTA 的作用下，通过生物串联催化将外消旋苯乙二醇转化生成对映体纯的(*S*)-苯甘氨醇，检测 BDHA、GoSCR、MVTA 的活力并考查不同底物浓度、不同辅酶添加量的反应进程，优化反应条件，包括反应 pH 值、反应温度以及两种类型酶的添加比例。反应路线如图 8-5 所示。

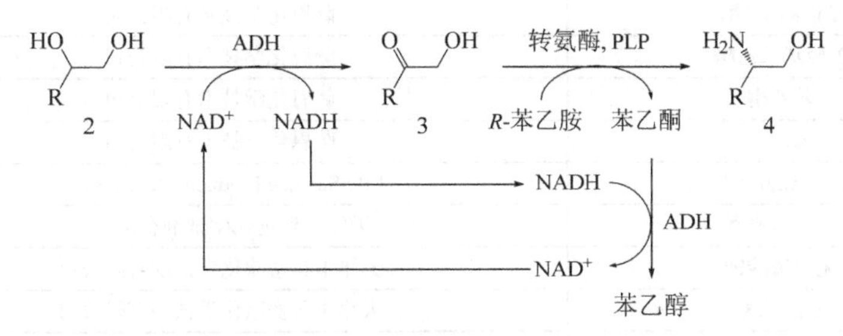


图 8-5　多酶级联催化外消旋二醇合成(*S*)-苯甘氨醇反应路线

## 8.2.2 实验材料

### 8.2.2.1 实验药品

（1）菌种

重组大肠杆菌工程菌 *E.coli*（BDHA）、*E.coli*（GoSCR）、*E.coli*（MVTA）菌种。其中：*E.coli*（BDHA）表达对(*R*)-苯乙二醇有活力的醇脱氢酶 BDHA；*E.coli*（GoSCR）表达对(*S*)-苯乙二醇有活力的醇脱氢酶 GoSCR；*E.coli*（MVTA）表达对 2-羟基苯乙酮有活力的转氨酶 MVTA。

（2）实验试剂

本部分实验内容所用到的实验试剂如表 8-8 所示。

### 8.2.2.2 实验仪器

本部分实验所用到的仪器如表 8-9 所示。

**表 8-8 实验主要试剂**

| 药品 | 来源 |
| --- | --- |
| 丙三醇 | 天津市科密欧化学试剂有限公司 |
| 琼脂粉 | 上海生工生物工程有限公司 |
| 酵母提取物 | 上海生工生物工程有限公司 |
| 胰蛋白胨 | 上海生工生物工程有限公司 |
| 氯化钠 | 上海生工生物工程有限公司 |
| 辅酶 NADH | 上海生工生物工程有限公司 |
| 辅酶 $NAD^+$ | 上海生工生物工程有限公司 |
| 磷酸吡哆醛 | 上海生工生物工程有限公司 |
| 磷酸氢二钾 | 天津市科密欧化学试剂有限公司 |
| 磷酸二氢钾 | 天津市科密欧化学试剂有限公司 |
| (*S*)-苯甘氨醇 | 萨恩化学技术有限公司 |
| (*R*)-苯乙二醇 | 萨恩化学技术有限公司 |
| (*S*)-苯乙二醇 | 萨恩化学技术有限公司 |
| 2-羟基苯乙酮 | 萨恩化学技术有限公司 |
| 苯乙酮 | 萨恩化学技术有限公司 |
| 苯乙醇 | 萨恩化学技术有限公司 |
| Kana、Amp 抗生素 | Life Science Products ＆ Services |
| 二甲基亚砜 | 天津市致远化学试剂有限公司 |
| 无水硫酸钠 | 天津市科密欧化学试剂有限公司 |
| 乙酸乙酯 | 天津市科密欧化学试剂有限公司 |
| 十二烷 | 阿拉丁试剂有限公司 |
| 丙酮酸钠 | 萨恩化学技术有限公司 |

**表 8-9 实验所用仪器**

| 仪器 | 型号 | 来源 |
| --- | --- | --- |
| 超净工作台 | SW-CJ-2F | 苏州净化设备有限公司 |
| 电子天平 | FA1004B | 上海精密科学仪器有限公司 |
| 立式压力蒸汽灭菌锅 | YXQ-LS-30S2 | 上海博讯实业有限公司 |
| 恒温培养振荡器 | ZWYR-240 | 上海智诚分析仪器制造有限公司 |
| −20℃冰箱 | BC/BD-220GSA | 青岛海尔股份有限公司 |
| −80℃冰箱 | BCD-290W | 青岛海尔特种电气有限公司 |
| 立式冷藏柜 | BCD-290W | 青岛海尔股份有限公司 |
| 磁力搅拌器 | HZ85-2 | 北京中兴伟业仪器有限公司 |
| 高速离心机 | TG16-W | 湖南湘立科学仪器有限公司 |
| 气相色谱仪 | GC-2010 | 岛津 SHIMADZU |
| 酸度计 | PHS-3C | 上海仪电科学仪器股份有限公司 |
| 超声波破碎仪 | 92-IIN | 宁波新芝生物科技有限公司 |
| 涡旋振荡器 | G560E | 科学工业 |
| 气相色谱仪 | GC-2010 | 岛津 SHIMADZU |

#### 8.2.2.3 试剂配制

培养基及相关试剂与 SDS-PAGE 电泳相关试剂配制方法参照 8.1.2。

### 8.2.3 实验方法

#### 8.2.3.1 酶的诱导表达及粗酶液制取

本部分实验涉及的酶的诱导表达及粗酶液制备方法参照 8.1.3。

#### 8.2.3.2 酶活力测定

醇脱氢酶催化苯乙二醇氧化生成 2-羟基苯乙酮，这个过程中辅酶 $NAD^+$为电子受体，得到氢后被还原成辅酶 NADH。酶活的测定根据 30℃下 $NAD^+$被还原成 NADH 的速率来测定。一个酶活单位（1U）定义为每分钟还原 1μmol $NAD^+$生成 1μmol NADH 的酶量。具体测定方法参照 8.1.3.2。

#### 8.2.3.3 蛋白质浓度测定方法

蛋白质浓度采用 Bradford 法来测定，具体操作参照 8.1.3.3。

#### 8.2.3.4 SDS-PAGE 电泳

具体操作步骤参照 8.1.3.4。

#### 8.2.3.5 反应体系建立及取样方法

反应体系的建立主要考虑到参与反应物质的种类及其浓度，本研究的反应体系为 5mL：底物 1 为对映体纯的苯乙二醇和消旋苯乙二醇，其浓度为 50mmol/L、100mmol/L；底物 2 为相对底物 1 过量 (*R*)-1-甲基苄胺，促使反应平衡向右移动；醇脱氢酶的辅酶 $NAD^+$以及转氨酶的辅酶 PLP；催化剂为醇脱氢酶 BDHA、GoSCR 及转氨酶 MVTA 粗酶液。上述成分在 50 mL 反应瓶中充分混匀后放入摇床，30℃，200r/min 条件下反应一定时间取样。

反应取样方法结合苯甘氨醇标准曲线绘制方法，取与标准溶液相同体积的反应液 350μL 于 1.5mL EP 管中，加入一定量的 NaCl 使得微溶于水的产物苯甘氨醇可以被充分萃取出来，再加入等体积 350μL 含有 20mmol/L 内标物十二烷的乙酸乙酯，100μL 10mol/L NaOH 溶液调节萃取液 pH 值约为 10。在涡旋振荡器上充分混匀后，12000r/min、室温下离心 5min，将上清液移至干净的 EP 管中，加入少量无水硫酸钠干燥后即可用于气相检测。

### 8.2.3.6 气相色谱法

气相色谱（GC）的定量方法主要有归一化法、外标法以及内标法三种。本实验样品检测方法采用内标法。内标法是指在检测样品中某一组分含量时，引入一种内标物质用来校准和消除操作条件的变动而对分析结果产生的影响，提高分析结果的准确性。实际操作过程中，在样品中加入 20 mmol/L 的十二烷作为标准物质，它可被色谱柱分离，也不受样品中其他组分的干扰，只要测定内标物和待测组分的峰面积与相对响应值，就可以通过标准曲线求出待测组分在样品中的产物含量。

本研究所用气相色谱仪为 GC-2010，Shimadzu。

（1）产物浓度分析用非手性柱（HP-5，30m×0.320mm×0.25mm；Agilent Technologies，Inc.）。检测条件为：进样口温度为 250℃，检测器温度 250℃，柱箱温度 120℃，保留时间 10min。

（2）产物的对映体过量值（*ee*，%）分析用手性色谱柱（CP Chirasil-Dex CB，25m×0.32mm×0.25μm；Agilent Technologies，Inc.）。检测条件为：进样口温度 250℃，检测器温度 275℃，柱温为程序升温，于 100℃下，以 2℃/min 升到 120℃后，再以 5℃每分钟升至 160℃，保留时间为 10min。

样品检测前需要进行衍生，具体方法如下：取 0.5mL 样品，加入 0.1mL 含有 50mg/mL 4-二甲氨基吡啶（DMAP）的醋酸酐溶液，在 40℃、700r/min 条件下反应 4h，再加 0.5mL 饱和 $NH_4Cl$ 溶液充分混匀，12000r/min 离心 5min，取有机相加入无水 $Na_2SO_4$ 进行干燥用于气相色谱检测。底物对映体过量值的计算公式为：

$$ee=\frac{[R]-[S]}{[R]+[S]}\times 100\%$$

式中，[*R*]、[*S*] 分别代表底物 *R* 和 *S* 构型对映体在气相色谱图中峰面积的大小。

### 8.2.3.7 苯甘氨醇及苯乙二醇标准曲线绘制

配制 1mol/L 的 (*S*)-苯甘氨醇的标准溶液，根据表 8-10 将上述标准溶液稀释至一定浓度，一式三份。

**表 8-10 苯甘氨醇标准溶液**

| 序号 | 1mol/L 的(*S*)-苯甘氨醇/μL | 反应用缓冲液/μL | 所配制标准溶液的浓度/(mmol/L) |
|---|---|---|---|
| 1 | 20 | 980 | 20 |
| 2 | 40 | 960 | 40 |
| 3 | 60 | 940 | 60 |
| 4 | 80 | 920 | 80 |
| 5 | 100 | 900 | 100 |
| 6 | 120 | 880 | 120 |

将按照上表所配制好的不同浓度的标准溶液充分混匀，然后各取 350μL 分别移至干净的 EP 管中，分别加入 350μL 含有十二烷作为内标的乙酸乙酯以及 100μL 10mol/L NaOH 溶液，充分混匀以萃取得到 (*S*)-苯甘氨醇；8000 r/min 下离心 5min 后取乙酸乙酯层进行气相检测，根据峰面积比值绘制标准曲线，结果如图 8-6 所示。苯乙二醇标准溶液的配制及标准曲线绘制同上述苯甘氨醇标准溶液配制原理方法相同，绘制结果如图 8-7 所示。

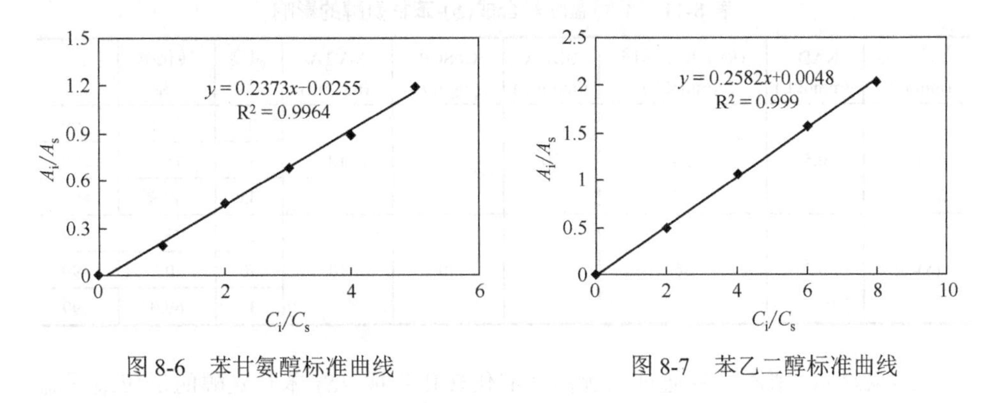


图 8-6　苯甘氨醇标准曲线　　图 8-7　苯乙二醇标准曲线

## 8.2.4 实验结果

### 8.2.4.1 醇脱氢酶及转氨酶的表达

按照 8.1.3.1 中的方法进行接种、扩大培养、诱导以及制取粗酶液，再按照 8.2.3.4 中 SDS-PAGE 的方法步骤进行蛋白质电泳检测，结果如图 8-8 所示，BDHA 在 45kDa、MVTA 在 42kDa、GoSCR 在 28 kDa 处出现明显条带，由此可以判定三种酶均成功表达。

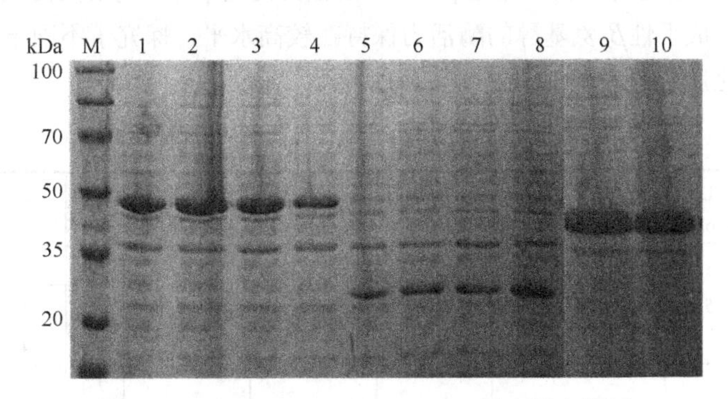


图 8-8　BDHA、GoSCR、MVTA 蛋白质电泳图

1～4 列：BDHA；5～8 列：GoSCR；9～10 列：MVTA

### 8.2.4.2 生物催化转化二醇合成手性β-氨基醇的反应温度优化

反应温度对酶催化反应速率的影响比较大，在一定温度范围内，温度升高，活化分子数目增多，酶催化反应速率随之加快，但当温度升高至某一临界值后，温度继续升高就会导致酶蛋白质变性，酶活也会随之降低。为使得酶催化反应在酶的最适温度下进行，探究了不同温度下(*S*)-苯甘氨醇得率，结果如表 8-11 所示。

**表 8-11　不同温度对合成(*S*)-苯甘氨醇的影响**

| 苯乙二醇/(mmol/L) | $NAD^+$/(mmol/L) | (*R*)-1-甲基苄胺/(mmol/L) | BDHA/(mg/mL) | GoSCR/(mg/mL) | MVTA/(mg/mL) | 温度/℃ | 转化率/% | *ee*/% |
|---|---|---|---|---|---|---|---|---|
| | | | | | | 25 | 67.1 | >99 |
| (*R*)-2c | 0.5 | 56 | 20 | | 10 | 30 | 75.7 | >99 |
| | | | | | | 35 | 49.8 | >99 |
| | | | | | | 25 | 73.8 | >99 |
| (*S*)-2c | 0.5 | 56 | | 20 | 10 | 30 | 80.2 | >99 |
| | | | | | | 35 | 69.0 | >99 |

结果显示，苯乙二醇通过三酶偶联催化转化生成 (*S*)-苯甘氨醇的反应最适温度为 30℃，在此温度下，50mmol/L 苯乙二醇反应 5 个小时即可达到 70%以上，比 25℃时反应得率大约高 8%，而 35℃下由于酶蛋白质稳定性降低，故反应得率下降。

### 8.2.4.3 生物催化转化二醇合成手性β-氨基醇的反应 pH 值优化

酶结构的稳定性受 pH 值的影响较大，因此不同 pH 值下酶活力是不同的。酶活力随着 pH 值的变化呈现钟罩形曲线变化，pH 值较低时，酶活力随着 pH 的升高而增大，当 pH 值超过酶的临界最适 pH 后，酶活力随着 pH 值的增大而减小。为了保证参与催化合成手性β-氨基醇的酶活力保持在较高水平，探究了不同 pH 值条件下多酶偶联催化反应的得率，结果如表 8-12 所示。

**表 8-12　不同 pH 值对合成 (*S*)-苯甘氨醇的影响**

| 苯乙二醇/(mmol/L) | $NAD^+$/(mmol/L) | (*R*)-1-甲基苄胺/(mmol/L) | BDHA/(mg/mL) | GoSCR/(mg/mL) | MVTA/(mg/mL) | pH | 转化率/% | *ee*/% |
|---|---|---|---|---|---|---|---|---|
| | | | | | | 7.0 | 53.0 | >99 |
| (*R*)-2c | 0.5 | 56 | 20 | | 10 | 7.4 | 59.1 | >99 |
| | | | | | | 8.0 | 49.2 | >99 |
| | | | | | | 7.0 | 58.0 | >99 |
| (*S*)-2c | 0.5 | 56 | | 20 | 10 | 7.4 | 62.2 | >99 |
| | | | | | | 8.0 | 47.2 | >99 |

结果显示，反应最适 pH 为 7.4，经过 5 个小时反应后，两种构型的 50 mmol/L 苯乙二醇均可达到约 60%的得率。在其他条件相同时，反应体系 pH 值为 8.0 或 8.6 时，得率明显下降。

### 8.2.4.4 生物催化转化二醇合成手性β-氨基醇辅酶添加量优化

大多数氧化还原酶在进行生物催化时都需要 $NAD^+$/NADH、$NADP^+$/NADPH 参与，这些辅因子不仅稳定性差，而且价格昂贵，化学当量的添加使得生产成本大大提高，限制了氧化还原酶的工业应用。在反应的最适温度与 pH 值确定后，引入辅酶再生系统来探究反应得率。为了避免起始反应中辅酶添加量成为反应速率的限制因素，从 0.5mmol/L 的足量辅酶开始依次减少，探究 (*S*)-苯甘氨醇得率。结果如表 8-13 所示。

**表 8-13 不同辅酶添加量对合成 (*S*)-苯甘氨醇的影响**

| 底物 | 底物浓度 /(mmol/L) | $NAD^+$ /(mmol/L) | (*R*)-1-甲基苄胺 /(mmol/L) | BDHA /(mg/mL) | GoSCR /(mg/mL) | MVTA /(mg/mL) | 转化率 /% | *ee* /% |
|---|---|---|---|---|---|---|---|---|
| (*R*)-2c | 50 | 0.5 | 56 | 20 | | 10 | 97.7 | >99 |
| (*R*)-2c | 50 | 0.2 | 56 | 20 | | 10 | 67.8 | >99 |
| (*R*)-2c | 50 | 0.1 | 56 | 20 | | 10 | 65.2 | >99 |
| (*R*)-2c | 50 | 0.05 | 56 | 20 | | 10 | 57.0 | >99 |
| (*S*)-2c | 50 | 0.5 | 56 | | 20 | 10 | 92.9 | >99 |
| (*S*)-2c | 50 | 0.2 | 56 | | 20 | 10 | 85.0 | >99 |
| (*S*)-2c | 50 | 0.1 | 56 | | 20 | 10 | 70.9 | >99 |
| (*S*)-2c | 50 | 0.05 | 56 | | 20 | 10 | 66.4 | >99 |

底物苯乙二醇浓度为 50mmol/L 时，随着辅酶量的减少，反应生成的(*S*)-苯甘氨醇量也随之减少，但辅酶降低为 0.05mmol/L 时，得率依然可以达到 50%以上，由此可以确定，本实验中通过底物偶联法构建的辅酶再生系统基本可以达到减少辅酶添加的目的。另外，由表 8-13 可知，相同条件下，GoSCR 对苯乙酮的活力大约是 BDHA 对苯乙酮活力的三倍，所以当辅酶减少 0.05mmol/L 时，底物为 (*S*)-苯乙二醇的反应得率为 66.4%，底物为 (*R*)-苯乙二醇时的反应得率为 57.0%，由此可见，GoSCR 参与反应时的辅酶再生效果要明显好于 BDHA。

### 8.2.4.5 生物催化二醇合成手性β-氨基醇的不同酶比例优化

本实验所涉及的串联催化具体为苯乙二醇在醇脱氢酶作用下转化生成 2-羟基苯乙酮，然后 2-羟基苯乙酮在转氨酶的作用下转化生成(*S*)-苯甘氨醇。由表 8-8 知，BDHA 对 (*R*)-苯乙二醇的活力为 0.79U/mg，GoSCR 对 (*S*)-苯乙二醇活力为 0.12U/mg。而 MVTA 对 2-羟基苯乙酮活力为 1.92U/mg，三个酶的催化能力有一定差异，故探究两个种类酶在不同比例下 (*S*)-苯甘氨醇的得率以得到最优酶量组合。由表 8-14 可知，在醇脱氢酶:转氨酶为 20:10 时，反应 7h 后，(*S*)-苯甘氨醇得率均可达到 90%以上，并且随着醇脱氢酶在整个反应体系中所占比例的减小，得率逐渐下降。故在整个反应体系中，醇脱氢酶 BDHA、GoSCR 与转氨酶 MVTA 比例约为 20:10 时反应得率最高。

**表 8-14　双酶不同比例对合成(*S*)-苯甘氨醇的影响**

| 底物 | 浓度 /(mmol/L) | (*R*)-1-甲基苄胺 /(mmol/L) | BDHA /(mg/mL) | GoSCR /(mg/mL) | MVTA /(mg/mL) | 转化率 /% | *ee* /% |
|---|---|---|---|---|---|---|---|
| (*R*)-2c | 50 | 56 | 20 | | 10 | 93.1 | >99 |
| (*R*)-2c | 50 | 56 | 15 | | 15 | 85.8 | >99 |
| (*R*)-2c | 50 | 56 | 10 | | 20 | 70.2 | >99 |
| (*S*)-2c | 50 | 56 | | 20 | 10 | 97.1 | >99 |
| (*S*)-2c | 50 | 56 | | 15 | 15 | 89.4 | >99 |
| (*S*)-2c | 50 | 56 | | 10 | 20 | 64.9 | >99 |
| Rac-2c | 50 | 56 | 20 | 20 | 10 | 99.0 | >99 |

## 8.2.4.6　三酶级联生物催化外消旋二醇合成手性$\beta$-氨基醇

如表所示 8-15，通过组合三个酶对不同外消旋二醇进行了反应。产物 (*S*)-$\beta$-氨基醇的转化率高达 31%～99%，产物 *ee* 值为 97%～99%。当底物 2c 的浓度为 100mmol/L 时，产物转化率仍能达到 90%，*ee* 值大于 99%。

**表 8-15　三酶级联生物催化外消旋二醇合成手性$\beta$-氨基醇**

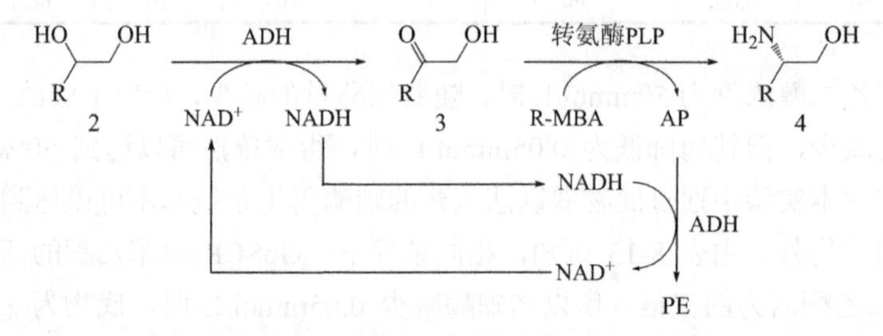


| 序号 | 底物 | 底物 /(mmol/L) | R-MBA /(mmol/L) | BDHA /(mg/mL) | GoSCR /(mg/mL) | MVTA /(mg/mL) | 时间 /h | 转化率 /% | *ee* /% |
|---|---|---|---|---|---|---|---|---|---|
| 1 | 2a | 20 | 25 | 20 | 20 | 10 | 6 | 99.0 | 97 |
| 2 | 2b | 20 | 25 | 20 | 20 | 10 | 24 | 80.6 | 98 |
| 3 | 2c | 50 | 55 | 20 | 20 | 10 | 7 | 99.0 | >99 |
| 4 | 2c | 100 | 110 | 40 | 40 | 10 | 12 | 90.0 | >99 |
| 5 | 2d | 20 | 25 | 20 | 20 | 10 | 12 | 93.1 | >99 |
| 6 | 2e | 20 | 25 | 20 | 20 | 10 | 12 | 55.6 | >99 |
| 7 | 2f | 20 | 25 | 20 | 20 | 10 | 12 | 31.6 | >99 |

## 8.2.5 小结

以苯乙二醇为模式底物，过量 (*R*)-1-甲基苄胺为氨基供体构建醇脱氢酶/转氨酶的一锅煮级联催化系统。通过构建的级联催化系统，可使系统内的辅酶 $NAD^+$ 得到循环再生。利用两种立体选择性相反的醇脱氢酶 BDHA、GoSCR 以及一种转氨酶 MVTA，通过生物串联催化转化苯乙二醇生成对映体纯的 (*S*)-苯甘氨醇，确定了最适反应 pH 值为 7.4，最适反应温度为 30℃，辅酶最低添加量可降低至 0.05mmol/L，醇脱氢酶与转氨酶最佳比例为 20:10［蛋白质量比（毫克）］，以上最优反应条件建立后，50mmol/L 苯乙二醇反应 7h 转化率可达到 99%，*ee* 值大于 99%。对不同外消旋二醇进行了反应，产物手性$\beta$-氨基醇的转化率达 31.6%～99%，*ee* 值为 97%～99%。

# 8.3 三酶共表达重组菌的构建及催化苯乙二醇合成手性$\beta$-氨基醇

## 8.3.1 引言

随着基因重组技术的快速发展，为了能使醇脱氢酶更广泛地应用到工业生产实践中，我们利用基因重组技术将本实验克隆得到的两种醇脱氢酶 BDHA、GoSCR 及一种转氨酶 MVTA 通过构建三酶共表达系统形成一个封闭的辅酶再生体系，利用重组细胞进行反应。三酶共表达系统不仅避免了分别表达和纯化蛋白质的繁琐操作，而且充分发挥了细胞的稳定性及其代谢优势，辅酶也可以高效再生，从而保证反应的高转化效率。

## 8.3.2 实验材料

### 8.3.2.1 实验试剂

（1）菌种与质粒

*E.coli* DH5α、*E.coli* BL21、pETDuet-1、*E.coli*（BDHA）、*E.coli*（GoSCR）、*E.coli*（MVTA）菌种，其中：*E.coli*（BDHA）表达对 (*R*)-苯乙二醇有活力的醇脱氢酶 BDHA；*E.coli*（GoSCR）表达对 (*S*)-苯乙二醇有活力的醇脱氢酶 GoSCR；*E.coli*（MVTA）表达对 2-羟基苯乙酮有活力的转氨酶 MVTA。

（2）试剂及试剂盒

SanPrep 柱式质粒 DNA 小量抽提试剂盒、SanPrep 柱式 PCR 产物纯化试剂盒、

SanPrep 柱式质粒 DNA 胶回收试剂盒、Bradford 法蛋白质浓度测定试剂盒。

限制性内切酶 *Bam*H Ⅰ、*Hind*Ⅲ、*Xho* Ⅰ、*Bgl* Ⅱ，T4 DNA 连接酶。

（3）其他试剂配制

培养基及相关试剂、SDA-PAGE 蛋白质电泳相关试剂配制方法参照 8.1。DNA 电泳相关试剂配方如下所示。

1%琼脂糖凝胶（20mL）：称取 0.2g 琼脂糖于三角瓶中，并加入 20mL 1×TAE 缓冲液，微波加热 1min 溶解，再加入 0.2μL Red 核酸染液，倒板。

50×TAE 核酸电泳缓冲液（1L）：分别称取 242.0g Tris，37.2g 乙二胺四乙酸二钠盐，57.1mL 冰醋酸，去离子水定容至 1L。室温下保存。

### 8.3.2.2 实验仪器

本部分实验内容所用到实验仪器如表 8-16 所示。

**表 8-16 实验仪器表**

| 仪器 | 型号 |
| --- | --- |
| 超净工作台 | SW-CJ-2F |
| 电子天平 | FA1004B |
| PCR 仪 | TC-E-96G |
| −80℃冰箱 | DW-86W100J |
| −20℃冰箱 | BC/BD-220GSA |
| 立式冷藏柜 | BCD-290W |
| 高速离心机 | TG16-W |
| 涡旋振荡器 | G560E |
| 恒温培养振荡器 | ZWYR-240 |
| 微波炉 | WD750B |
| 凝胶成像分析仪 | WD-9413C |
| 数显电热培养箱 | HPX-9162 |
| 磁力搅拌器 | HZ85-2 |
| 气相色谱仪 | GC-2010 |

## 8.3.3 实验方法

### 8.3.3.1 醇脱氢酶的克隆与表达

本实验所用醇脱氢酶 BDHA、GoSCR 的基因序列是已知的，为构建共表达重组质粒，利用软件 primer premier 5.0 设计引物，引物及酶切位点如表 8-17 所示，斜体表示限制性内切酶的酶切位点。

表 8-17 引物及酶切位点

| 名称 | | 引物（5′-3′） | 限制性酶 |
|---|---|---|---|
| MCS-1 | BDHA-F1 | CGC*GGATCC*GATGAAGGCAGCAAGATGG | *Bam*H Ⅰ |
| MCS-1 | BDHA-R1 | CCC*AAGCTT*TTAGTTAGGTCTAACAAGG | *Hind* Ⅲ |
| MCS-2 | GoSCR-F2 | GGC*AGATCT*CATGTACATGGAAAAACTCCG | *Bgl* Ⅱ |
| MCS-2 | GoSCR-R2 | CCG*CTCGAG*TCACCAGACGGTGAAG | *Xho* Ⅰ |
| MCS-1 | GoSCR-F1 | CGC*GGATCC*GATGTACATGGAAAAACTCC | *Bam*H Ⅰ |
| MCS-1 | GoSCR-R1 | CCC*AAGCTT*TCACCAGACGGTGAAGC | *Hind* Ⅲ |
| MCS-2 | BDHA-F2 | GGC*AGATCT*CATGAAGGCAGCAAGATGG | *Bgl* Ⅱ |
| MCS-2 | BDHA-R2 | CCG*CTCGAG*TTAGTTAGGTCTAACAAGG | *Xho* Ⅰ |

### 8.3.3.2 三酶共表达重组 *E.coli*（GoSCR-BDHA-MVTA）的构建

（1）质粒抽提

接种实验室保藏的大肠杆菌重组工程菌 *E.coli*（BDHA）、*E.coli*（GoSCR）、*E.coli*（MVTA）于 4mL LB 培养基中，加入相应的抗生素，37℃，200r/min 培养 10～12h 后，使用 SanPrep 柱式质粒 DNA 小量抽提试剂盒抽提质粒，1%琼脂糖凝胶电泳检测抽提结果，保存于–20℃。

（2）目的基因 PCR 扩增

利用 Bioer Genepro PCR 仪进行目的基因扩增，50μL PCR 反应体系如表 8-18 所示。

表 8-18 PCR 反应体系

| PCR 反应物 | 体积/μL |
|---|---|
| dd$H_2O$ | 40 |
| 10×*Taq* 缓冲液 | 5 |
| dNTPs | 1 |
| 抽提好的质粒为模板 | 1 |
| 上游引物 | 1 |
| 下游引物 | 1 |
| *Taq* DNA 聚合酶 | 1 |

PCR 扩增条件如下所示：

95℃ 5min
94℃ 10min
60℃ 40s
72℃ 1.5min
（94℃～72℃ 30 个循环）
72℃ 10min

扩增结束后利用 1%核酸凝胶电泳检测，采用 SanPrep 柱式 PCR 产物纯化试剂盒纯化 PCR 产物，保存于–20℃。

（3）目的基因及质粒双酶切

利用双酶切技术对纯化得到的PCR产物以及pETDuet-1质粒分别进行双酶切，酶切反应体系如表8-19所示。所用限制性内切酶为*Bam*HⅠ与*Hind*Ⅲ时，Buffer选用2.1，所用限制性内切酶为*BgI*Ⅱ、*Xho*Ⅰ时，Buffer选用3.1。

**表8-19 双酶切反应体系**

| 双酶切反应物 | 体积/μL |
|---|---|
| $ddH_2O$ | 5 |
| 缓冲液2.1（或3.1） | 3 |
| pETDuet-1（或BDHA、GoSCR基因） | 1 |
| *Bam*HⅠ、*Hind*Ⅲ | 各1 |
| *BgI*Ⅱ、*Xho*Ⅰ | 各1 |

酶切反应于37℃下进行4h，反应结束后进行1%琼脂糖凝胶电泳检测，然后，用SanPrep柱式质粒胶回收试剂盒进行切胶回收。

（4）连接转化

将步骤（3）中酶切好的质粒载体pETDuet-1以及目的基因片段BDHA、GoSCR进行连接，连接反应体系如表8-20所示。

**表8-20 连接反应体系**

| 连接反应物 | 体积/μL |
|---|---|
| $ddH_2O$ | 7 |
| 酶切后的BDHA、GoSCR基因 | 3 |
| 酶切后的pETDuet-1 | 7 |
| 缓冲液 | 2 |
| T4 DNA连接酶 | 1 |

连接反应于4℃冰箱中进行7～8h，将连接产物通过热激法转入*E.coli* DH5α感受态细胞中，涂布于含有Amp的LB固体培养基的平板上，放入37℃培养箱中过夜培养。次日挑取平板上的若干单菌落于含有氨苄（Amp）的4mL LB液体培养基中，于37℃，200r/min培养6～7h，用SanPrep柱式质粒DNA小量抽提试剂盒提取质粒，1%琼脂糖凝胶电泳检测后，分别通过双酶切、PCR鉴定插入的目的基因BDHA、GoSCR。检测成功后将所抽提的质粒pETDuet-BDHA/GoSCR保存于–20℃。

（5）重组细胞培养

将上述重组质粒pETDuet-GoSCR/BDHA和实验室保藏重组质粒pET28a-MVTA通过热激法同时转入BL21感受态细胞中构建*E.coli*（GoSCR-BDHA-MVTA），涂布于含有 Amp 与 Kana 抗生素的 LB 固体培养基平板上，放入 37℃培养箱过夜培养，次日挑取平板上单菌落，接种、扩大培养、收菌、制取粗酶液方法参照 8.1.3.1。

#### 8.3.3.3 重组菌催化反应体系建立及产物萃取

基于多酶催化反应条件的优化，本研究考查了消旋苯乙二醇浓度为 50mmol/L 时，使用三酶共表达重组 *E.coli*（GoSCR-BDHA-MVTA）作为催化剂，反应液置于 50mL 反应瓶中，30℃、200r/min 条件下振荡反应，在反应不同时间后取样测定反应体系中的产物含量。

反应取样方法参照 8.2.3.5。

### 8.3.4 实验结果

#### 8.3.4.1 BDHA 与 GoSCR 的克隆与表达

（1）PCR 获取目的基因

从实验室保藏的菌种中进行 pET28a-BDHA、pET28a-GoSCR 重组质粒及 pETDuet-1 空质粒抽提，按照 8.3.3.2 中的方法目的基因扩增，1%琼脂糖凝胶电泳验证 PCR 结果如图 8-9 和图 8-10 所示。

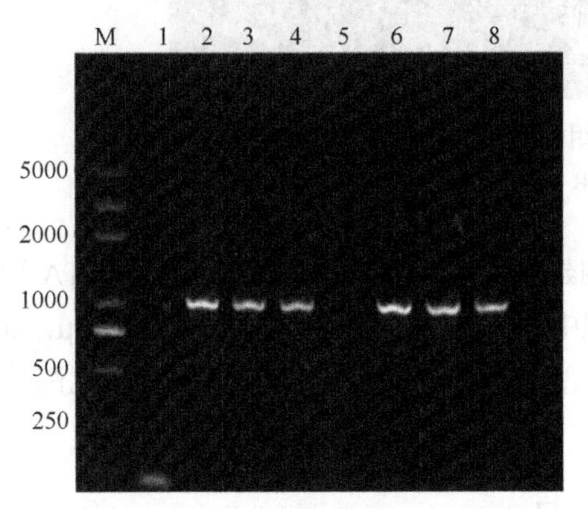


图 8-9　BDHA 基因 PCR 产物电泳图

M 列：DNA 分子量标准；

1～8 列：BDHA 核酸电泳结果

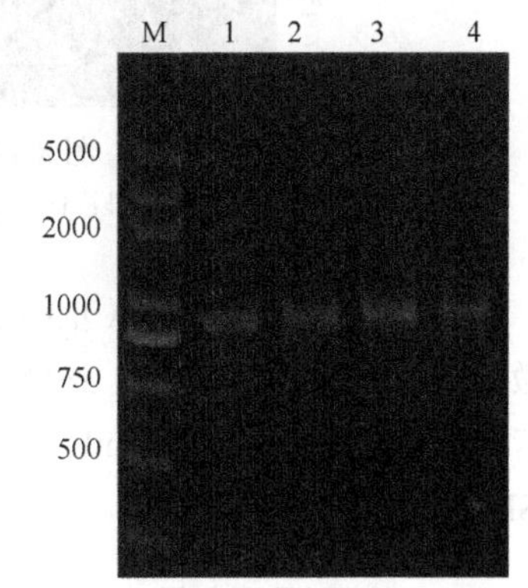


图 8-10　GoSCR 基因 PCR 产物电泳图

M 列：DNA 分子量标准；

1～4 列：GoSCR 核酸电泳结果

图 8-9 中，在 Maker 标记的 1000bp 附近有明显条带，即 BDHA 基因，与实际大小 1041bp 相符，可判定 BDHA 基因通过 PCR 成功获取。图 8-10 中，在 Maker 标记的 750～1000bp 之间有明显条带，即 GoSCR 基因，与实际大小 774bp 相符，

可初步判定 GoSCR 基因通过 PCR 成功获取。将上述两个 PCR 产物用 SanPrep 柱式 PCR 产物纯化试剂盒纯化。

（2）pETDuet-1 空质粒及目的基因双酶切

将抽提好的 pETDuet-1 空质粒与 8.3.3.2（2）中纯化好的两种 PCR 产物分别按照 8.3.3.2（3）中的体系进行双酶切反应，结束后采用 SanPrep 柱式质粒胶回收试剂盒及切胶回收。

（3）连接转化、验证及表达

将酶切好的目的基因 BDHA、GoSCR 与质粒载体 pETDuet-1 按照 8.3.3.2（4）中连接体系在 4℃下反应 7～8h，连接成功后导入 *E.coli* DH5α感受态细胞中，涂板挑取单菌落后在 LB 培养基中复壮，提取重组质粒进行 PCR 验证，结果如图 8-11 所示，在分子量标记的 1000bp 与 750bp 附近有明显条带，即 1041bp 的 BDHA 基因和 774bp 的 GoSCR 基因。

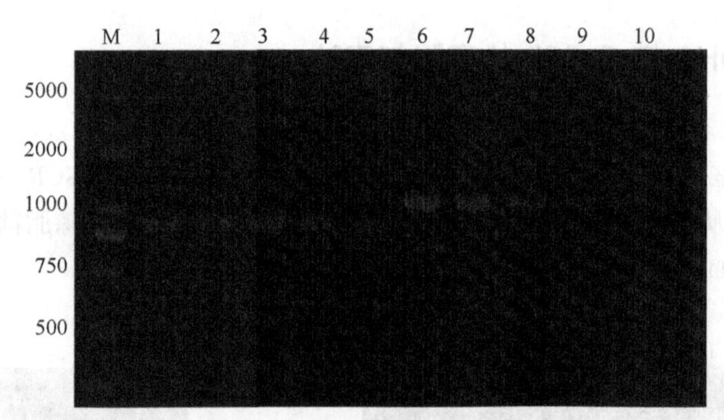


图 8-11　重组质粒 PCR 验证

M 列：DNA 分子量标准；1～5 列：PCR 验证 GoSCR；6～10 列：PCR 验证 BDHA

pETDuet-GoSCR/BDHA 重组质粒构建成功后，将该质粒与 pET28a-MVTA 通过热激法同时转入 *E.coli* BL21 感受态细胞中，用同时含氨苄抗性（Amp）（100μg/mL）与卡纳抗性（Kana）（50μg/mL）的平板培养，挑取单菌落，诱导表达制备粗酶液进行 SDS-PAGE。

#### 8.3.4.2　不同诱导时间下酶表达情况

为考查重组菌 *E.coli*（GoSCR-BDHA-MVTA）中三酶表达情况，加入诱导剂后 3h、6h、9h、12h、15h、18h 取重组细胞液，$OD_{600}$ 如图 8-12。SDS-PAGEA 结果如图 8-13，在 45kDa、42kDa、28kDa 分别出现 BDHA、MVTA、GoSCR 的目的条带。随着诱导时间增长，三酶表达量均逐渐增加直至稳定，15h 时表达量达到最高。

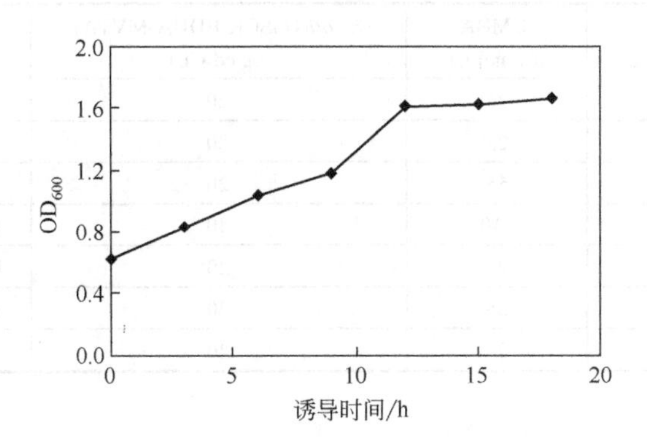


图 8-12　不同诱导时间下重组菌生长曲线

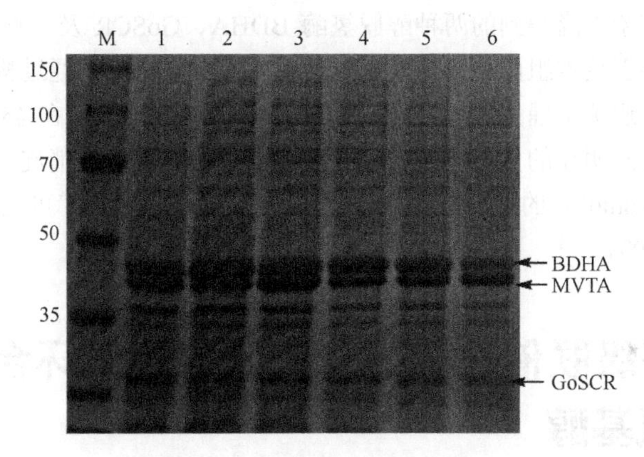


图 8-13　不同诱导时间酶表达情况

1 列：诱导 18h；2 列：诱导 15h；3 列：诱导 12h；4 列：诱导 9h；5 列：诱导 6h；6 列：诱导 3h；M 列：分子量标准

#### 8.3.4.3　共表达重组菌 *E.coli*（GoSCR-BDHA-MVTA）催化外消旋二醇合成手性*β*-氨基醇

通过重组 *E.coli*（GoSCR-BDHA-MVTA）整体细胞对不同外消旋二醇进行了反应。反应结果如表 8-21 所示，对 20mmol/L 外消旋二醇进行反应，反应时间 6～24h，产物手性*β*-氨基醇 4a～4f 的转化率为 35.5%～99%，底物为 50mmol/L 的外消旋苯乙二醇 2c 时，反应 7h，产物 (*S*)-4c 的转化率为 99%。增加外消旋苯乙二醇 2c 浓度至 100mmol/L，反应 12h 后，产物 (*S*)-4c 的转化率可达 95%，*ee* 值大于 99%。

表 8-21　重组细胞催化二醇合成手性$\beta$-氨基醇反应

| 序号 | 底物 | 底物 /(mmol/L) | R-MBA /(mmol/L) | *E.coli*(GoSCR-BDHA-MVTA) /(g cdw/L) | 时间 /h | 转化率 /% | *ee* /% |
|---|---|---|---|---|---|---|---|
| 1 | 2a | 20 | 25 | 20 | 6 | 99.0 | 97 |
| 2 | 2b | 20 | 25 | 20 | 24 | 85.0 | 98 |
| 3 | 2c | 50 | 55 | 20 | 7 | 99.0 | >99 |
| 4 | 2c | 100 | 110 | 40 | 12 | 95.0 | >99 |
| 5 | 2d | 20 | 25 | 20 | 12 | 96.1 | >99 |
| 6 | 2e | 20 | 25 | 20 | 12 | 59.6 | >99 |
| 7 | 2f | 20 | 25 | 20 | 12 | 35.5 | >99 |

### 8.3.5　小结

成功将本实验克隆得到的两种醇脱氢酶 BDHA、GoSCR 及一种转氨酶 MVTA 构建形成三酶共表达重组菌 *E.coli*（GoSCR-BDHA-MVTA），通过构建的体内辅酶循环再生系统，避免了辅酶额外添加。通过 SDS-PAGE 电泳，在 45kDa、42kDa、28kDa 处可以看到明显的蛋白质条带。通过重组细胞对不同外消旋二醇进行反应，浓度为 20～100mmol/L 的外消旋二醇，反应 6～12h 产物转化率可达 35.5%～99%，*ee* 值为 97%～99%。

## 8.4　多酶级联催化环氧化物不对称开环合成手性$\beta$-氨基醇

### 8.4.1　引言

以氧化苯乙烯为模式底物，研究多酶级联催化反应合成手性$\beta$-氨基醇。合成路线如图 8-1 所示，串联反应包括 3 步反应，第一步为环氧化物水解酶（SpEH）水解氧化苯乙烯生成消旋的苯乙二醇；第二步反应属于氧化还原反应，由于第一步反应的产物为两种构型的苯乙二醇，故在本步反应中需要两种醇脱氢酶（BDHA 和 GoSCR）来催化苯乙二醇生成 2-羟基苯乙酮［BDHA 对 (*R*)-苯乙二醇有活性，而 GoSCR 对 (*S*)-苯乙二醇有活性］，该反应需要辅因子 $NAD^+$作为受氢体起作用；第三步反应属于典型的双底物反应，在转氨酶（MVTA）以及 5-磷酸吡哆醛（PLP）辅因子的作用下，将氨基供体 (*R*)-苯乙胺上的氨基转移到 2-羟基苯乙酮，分别生成苯乙酮和 L-苯甘氨醇。同时该步反应中生成的苯乙酮可以利用第二步反应产生的辅酶 NADH，在 BDHA 和 GoSCR 的催化下生成苯乙醇，将 NADH 氧化为 $NAD^+$，又可为第二步所利用，实现反应中辅酶自我循环再生。

由于本实验为四酶一锅煮的生物催化串联反应，以环氧化物作为底物，最终得到手性$\beta$-氨基醇。该反应由三种不同类型的反应串联所构成，故需要三种类型不同的酶：环氧化物水解酶、醇脱氢酶、转氨酶。在本实验中，共需四种酶来进行催化。由于酶液不易保存，且酶活性极易丧失，每次做实验时都制备新的粗酶液，这一过程非常耗时费力，故尝试进行构建共表达体系，使用重组大肠杆菌整体细胞作为反应催化剂进行反应。

## 8.4.2 实验材料

### 8.4.2.1 实验药品和试剂

本实验所用到的药品和试剂如表 8-22 所示。

**表 8-22 本实验用到的主要试剂**

| 试剂 | 来源 |
| --- | --- |
| Ezup 柱式细菌基因组 DNA 抽提试剂盒 | 生工生物工程（上海）股份有限公司 |
| SanPer 柱式 PCR 产物纯化试剂盒 | 生工生物工程（上海）股份有限公司 |
| SanPer 柱式质粒 DNA 小量抽提试剂盒 | 生工生物工程（上海）股份有限公司 |
| 10×*Taq* plus 缓冲液、*Taq* plus DNA 聚合酶 | 生工生物工程（上海）股份有限公司 |
| PCR 扩增试剂 dNTP | 生工生物工程（上海）股份有限公司 |
| 限制性内切酶 *Bam*HⅠ、*Hin*dⅢ | 宝生物 |
| T4 DNA 连接酶和连接缓冲液 | 生工生物工程（上海）股份有限公司 |
| DNA 上样缓冲液 | 生工生物工程（上海）股份有限公司 |
| DNA 标准分子量 Marker | 生工生物工程（上海）股份有限公司 |
| 琼脂粉、酵母提取物、胰蛋白胨、异丙基-$\beta$-D-硫代吡喃半乳糖苷（IPTG）、氨苄西林（Amp）、卡那霉素（Kana）、考马斯亮蓝 R-250、二硫苏糖醇（DTT）、TEMED、蛋白质分子量 Maker、Brandford 蛋白质染液、琼脂糖、十二烷基磺酸钠（SDS）、4S Red Plus 核酸染剂 | 生工生物工程（上海）股份有限公司 |
| 磷酸氢二钾、磷酸二氢钾、丙三醇、无水乙醇、无水硫酸钠、二甲基亚砜（DMSO）、过硫酸铵 | 天津市科密欧化学试剂有限公司 |
| 氧化苯乙烯、4-氟苯乙烯环氧化物、4-氯苯乙烯环氧化物、4-溴苯乙烯环氧化物、氧化环己烯、1,2-环氧丁烷、1,2-环氧-3-甲基丁烷、(*R*)-苯乙二醇、(*S*)-苯乙二醇、2-羟基苯乙酮、L-苯甘氨醇、苯乙酮、苯乙醇、 | 安耐吉化学［萨恩化学技术（上海）有限公司的自主试剂品牌］ |
| 乙酸乙酯（色谱纯）、正己烷 | 天津市光复科技发展有限公司 |
| 正十二烷 | 阿拉丁试剂有限公司 |

### 8.4.2.2 菌株与质粒

*E.coli* DH5 α、*E.coli* BL21 购买于生工生物工程（上海）股份有限公司，pETDUET 购买于 Novagen。

### 8.4.2.3 实验仪器

本实验所用到的仪器设备如表 8-23 所示。

**表 8-23 主要实验仪器**

| 仪器 | 型号 | 来源 |
| --- | --- | --- |
| 磁力搅拌器 | HZ85-2 | 北京中兴伟业仪器有限公司 |
| 涡旋振荡器 | Vortex-Genie 2 | 科学工业 |
| 立式压力蒸汽灭菌锅 | YXQ-LS-30S2 | 上海博讯实业有限公司 |
| 电子天平 | BT 124S | 德国赛多利斯股份有限公司 |
| 超声波细胞粉碎机 | JY 92-IIN | 宁波新芝生物科技股份有限公司 |
| 高速冷冻离心机 | HC-3018 | 安徽中科中佳科学仪器有限公司 |
| 电泳仪 | DYY-10C | 北京六一仪器厂 |
| 冰箱 | BCD-290W | 青岛海尔特种电气有限公司 |
| 超净工作台 | ZHJH- C1106C | 上海智城分析仪器制造有限公司 |
| 旋转蒸发仪 | EV312 | 北京莱伯泰科仪器有限公司 |
| PCR 仪 | Mastercycler pro S | 艾本德中国有限公司 |
| pH 计 | PB-10 | 德国赛多利斯股份有限公司 |
| 气相色谱仪 | GC-2010 | 岛津 |
| 手性色谱柱 | CP-Chirasil-Dex CB | 安捷伦 |
| 普通色谱柱 | HP-5 | 安捷伦 |
| 恒温培养摇床 | THZ-300/300C | 上海一恒科学仪器有限公司 |
| 台式高速离心机 | Neofuge 23R | 力康生物医疗科技控股有限公司 |
| 立式冷藏柜 | SC-276 | 青岛海尔特种电气有限公司 |
| –20℃冰箱 | BC/BD-220GSA | 青岛海尔特种电气有限公司 |
| –80℃冰箱 | BCD-290W | 青岛海尔特种电气有限公司 |
| 电热恒温水浴锅 | XMTD-4000 | 永光明医疗仪器有限公司 |

## 8.4.3 实验方法

### 8.4.3.1 试剂配制

（1）培养基的配制

LB 液体培养基：胰蛋白胨 10.0g/L，酵母提取物 5.0g/L，氯化钠 10.0g/L，一般配制时，在 250mL 的摇瓶中配制 100mL 的 LB，若需要固体培养基，只需最后加入

1.5%～2.0%的琼脂粉即可。

TB 液体培养基：向 1L 的烧杯中加入 12g 胰蛋白胨，24g 酵母提取物，甘油 4mL，最后加入 900mL 的去离子水，搅拌均匀后分装到 250mL 的摇瓶中，每瓶培养基的量大约为 45mL。同时配制好磷酸缓冲液（2.31g 的磷酸二氢钾、16.4g 的磷酸氢二钾溶于 100mL 去离子水中）。使用时向每瓶 TB 中加入 5mL 的磷酸缓冲液。LB、TB 以及磷酸缓冲液在使用前都要进行高温灭菌：121℃，30min。灭菌结束后，可放置于 4℃冰箱中保存。

（2）DNA 电泳相关试剂

50×TAE 核酸电泳缓冲液配制：称取 Tris 242.0g，乙二胺四乙酸二钠盐 37.2g 于烧杯中，量取 57.1mL 的冰醋酸倒入其中，加入适量的去离子水溶解混匀后倒入容量瓶中，定容至 1L。放置于室温下备用。

1×TAE 核酸电泳缓冲液配制：将配制好的 50×TAE 核酸电泳缓冲液用去离子水稀释 50 倍。

（3）SDS-PAGE 相关试剂

5×SDS 蛋白质胶电泳缓冲液配制：称取 15.1g 的 Tris，甘氨酸 94g，SDS 5.0g 于烧杯中，加入约 800mL 的去离子水，搅拌至溶解，最后加入去离子水定容至 1L，室温下保存。

1×SDS 蛋白质胶电泳缓冲液配制：将配制好的 5×SDS 蛋白质胶电泳缓冲液用去离子水稀释至 5 倍。

100g/L 过硫酸铵：称取 1g 过硫酸铵，加入 10mL 去离子水，储存于 4℃冰箱中备用。一般可保存 2 周左右，超过期限将会失去催化作用。故每次可少量配制，如 1mL。

100g/L 十二烷基磺酸钠（SDS）：称取 10g 十二烷基磺酸钠，加入 100mL 去离子水，混匀后放置于室温备用。使用时若有白色絮状沉淀，可于 40℃水浴锅中预热。

12%的分离胶（10mL）：3.3mL $ddH_2O$，4.0mL 30%丙烯酰胺（Acrylamide），2.5mL 1.5mol/L pH 8.8 Tris-HCl，0.1mL 10%十二烷基磺酸钠（SDS），0.1mL 10%过硫酸铵（Ap），0.004mL 四甲基二乙胺（TEMED）。

5%浓缩胶的配制（2mL）：1.4mL $ddH_2O$，0.33mL 30% Acrylamide，0.25mL 1.0mol/L pH6.8 Tris-HCl，0.02mL 10%十二烷基磺酸钠，0.02mL 10% 过硫酸铵（Ap），0.002mL 四甲基二乙胺（TEMED）。

（4）抗生素的配制

卡那抗生素（Kana）：配制浓度为 50mg/mL，使用时其终浓度为 50μg/mL。称取 50mg 的卡那抗生素于灭菌的 1.5mL 离心管中，加入 1mL 的灭菌水，混匀保存于 −20℃的冰箱中备用。

氨苄抗生素（Amp）：配制浓度为 100mg/mL，使用时其终浓度为 100μg/mL。

称取 100mg 的氨苄抗生素于灭菌的 1.5mL 离心管中，加入 1mL 的灭菌水，混匀保存于–20℃的冰箱中备用。

IPTG 诱导剂：配制浓度为 0.5mmol/mL，使用时其浓度为 0.5μmol/mL。称取 119.2mg 的 IPTG 于灭菌的 1.5mL 离心管中，加入 1mL 的灭菌水，混匀保存于–20℃的冰箱中备用。

（5）其他试剂配制

① 1mol/L 的氧化苯乙烯溶液

使用 1000μL 的移液枪量取 886μL 的二甲基亚砜于 1.5mL 的离心管中，然后加入 114μL 的氧化苯乙烯样品，振荡混匀后放于–20℃冰箱中保存备用。

② 1mol/L 的 4-氟苯乙烯环氧化物溶液

使用 1000μL 的移液枪量取 881μL 的二甲基亚砜于 1.5mL 的离心管中，然后加入 119μL 的 4-氟苯乙烯环氧化物样品，振荡混匀后放于–20℃冰箱中保存备用。

③ 1mol/L 的 4-氯苯乙烯环氧化物溶液

使用 1000μL 的移液枪量取 879μL 的二甲基亚砜于 1.5mL 的离心管中，然后加入 121μL 的 4-氯苯乙烯环氧化物样品，振荡混匀后放于–20℃冰箱中保存备用。

④ 1mol/L 的 4-溴苯乙烯环氧化物溶液

使用 1000μL 的移液枪量取 867μL 的二甲基亚砜于 1.5mL 的离心管中，然后加入 133μL 的 4-溴苯乙烯环氧化物样品，振荡混匀后放于–20℃冰箱中保存备用。

⑤ 1mol/L 的氧化环己烯溶液

使用 1000μL 的移液枪量取 898μL 的二甲基亚砜于 1.5mL 的离心管中，然后加入 102μL 的氧化环已烯样品，振荡混匀后放于–20℃冰箱中保存备用。

⑥ 1mol/L 的 1,2-环氧-3-甲基丁烷溶液

使用 1000μL 的移液枪量取 894μL 的二甲基亚砜于 1.5mL 的离心管中，然后加入 106μL 的 1,2-环氧-3-甲基丁烷样品，振荡混匀后放于–20℃冰箱中保存备用。

⑦ 1mol/L 的 1,2-环氧丁烷溶液

使用 1000μL 的移液枪量取 914μL 的二甲基亚砜于 1.5mL 的离心管中，然后加入 86μL 的 1,2-环氧丁烷样品，振荡混匀后放于–20℃冰箱中保存备用。

⑧ 0.1mol/L pH8.0 的磷酸缓冲液

用电子天平称取 21.45g $K_2HPO_4 \cdot 3H_2O$、0.82g $KH_2PO_4$，用去离子水溶解并定容至 1L，用砂芯过滤装置抽滤后装瓶，常温保存。

⑨ 1mol/L *R*/*S*-苯乙二醇溶液

用电子天平称取 0.14g *R*/*S*-苯乙二醇固体，用 1mL 二甲基亚砜（DMSO）溶解于 1.5mL 离心管中，达到终浓度为 1mol/L 的 *R*/*S*-苯乙二醇溶液，于–20℃下保存备用。

⑩ 20mmol/L 十二烷乙酸乙酯溶液

在配制这一溶液的过程中一定要严格无水，故在配制之前要将所用仪器如

50mL 容量瓶、烧杯、试剂瓶等干燥。先在烧杯中加入少量的乙酸乙酯（色谱纯），然后用移液枪量取 227μL 正十二烷加入烧杯中，混匀后倒入容量瓶中，然后加乙酸乙酯至刻度线即 50mL，振荡混匀后倒入试剂瓶中并密封，室温下保存即可。

（6）菌种来源

本实验中一共涉及四种酶，皆是来自大肠杆菌重组菌，其中环氧化物水解酶 SpEH 来自 *Sphingomonas* HXN-200 的水解酶（SpEH），余下的菌种皆来自实验室保存的菌种。将其从冰箱取出进行复苏，使用 50%的甘油进行保存，作为本次实验的材料，用于后续实验。

### 8.4.3.2 环氧化物水解酶 SpEH 的克隆表达

从 NCBI 上查找出来自 *Sphingomonas* HXN-200 的水解酶所对应的 DNA 序列，用作引物设计的根据。将环氧化物水解酶构建到表达载体 pETduet 上，并在大肠杆菌中进行表达，进行酶活性检测。

（1）目的基因的获取

以实验室保存的含有环氧化物水解酶（SpEH）重组质粒 pET28-SpEH 为模板，进行 PCR 扩增。

（2）PCR 扩增

根据基因序列（见附录）利用 primer premier 5.0 设计对应引物 SpEH-F 和 SpEH-R，进行合成，引物序列如表 8-24 所示，其中带有下划线的斜体部分表示酶切位点。

**表 8-24 引物序列**

| 名称 | 引物序列（5′-3′） | 内切酶 |
|---|---|---|
| SpEH-F | CGC*GGATCC*GATGAAGTCGAACATATCCG | *Bam*H Ⅰ |
| SpEH-R | CCC*AAGCTT*TCAAAGATCCATCTGTGCAAAGGC | *Hind* Ⅲ |

以含有目的基因 SpEH 的重组质粒为模板，利用 PCR 仪进行目的基因的扩增。首先根据上下游引物的 $T_m$ 值，确定退火温度的范围，进行梯度 PCR，最终 DNA 电泳结果确定为退火温度为 58℃，其运行程序如下所示：

扩增体系（50μL）：

| | |
|---|---|
| $ddH_2O$ | 40μL |
| 10×*Taq* 缓冲液 | 5μL |
| dNTPs | 1μL |
| 模板 | 1μL |
| 上游引物 | 1μL |
| 下游引物 | 1μL |

PCR 扩增程序：

| | | |
|---|---|---|
| 95℃ | 5min | |
| 94℃ | 10min | 30 个循环 |
| 58℃ | 40s | |
| 72℃ | 1.5min | |
| 72℃ | 10min | |
| 4℃ | 30s | |

将扩增好的 DNA 片段进行琼脂糖电泳，检测其与目的基因的大小是否合适，之后使用 PCR 产物纯化试剂盒进行纯化回收（具体步骤见试剂盒说明书）。

（3）表达载体的构建

① 双酶切

以质粒 pETduet 作为表达载体，首先对质粒 pETduet 和目的基因使用相同的限制性内切酶进行双酶切（*Bam*HⅠ和 *Hin*dⅢ），酶切体系如下：

双酶切体系：

| | |
|---|---|
| $ddH_2O$ | 28μL |
| NE 缓冲液 R2.1 | 5μL |
| *Bam*HⅠ | 1μL |
| *Hin*dⅢ | 1μL |
| 目的基因纯化产物 | 20μL |

酶切一般在 37℃的水浴中进行 3～4h。

② 连接

酶切结束后对产物进行纯化，然后进入表达载体与目的基因的连接阶段，连接体系如下：

连接体系（20μL）：

| | |
|---|---|
| 酶切产物目的基因 | 5μL |
| 酶切产物载体 | 11μL |
| 10×缓冲液 | 2μL |
| T4 DNA 连接酶 | 2μL |

混合均匀后放置于 4℃冰箱中 7～8h 即可。

③ 转化

采用热击法将连接产物导入大肠杆菌 DH5α感受态细胞中，然后将菌液涂布于含有 Amp 的 LB 固体培养基上，于 37℃的恒温培养箱中正放半小时后倒置，过夜培养。

（4）重组质粒的验证

第二天查看菌落是否长出，若长出菌落，随机挑取单菌落于含有相应抗生素的

LB 培养基中，37℃摇床培养 12～16h，进行提质粒操作，并以提取的质粒为模板进行 PCR 验证，操作方法与上述 8.4.3.2 的方法相同。根据琼脂糖电泳结果判断重组是否成功。

（5）重组环氧化物水解酶的诱导表达

验证成功以后，将重组质粒导入大肠杆菌 BL21 感受态细胞中。第二天同样挑取单菌落于含有氨苄抗生素的 LB 培养基中，37℃摇床培养 6～7h，然后从试管中吸取 1～2mL 菌液接入 50mL 的 TB 培养基中，扩大培养 2h 左右，待 $OD_{600}$ 达到 0.6～1.0 之间时，加入 50μL 诱导剂 IPTG，其终浓度为 0.5μmol/mL。放于 20℃的摇床中，诱导 10～12h，然后离心收集菌体（8000r/min，15℃，5min）。用 pH 为 7.4 的磷酸缓冲液进行重悬，并洗涤两次，最后进行细胞破碎。使用超声波细胞破碎仪进行破碎，运行程序为：破碎时间 10min，功率 400W，工作时间 3s，间歇时间 7s。破碎过程中，保证菌液处于低温状态，减少酶活损失。破碎结束后，离心 10min，取出上清液即粗酶液放置于 4℃冰箱中用于后续实验。

（6）重组环氧化物水解酶 SDS-聚丙烯酰胺凝胶电泳

SDS-聚丙烯酰胺凝胶电泳主要是根据蛋白质分子量的大小来分离不同蛋白质的一种方法。故本实验中用 SDS-PAGE 来检测是否重组成功。根据 8.1.2.3（2）中的方法来配制分离胶和浓缩胶，在配制过程中一定要注意胶板中无水并且等胶干以后再进行下一步。上样时取 40μL 已制备好的粗酶液于 0.5mL 的离心管中，然后加入 3μL 的溴酚蓝染液混匀，沸水浴 5min 后，取 10μL 液体进行上样。一般采用电压 120V，电流 120mA 进行电泳。蛋白质电泳结束后，使用考马斯亮蓝染液进行染色，并微波加热 1min，然后用脱色液进行脱色，一般重复脱色一次，然后让胶在脱色液中浸泡 10h 左右，观察实验结果，根据蛋白质分子量的大小进行判断目的蛋白质是否表达。

### 8.4.3.3　粗酶液的制备

（1）菌种复壮：向已灭菌的 10mL 的试管中加入 3～5mL 的 LB 培养基，然后加入 100mg/mL 的 Amp 抗生素（菌种所对应的抗生素）使其终浓度为 100μg/mL，最后将保存于−80℃冰箱的重组 *E.coli*（SpEH）接入试管中，放于 37℃，200r/min 的摇床中进行培养 6～7h。以上过程皆在超净工作台中操作。

（2）扩培：待试管中的菌液长到一定浓度时，进行扩大培养。在超净台中，向 45mL 的 TB 培养基中加入 5mL 的磷酸钾缓冲液，并加入 50μL，100mg/mL 的 Amp 抗生素使其终浓度为 100μg/mL。最后加入 1～2mL 的菌液，放入 37℃，200r/min 的摇床中进行培养，一般为 2～3h。

（3）诱导：待摇瓶中的细胞浓度 $OD_{600}$ 达到 0.6～1.0 时，进行诱导操作。在超净台中，向摇瓶中加入 50μL、0.5mmol/mL 的 IPTG 使其终浓度为 0.5μmol/mL。然后将其放于 20℃、200r/min 的摇床中进行培养，一般 10～14h。

（4）菌种收集：将诱导结束的培养液收集到 50mL 离心管中，使用台式高速离心机在 15℃条件下，离心收集细胞（8000r/min，5min）。离心后，倒掉上清液用去离子水重悬并洗涤重组细胞，再使用台式高速离心机在 15℃条件下，离心收集细胞（8000r/min，5min）。再用同样的方法洗涤一次，除去上清液。然后使用 10mL、0.1mol/L pH8.0 的磷酸钾缓冲液重悬细胞。

（5）粗酶液的收集：使用超声波破碎仪对上述细胞液进行破碎（破碎时间 10min，功率 400W，工作时间 3s，间歇时间 7s），结束后离心收集上清液（8000r/min，10min，4℃），即为粗酶液，放于 4℃的冰箱中保存备用。

#### 8.4.3.4 环氧化物水解酶酶活性检测

（1）TLC 初步检测

TLC 薄层色谱法是色谱法中的一种，是快速分离和定性分析少量物质的一种很重要的实验方法，属固-液吸附色谱。本研究使用乙酸乙酯和正己烷按照 1:1 的比例配制成扩展剂，然后取一点点氧化环己烯和苯乙二醇的样品溶于乙酸乙酯配制成标品，使用毛细点样管沾取一下，然后点在 TLC 薄板上，放入扩展液中，待完成后将薄板放于紫外灯下进行观察。

使用制备好的粗酶液进行环氧化物水解反应：20mmol/L 氧化苯乙烯，其余的用粗酶液补全至总体系为 2mL。在 30℃，200r/min 的摇床中反应 2h 后，进行反应液的处理，吸取 300μL 的反应液加入 300μL 的乙酸乙酯进行萃取，将萃取液取出放于小离心管，使用 TLC 法进行初步检测，与标品对比是否有产物苯乙二醇生成。

（2）气相色谱检测

气相色谱（GC）相比于 TLC，除了定性分析，还可以定量计算，故本实验中用 GC 来计算反应的转化率以及得率、*ee* 等。

本研究中以正十二烷为内标物进行产物得率的计算。为了使结果更加准确，首先要确定反应底物氧化苯乙烯和产物苯乙二醇的出峰位置，然后进行反应产物苯乙二醇标准曲线的绘制。确定使用非手性柱 HP-5 进行气相检测，从而计算出转化率及产物得率。非手性柱 HP-5 的气相检测条件为：进样口温度为 250℃，检测器温度 250℃，柱箱温度为 120℃，保留时间为 40min。进行 *ee* 值计算时，需要使用手性柱 CP-Chirasil-Dex CB，其检测条件为：进样口温度 250℃，检测器温度 275℃，采用程序升温的方法，即刚开始为 100℃，然后以 2℃/min 的速率升温到 120℃，再以 5℃/min 的速率升温到 160℃，根据不同的底物设置不同的保留时间。

① 氧化苯乙烯和苯乙二醇出峰位置的确定

取 10μL 1mol/L 氧化苯乙烯（DMSO 配制）置于 1.5mL 离心管中，加入 990μL 磷酸缓冲液混匀，制成 10mmol/L 氧化苯乙烯标品（磷酸缓冲液配制）。取此溶液

500μL 于 1.5mL 离心管中，再加入 500μL 含 20mmol/L 含内标（十二烷）的乙酸乙酯萃取剂。在涡旋振荡器上振荡 30～50s，充分混匀。然后在微型高速离心机上对称摆放，于 12000r/min 下，离心 5min。取上清液（约 100～200μL）到事先加好无水硫酸钠的 0.5mL 的离心管中进行干燥。加好之后盖好盖子，做好标记，并用封口膜包好。将萃取液放于立式冷藏柜在 4℃下保存，防止溶液挥发。使用气相非手性柱 HP-5 检测后，确定标品出峰位置。

按照同样的方法可确定苯乙二醇出峰位置。

② 苯乙二醇标准曲线的绘制

将苯乙二醇以二甲基亚砜为溶剂配制成 1mol/L 的浓度，用磷酸缓冲液稀释成不同的浓度：20mmol/L、40mmol/L、60mmol/L、80mmol/L、100mmol/L，然后用 20mmol/L 的十二烷乙酸乙酯进行等比例萃取，振荡混匀后离心取上清液于 0.5mL 的离心管中，并加入适当的无水硫酸钠干燥（每组样品设置 3 组平行样）。同样密封保存，进行气相非手性柱 HP-5 检测。

（3）酶活性的测定

向反应瓶中加入 20mmol/L 氧化苯乙烯、粗酶液 0.5mL，使用磷酸缓冲液（pH8.0）补全至总体系为 2mL。在 30℃、200r/min 的摇床中反应 5min 后，取 300μL 的反应液于 1.5mL 的离心管中，加入 300μL 含有 20mmol/L 的十二烷乙酸乙酯进行同比例萃取，振荡混匀后离心，取上清液于干净的 0.5mL 离心管中，加入无水硫酸钠干燥，放于 4℃冰箱中进行保存。按照 8.4.3.4（2）的气相检测条件进行气相非手性柱 HP-5 检测，得出实验结果。

### 8.4.3.5 环氧化物水解酶 SpEH 水解不同底物

在实验中，除了氧化苯乙烯还有 4-氟苯乙烯环氧化物、4-氯苯乙烯环氧化物、4-溴苯乙烯环氧化物、氧化环己烯、1,2-环氧丁烷、1,2-环氧-3-甲基丁烷一共 7 种底物，使用同样的方法对这些底物进行实验，除了计算转化率以外，还要检测这些底物生成二醇的 *ee* 值，使用手性柱 CP-Chirasil-Dex CB 进行检测。

反应条件：向反应瓶中加入 50mmol/L 的底物，使用粗酶液将反应体系补足至 2mL。在 30℃、200r/min 摇床中反应 3h 后，按照气相检测方法进行反应液的萃取，结束后使用手性柱 CP-Chirasil-Dex CB 进行气相分析，对比实验结果。

### 8.4.3.6 多酶级联催化合成手性*β*-氨基醇

（1）(*S*)-苯甘氨醇标准曲线的制备

① (*S*)-苯甘氨醇出峰位置的确定

取少量 (*S*)-苯甘氨醇样品溶于乙酸乙酯（色谱纯），然后使用普通柱子 HP-5 进行分析，其检测条件为：进样口温度 250℃，检测器温度 250℃，柱箱温度恒定为

120℃，保留时间为10min。

② (*S*)-苯甘氨醇标准曲线的绘制

配制 1mol/L (*S*)-苯甘氨醇的溶液，然后使用磷酸缓冲液（pH8.0）稀释至20mmol/L、40mmol/L、60mmol/L、80mmol/L、100mmol/L，使用含有20mmol/L内标物（正十二烷）的乙酸乙酯等比例萃取，萃取时要加入 100μL、10mol/L 氢氧化钠溶液，然后再离心吸取上清液于小离心管中，并加入无水硫酸钠进行干燥，然后用封口膜将管口包住置于4℃下保存，进行气相检测。

（2）反应的可行性

在 50mL 的反应瓶中加入 100μL、1mol/L 的氧化苯乙烯溶液使终浓度为20mmol/L，25μL、100mmol/L 的 $NAD^+$溶液使终浓度为0.5mmol/L，50μL、10mmol/L的 PLP 溶液使终浓度为 0.1mmol/L，100μL、1mol/L 的(*R*)-苯乙胺溶液，最后加入SpEH、BDHA、GoSCR、MVTA四种粗酶液各1mL，余下的使用磷酸钾缓冲液(pH8.0)将反应体系补足至5mL。然后将反应瓶放于30℃、200r/min的摇床中进行反应12h，之后进行反应液的处理：用移液枪吸取500μL的反应液加入1.5mL的离心管中，然后加入500μL的含有十二烷的乙酸乙酯，最后加入100μL、10mol/L的氢氧化钠溶液，振荡混匀后离心，吸取上清液于干净的离心管中，并加入无水硫酸钠进行干燥。使用非手性柱HP-5进行检测分析。

#### 8.4.3.7 多酶级联催化合成手性$\beta$-氨基醇反应条件的优化

（1）反应时间的确定

在 50mL 的反应瓶中加入 100μL、1mol/L 的氧化苯乙烯，使其终浓度为20mmol/L，然后再加入25μL、10.0mmol/L的辅酶$NAD^+$使其终浓度为0.5mmol/L；50μL、10mmol/L的PLP，使其终浓度为0.1mmol/L；130μL、1mol/L 的(*R*)-苯乙胺，使其终浓度为26mmol/L；之后加入四种酶液SpEH、BDHA、GoSCR、MVTA，体积分别为800μL、1100μL、1100μL、1000μL，最后使用pH8.0的磷酸钾缓冲液将总体系补足至 5mL。然后将反应瓶放入 30℃、200r/min 的摇床中进行反应，分别于3h、6h、9h、12h、20h，取样处理，进行气相分析，对比实验结果。

（2）最适底物浓度以及辅酶浓度

选取不同的氧化苯乙烯浓度20mmol/L、50mmol/L、80mmol/L，不同的辅酶$NAD^+$的浓度0.2mmol/L、0.5mmol/L，然后加入所需的四种酶（SpEH、BDHA、GoSCR、MVTA），体积分别为800μL、1000μL、1200μL、1000μL，最后使用磷酸钾缓冲液（pH8.0）将反应总体系补足至5mL。其中SpEH、BDHA、GoSCR、MVTA的蛋白质浓度分别为：10.11mg/mL、21.36mg/mL、30.53mg/mL、25.68mg/mL。反应于30℃、200r/min摇床中反应12h后进行萃取处理，结束后进行气相分析，对比实验结果。

（3）反应pH的优化

根据每一步反应的特性，可知本串联反应应该在偏碱性的条件下进行，故选择pH为7.0、7.4、8.0、8.6，四个梯度来进行实验。本次实验中所用的酶来自同一批菌，在制备粗酶液时，首先一块离心收集细胞，将几瓶收集到一个瓶中，然后一次洗涤时平均分到四个50mL的离心管中，之后使用不同pH的缓冲液重悬细胞进行破碎，最后离心取得上清液。根据蛋白质浓度来确定每种酶的用量。氧化苯乙烯为50mmol/L，辅酶$NAD^+$浓度使用0.5mmol/L，(*R*)-苯乙胺的量为56mmol/L，PLP的浓度为0.1mmol/L。最后使用相对应的缓冲液将反应总体系补足至5mL。于30℃、200r/min摇床中反应12h进行取样处理。经气相分析后，对比实验数据。

（4）最适温度的确定

通过改变反应的温度并通过气相检测分析比较产物的得率，来寻找该反应的最适反应温度。本研究选择25℃、30℃、35℃三个温度梯度来进行实验。实验总体系仍为5mL，氧化苯乙烯为50mmol/L，辅酶$NAD^+$浓度使用0.5mmol/L，(*R*)-苯乙胺的量为56mmol/L，PLP的浓度为0.1mmol/L。本研究中MVTA使用pH7.4的磷酸钾缓冲液进行粗酶液的制备，其余的三种酶SpEH、BDHA、GoSCR使用冷冻干燥机制备好的酶粉，最后使用pH7.4的磷酸钾缓冲液将反应总体系补足至5mL。反应12h后对反应液进行处理，进行气相分析，对比实验结果。

（5）酶比例的优化

由于酶催化的每一步反应酶活性都不相同，故可以从酶比例这一方面对反应进行条件优化。本次实验中选择1:1:1:1，1:2:2:2，2:5:5:3三个梯度进行实验。本次实验所用的酶为新鲜粗酶液，根据每种酶的蛋白质浓度按比例加入不同量的酶液，然后加入底物、辅酶等，最后使用pH7.4的磷酸钾缓冲液将反应总体系补足至5mL。氧化苯乙烯为50mmol/L，辅酶$NAD^+$浓度使用0.5mmol/L，(*R*)-苯乙胺的量为56mmol/L，PLP的浓度为0.1mmol/L。反应12h后进行取样分析以及气相检测，对比实验结果。

#### 8.4.3.8 构建环氧化物水解酶SpEH和转氨酶MVTA的共表达体系

（1）体外双酶体系的构建

① 目的基因与表达载体的获取

目的基因SpEH可直接使用8.4.3.2中所获取的目的基因。

目的基因MVTA参照第四章中的方法，由实验室中保存的重组质粒pET28a-MVTA为模板，进行PCR扩增，根据基因序列（见附录）利用primer premier 5.0来设计引物MVTA-F和MVTA-R，并进行合成，其详细序列如表8-25所示。

**表 8-25　MVTA 的引物序列**

| 名称 | 引物序列（5′-3′） | 内切酶 |
| --- | --- | --- |
| MVTA-F | GGAATTC<u>*CATATG*</u>ATGGGCATCGACACTGGCACC | *Nde* Ⅰ |
| MVTA-R | CCG<u>*CTCGAG*</u>TCAGTACTGAATCGCTTCAATC | *Xho* Ⅰ |

PCR 扩增程序：

| | | |
| --- | --- | --- |
| 95℃ | 5min | |
| 94℃ | 10min | 30 个循环 |
| 65℃ | 40s | 30 个循环 |
| 72℃ | 1.5min | 30 个循环 |
| 72℃ | 10min | |
| 4℃ | 30s | |

扩增体系（50μL）：

| | |
| --- | --- |
| $ddH_2O$ | 40μL |
| 10×*Taq* 缓冲液 | 5μL |
| dNTPs | 1μL |
| 模板 | 1μL |
| 上游引物 | 1μL |
| 下游引物 | 1μL |
| *Taq* DNA 聚合酶 | 1μL |

本研究中使用的表达载体为含有 2 个多克隆位点的 pRSFDUET（卡那抗性）。

② 双酶切与连接

由于要将两个目的基因同时连接到一个载体上，故决定先连接目的基因 SpEH，然后再连接目的基因 MVTA。连接目的基因 SpEH 的方法同前，验证成功以后，将重组质粒 pRSFduet-SpEH 作为载体与目的基因 MVTA 进行连接。方法与其相同。

在双酶切时，重组质粒 pRSFduet-SpEH 与目的基因 MVTA 使用相同的两种限制性内切酶 *Nde* Ⅰ和 *Xho* Ⅰ，后续操作都相同。

③ PCR 验证

以连接好的重组质粒 pRSFduet-SpEH-MVTA 为模板，加入相对应的引物根据各自的程序分别进行 PCR 扩增，然后进行琼脂糖电泳以验证两个目的基因是否都成功连接到载体上。

（2）重组菌 *E.coli* 双酶偶联共表达体系的构建

① 共表达粗酶液制备

确定连接好以后，将重组质粒 pRSFduet-SpEH-MVTA 导入大肠杆菌感受态 BL21 中，进行细胞培养以及酶的诱导表达，然后离心收集细胞进行粗酶液的制备。

② SDS-PAGE 电泳检测

使用制备好的粗酶液进行 SDS-PAGE 电泳，检查是否有目的蛋白质的表达。

③ 酶活性的初步检测

环氧化物水解酶 SpEH 酶活初步检测，使用 TLC 薄板色谱验证。

转氨酶 MVTA 的酶活性检测可通过简单的显色反应来检测。本实验的第二步反应，可以逆向进行，即在转氨酶的作用下从苯甘氨醇向 2-羟基苯乙酮反应，因为 2-

羟基苯乙酮可以与无色的TTC（2,3,5-三苯基氯化四氮唑）反应生成红色的1,3,5-三苯甲臜（TPF）。这一显色反应可用来定性分析MVTA的酶活性。

实验反应体系如下：

| 实验组： | | 对照组： | |
|---|---|---|---|
| 1 mol/L (*S*)-苯甘氨醇 | 10mmol/L | 1mol/L 丙酮酸钠 | 10mmol/L |
| 1 mol/L 丙酮酸钠 | 10mmol/L | PLP | 0.1mmol/L |
| 10 mmol/L PLP | 0.1mmol/L | 粗酶液 | 100μL |
| 粗酶液 | 100μL | pH8.0 磷酸缓冲液 | 880μL |
| pH8.0 磷酸缓冲液 | 870μL | 总体系 | 1mL |
| 总体系 | 1mL | | |

按照上述描述将试剂加入到1.5mL的离心管中，然后放到金属振荡器上于30℃下反应5min后，立即取200μL的反应液于干净的小离心管中，然后加入40μL的TTC，振荡混匀，观察颜色的变化。

### 8.4.3.9 构建醇脱氢酶BDHA和GoSCR的共表达体系

参照8.4.3.8的实验方法进行醇脱氢酶体系的共表达构建，即将BDHA和GoSCR连接到同一个表达载体上。BDHA和GoSCR进行PCR扩增的引物序列如表8-26所示。

**表8-26 引物序列**

| 名称 | 引物序列（5′-3′） | 内切酶 |
|---|---|---|
| BDHA-F | GGC*AGATCT*CATGAAGGCAGCAAGATGG | *Bgl* Ⅱ |
| BDHA-R | CCG*CTCGAG*TTAGTTAGGTCTAACAAGG | *Xho* Ⅰ |
| GoSCR-F | CGC*GGATCC*GATGTACATGGAAAAACTCC | *Bam*H Ⅰ |
| GoSCR-R | CCC*AAGCTT*TCACCAGACGGTGAAGC | *Hin*d Ⅲ |

本部分实验中使用的质粒为pETduet，故最终的重组质粒为pETduet-GoSCR-BDHA。

### 8.4.3.10 共表达重组菌催化环氧化物合成手性$\beta$-氨基醇

使用构建的重组菌*E.coli*（SpEH-MVTA）和重组菌*E.coli*（GoSCR-BDHA）在最佳反应条件下进行级联催化，反应底物为20mmol/L氧化苯乙烯，0.1mmol/L的PLP，24mmol/L的(*R*)-苯乙胺，然后加入两种重组细胞液（重组菌*E.coli*（SpEH-MVTA）10.8g cdw/L，重组菌*E.coli*（GoSCR-BDHA）18.6g cdw/L），最后使用磷酸缓冲液（pH7.4）将反应体系补全至5mL。

## 8.4.4 实验结果

### 8.4.4.1 环氧化物水解酶的克隆与表达

（1）PCR 获取目的基因

以原有质粒为模板，SpEH 经 PCR 扩增均得到亮度较高、单一性较好的目的条带。如图 8-14 所示，SpEH 扩增后目的条带为 1000bp 左右，与其实际大小 1135bp 相符合。

（2）重组质粒的 PCR 验证

将目的基因连接到载体成功导入大肠杆菌感受态细胞 DH5 α中后，提取质粒，以质粒为模板进行 PCR 验证，查看是否连接成功，琼脂糖电泳图如图 8-15 所示，从图中可以看到重组质粒 pETduet-SpEH 提取成功，经过 PCR 验证后可以得到 1100bp 左右的条带，说明质粒构建成功。

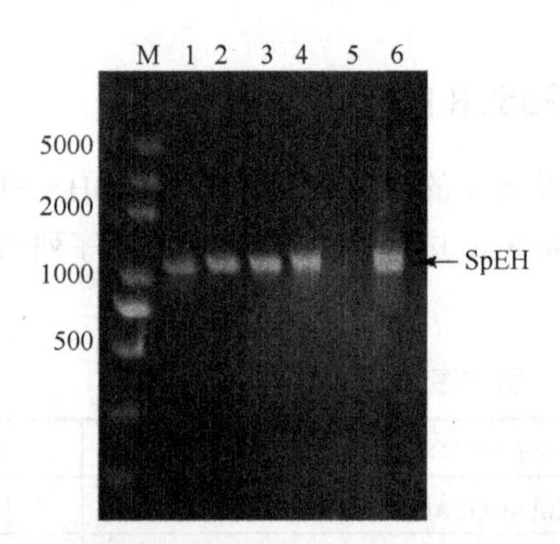


图 8-14 环氧化物水解酶 SpEH 的 PCR 产物电泳图

M 列：DNA 分子量标准；1～4 列、6 列：SpEH 的 PCR 产物；5 列：空白对照

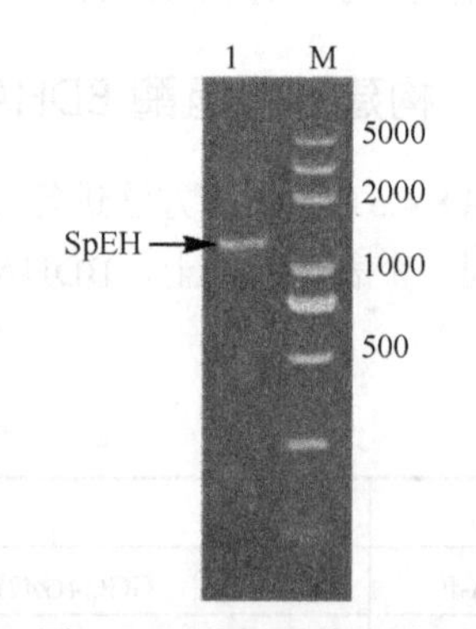


图 8-15 重组质粒 PCR 验证

M 列：DNA 分子量标准；1 列：SpEH 的 PCR 产物

（3）重组环氧化物水解酶 SpEH 的 SDS-PAGE 电泳

将验证成功的重组质粒 pETduet-SpEH 导入大肠杆菌 BL21 感受态细胞中，挑取单菌落进行扩培诱导后，制备粗酶液进行蛋白质凝胶电泳。其结果如图 8-16 所示，从图中可以看出，重组酶的大小约为 42kDa，而 SpEH 的理论大小为 42.8kDa，说明目标蛋白质已经成功表达。

### 8.4.4.2 环氧化物水解酶酶活性检测

（1）薄层色谱 TLC 初步检测

根据薄层层析 TLC 检测方法，可以得出氧化苯乙烯和苯乙二醇在 TLC 薄板上的分布。结果如图 8-17（a）所示，由图可以看出，氧化苯乙烯和苯乙二醇可明显分开，故可用此方法进行初步酶活鉴定，其实验结果如图 8-17（b）所示，故可证明环氧化物水解酶（SpEH）对氧化苯乙烯有活性。

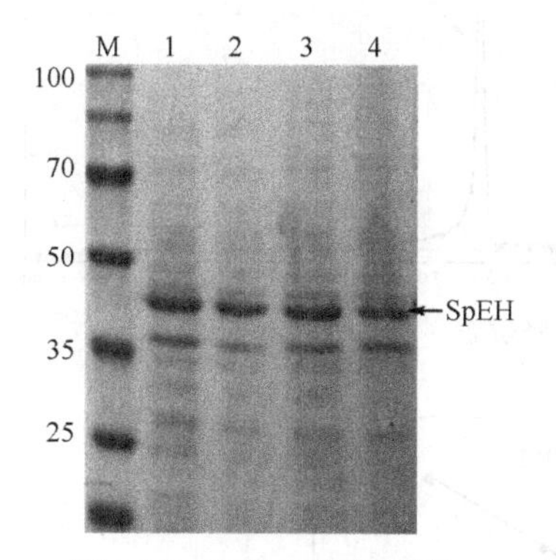


图 8-16　环氧化物水解酶 SpEH 的 SDS-PAGE 图

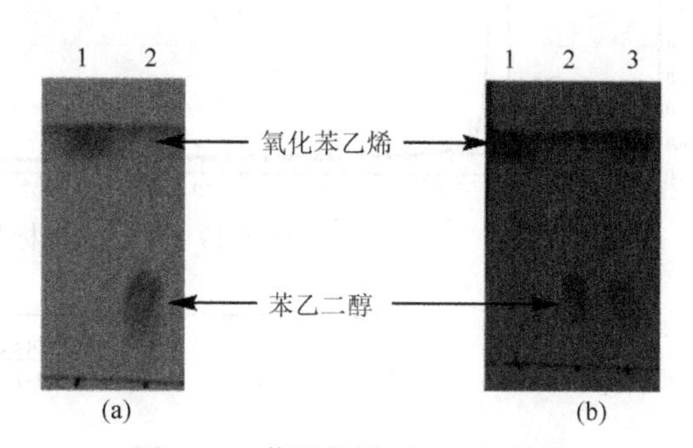


图 8-17　薄层色谱（TLC）结果

(a) 1 列—氧化苯乙烯标品；2 列—苯乙二醇标品

(b) 1 列—氧化苯乙烯标品，2 列—苯乙二醇标品，3 列—反应结果

（2）气相色谱（GC）检测

① 氧化苯乙烯和苯乙二醇出峰位置的确定

经 8.4.3.4（2）标品的气相检测条件所述，10mmol/L 氧化苯乙烯经过处理后在气相色谱 HP-5 非手性柱上的保留时间为 2.5～3.0min，如图 8-18 所示：

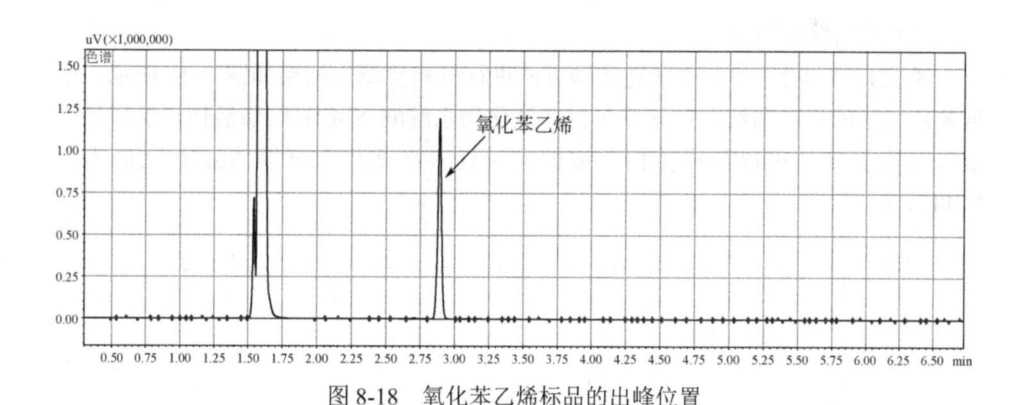


图 8-18　氧化苯乙烯标品的出峰位置

10mmol/L 苯乙二醇经过处理后在气相色谱 HP-5 非手性柱上的保留时间为 6.5～7.0min，如图 8-19 所示：

② 苯乙二醇标准曲线的绘制

苯乙二醇的标准曲线如图 8-20 所示。图中 $C_s/C_i$ 表示样品浓度与内标物十二烷浓度的比值，$A_s/A_i$ 表示样品峰面积与内标物十二烷峰面积的比值。

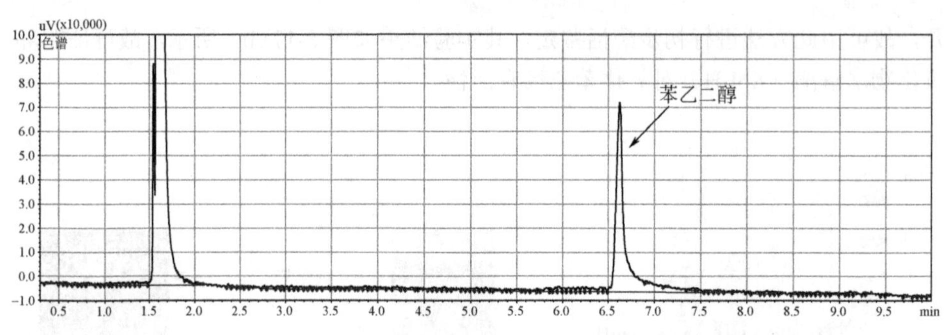


图 8-19　苯乙二醇标品出峰位置

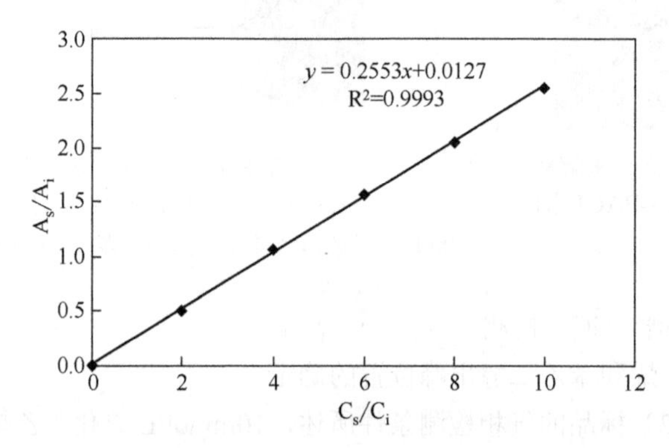


图 8-20　苯乙二醇的标准曲线

（3）酶活性的测定

经 8.4.3.4 步骤（3）中所述实验方法进行气相检测，结果如图 8-21 所示，根据苯乙二醇的标准曲线，经计算可得环氧化物水解酶 SpEH 的酶活性，然后使用紫外分光光度计可以测得蛋白质浓度。经过多次试验，可得 SpEH 比活为：1.38U/mg。

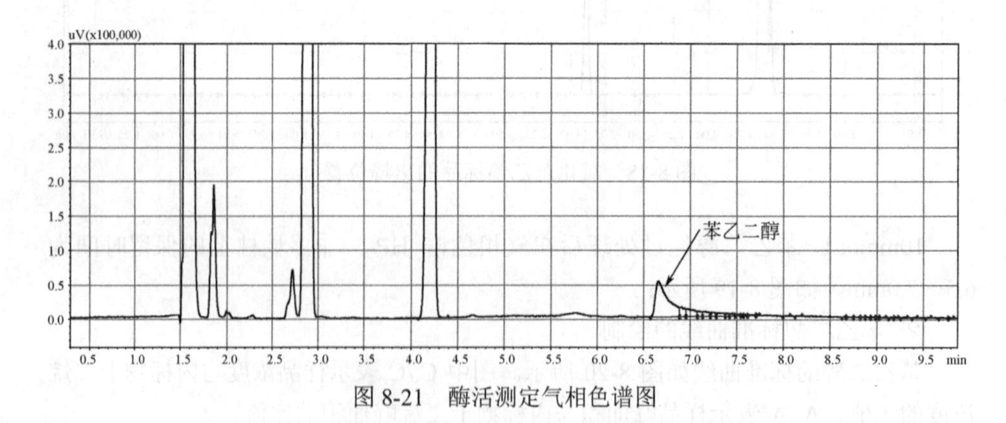


图 8-21　酶活测定气相色谱图

### 8.4.4.3 环氧化物水解酶催化不同底物

通过对不同底物的反应，实验结果如表 8-27 所示。

表格中所涉及的反应都是在反应瓶中加入 100μL 1mol/L 的底物，使其终浓度为 50mmol/L，再加入 1mL 细胞浓度为 20g cdw/L 的大肠杆菌 SpEH 细胞，最后使用 pH8.0 的磷酸钾缓冲液将反应体系补足至 2mL。在 30℃、200r/min 的摇床中反应 3h，然后进行气相检测（检测项目不同，所使用的色谱柱不同：非手性柱 HP-5 和手性柱 CP-Chirasil-Dex CB）。

表 8-27 环氧化物水解酶对不同底物的转化率及 *ee*

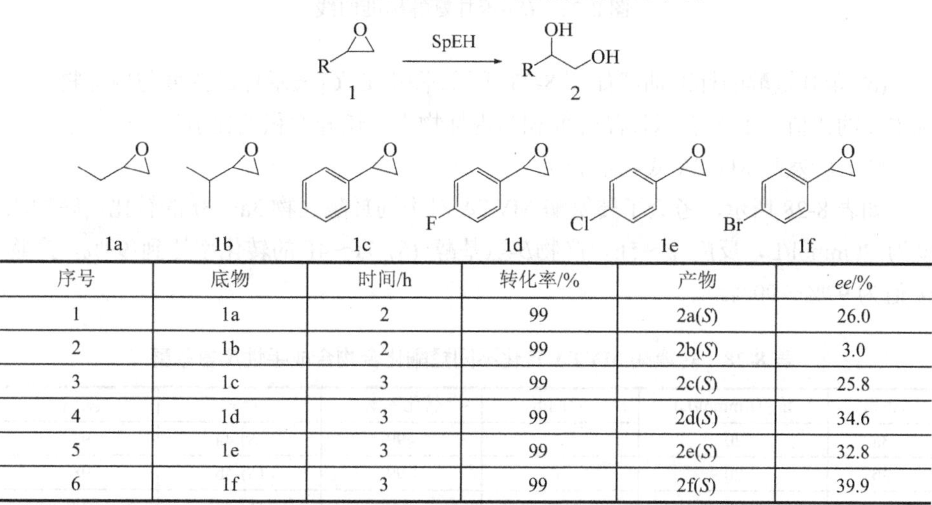


| 序号 | 底物 | 时间/h | 转化率/% | 产物 | *ee*/% |
|---|---|---|---|---|---|
| 1 | 1a | 2 | 99 | 2a(*S*) | 26.0 |
| 2 | 1b | 2 | 99 | 2b(*S*) | 3.0 |
| 3 | 1c | 3 | 99 | 2c(*S*) | 25.8 |
| 4 | 1d | 3 | 99 | 2d(*S*) | 34.6 |
| 5 | 1e | 3 | 99 | 2e(*S*) | 32.8 |
| 6 | 1f | 3 | 99 | 2f(*S*) | 39.9 |

### 8.4.4.4 多酶级联催化苯乙烯氧化物合成手性$\beta$-氨基醇

（1）(*S*)-苯甘氨醇标准曲线的绘制

经气相分析，实验结果如图 8-22 所示，从图中可以看出 (*S*)-苯甘氨醇的保留时间为 6.0～6.5min。

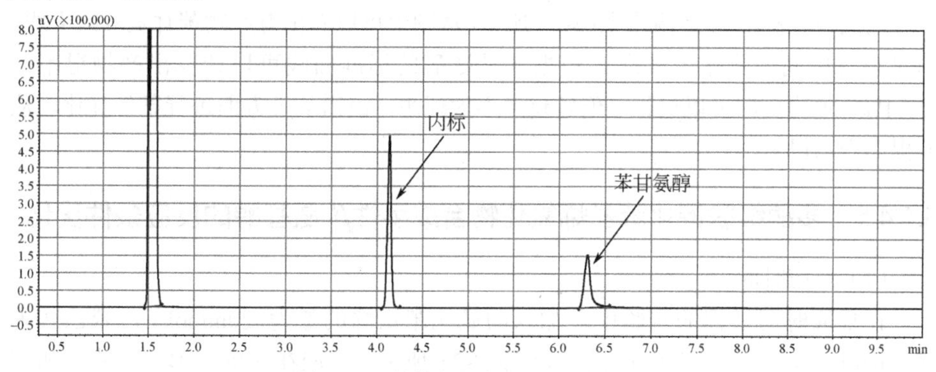


图 8-22 苯甘氨醇标品的出峰位置

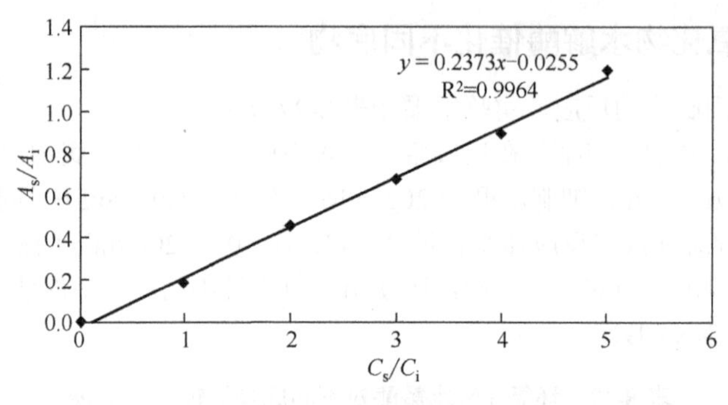


图 8-23　(*S*)-苯甘氨醇标准曲线

(*S*)-苯甘氨醇的标准曲线如图 8-23 所示。图中 $C_s/C_i$ 表示样品浓度与内标物十二烷浓度的比值，$A_s/A_i$ 表示样品峰面积与内标物十二烷峰面积的比值。

（2）转氨酶 MVTA 底物谱分析

如表 8-28 所示，考查了转氨酶 MVTA 对不同羟酮底物 3a～3f 的转化，底物浓度为 20mmol/L，反应 2～5h，产物β-氨基醇 (*S*)-4a～4f 的转化率达到 99%，产物 *ee* 值为 97%～99%。

**表 8-28　转氨酶 MVTA 转化不同羟酮化合物合成手性β-氨基醇**

| 底物 | 浓度/(mmol/L) | 时间/h | 转化率/% | 产物 | *ee*/% |
|---|---|---|---|---|---|
| 3a | 20 | 2 | >99 | (*S*)-4a | 97 |
| 3b | 20 | 3 | >99 | (*S*)-4b | 98 |
| 3c | 20 | 2 | >99 | (*S*)-4c | >99 |
| 3d | 20 | 2 | >99 | (*S*)-4d | >99 |
| 3e | 20 | 5 | >99 | (*S*)-4e | >99 |
| 3f | 20 | 5 | >99 | (*S*)-4f | >99 |

（3）级联催化苯乙烯氧化物不对称开环反应的可行性分析

经气相分析，实验结果如图 8-24 所示，从图中可以看出有产物苯甘氨醇的生成，同时也有中间产物苯乙二醇，根据苯甘氨醇的标准曲线可以计算出产物得率为 35.61%，说明反应可以进行，但转化率不太理想，故需从各方面进行条件优化，从而提高产物得率。

### 8.4.4.5　多酶级联催化苯乙烯氧化物合成手性β-氨基醇的反应条件优化

（1）反应时间

在反应时间进程的实验中，加入的氧化苯乙烯的量为 20mmol/L，苯乙胺为 26mmol/L。其结果经气相分析检测如图 8-25 所示，反应在 12h 时基本结束，随着时间增加，产物的量增加趋势减缓。

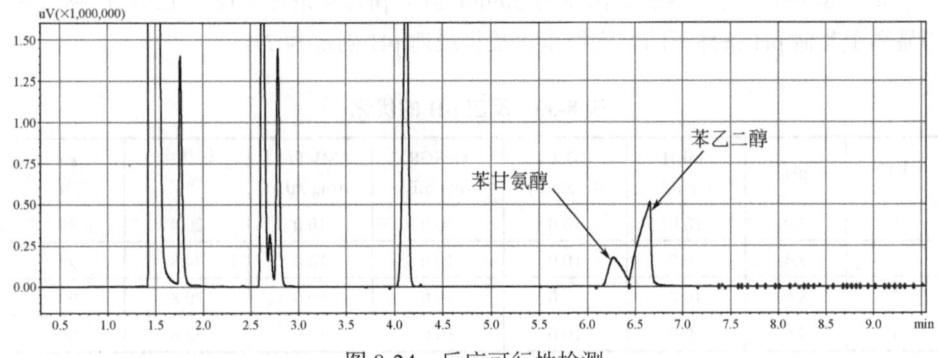


图 8-24　反应可行性检测

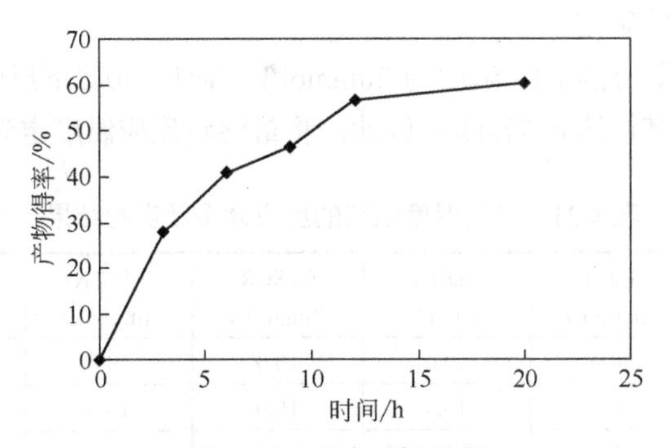


图 8-25　反应时间进程

（2）最适底物浓度以及辅酶浓度

实验结果如表 8-29 所示，在 pH8.0 条件下，当氧化苯乙烯 1c 的浓度为 20mmol/L，辅酶 $NAD^+$的浓度为 0.5mmol/L，反应 12h，产物得率最大为 70.9%，且 *ee* 值>99%。当底物浓度进一步增大时，产物转化率明显下降。因此本实验选择 20 mmol/L 底物，0.5mmol/L 辅酶 $NAD^+$进行反应。

**表 8-29　最适底物浓度和最适辅酶浓度的确定**

| 底物浓度 /(mmol/L) | (*R*)-苯乙胺 /(mmol/L) | $NAD^+$ /(mmol/L) | SpEH /(mg/mL) | BDHA /(mg/mL) | GoSCR /(mg/mL) | MVTA /(mg/mL) | 转化率 /% | *ee* /% |
|---|---|---|---|---|---|---|---|---|
| 20 | 26 | 0.2 | 10.0 | 10.0 | 10.0 | 10.0 | 20.2 | 99 |
| 20 | 26 | 0.5 | 10.0 | 10.0 | 10.0 | 10.0 | 70.9 | 99 |
| 50 | 56 | 0.2 | 10.0 | 10.0 | 10.0 | 10.0 | 44.7 | 99 |
| 50 | 56 | 0.5 | 10.0 | 10.0 | 10.0 | 10.0 | 60.9 | 99 |
| 80 | 86 | 0.2 | 10.0 | 10.0 | 10.0 | 10.0 | 5.6 | 99 |
| 80 | 86 | 0.5 | 10.0 | 10.0 | 10.0 | 10.0 | 16.3 | 99 |

（3）反应 pH 的优化

如表 8-30 所示，底物 1c 浓度为 20mmol/L，pH7.4 条件下反应 12h，产物得率明显高于其他 pH 条件下的产物得率，故将最适 pH 确定为 7.4。

**表 8-30　反应 pH 的优化**

| 序号 | pH | SpEH /(mg/mL) | BDHA /(mg/mL) | GoSCR /(mg/mL) | MVTA /(mg/mL) | 转化率 /% | *ee* /% |
|---|---|---|---|---|---|---|---|
| 1 | 7.0 | 10.0 | 10.0 | 10.0 | 10.0 | 20.4 | 99 |
| 2 | 7.4 | 10.0 | 10.0 | 10.0 | 10.0 | 74.8 | 99 |
| 3 | 8.0 | 10.0 | 10.0 | 10.0 | 10.0 | 70.8 | 99 |
| 4 | 8.6 | 10.0 | 10.0 | 10.0 | 10.0 | 32.8 | 99 |

（4）最适温度的确定

如表 8-31 所示，底物 1c 浓度为 20mmol/L，温度 30℃下反应 12h，产物 (*S*)-苯甘氨醇的得率最高，达到 77.4%。因此，将最终将反应温度定为 30℃。

**表 8-31　最适温度确定的反应体系及实验结果**

| 序号 | 温度 /℃ | SpEH /(mg/mL) | BDHA /(mg/mL) | GoSCR /(mg/mL) | MVTA /(mg/mL) | 转化率 /% | *ee* /% |
|---|---|---|---|---|---|---|---|
| 1 | 25 | 10.0 | 10.0 | 10.0 | 10.0 | 74.4 | 99 |
| 2 | 30 | 10.0 | 10.0 | 10.0 | 10.0 | 77.4 | 99 |
| 3 | 35 | 10.0 | 10.0 | 10.0 | 10.0 | 56.0 | 99 |

（5）酶比例的优化

如表 8-32 所示，底物 1c 浓度为 20mmol/L，四种酶 SpEH、BDHA、GoSCR、MVTA 比例为 10:20:20:10 时，(*S*)-苯甘氨醇的转化率最高，反应 12h，可达到 78.2%，故将酶比例确定为 10:20:20:10。

**表 8-32　酶比例的优化**

| 序号 | SpEH /(mg/mL) | BDHA /(mg/mL) | GoSCR /(mg/mL) | MVTA /(mg/mL) | 时间 /h | 转化率 /% | *ee* /% |
|---|---|---|---|---|---|---|---|
| 1 | 10.0 | 10.0 | 10.0 | 10.0 | 12 | 23.4 | 99 |
| 2 | 10.0 | 20.0 | 20.0 | 10.0 | 12 | 78.2 | 99 |
| 3 | 10.0 | 10.0 | 10.0 | 20.0 | 12 | 68.7 | 99 |

（6）对不同环氧化物的反应

如表 8-33 所示，在最适反应条件下，通过构建的四酶级联催化系统，考查了不同底物的反应效果，对所检测的环氧化物底物的转化率达到 34%～99%，产物 *ee* 值为 97%～99%。

**表 8-33　四酶级联催化环氧化物不对称开环合成手性$\beta$-氨基醇**

1a　1b　1c　F 1d　Cl 1e　Br 1f

| 序号 | 底物 | 底物 /(mmol/L) | SpEH /(mg/mL) | BDHA /(mg/mL) | GoSCR /(mg/mL) | MVTA /(mg/mL) | 时间 /h | 转化率 /% | *ee* /% |
| --- | --- | --- | --- | --- | --- | --- | --- | --- | --- |
| 1 | 1a | 20 | 10 | 20 | 20 | 10 | 24 | 47.3 | 97 |
| 2 | 1b | 20 | 10 | 20 | 20 | 10 | 24 | 61.2 | 98 |
| 3 | 1c | 20 | 10 | 20 | 20 | 10 | 16 | 99.0 | 99 |
| 4 | 1c | 30 | 20 | 40 | 40 | 20 | 16 | 86.5 | 99 |
| 5 | 1d | 20 | 10 | 20 | 20 | 10 | 24 | 96.9 | 99 |
| 6 | 1e | 20 | 10 | 20 | 20 | 10 | 24 | 70.5 | 99 |
| 7 | 1f | 20 | 10 | 20 | 20 | 10 | 24 | 34.0 | 99 |

### 8.4.4.6　多酶共表达体系构建的结果

（1）PCR 验证结果

对重组质粒 pRSFduet-SpEH-MVTA 使用相对应的引物进行 PCR，对 PCR 产物进行琼脂糖电泳，其实验结果如图 8-26 所示，从图中可以看出 SpEH 与 MVTA 的基因片段都在 1000 bp 以上，且 SpEH 稍微大于 MVTA，与它们的真实基因大小相差不大，即 SpEH 的大小为 1135bp，MVTA 的基因实际大小为 1008 bp。表明重组成功，即两个目的基因都成功连接到了表达载体上。

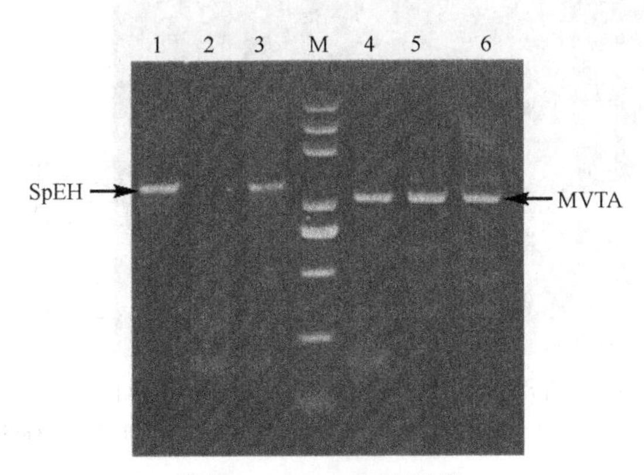


图 8-26　PCR 验证结果

1～3 列：SpEH；M 列：DNA 分子量标准；4～6 列：MVTA

（2）SDS-PAGE 电泳

使用制备好的粗酶液进行蛋白质电泳，其实验结果如图 8-27（a）所示，由于

SpEH 的蛋白质大小实际为 42.8kDa，而 MVTA 蛋白酶实际大小为 36.5kDa，故两者相差不大，且成功共表达。如图 8-27（b）所示，BDHA 和 GoSCR 在大肠杆菌中也成功共表达。

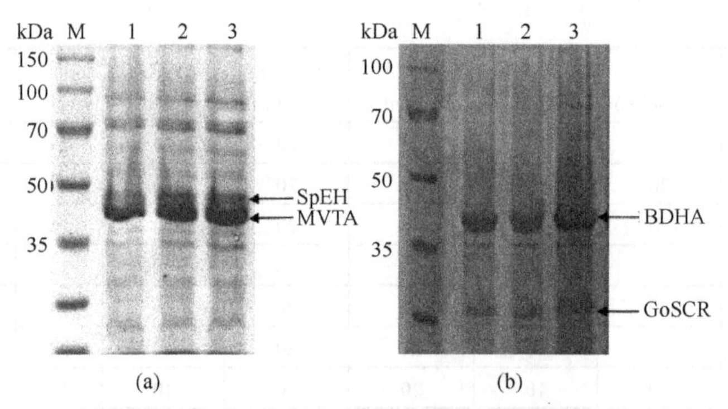


图 8-27 双酶共表达 SDS-PAGE 电泳图

（a）M 列：蛋白质分子量标准；1～3 列：共表达 SpEH 和 MVTA

（b）M 列：蛋白质分子量标准；1～3 列共表达 BDHA 和 GoSCR

如图 8-28，重组大肠杆菌 *E.coli*（SpEH-BDHA-GoSCR-MVTA）共表达四个酶的蛋白质电泳图，从图中可以看出，四个酶（SpEH、BDHA、GoSCR、MVTA）成功在大肠杆菌中得到共表达。

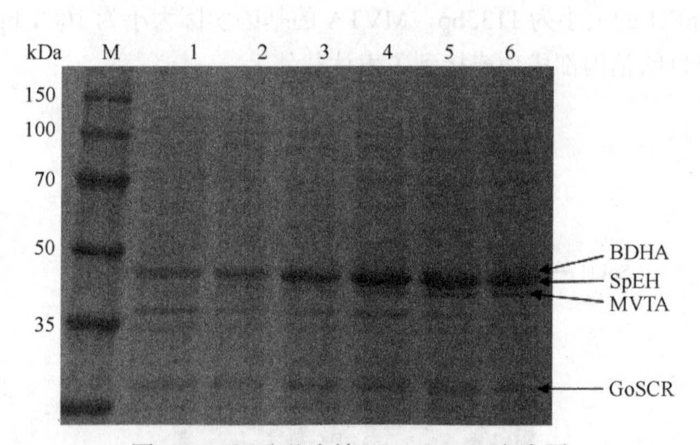


图 8-28 四酶共表达 SDS-PAGE 电泳图

M 列：蛋白质分子量标准；1～6 列：共表达 BDHA/SpEH/MVTA/GoSCR

（3）重组 *E.coli*（SpEH-BDHA-GoSCR-MVTA）生长曲线以及酶活

如图 8-29 所示，经过 IPTG 诱导，重组 *E.coli*（SpEH-BDHA-GoSCR-MVTA）在 TB 培养基中生长的最高密度可达 1.6（$OD_{600}$），在诱导 12h 后，酶活达到最高，为 40U/g（以细胞干重计），此时重组菌的 $OD_{600}$ 为 1.5。

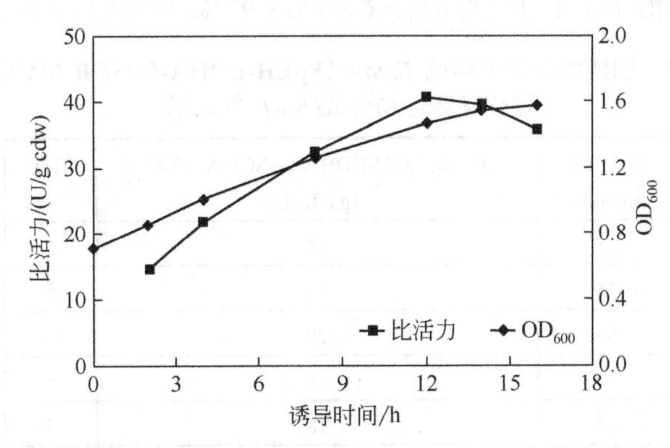


图 8-29　重组 *E.coli*（SpEH-BDHA-GoSCR-MVTA）生长曲线以及酶活检测

#### 8.4.4.7　组合重组大肠杆菌 *E.coli*（SpEH-MVTA）和 *E.coli*（BDHA-GoSCR）催化环氧化物不对称开环合成手性*β*-氨基醇

如表 8-34 所示，通过组合重组大肠杆菌 *E.coli*（SpEH-MVTA）和 *E.coli*（BDHA-GoSCR）整体细胞对不同环氧化物进行了不对称开环合成手性*β*-氨基醇，当两种细胞的比例为 10:16，反应 12h，产物 (*S*)-4a～4c 的转化率达到 42%～68%，产物 *ee* 值为 97%～99%。当两种细胞的比例为 14:22，反应 24h，产物 (*S*)-4d～4f 的转化率能达到 61%～78%，产物 *ee* 值大于 99%。

**表 8-34　组合重组 *E.coli*（SpEH-MVTA）（催化剂 1）和 *E.coli*（BDHA-GoSCR）（催化剂 2）催化环氧化物 1a～1f 合成手性(*S*)-*β*-氨基醇**

| 序号 | 底物 | 底物 /(mmol/L) | 催化剂 1 /(g cdw/L) | 催化剂 2 /(g cdw/L) | 时间 /h | 转化率 /% | *ee* /% |
|---|---|---|---|---|---|---|---|
| 1 | 1a | 10 | 10 | 16 | 12 | 42.5 | 97 |
| 2 | 1b | 10 | 10 | 16 | 12 | 49.9 | 98 |
| 3 | 1c | 20 | 10 | 16 | 12 | 68.1 | 99 |
| 4 | 1d | 20 | 14 | 22 | 24 | 77.7 | 99 |
| 5 | 1e | 20 | 14 | 22 | 24 | 66.2 | 99 |
| 6 | 1f | 20 | 14 | 22 | 24 | 61.8 | 99 |

#### 8.4.4.8　重组大肠杆菌 *E.coli*（SpEH-BDHA-GoSCR-MVTA）催化环氧化物合成手性*β*-氨基醇

如表 8-35 所示，通过重组大肠杆菌 *E.coli*（SpEH-BDHA-GoSCR-MVTA）整体细胞对不同环氧化物进行了不对称开环合成手性*β*-氨基醇，反应 5h，对 20mmol/L 环氧化物的转化率能达到 79.6%～99%。当苯乙烯环氧化物的浓度增加至 50mmol/L

时，反应 16h，产物 (*S*)-苯甘氨醇的转化率高达 92%。产物的 *ee* 值为 97%～99%。

**表 8-35　四酶共表达重组菌 *E.coli*（SpEH-BDHA-GoSCR-MVTA）催化环氧化物合成(*S*)-*β*-氨基醇**

| 底物 | 底物 /(mmol/L) | R-MBA /(mmol/L) | *E.coli*(SpEH-BDHA-GoSCR-MVTA) /(g cdw/L) | 时间 /h | 转化率 /% | *ee* /% |
|---|---|---|---|---|---|---|
| 1a | 20 | 25 | 18 | 5 | 99.0 | 97 |
| 1b | 20 | 25 | 18 | 5 | 80.4 | 98 |
| 1c | 50 | 55 | 20 | 16 | 92.0 | 99 |
| 1d | 20 | 25 | 18 | 5 | 99.0 | 99 |
| 1e | 20 | 25 | 18 | 5 | 97.1 | 99 |
| 1f | 20 | 25 | 18 | 5 | 79.6 | 99 |

### 8.4.4.9　级联催化苯乙烯氧化物不对称开环制备(*S*)-苯甘氨醇

在 100mL 反应体系内，通过重组大肠杆菌 *E.coli*（SpEH-BDHA-GoSCR-MVTA）整体细胞对 50mmol/L 苯乙烯环氧化物进行了不对称开环反应，反应时间进程如图 8-30 所示，反应 16h 后，产物 (*S*)-苯甘氨醇得率达到最高，经过乙酸乙酯萃取和柱色谱对产物进行了纯化，产物最终得率为 80%，*ee* 值大于 99%。

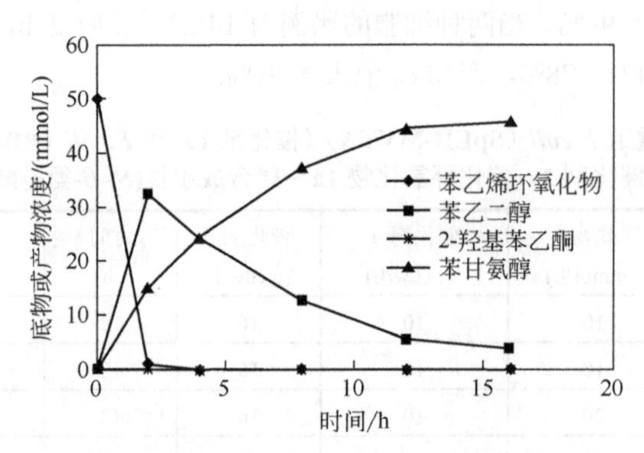


图 8-30　重组大肠杆菌 *E.coli*（SpEH-BDHA-GoSCR-MVTA）整体细胞催化苯乙烯环氧化物不对称开环时间进程曲线

## 8.4.5　小结

（1）通过四酶一锅煮方法成功构建了一种新的级联催化系统，可将环氧化物不对称开环合成手性*β*-氨基醇。对四酶反应系统的反应条件进行了优化，对不同环氧化物进行了不对称开环反应，产物 (*S*)-*β*-氨基醇转化率最高达 99%，产物 *ee* 值为 97%～99%。

（2）成功在大肠杆菌中构建了四种酶的共表达体系，并通过重组大肠杆菌对不同环氧化物进行了不对称开环反应，在不额外添加辅酶 NADH 的情况下，产物(*S*)-$\beta$-氨基醇转化率高达 79.6%～99%，产物 *ee* 值为 97%～99%。

## 参考文献


[1] Zhang J D，Yang X X，Jia Q，Zhao J W，et al. Asymmetric ring opening of racemic epoxides for enantioselective synthesis of (*S*)-$\beta$-amino alcohols by a cofactor self-sufficient cascade biocatalysis system. *Catal. Sci. Technol.*, 2019, 9, 70-74.

# 第九章
# 级联生物催化烯烃不对称胺羟化合成手性$\beta$-氨基醇的研究

# 9.1 引言

以烯烃为原料合成手性$\beta$-氨基醇，底物价格低、容易获得。然而，大多数胺羟化反应目前仍存在选择性低、催化剂昂贵且具毒性、氨基需保护与去保护步骤和造成环境污染等问题。因此，发展高选择性、低毒性、环境友好的烯烃胺羟化反应是科学家们新的追求目标。

通过生物催化不对称胺羟化烯烃合成手性$\beta$-氨基醇，具有底物价格低、操作简单方便、反应条件温和、选择性高及环境友好的优点。因此，发展生物催化烯烃胺羟化反应是很有必要并且是很有意义的。在前期研究的基础上，拟构建4种不同酶［烯烃单加氧酶（SMO）/环氧化物水解酶（EH）/醇脱氢酶（ADH）/转氨酶（TA）］的一锅煮级联催化体系用于烯烃的不对称胺羟化反应（图9-1）[1]，这种新颖的多酶级联反应将为烯烃胺羟化制备手性$\beta$-氨基醇提供一种新的策略。

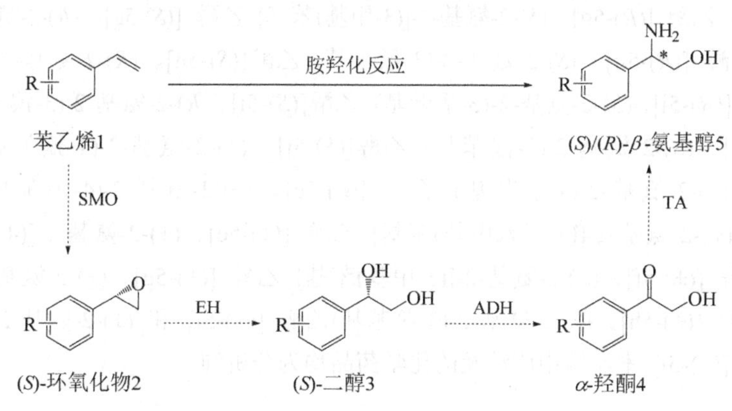


图9-1　生物催化烯烃羟胺化合成手性$\beta$-氨基醇

# 9.2 实验材料

## 9.2.1 实验药品

### 9.2.1.1 菌种与质粒

大肠杆菌 *E.coli* DH5 α、*E.coli* BL21，重组菌 *E.coli*（GoSCR）、*E.coli*（MVTA）和 *E.coli*（SpEH）。质粒 pET28a（+）、pETduet-1、pRSFduet-1 和 pCDFduet-1，pET28a-GoSCR、pET28a-MVTA 和 pET28a-SpEH。

#### 9.2.1.2 主要实验试剂

胰蛋白胨和酵母提取物，氨苄西林、硫酸卡那霉素和链霉素，T4 DNA 连接酶和限制性核酸内切酶，*Taq* Plus DNA 聚合酶和异丙基-*β*-D-硫代吡喃半乳糖苷（IPTG），质粒抽提试剂盒。

苯乙烯 (1a)、4-氟苯乙烯 (1b)、4-氯苯乙烯 (1c)、4-溴苯乙烯 (1d)、4-(三氟甲基) 苯乙烯 (1e)、4-甲氧基苯乙烯 (1f)、3-甲基苯乙烯 (1g)、3-氟苯乙烯 (1h)、3-氯苯乙烯 (1i)、3-溴苯乙烯 (1j)、(*R*)-2-氨基-2-苯基乙醇 [(*R*)-5a]、(*S*)-2-氨基-2-苯基乙醇 [(*S*)-5a]、(±)-2-氨基-2-苯基乙醇 [(±)-5a] 和 5'-磷酸吡哆醛 (PLP)。(*R*)-2-氨基-2-(4-氟苯基) 乙醇 [(*R*)-5b]、(*S*)-2-氨基-2-(4-氟苯基) 乙醇 [(*S*)-5b]、(*R*)-2-氨基-2-(4-氯苯基) 乙醇 [(*R*)-5c]、(*S*)-2-氨基-2-(4-氯苯基) 乙醇 [(*S*)-5c]、(*R*)-2-氨基-2-(4-溴苯基) 乙醇 [(*R*)-5d]、(*S*)-2-氨基-2-(4-溴苯基) 乙醇 [(*S*)-5d]、(*R*)-2-氨基-2-[(4-三氟甲基) 苯基] 乙醇 [(*R*)-5e]、(*S*)-2-氨基-2-[(4-三氟甲基)苯基] 乙醇 [(*S*)-5e]、(*R*)-2-氨基-2-[(4-甲氧基)苯基] 乙醇 [(*R*)-5f]、(*S*)-2-氨基-2-[(4-甲氧基)苯基] 乙醇 [(*S*)-5f]、(*R*)-2-氨基-2-[(3-甲基)苯基] 乙醇 [(*R*)-5g]、(*S*)-2-氨基-2-[(3-甲基)苯基] 乙醇 [(*S*)-5g]、(*R*)-2-氨基-2-(3-氟苯基)乙醇 [(*R*)-5h]、(*S*)-2-氨基-2-(3-氟苯基) 乙醇[(*S*)-5h]、(*R*)-2-氨基-2-(3-氯苯基) 乙醇 [(*R*)-5i]、(*S*)-2-氨基-2-(3-氯苯基) 乙醇[(*S*)-5i]、(*R*)-2-氨基-2-(3-溴苯基) 乙醇 [(*R*)-5j]、(*S*)-2-氨基-2-(3-溴苯基) 乙醇[(*S*)-5j]、(±)-2-氨基-2-(4-氟苯基) 乙醇 [(±)-5b]、(±)-2-氨基-2-(4-氯苯基) 乙醇 [(±)-5c]、(±)-2-氨基-2-(4-溴苯基) 乙醇 [(±)-5d]、(±)-2-氨基-2-[(4-三氟甲基)苯基] 乙醇 [(±)-5e]、(±)-2-氨基-2-[(4-甲氧基) 苯基] 乙醇 [(±)-5f]、(±)-2-氨基-2-[(3-甲基)苯基] 乙醇 [(±)-5g]、(±)-2-氨基-2-(3-氟苯基) 乙醇 [(±)-5h]、(±)-2-氨基-2-(3-氯苯基)乙醇 [(±)-5i] 和 (±)-2-氨基-2-(3-溴苯基) 乙醇 [(±)-5j]。本实验中所涉及的化学药品均为分析纯。

### 9.2.2 培养基

Luria-Bertani 培养基(LB 培养基)：10.0g/L 胰蛋白胨、5.0g/L 酵母提取物、10.0g/L 氯化钠，固体培养基添加 1.5%琼脂粉。

Terrific Broth 培养基（TB 培养基）：12.0g/L 胰蛋白胨、24.0g/L 酵母提取物、4mL/L 甘油、2.31g/L 磷酸二氢钾、12.54g/L 磷酸氢二钾。其中涉及的试剂均为生化试剂级别。

### 9.2.3 实验仪器

本实验所用到的仪器如表 9-1 所示。

表 9-1 主要实验仪器

| 序号 | 仪器名称 | 型号 | 厂商 |
| --- | --- | --- | --- |
| 1 | 磁力搅拌器 | HZ85-2 | 北京中兴伟业仪器有限公司 |
| 2 | 立式压力蒸汽灭菌锅 | YXQ-LS-30S2 | 上海博讯实业有限公司 |
| 3 | 涡旋振荡器 | Vortex-Genie 2 | 科学工业 |
| 4 | 超声波细胞粉碎机 | JY 92-IIN | 宁波新芝生物科技股份有限公司 |
| 5 | 电子天平 | BT 124S | 德国赛多利斯股份有限公司 |
| 6 | 台式高速离心机 | Neofuge 23R | 力康生物医疗科技控股有限公司 |
| 7 | 高速冷冻离心机 | HC-3018 | 安徽中科中佳科学仪器有限公司 |
| 8 | 电泳仪 | DYY-10C | 北京六一仪器厂 |
| 9 | 琼脂糖水平电泳仪 | DYCP-31CN | 北京六一仪器厂 |
| 10 | 垂直电泳仪 | DYCZ-25E | 北京六一仪器厂 |
| 11 | 凝胶成像分析仪 | WD-9413C | 北京市六一仪器厂 |
| 12 | PCR 扩增仪 | Mastercycler pro S | 艾本德中国有限公司 |
| 13 | 冰箱 | BCD-290W | 青岛海尔特种电气有限公司 |
| 14 | 超低温保藏箱 | BCD-290W | 青岛海尔特种电气有限公司 |
| 15 | 超净工作台 | ZHJH- C1106C | 上海智城分析仪器制造有限公司 |
| 16 | 恒温振荡器 | THZ-300/300C | 上海一恒科学仪器有限公司 |
| 17 | pH 计 | PB-10 | 德国赛多利斯股份有限公司 |
| 18 | 旋转蒸发仪 | EV312 | 北京莱伯泰科仪器有限公司 |
| 19 | 电热恒温水浴锅 | XMTD-4000 | 永光明医疗仪器有限公司 |
| 20 | 冷冻干燥机 | Scientz-10N/C | 宁波新芝生物科技股份有限公司 |
| 21 | 隔水式恒温培养箱 | GNP-9050 | 上海精宏实验设备有限公司 |
| 22 | 紫外可见分光光度计 | UVmini-1280 | 岛津企业管理（中国）有限公司 |
| 23 | 气相色谱仪 | GC-2010 | 岛津企业管理（中国）有限公司 |
| 24 | 气相色谱柱 | HP-5 | 安捷伦科技有限公司 |
| 25 | 手性气相色谱柱 | CP-Chirasil-Dex CB | 安捷伦科技有限公司 |
| 26 | 移液器 | 10/200/1000 μL | 山东瑞能分析仪器有限公司 |
| 27 | 微波炉 | M1-L213B | 广东美的微波炉制造有限公司 |
| 28 | 制冰机 | YN-200P | 上海因纽特制冷设备有限公司 |

## 9.3 实验方法

### 9.3.1 重组大肠杆菌的构建

重组大肠杆菌 *E.coli*（GoSCR）、*E.coli*（MVTA）和 *E.coli*（SpEH）保藏于本实验室。

烯烃单加氧酶 SMO 基因来自假单胞菌（*Pseudomonas* sp. VLB120），其由两段基因序列 styA 和 styB 构成。为了使基因 styB 成功表达，在基因 styB 的 5'端添加核糖体结合位点（RBS）序列：AAGGAGATACC。使用限制性核酸内切酶 *Bam*H Ⅰ 和 *Hin*dⅢ对 PCR 产物 styA 和质粒 pET28a 进行双酶切，将酶切产物 styA 和载体 pET28a 连接，获得重组质粒 pET28a-styA。使用限制性核酸内切酶 *Hin*dⅢ和 *Xho* Ⅰ 对 PCR 产物 styB 和重组质粒 pET28a-styA 进行双酶切，将酶切产物 styB 和质粒 pET28a-styA 连接，获得质粒 pET28a-styA-styB，即重组质粒 pET28a-SMO。将重组质粒 pET28a-SMO 导入 *E.coli*BL21 感受态细胞中，获得重组菌 *E.coli*（SMO）。

$\omega$-转氨酶 BMTA 基因来自巨大芽孢杆菌（*Bacillus megaterium* SC6394），对 BMTA 基因密码子进行优化。将目的基因与表达载体 pET28a 连接，获得重组质粒 pET28a-BMTA。将重组质粒 pET28a-BMTA 导入 *E.coli* BL21 感受态细胞中，获得重组菌 *E.coli*（BMTA）。

## 9.3.2 重组大肠杆菌的诱导表达

将重组大肠杆菌 *E.coli*（SMO）、*E.coli*（SpEH）、*E.coli*（GoSCR）、*E.coli*（MVTA）和 *E.coli*（BMTA）分别接种于含有 50μg/mL 卡那霉素的 LB 液体培养基中，37℃、200r/min 培养 7h，分别取 1mL 的培养液于 50mL 的 TB 培养基（含 50μg/mL 的卡那霉素）中进行扩大培养。当培养液 $OD_{600}$ 达到 0.6～0.8 时，向培养基中加入 IPTG（0.5mmol/L），20℃、200r/min 的条件下继续培养 12～20h，离心收集菌体，将菌体用磷酸缓冲液（100mmol/L、pH 7.0）洗涤两次，最后用磷酸缓冲液将细胞悬浮，置于冰上，400W 下超声破碎 10min（工作时间 4s、间歇时间 4s）、将破碎液在 4℃、12000r/min 的条件下离心 30min，取上清液获得 SMO、SpEH、GoSCR、MVTA 和 BMTA 粗酶液，SDS-PAGE 分析蛋白质的表达情况，并保存于–20℃以备后续实验使用。

## 9.3.3 目的蛋白质的酶活力检测

根据 Xu 等所报道的方法[2]，对烯烃单加氧酶 SMO 进行酶活力的检测。0.5mL 反应液中含 100mmol/L 磷酸钠缓冲液（pH 7.0）、5mmol/L 1a、1mmol/L NADH 和 0.1mL 酶液，30℃反应 5min 后，取样 300μL，NaCl 饱和，加入 300μL 乙酸乙酯（含内标物 2mmol/L 十二烷）进行萃取，有机相加无水硫酸钠干燥后，气相检测生成 2a 的量。1min 内催化 1μmol 产物生成所需要的酶量定义为 1 个酶活单位（U）。以牛血清白蛋白（BSA）为标准，采用 Bradford 法测定酶液中蛋白质的浓度[3]。

按照 Zhang 等所报道的方法[4]，检测环氧化物水解酶 SpEH 的酶活力。1mL 反应液中含 100mmol/L 磷酸钠缓冲液（pH 7.5）、10mmol/L 2a 和 0.1mL 酶液，30℃反应 10min 后，取样 300μL，NaCl 饱和，加入 300μL 乙酸乙酯（含内标物 2mmol/L

十二烷）萃取，有机相加无水硫酸钠干燥后，气相检测生成3a的量。

通过检测NADH在紫外340nm处吸光度的变化值可以获得醇脱氢酶GoSCR的酶活力。1mL反应液中含100mmol/L磷酸钠缓冲液（pH 7.5）、10mmol/L 3a和0.2mmol/L $NAD^+$，25℃条件下加入0.1mL的酶液后开始反应，监测1min内吸光度的变化，以没有添加$NAD^+$或酶液的反应混合物作为阴性对照。

$$酶活/M=\Delta A\times(T_s/S_v)/(\varepsilon\times t\times L)$$

$$比活力/(M/mg)=\Delta A\times(T_s/S_v)/(\varepsilon\times t\times L\times m)$$

式中：$\Delta A$为吸光度变化值；$T_s$为总反应体积，mL；$S_v$为酶液体积，mL；$\varepsilon$为NADH摩尔吸光度值，为6220/（mol·cm）；$t$为反应时间，min；$L$为光径1cm；$m$为酶液中蛋白质含量，mg。

$\omega$-转氨酶的酶活力检测采用2,3,5-三苯基氯化四氮唑（TTC）法测定[5]。

$\omega$-转氨酶MVTA的酶活力检测：1mL反应液中含100mmol/L磷酸钠缓冲液（pH 8.0）、10mmol/L (*S*)-5a、10mmol/L丙酮酸钠、0.1mmol/L PLP和0.1mL酶液，30℃反应10min后，立即取样200μL与40μL TTC溶液混合，2min后在510nm处检测吸光度值，计算该酶酶活力。以没有添加底物或酶液的混合物作为阴性对照。

$\omega$-转氨酶BMTA的酶活力检测：1mL反应液中含100mmol/L磷酸钠缓冲液（pH 8.0）、10mmol/L (*R*)-5a、10mmol/L丙酮酸钠、0.1mmol/L PLP和0.1mL酶液，30℃反应10min后，立即取样200μL与40μL TTC溶液混合，2min后在510nm处检测吸光度值，计算该酶酶活力。以没有添加底物或酶液的混合物作为阴性对照。

## 9.3.4 冻干酶粉的制备

将成功诱导表达*E.coli*（SMO）、*E.coli*（SpEH）、*E.coli*（GoSCR）、*E.coli*（MVTA）和*E.coli*（BMTA）的菌体离心重悬于去离子水中，使细胞密度达到20g cdw/L。将细胞悬液置于冰上，在400W下超声处理10min（工作时间4s，间歇时间4s），并将混合物在12000r/min、4℃下离心30min，取上清液为粗酶液，将粗酶液于在−80℃下保存24h，放入冷冻干燥机中冻干，获得SMO、SpEH、GoSCR、MVTA和BMTA的冻干酶粉，并于−20℃条件下干燥保存。

## 9.3.5 多酶级联体系催化烯烃1a不对称胺羟化合成手性$\beta$-氨基醇5a的条件优化

### 9.3.5.1 不同pH对多酶级联体系催化1a合成(*S*)-5a的影响

2mL反应液中含20mmol/L 1a、10% DMSO、0.5mmol/L NADH、24mmol/L (*R*)-MBA、0.1mmol/L PLP、7mg/mL SMO、7mg/mL SpEH、7mg/mL GoSCR和7mg/mL

MVTA，反应在 50mL 的锥形瓶于 100mmol/L 磷酸钠缓冲液中进行，30℃、200r/min 反应 5h 后取样 300μL，NaCl 饱和，加入 10μL NaOH（10mol/L）调节溶液 pH>10.0，加入 300μL 乙酸乙酯（含内标物 20mmol/L 十二烷）萃取，有机相加无水硫酸钠干燥后，气相检测生成(*S*)-5a 的量并进行 *ee* 值分析。所有实验均重复三次。

#### 9.3.5.2 不同酶比例对多酶级联体系催化 1a 合成(*S*)-5a 的影响

2mL 反应液中含 20mmol/L 1a、10% DMSO、0.5mmol/L NADH、24mmol/L (*R*)-MBA、0.1mmol/L PLP、100mmol/L 磷酸钠缓冲液（pH 7.5）、7～28mg/mL SMO、7～14mg/mL SpEH、7～21mg/mL GoSCR 和 7～14mg/mL MVTA，反应在 50mL 的锥形瓶中进行，30℃、200r/min 反应 5h 后取样 300μL，NaCl 饱和，加入 10μL NaOH（10mol/L）调节溶液 pH>10.0，加入 300μL 乙酸乙酯（含内标物 20mmol/L 十二烷）萃取，有机相加无水硫酸钠干燥后，气相检测生成(*S*)-5a 的量并进行 *ee* 值分析。所有实验均重复三次。

#### 9.3.5.3 不同反应温度对多酶级联体系催化 1a 合成(*S*)-5a 的影响

2mL 反应液中含 20mmol/L 1a、10% DMSO、0.5mmol/L NADH、24mmol/L (*R*)-MBA、0.1mmol/L PLP、100mmol/L 磷酸钠缓冲液（pH 7.5）、28mg/mL SMO、7mg/mL SpEH、21mg/mL GoSCR 和 14mg/mL MVTA，反应在 50mL 的锥形瓶中进行，不同温度下反应 5h 后取样 300μL，NaCl 饱和，加入 10μL NaOH（10mol/L）调节溶液 pH>10.0，加入 300μL 乙酸乙酯（含内标物 20mmol/L 十二烷）萃取，有机相加无水硫酸钠干燥后，气相检测生成(*S*)-5a 的量并进行 *ee* 值分析。所有实验均重复三次。

#### 9.3.5.4 不同浓度 NADH 对多酶级联体系催化 1a 合成(*S*)-5a 的影响

2mL 反应液中含 20mmol/L 1a、10% DMSO、0～0.5mmol/L NADH、24mmol/L (*R*)-MBA、0.1mmol/L PLP、100mmol/L 磷酸钠缓冲液（pH 7.5）、28mg/mL SMO、7mg/mL SpEH、21mg/mL GoSCR 和 14mg/mL MVTA，反应在 50mL 的锥形瓶中进行，25℃、200r/min 反应 5h 后取样 300μL，NaCl 饱和，加入 10μL NaOH（10mol/L）调节溶液 pH>10.0，加入 300μL 乙酸乙酯（含内标物 20mmol/L 十二烷）萃取，有机相加无水硫酸钠干燥后，气相检测生成 (*S*)-5a 的量并进行 *ee* 值分析。所有实验均重复三次。

### 9.3.6 多酶级联体系催化烯烃 1a～j 不对称胺羟化合成手性 *β*-氨基醇 5a～j

反应条件：5mL 反应液中包含 10～20mmol/L 1a～j、10% DMSO、0.02mmol/L

NADH、24mmol/L (*R*)-MBA 或 200mmol/L L-丙氨酸、0.1mmol/L PLP、100mmol/L 磷酸钠缓冲液（pH 7.5）、28mg/mL SMO、7mg/mL SpEH、21mg/mL GoSCR 和 14mg/mL MVTA 或 14mg/mL BMTA，反应在 50mL 的锥形瓶中进行，25℃、200r/min 反应 5～22h 后取样 300μL，NaCl 饱和，加入 10μL NaOH（10mol/L）调节溶液 pH>10.0，加入 300μL 乙酸乙酯（含内标物 20mmol/L 十二烷）萃取，有机相加无水硫酸钠干燥后，气相检测生成 5a～j 的量并进行 *ee* 值分析。所有实验均重复三次。

## 9.3.7 共表达体系的构建

### 9.3.7.1 共表达菌的构建

（1）共表达 *E.coli*（GoSCR-SMO）的构建

以重组质粒 pET28a-GoSCR 为模板，利用特定引物（如表 9-2 所示），通过 PCR 扩增获得含有所需限制性核酸内切酶酶切位点的目的基因 GoSCR，使用限制性核酸内切酶 *Bam*HⅠ和 *Hin*dⅢ对 PCR 产物和质粒 pCDFduet 分别进行双酶切，用 T4 DNA 连接酶连接酶切产物进行，获得重组质粒 pCDFduet-GoSCR。以重组质粒 pET28a-SMO 为模板，利用特定引物如表 9-2 所示，通过 PCR 扩增获得所需目的基因 SMO（包含 styA 和 styB），使用限制性核酸内切酶 *Nde*Ⅰ和 *Xho*Ⅰ对 PCR 产物和重组质粒 pCDFduet-GoSCR 分别进行双酶切，用 T4 DNA 连接酶将酶切产物进行连接，获得重组质粒 pCDFduet-GoSCR-SMO，简写为 CGS。将重组质粒 pCDFduet-GoSCR-SMO 导入 *E.coli* BL21 感受态细胞中，涂布于含有 100μg/mL 链霉素的 LB 固体培养基上，于 37℃培养箱过夜培养，挑取单菌落接种于含有 100μg/mL 链霉素的 LB 液体培养基中，37℃、200r/min 培养 7h，可获得重组菌 *E.coli*（pCDFduet-GoSCR-SMO），简写为 *E.coli*（CGS），取 0.5mL 培养液与灭菌的 50% 甘油混合，保存于–80℃以备后续使用。取 1mL 的培养液于 50mL TB 培养基（含 100μg/mL 链霉素）中进行扩大培养。当培养液 $OD_{600}$ 达到 0.6～0.8 时，向培养基中加入 IPTG（0.5mmol/L），20℃、200r/min 的条件下继续培养 12～20h，离心收集菌体，并进行 SDS-PAGE 分析蛋白质表达情况。通过同样的方法可以获得重组质粒 pETduet-GoSCR-SMO（简写为 DGS）和重组菌 *E.coli*（pETduet-GoSCR-SMO）［简写为 *E.coli*（DGS）］。

（2）共表达 *E.coli*（GoSCR-MVTA）的构建

以重组质粒 pET28a-MVTA 为模板，利用特定引物（如表 9-2 所示），通过 PCR 扩增获得含有所需限制性核酸内切酶酶切位点的目的基因 MVTA，使用限制性核酸内切酶 *Nde*Ⅰ和 *Xho*Ⅰ对 PCR 产物和已成功构建的重组质粒 pCDFduet-GoSCR 分别进行双酶切，用 T4 DNA 连接酶连接酶切产物进行，获得重组质粒 pCDFduet-GoSCR-

MVTA，简写为 CGM。将重组质粒 pCDFduet-GoSCR-MVTA 导入 *E.coli* BL21 感受态细胞中，可获得重组菌 *E.coli*（pCDFduet-GoSCR-MVTA），简写为 *E.coli*（CGM）。利用同样的方法可以获得重组质粒 pRSFduet-GoSCR-MVTA（简写为 RGM）和重组菌 *E.coli*（pRSFduet-GoSCR-MVTA）（简写为 *E.coli*（RGM））、重组质粒 pETduet-GoSCR-MVTA（简写为 DGM）和重组菌 *E.coli*（pETduet-GoSCR-MVTA）［简写为 *E.coli*（DGM）］。

**表 9-2　本实验中所设计的引物**

| 名称 | 引物（5′-3′） | 限制性酶 |
| --- | --- | --- |
| styA-*Bam*H Ⅰ-F | CGC*GGATCC*GATGAAAAAGCGTATCGG | *Bam*H Ⅰ |
| styA-*Nde* Ⅰ-F | GGAATTCCATATGAAAAAGCGTATCGGTATTGTTGG | *Nde* Ⅰ |
| styA-*Hind* Ⅲ-R | CCCAAGCTTTCAGGCCGCGATAGTGGGTGCG | *Hind* Ⅲ |
| styB-*Hind* Ⅲ-rbs-F | CCC*AAGCTT*AAGGAGATATACCATGACGTTAAAAAAAGATATGGC | *Hind* Ⅲ |
| styB-*Xho* Ⅰ-R | CCGCTCGAGTCAATTCAGTGGCAACGGGTTGC | *Xho* Ⅰ |
| SpEH-*Bam*H Ⅰ-F | CGCGGATCCGATGAACGTCGAACATATCCG | *Bam*H Ⅰ |
| SpEH-*Hind* Ⅲ-R | CCCAAGCTTTCAAAGATCCATCTGTGCAAAGGC | *Hind* Ⅲ |
| GoSCR-*Bam*H Ⅰ-F | CGCGGATCCGATGTACATGGAAAAACTCC | *Bam*H Ⅰ |
| GoSCR-*Hind* Ⅲ-R | CCCAAGCTTTCACCAGACGGTGAAGC | *Hind* Ⅲ |
| SpEH-*Nde* Ⅰ-F | GGAATTCCATATGAACGTCGAACATATCCG | *Nde* Ⅰ |
| SpEH-*Xho* Ⅰ-R | CCG CTCGAGTCAAAGATCCATCTGTGCAAAGGC | *Xho* Ⅰ |
| GoSCR-*Nde* Ⅰ-F | GGAATTCCATATGTACATGGAAAAACTCC | *Nde* Ⅰ |
| GoSCR-*Xho* Ⅰ-R | CCGCTCGAGTCACCAGACGGTGAAGC | *Xho* Ⅰ |
| MVTA-*Nde* Ⅰ-F | GGAATTCCATATGGGCATCGACACTGGCACC | *Nde* Ⅰ |
| MVTA-*Xho* Ⅰ-R | CCGCTCGAGTCAGTACTGAATCGCTTCAATC | *Xho* Ⅰ |
| BMTA-*Bgl* Ⅱ | GGAAGATCTCATGAGCCTGACGGTGCAG | *Bgl* Ⅱ |
| BMTA-*Xho* Ⅰ | CCGCTCGAGTTACTGCCATTCACCACTCTCC | *Xho* |

（3）共表达 *E.coli*（SpEH-MVTA）的构建

以重组质粒 pET28a-SpEH 为模板，利用特定引物（如表 9-2 所示），通过 PCR 扩增获得含有所需限制性核酸内切酶酶切位点的目的基因 SpEH，使用限制性核酸内切酶 *Bam*H Ⅰ和 *Hind* Ⅲ对 PCR 产物和质粒 pRSFduet 分别进行双酶切，利用 T4 DNA 连接酶将酶切产物连接，获得重组质粒 pRSFduet-SpEH。使用限制性核酸内切酶 *Nde* Ⅰ和 *Xho* Ⅰ对目的基因 MVTA 和重组质粒 pRSFduet-SpEH 分别进行双酶切，将酶切产物通过 T4 DNA 连接酶连接，获得重组质粒 pRSFduet-SpEH-MVTA，简写为 REM。将重组质粒 pRSFduet-SpEH-MVTA 导入 *E.coli* BL21 感受态细胞中，获得重组菌 *E.coli*（pRSFduet-SpEH-MVTA），简写为 *E.coli*（REM）。利用同样的方法可以获得重组质粒 pETduet-SpEH-MVTA（简写为 DEM）和重组菌 *E.coli*（pETduet-SpEH-MVTA）［简写为 *E.coli*（DEM）］、重组质粒 pCDFduet-SpEH-MVTA

（简写为 CEM）和重组菌 *E.coli*（pCDFduet-SpEH-MVTA）[简写为 *E.coli*（CEM）]。

（4）共表达 *E.coli*（SpEH-SMO）的构建

使用限制性核酸内切酶 *Bam*H Ⅰ和 *Hin*dⅢ对目的基因 SpEH 和质粒 pETduet 分别进行双酶切，将酶切产物通过 T4 DNA 连接酶连接，获得重组质粒 pETduet-SpEH。使用限制性核酸内切酶 *Nde* Ⅰ和 *Xho* Ⅰ对目的基因 SMO 和已成功构建的重组质粒 pETduet-SpEH 分别进行双酶切，利用 T4 DNA 连接酶连接酶切产物，获得重组质粒 pETduet-SpEH-SMO，简写为 DES。将重组质粒 pETduet-SpEH-SMO 导入 *E.coli* BL21 感受态细胞中，获得重组菌 *E.coli*（pETduet-SpEH-SMO），简写为 *E.coli*（DES）。

（5）共表达 *E.coli*（SpEH-BMTA）的构建

以重组质粒 pET28a-BMTA 为模板，利用特定引物（如表 9-2 所示），通过 PCR 扩增获得目的基因 BMTA，使用限制性核酸内切酶 *Bgl* Ⅱ和 *Xho* Ⅰ对 PCR 产物和已成功构建的重组质粒 pETduet-SpEH 分别进行双酶切，利用 T4 DNA 连接酶连接酶切产物，获得重组质粒 pETduet-SpEH-BMTA，简写为 DEB。将重组质粒 pETduet-SpEH-BMTA 导入 *E.coli* BL21 感受态细胞中，获得重组菌 *E.coli*（pETduet-SpEH-BMTA），简写为 *E.coli*（DEB）。同样的方法可以获得重组质粒 pRSFduet-SpEH-BMTA（简写为 REB）和重组菌 *E.coli*（pRSFduet-SpEH-BMTA）[简写为 *E.coli*（REB）]。

（6）共表达 *E.coli*（GoSCR-BMTA）的构建

以重组质粒 pET28a-BMTA 为模板，利用特定引物（如表 9-2 所示），通过 PCR 扩增获得目的基因 BMTA，使用限制性核酸内切酶 *Bgl* Ⅱ和 *Xho* Ⅰ对 PCR 产物和已成功构建的重组质粒 pRSFduet-GoSCR 分别进行双酶切，将酶切产物利用 $T_4$ DNA 连接酶连接，获得重组质粒 pRSFduet-GoSCR-BMTA，简写为 RGB。将重组质粒 pRSFduet-GoSCR-BMTA 导入 *E.coli* BL21 感受态细胞中，获得重组菌 *E.coli*（pRSFduet-GoSCR-BMTA），简写为 *E.coli*（RGB）。

（7）共表达 *E.coli*（SpEH-GoSCR-MVTA）的构建

将构建好的重组质粒 pETduet-SpEH-MVTA 和 pET28a-GoSCR 同时导入 *E.coli* BL21 感受态细胞中，涂布于含有 100μg/mL 氨苄西林和 50μg/mL 卡那霉素的 LB 固体培养基上，挑取单菌落培养，即可获得重组菌 *E.coli*（pETduet-SpEH-MVTA/pET28a-GoSCR），简写为 *E.coli*（DEM-28aG）。

（8）共表达 *E.coli*（SpEH-SMO-MVTA）的构建

将重组质粒 pETduet-SpEH-SMO 和 pET28a-MVTA 同时导入 *E.coli* BL21 感受态细胞中，涂布于含有 100μg/mL 氨苄西林和 50μg/mL 卡那霉素的 LB 固体培养基上，挑取单菌落培养，即可获得重组菌 *E.coli*（pETduet-SpEH-SMO/pET28a-MVTA），简写为 *E.coli*（DES-28aM）。

（9）共表达 *E.coli*（SMO-SpEH-GoSCR-MVTA）的构建

将重组质粒 pCDFduet-GoSCR-SMO 和 pETduet-SpEH-MVTA 同时导入 *E.coli* BL21 感受态细胞中，涂布于含有 100μg/mL 氨苄西林和 100μg/mL 链霉素的 LB 固体培养基上，挑取单菌落进行培养，即可获得同时表达 SMO、SpEH、GoSCR 和 MVTA 四种酶的共表达重组菌 *E.coli*（CGS-DEM）。同样的，将重组质粒 DGS 和 CEM、DES 和 CGM、DGS 和 REM、DES 和 RGM 分别导入 *E.coli* BL21 感受态细胞中，涂布于含有相对应的两种抗生素的 LB 固体培养基上，挑取单菌落，即可获得共表达四种酶的重组菌 *E.coli*（DGS-CEM）、*E.coli*（DES-CGM）、*E.coli*（DGS-REM）和 *E.coli*（DES-RGM），结果如图 9-2 所示。

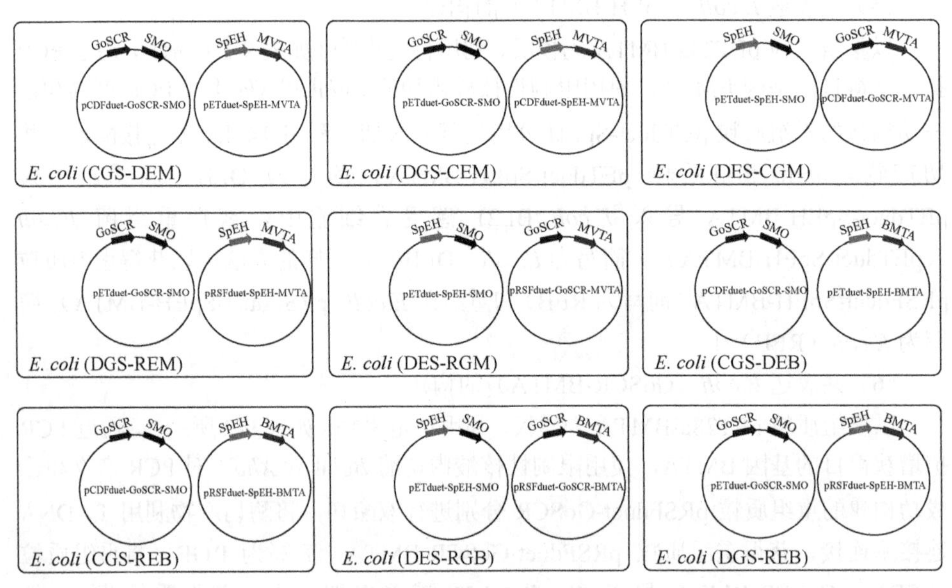


图 9-2 共表达菌株的构建

（10）共表达 *E.coli*（SMO-SpEH-GoSCR-BMTA）的构建

将重组质粒 pCDFduet-GoSCR-SMO 和 pETduet-SpEH-BMTA 同时导入 *E.coli* BL21 感受态细胞中，涂布于含有 100μg/mL 氨苄西林和 100μg/mL 链霉素的 LB 固体培养基上，挑取单菌落培养，即可获得同时表达 SMO、SpEH、GoSCR 和 BMTA 四种酶的共表达重组菌 *E.coli*（CGS-DEB）。同样，将重组质粒 CGS 和 REB、DES 和 RGB、DGS 和 REB 分别导入 *E.coli* BL21 感受态细胞中，涂布于含有相对应的两种抗生素的 LB 固体培养基上，挑取单菌落，即可获得共表达四种酶的重组菌 *E.coli*（CGS-REB）、*E.coli*（DES-RGB）和 *E.coli*（DGS-REB），结果如图 9-2 所示。

### 9.3.7.2 共表达菌的诱导表达

将重组大肠杆菌接种于含有一种或两种抗生素（50μg/mL 卡那霉素、100μg/mL

链霉素或 100μg/mL 氨苄西林）的 LB 液体培养基中，37℃、200r/min 培养 7h，分别取 1mL 的培养液于 50mL 的 TB 培养基（含一种或两种抗生素）中进行扩大培养。当培养液 $OD_{600}$ 达到 0.6～0.8 时，向培养基中加入 IPTG（0.5mmol/L），20℃、200r/min 的条件下继续培养 12～20h，离心收集菌体，将菌体用磷酸缓冲液（100mmol/L，pH 7.5）洗涤两次，最后用磷酸缓冲液将细胞悬浮，利用 SDS-PAGE 进行分析。

### 9.3.8 两种重组大肠杆菌细胞催化烯烃不对称胺羟化合成手性*β*-氨基醇

#### 9.3.8.1 两种重组大肠杆菌细胞催化烯烃 1a 不对称胺羟化合成手性*β*-氨基醇 5a

将构建好的重组大肠杆菌细胞进行组合，可以得到以下共 10 种不同的组合：*E.coli*(DES)/*E.coli*(DGM)、*E.coli*(DES)/*E.coli*(RGM)、*E.coli*(DGS)/*E.coli*(DGM)、*E.coli* (CGS)/*E.coli*(DEM)、*E.coli*(SMO)/*E.coli*(REM-28aG)、*E.coli* (GoSCR)/*E. coli*(DES-28aM)、*E.coli*(CGS)/*E.coli*(DEB)、*E.coli*(CGS)/*E.coli*(REB)、*E.coli*(DES)/*E.coli*(RGB) 和 *E.coli*(DGS)/*E.coli*(REB)。利用这些组合细胞催化 **1a** 不对称胺羟化合成对映体纯的 **5a**，具体反应条件为：2mL 反应液中含 100mmol/L 磷酸钠缓冲液（pH 7.5）、10mmol/L **1a**、10% DMSO、12mmol/L (*R*)-MBA 或 200mmol/L L-丙氨酸、0.2mmol/L PLP、10mmol/L 葡萄糖、10g cdw/L *E. coli*，反应在 50mL 的锥形瓶中进行，25℃、200r/min 反应 5h 后取样 300μL，NaCl 饱和，加入 10μL NaOH（10mol/L）调节溶液 pH>10.0，加入 300μL 乙酸乙酯（含内标物 20mmol/L 十二烷）萃取，有机相加无水硫酸钠干燥后，气相检测生成 **5a** 的量并进行 *ee* 值分析。所有实验均重复三次。

#### 9.3.8.2 两种重组大肠杆菌细胞催化烯烃 1a～j 不对称胺羟化合成手性*β*-氨基醇 5a～j

根据 9.3.8.1 的实验结果，可以选择最优的细胞组合 *E.coli*(DGS)/*E.coli*(REM) 和 *E.coli*(CGS)/*E.coli*(DEB) 用来催化 1a～j 不对称胺羟化合成对映体纯的 5a～j，反应条件为：5mL 反应液中含 100mmol/L 磷酸钠缓冲液（pH 7.5）、10mmol/L 1a～j、10% DMSO、12mmol/L (*R*)-MBA 或 200mmol/L L-丙氨酸、0.2mmol/L PLP、10mmol/L 葡萄糖、20g cdw/L *E.coli*（DGS）和 15g cdw/L *E.coli*（REM）或 20g cdw/L *E.coli* （CGS）和 15g cdw/L *E.coli*（DEB），反应在 50mL 的锥形瓶中进行，25℃、200r/min 反应 8～16h 后取样 300μL，NaCl 饱和，加入 10μL NaOH（10mol/L）调

节溶液 pH>10.0，加入 300μL 乙酸乙酯（含内标物 20mmol/L 十二烷）萃取，有机相加无水硫酸钠干燥后，气相检测生成 5a～j 的量并进行 *ee* 值分析。所有实验均重复三次。

## 9.3.9 共表达细胞催化烯烃不对称胺羟化合成手性*β*-氨基醇

### 9.3.9.1 共表达细胞催化烯烃 1a 不对称胺羟化合成手性*β*-氨基醇 5a

本实验中构建了 9 种可以同时表达 SMO、SpEH、GoSCR、MVTA 或 BMTA 四种酶的共表达细胞（如图 9-2），分别为 *E.coli*（CGS-DEM）、*E.coli*（DGS-CEM）、*E.coli*（DES-CGM）、*E.coli*（DGS-REM）、*E.coli*（DES-RGM）、*E.coli*（CGS-DEB）、*E.coli*（CGS-REB）、*E.coli*（DES-RGB）和 *E.coli*（DGS-REB）。利用这些共表达细胞催化 1a 不对称胺羟化合成对映体纯的 5a，具体反应条件为：1mL 反应液中含 100mmol/L 磷酸钠缓冲液（pH 7.5）、10mmol/L 1a、10% DMSO、12mmol/L (*R*)-MBA 或 200mmol/L L-丙氨酸、0.2mmol/L PLP、10mmol/L 葡萄糖、10g cdw/L *E. coli*，反应在 50mL 的锥形瓶中进行，25℃、200r/min 反应 0.5～10h 后取样 300μL，NaCl 饱和，加入 10μL NaOH（10mol/L）调节溶液 pH>10.0，加入 300μL 乙酸乙酯（含内标物 20mmol/L 十二烷）萃取，有机相加无水硫酸钠干燥后，气相检测生成 5a 的量，分析 *ee* 值，并计算细胞比活力及转化率。所有实验均重复三次。

### 9.3.9.2 *E.coli*（CGS-DEM）和 *E.coli*（CGS-DEB）生长曲线和细胞活力的检测

根据实验结果，在 9 种共表达细胞中选择催化活力最高的两种细胞 *E.coli*（CGS-DEM）和 *E.coli*（CGS-DEB）进一步测定生长曲线及细胞活力，优化诱导表达条件。将菌种分别接种于含有 100μg/mL 链霉素和 100μg/mL 氨苄西林的 LB 液体培养基中，37℃、200r/min 培养 7h，取 1mL 的培养液于 50mL 的 TB 培养基（含 100μg/mL 链霉素和 100μg/mL 氨苄西林）中，检测此时培养液在 600nm 下的吸光度值，37℃、200r/min 继续培养 2h 后，检测培养液中的细胞浓度，向培养基中加入 IPTG（0.5mmol/L），20℃、200r/min 的条件下继续培养，不同时间点取样，监测细胞生长情况，利用 SDS-PAGE 分析蛋白质表达情况，并检测不同时间点的细胞活力，其反应条件如下：0.5mL 反应液中含 100mmol/L 磷酸钠缓冲液（pH 7.5）、10mmol/L 1a、10% DMSO、12mmol/L (*R*)-MBA 或 200mmol/L L-丙氨酸、0.2mmol/L PLP、10mmol/L 葡萄糖、*E.coli*，25℃、200r/min 反应 30min 后取样 300μL，NaCl 饱和，加入 10μL NaOH（10mol/L）调节溶液 pH>10.0，加入 300μL 乙酸乙酯（含内标物 2mmol/L 十二烷）萃取，有机相加无水硫酸钠干燥后，气相检测生成 5a 的量，分析 *ee* 值，并计算细胞活力。

#### 9.3.9.3 共表达细胞催化烯烃 1a～j 不对称胺羟化合成手性$\beta$-氨基醇 5a～j

利用共表达细胞 *E.coli*（CGS-DEM）和 *E.coli*（CGS-DEB）催化 1a～j 不对称胺羟化合成对映体纯的 5a～j，考虑到底物烯烃在水中的溶解度较小，且对细胞毒性较大，因此后续实验选择磷酸钠缓冲液-十六烷（1:1）双相反应体系进行反应。反应条件为：5mL 的 100mmol/L 磷酸钠缓冲液（pH 7.5）中含 0.2mmol/L PLP、10mmol/L 葡萄糖、20g cdw/L *E.coli*（CGS-DEM）或 *E.coli*（CGS-DEB），5mL 十六烷中含有 10mmol/L 1a～j、12mmol/L (*R*)-MBA 或 200mmol/L L-丙氨酸，反应在 50mL 的锥形瓶中进行，25℃、200r/min 反应 8～24h 后取样 300μL，NaCl 饱和，加入 10μL NaOH（10mol/L）调节溶液 pH>10.0，加入 300μL 乙酸乙酯（含内标物 20mmol/L 十二烷）萃取，有机相加无水硫酸钠干燥后，气相检测生成 5a～j 的量并进行 *ee* 值分析。所有实验均重复三次。

### 9.3.10 *E.coli*（CGS-DEM）和 *E.coli*（CGS-DEB）制备手性$\beta$-氨基醇

将新鲜制备的 *E.coli*（CGS-DEM）或 *E.coli*（CGS-DEB）悬浮于 100mL 100mmol/L 磷酸钠缓冲液（pH 7.5）中，细胞浓度为 20g cdw/L，添加 0.2mmol/L PLP、10mmol/L 葡萄糖、12mmol/L (*R*)-MBA 或 200mmol/L L-丙氨酸，100mL 十六烷中含有 1mmol 1a～b 和 1h，25℃、250r/min 的条件下反应 10～24h。反应结束后，将混合物离心以除去细胞，分离水相，NaCl 饱和，加入 NaOH 碱化（pH>10），乙酸乙酯连续萃取三次（3×50mL），将有机相合并后加无水硫酸钠干燥，过滤后旋转蒸发除去乙酸乙酯，得到的产物真空干燥过夜，并进行柱色谱纯化（乙酸乙酯:甲醇=10:1），计算产物得率。

### 9.3.11 气相色谱分析法

使用带有火焰离子化检测器（FID）的气相色谱仪（岛津 GC-2010）分析$\beta$-氨基醇的浓度，具体检测条件如下：

方法 A：色谱柱为安捷伦 J&W HP-5（30m × 0.32mm × 0.25mm）。

参数：进样器温度为 250℃；检测器温度为 275℃；温度程序：柱温 120℃，保留 10min。

方法 B：色谱柱为安捷伦 J&W HP-5（30m × 0.32mm × 0.25mm）。

参数：进样器温度为 250℃；检测器温度为 275℃；温度程序：柱温 140℃，保留 10min。

方法 C：色谱柱为安捷伦 J&W HP-5（30m × 0.32mm × 0.25mm）。

参数：进样器温度为 250℃；检测器温度为 275℃；温度程序：柱温 150℃，保留 12min。

方法 D：色谱柱为安捷伦 J&W HP-5（30m × 0.32mm × 0.25mm）。

参数：进样器温度为 250℃；检测器温度为 275℃；温度程序：起始柱温 120℃，保留 5min，后以 2℃/min 的速率升温至 130℃，保留 2min。

方法 E：色谱柱为安捷伦 J&W HP-5（30m × 0.32mm × 0.25mm）。

参数：进样器温度为 250℃；检测器温度为 275℃；温度程序：起始柱温 120℃，后以 2℃/min 的速率升温至 140℃，保留 5min。

根据 Mutti 等人报道的方法[6]，使用气相色谱检测$\beta$-氨基醇的对映体过量值。用 4-二甲氨基吡啶（DMAP）和醋酸酐对样品进行衍生，利用带有 CP Chirasil-Dex CB 手性色谱柱的气相色谱仪检测分析，具体分析条件如下：

方法 F：色谱柱为安捷伦 J&W CP-Chirasil-Dex CB（25m × 0.32mm × 0.25mm）。

参数：进样器温度为 270℃；检测器温度为 275℃；温度程序：起始柱温 100℃，以 2℃/min 的速率升温至 150℃，保留 50min。

方法 G：色谱柱为安捷伦 J&W CP-Chirasil-Dex CB（25m × 0.32mm × 0.25mm）。

参数：进样器温度为 270℃；检测器温度为 275℃；温度程序：起始柱温 140℃，以 2℃/min 的速率升温至 155℃，保留 55min。

方法 H：色谱柱为安捷伦 J&W CP-Chirasil-Dex CB（25m × 0.32mm × 0.25mm）。

参数：进样器温度为 270℃；检测器温度为 275℃；温度程序：起始柱温 140℃，后以 2℃/min 的速率升温至 165℃，保留 70min。

方法 I：色谱柱为安捷伦 J&W CP-Chirasil-Dex CB（25m × 0.32mm × 0.25mm）。

参数：进样器温度为 270℃；检测器温度为 275℃；温度程序：起始柱温 140℃，以 2℃/min 的速率升温至 160℃，保留 50min。

方法 J：色谱柱为安捷伦 J&W CP-Chirasil-Dex CB（25m × 0.32mm × 0.25mm）。

参数：进样器温度为 270℃；检测器温度为 275℃；温度程序：起始柱温 140℃，以 2℃/min 的速率升温至 150℃，保留 120min。

方法 K：色谱柱为安捷伦 J&W CP-Chirasil-Dex CB（25m × 0.32mm × 0.25mm）。

参数：进样器温度为 270℃；检测器温度为 275℃；温度程序：起始柱温 140℃，以 2℃/min 的速率升温至 170℃，保留 45min。

# 9.4 结果与讨论

## 9.4.1 重组大肠杆菌的构建

### 9.4.1.1 目的蛋白质的表达

对 *E.coli*（SMO）、*E.coli*（SpEH）、*E.coli*（GoSCR）、*E.coli*（MVTA）和 *E.coli*（BMTA）诱导表达后进行 SDS-PAGE 分析，结果如图 9-3 所示：1 列在 46kDa 处出现与 styA 理论大小一致的目的条带，且在 18kDa 处出现与 styB 理论大小一致的目的条带，证明 SMO 在大肠杆菌中成功表达，并且大多为可溶性表达；2 列在 43kDa 处出现与 SpEH 理论大小一致的目的条带，3 列在 27kDa 处出现与 GoSCR 理论大小一致的目的条带，4 列在 37kDa 处出现与 MVTA 理论大小一致的目的条带，5 列在 53kDa 处出现与 BMTA 理论大小一致的目的条带，证明 SpEH、GoSCR、MVTA 和 BMTA 皆在大肠杆菌中成功表达，并且大多为可溶性表达。

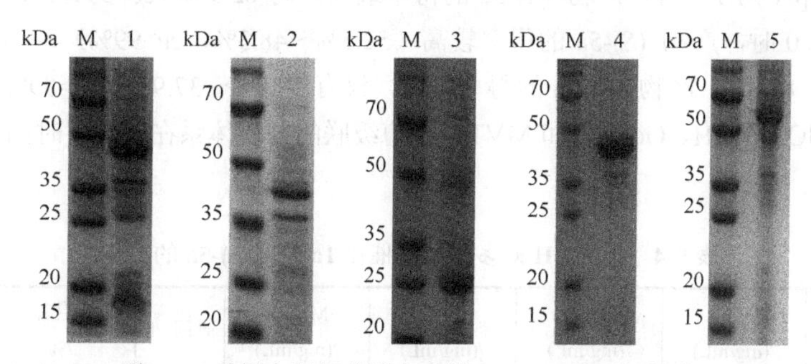


图 9-3 重组大肠杆菌蛋白表达 SDS-PAGE 电泳图

M：蛋白质分子量标准；1：*E.coli*（SMO）无细胞提取液；2：*E.coli*（SpEH）无细胞提取液；3：*E.coli*（GoSCR）无细胞提取液；4：*E.coli*（MVTA）无细胞提取液；5：*E.coli*（BMTA）无细胞提取液

### 9.4.1.2 目的蛋白质的酶活力检测

根据 3.3.3 的检测方法，可以获得 SMO、SpEH、GoSCR、MVTA 和 BMTA 这五种酶的酶活力，结果如表 9-3 所示，SMO 的酶活力为 0.27U/mg，SpEH 的酶活力为 0.5U/mg，GoSCR 的酶活力为 0.12U/mg，MVTA 的酶活力为 3.1U/mg，BMTA 的酶活力为 1.1U/mg。

**表 9-3 酶活力检测**

| 序号 | 酶 | 底物 | 比活力/(U/mg) |
|---|---|---|---|
| 1 | SMO | 1a | 0.27 |
| 2 | SpEH | 2a | 0.5 |

续表

| 序号 | 酶 | 底物 | 比活力/(U/mg) |
|---|---|---|---|
| 3 | GoSCR | 3a | 0.12 |
| 4 | MVTA | (*S*)-5a | 3.1 |
| 5 | BMTA | (*R*)-5a | 1.1 |

## 9.4.2 多酶级联催化烯烃 1a 不对称胺羟化合成手性*β*-氨基醇 5a 的条件优化

### 9.4.2.1 不同 pH 对多酶级联催化 1a 合成(*S*)-5a 的影响

pH 是影响酶活性的一个重要参数，不同的酶具有不同的最适 pH。因此在多酶级联的催化体系中，选择合适的 pH 对催化效率有着至关重要的作用，结果如表 9-4 所示，当 pH 为 7.5 时，产物 (*S*)-5a 的得率最高，为 62.9%（*ee*>99%）；当 pH 为 7.0 或者 8.0 时，产物 (*S*)-5a 的得率较高（52.5%～48.3%，*ee*>99%）；当 pH 低于 7.0 或高于 8.0 时，产物 (*S*)-5a 的得率较低，仅有 28.8%～37.9%（*ee*>99%）。由此可知，SMO、SpEH、GoSCR 和 MVTA 四酶级联的催化体系在 pH7.5 时的催化效率最高。

**表 9-4 不同 pH 对多酶级联催化 1a 合成(*S*)-5a 的影响**

| pH | SMO /(mg/mL) | SpEH /(mg/mL) | GoSCR /(mg/mL) | MVTA /(mg/mL) | 时间 /h | 转化率 /% | *ee* /% |
|---|---|---|---|---|---|---|---|
| 6.5 | 7 | 7 | 7 | 7 | 5 | 28.8 | >99 |
| 7.0 | 7 | 7 | 7 | 7 | 5 | 52.5 | >99 |
| 7.5 | 7 | 7 | 7 | 7 | 5 | 62.9 | >99 |
| 8.0 | 7 | 7 | 7 | 7 | 5 | 48.3 | >99 |
| 8.5 | 7 | 7 | 7 | 7 | 5 | 37.9 | >99 |

### 9.4.2.2 四种酶不同比例对多酶级联催化 1a 合成(*S*)-5a 的影响

在多酶级联的催化体系中，每一种酶的催化效率都各不相同，为了提高终产物的得率，各种酶在反应体系中的占比就显得尤为重要。本实验中共考查了 6 种情况下，四种酶不同的比例对产物得率的影响，结果如表 9-5 所示，当四种酶的比例为 SMO:SpEH:GoSCR:MVTA 为 4:1:3:2 时，产物(*S*)-5a 的得率可达 84.9%，且 *ee* 值大于 99%；从表 3-5 中可以看出，酶 SMO 和 GoSCR 浓度较高时，产物 (*S*)-5a 的得率较高。

表 9-5 四种酶不同比例对多酶级联催化 1a 合成(*S*)-5a 的影响

| 序号 | SMO /(mg/mL) | SpEH /(mg/mL) | GoSCR /(mg/mL) | MVTA /(mg/mL) | 时间 /h | 转化率 /% | *ee* /% |
|---|---|---|---|---|---|---|---|
| 1 | 7 | 7 | 7 | 7 | 5 | 61.0 | >99 |
| 2 | 14 | 7 | 7 | 7 | 5 | 65.2 | >99 |
| 3 | 14 | 14 | 14 | 14 | 5 | 72.6 | >99 |
| 4 | 21 | 14 | 14 | 14 | 5 | 76.1 | >99 |
| 5 | 28 | 7 | 21 | 14 | 5 | 84.9 | >99 |
| 6 | 21 | 14 | 21 | 14 | 5 | 77.4 | >99 |

#### 9.4.2.3 不同反应温度对多酶级联催化 1a 合成(*S*)-5a 的影响

温度是影响酶活性的另一个重要因素，对于大多数的酶，高温有利于提高其催化速率，但温度太高则会导致蛋白质变性，从而影响酶活，因此选择合适的温度对提高反应效率也是非常重要的。本实验考查了四种酶级联的催化体系在不同温度下的反应效率，结果如表 9-6 所示，当反应温度为 25℃时，催化效率最好，产物 (*S*)-5a 的得率高达 95.8%，且 *ee* 值大于 99%；当温度为 20℃时，产物 (*S*)-5a 的得率为 84.6%（*ee*>99%）；当温度高于 30℃时，随着温度的升高，产物 (*S*)-5a 的得率逐渐下降（86.7%～70.8%，*ee*>99%）。

表 9-6 不同温度对多酶级联催化 1a 合成 (*S*)-5a 的影响

| 温度/℃ | SMO /(mg/mL) | SpEH /(mg/mL) | GoSCR /(mg/mL) | MVTA /(mg/mL) | 时间 /h | 转化率 /% | *ee* /% |
|---|---|---|---|---|---|---|---|
| 20 | 28 | 7 | 21 | 14 | 5 | 84.6 | >99 |
| 25 | 28 | 7 | 21 | 14 | 5 | 95.8 | >99 |
| 30 | 28 | 7 | 21 | 14 | 5 | 86.7 | >99 |
| 35 | 28 | 7 | 21 | 14 | 5 | 70.8 | >99 |

#### 9.4.2.4 不同浓度 NADH 对多酶级联催化 1a 合成(*S*)-5a 的影响

四酶级联的催化体系中，第一步烯烃不对称环氧化反应和第三步邻位二醇脱氢还原反应中都涉及了辅因子（$NADH/NAD^+$），因此考查了不同浓度的 NADH 对反应的影响，结果如表 9-7 所示，随着 NADH 浓度的降低（0.5～0.02mmol/L），产物 (*S*)-5a 的得率变化不明显（96.0%～93.5%，*ee*>99%），由此可推断在反应过程中实现了辅因子的循环再生。当 NADH 的浓度为 0.02mmol/L 时，TTN 可达 585，综合考虑选择这一浓度作为进行后续实验的条件。有趣的是，不添加 NADH 的反应中，也有产物 (*S*)-5a 生成，得率为 35.0%，可能是因为粗酶液中残留的 $NADH/NAD^+$参与到反应中，促使 (*S*)-5a 生成。

表 9-7　不同浓度 NADH 对多酶级联催化 1a 合成 (*S*)-5a 的影响

| NADH /(mmol/L) | SMO /(mg/mL) | SpEH /(mg/mL) | GoSCR /(mg/mL) | MVTA /(mg/mL) | 时间 /h | 转化率 /% | *ee* /% | TTN |
|---|---|---|---|---|---|---|---|---|
| 0.5 | 28 | 7 | 21 | 14 | 5 | 96.0 | >99 | 24 |
| 0.2 | 28 | 7 | 21 | 14 | 5 | 95.5 | >99 | 61 |
| 0.1 | 28 | 7 | 21 | 14 | 5 | 95.0 | >99 | 120 |
| 0.05 | 28 | 7 | 21 | 14 | 5 | 94.2 | >99 | 233 |
| 0.02 | 28 | 7 | 21 | 14 | 5 | 93.5 | >99 | 585 |
| 0.01 | 28 | 7 | 21 | 14 | 5 | 68.0 | >99 | 660 |
| 0 | 28 | 7 | 21 | 14 | 5 | 35.0 | >99 | — |

## 9.4.3　多酶级联催化烯烃 1a～j 不对称胺羟化合成手性 *β*-氨基醇 5a～j

在最佳反应条件（pH7.5、25℃、0.02mmol/L NADH、SMO:SpEH:GoSCR:MVTA=4:1:3:2）下，用 SMO、SpEH、GoSCR 和 MVTA 四酶级联的催化体系（组合 1）催化烯烃 1a～j 反应合成(*S*)-*β*-氨基醇 5a～j，结果如表 9-8 所示，对苯环对位含有卤素取代基的烯烃 1b～d，反应 5h 后，就可以较高的产率得到(*S*)-*β*-氨基醇 5b～d（76.4%～91.0%），且 *ee* 值都大于 99%；对苯环对位含有强吸电子基团（$CF_3$—）取代基的底物 1e，产物 (*S*)-5e 得率为 34.2%（*ee*>99%）；对苯环对位含有强给电子基团（MeO—）取代基的底物 1f，产物 (*S*)-5f 的得率较低，仅有 15.0%（*ee*>99%）；对苯环间位含有取代基的烯烃 1g～j，反应 7h 后，同样可以获得(*S*)-*β*-氨基醇 5g～j（48.1%～59.5%），且 *ee* 值都大于 99%。

同样使用 SMO、SpEH、GoSCR 和 BMTA 四酶级联的催化体系（组合 2）催化烯烃 1a～j 反应可以获得 (*R*)-*β*-氨基醇 5a～j，结果如表 9-8 所示，当底物 1a 的浓度为 10mmol/L 时，反应 16h 后产物 (*R*)-5a 的得率高达 98.0%，且 *ee* 值大于 99%；当 1a 的浓度增加至 20mmol/L 时，产物 (*R*)-5a 的得率仍有 73.1%（*ee*>99%）。此外，用组合 2 催化其余的底物 1b～j（10mmol/L），检验该组合的底物多样性，结果如表 9-8 所示，对于底物 1b，产物 (*R*)-5b 的得率可达 97.7%，且 *ee* 值大于 99%；对于底物 1c 和 1h～j，产物 (*R*)-5c 和 (*R*)-5h～j 的得率相对较低，为 43.6%～68.5%，且 *ee* 值大于 99%；对于底物 1d～f，虽然产物 (*R*)-5d～f 的 *ee* 值大于 99%，但是得率很低，仅有 13.9%～28.9%；对于底物 1g，产物 (*R*)-5g 的 *ee* 值仅有 86%（得率 56.5%），这可能是 BMTA 对 *α*-羟基酮 4g 的选择性较差造成的。

表 9-8　多酶级联催化烯烃 1a～j 不对称胺羟化合成手性β-氨基醇 5a～j

| 序号 | 底物 | 浓度/(mmol/L) | 组合 | 氨基供体 | 时间/h | 转化率/% | *ee*/% |
|---|---|---|---|---|---|---|---|
| 1 | 1a | 20 | 1 | (*R*)-MBA | 5 | 93.5 | >99（*S*） |
| 2 | 1b | 20 | 1 | (*R*)-MBA | 5 | 91.0 | >99（*S*） |
| 3 | 1c | 20 | 1 | (*R*)-MBA | 5 | 81.6 | >99（*S*） |
| 4 | 1d | 20 | 1 | (*R*)-MBA | 5 | 76.4 | >99（*S*） |
| 5 | 1e | 20 | 1 | (*R*)-MBA | 7 | 34.2 | >99（*S*） |
| 6 | 1f | 20 | 1 | (*R*)-MBA | 7 | 15.0 | >99（*S*） |
| 7 | 1g | 20 | 1 | (*R*)-MBA | 7 | 55.7 | >99（*S*） |
| 8 | 1h | 20 | 1 | (*R*)-MBA | 7 | 59.5 | >99（*S*） |
| 9 | 1i | 20 | 1 | (*R*)-MBA | 7 | 50.3 | >99（*S*） |
| 10 | 1j | 20 | 1 | (*R*)-MBA | 7 | 48.1 | >99（*S*） |
| 11 | 1a | 10 | 2 | L-ala | 16 | 98.7 | >99（*R*） |
| 12 | 1a | 20 | 2 | L-ala | 22 | 73.1 | >99（*R*） |
| 13 | 1b | 10 | 2 | L-ala | 22 | 97.7 | >99（*R*） |
| 14 | 1c | 10 | 2 | L-ala | 22 | 68.5 | >99（*R*） |
| 15 | 1d | 10 | 2 | L-ala | 22 | 28.9 | >99（*R*） |
| 16 | 1e | 10 | 2 | L-ala | 22 | 13.9 | >99（*R*） |
| 17 | 1f | 10 | 2 | L-ala | 22 | 18.5 | >99（*R*） |
| 18 | 1g | 10 | 2 | L-ala | 22 | 56.5 | 86（*R*） |
| 19 | 1h | 10 | 2 | L-ala | 22 | 54.5 | >99（*R*） |
| 20 | 1i | 10 | 2 | L-ala | 22 | 53.5 | >99（*R*） |
| 21 | 1j | 10 | 2 | L-ala | 22 | 43.6 | >99（*R*） |

## 9.4.4　共表达体系的构建

### 9.4.4.1　共表达菌的诱导表达

对共表达菌进行诱导表达后进行 SDS-PAGE 分析，结果如图 9-4 所示，图 9-4（a）中 1 列在 46kDa 处出现与 styA 理论大小一致的目的条带，且在 18kDa 处出现与 styB 理论大小一致的目的条带，证明 SMO 在大肠杆菌中成功表达，在 27kDa 处出现与 GoSCR 理论大小一致的目的条带，证明 GoSCR 在大肠杆菌中成功表达，并且大多为可溶性表达，即 *E.coli*（CGS）同时成功表达 SMO 和 GoSCR 两种酶。同样，从图 9-4（b～f）中可以看出所构建的共表达菌 *E.coli*（DGM）、*E.coli*（RGM）、*E.coli*（CGM）、*E.coli*（DEM）、*E.coli*（REM）、*E.coli*（CEM）、*E.coli*（DES）、*E.coli*（DEB）、*E.coli*（RGB）、*E.coli*（REB）、*E.coli*（DEM-28aG）和 *E.coli*（DES-28aM）皆成功表达两种或三种酶。

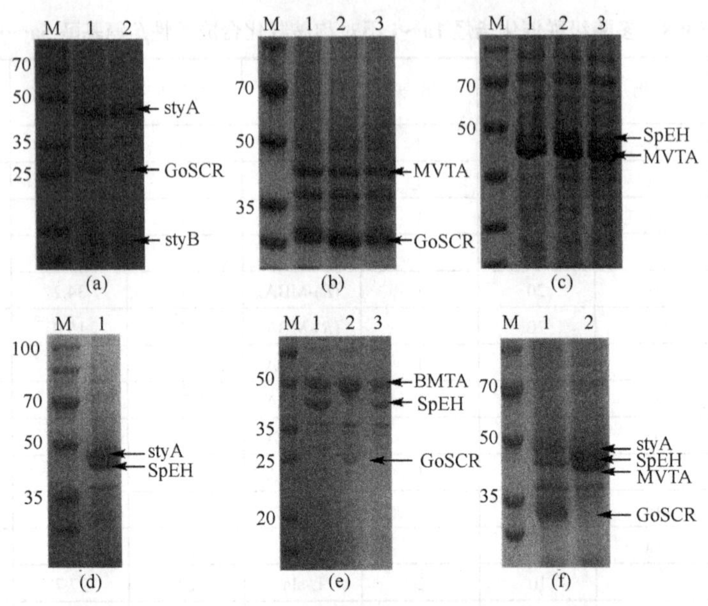


图 9-4　共表达菌蛋白表达 SDS-PAGE 电泳图

#### 9.4.4.2　四酶共表达菌的诱导表达

对共表达四种酶的菌诱导表达后进行 SDS-PAGE 分析，结果如图 9-5 所示：图 9-5（a）为共表达 SMO、SpEH、GoSCR 和 MVTA 四种酶的 SDS-PAGE 结果图，其中 4 列为 *E.coli*（CGS-DEM）的结果图，可以清楚地看到在 46kDa 处出现与 styA 理论大小一致的目的条带，且在 18kDa 处出现与 styB 理论大小一致的目的条带；在 43kDa 处出现与 SpEH 理论大小一致的目的条带；在 27kDa 处出现与 GoSCR 理论大小一致的目的条带；在 37kDa 处出现与 MVTA 理论大小一致的目的条带；证明 SMO、SpEH、GoSCR 和 MVTA 皆在大肠杆菌中成功表达。同样，从图 9-5（a）1～3 列和 5 列中可以看出所构建的共表达菌 *E.coli*（DES-CGM）、*E.coli*（DGS-CEM）、*E.coli*（DGS-REM）和 *E.coli*（DES-RGM）均成功地表达了 SMO、SpEH、GoSCR 和 MVTA 四种酶。

图 9-5（b）为共表达 SMO、SpEH、GoSCR 和 BMTA 四种酶的 SDS-PAGE 结果图，其中 1 列为 *E.coli*（CGS-DEB）的结果图，除了与 SMO、SpEH 和 GoSCR 理论大小一致的目的条带外［同图 9-5（a）］，在 53kDa 处出现了与 BMTA 理论大小一致的目的条带，证明 SMO、SpEH、GoSCR 和 BMTA 皆在大肠杆菌中成功表达。同样，从图 9-5（b）2～4 列中可以看出所构建的共表达菌 *E.coli*（CGS-REB）、*E.coli*（DES-RGB）和 *E.coli*（DGS-REB）均成功地表达了 SMO、SpEH、GoSCR 和 BMTA 四种酶。

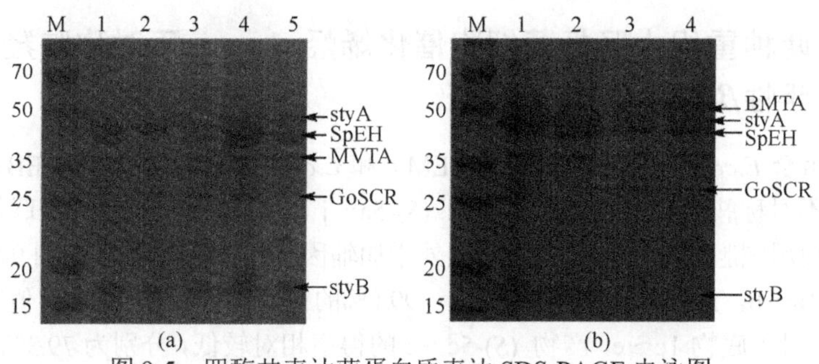


图 9-5　四酶共表达菌蛋白质表达 SDS-PAGE 电泳图

## 9.4.5　两种重组大肠杆菌细胞催化烯烃不对称胺羟化合成手性*β*-氨基醇

### 9.4.5.1　两种重组大肠杆菌细胞催化烯烃 1a 不对称胺羟化合成手性*β*-氨基醇 5a

本实验中构建了 10 种组合（两种重组大肠杆菌细胞）用于催化烯烃 1 不对称胺羟化合成手性*β*-氨基醇 5，为了选择最优组合，以 1a 为底物，检测了这 10 种组合的催化效率，结果如图 9-6 所示，对于催化底物 1a 合成(*S*)-5a 的六种组合中，组合 *E.coli*（DGS）/*E.coli*（REM）的催化效率最高，产物 (*S*)-5a 的得率为 80.8%（*ee*>99%）；对于催化底物 1a 合成 (*R*)-5a 的四种组合中，组合 *E.coli*（CGS）/*E.coli*（DEB）的催化效率最高，产物 (*R*)-5a 的得率为 93.0%（*ee*>99%）；因此，选择组合 *E.coli*（DGS）/*E.coli*（REM）和 *E.coli*（CGS）/*E.coli*（DEB）进行后续实验。

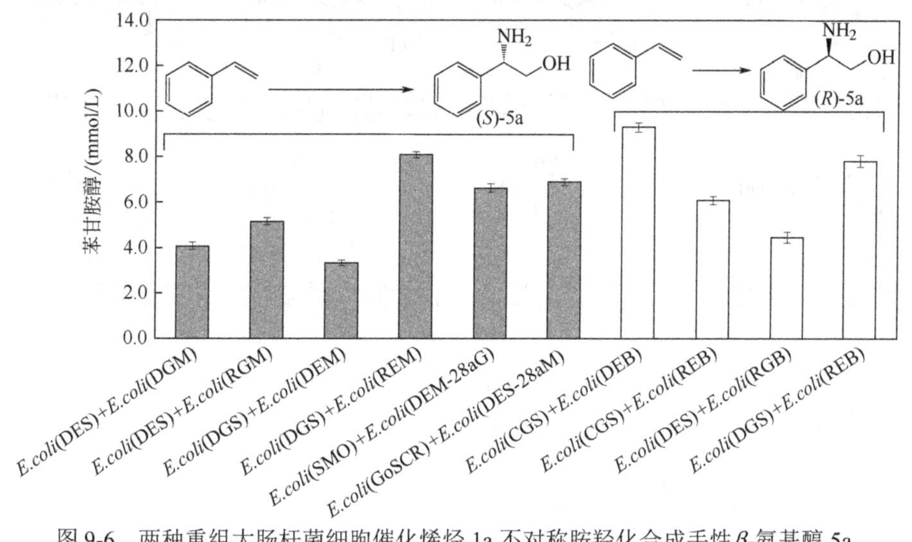


图 9-6　两种重组大肠杆菌细胞催化烯烃 1a 不对称胺羟化合成手性*β*-氨基醇 5a

### 9.4.5.2 两种重组大肠杆菌细胞催化烯烃 1a～j 不对称胺羟化合成手性$\beta$-氨基醇 5a～j

利用组合 *E.coli* （DGS）/*E.coli*（REM）和 *E.coli*（CGS）/*E.coli*（DEB）催化烯烃 1a～j 不对称胺羟化合成对映体纯的 (*S*)-5a～j 或 (*R*)-5a～j，在此级联催化过程中，由于使用细胞作催化剂，故不需额外添加辅因子 NADH。结果如图 9-7 所示，对于底物 1a～b，反应 8h 就可以 98.7%～99.0%的得率和大于 99%的 *ee* 值得到产物 (*S*)-5a～b；对于底物 1c～e，产物 (*S*)-5c～e 的得率相对较低，分别为 79.3%、55.95% 和 48.8%，但是 *ee* 值都大于 99%；对于底物 1f，组合 *E.coli*（DGS）/*E.coli*（REM）催化反应的结果与多酶级联的催化体系反应结果相同，产物 (*S*)-5f 的得率很低，仅有 18.8%（*ee*>99%）；对于苯环含有间位取代基的烯烃 1g～j，反应 10h 后，可以获得产物 (*S*)-5g～j（得率为 50.8%～85.9%），且 *ee* 值都大于 99%。利用组合 *E.coli*（CGS）/*E.coli*（DEB）催化烯烃 1 可以获得对映体纯的 (*R*)-5，结果如图 9-7 所示，对于底物 1a～b，反应 10h 就可以 92.9%～82.4%的得率和大于 99%的 *ee* 值得到产物 (*R*)-5a～b；对于底物 1c～f，反应 16h 后可以获得 *ee* 值都大于 99%产物 (*R*)-5c～f，其中产物 (*R*)-5c～e 的得率为 31.6%～54.3%，而产物 (*R*)-5f 的得率很低，仅有 14.6%；对于苯环含有间位取代基的烯烃 1g～j，除产物 (*R*)-5g 的 *ee* 值为 86%（得率为 63.3%），

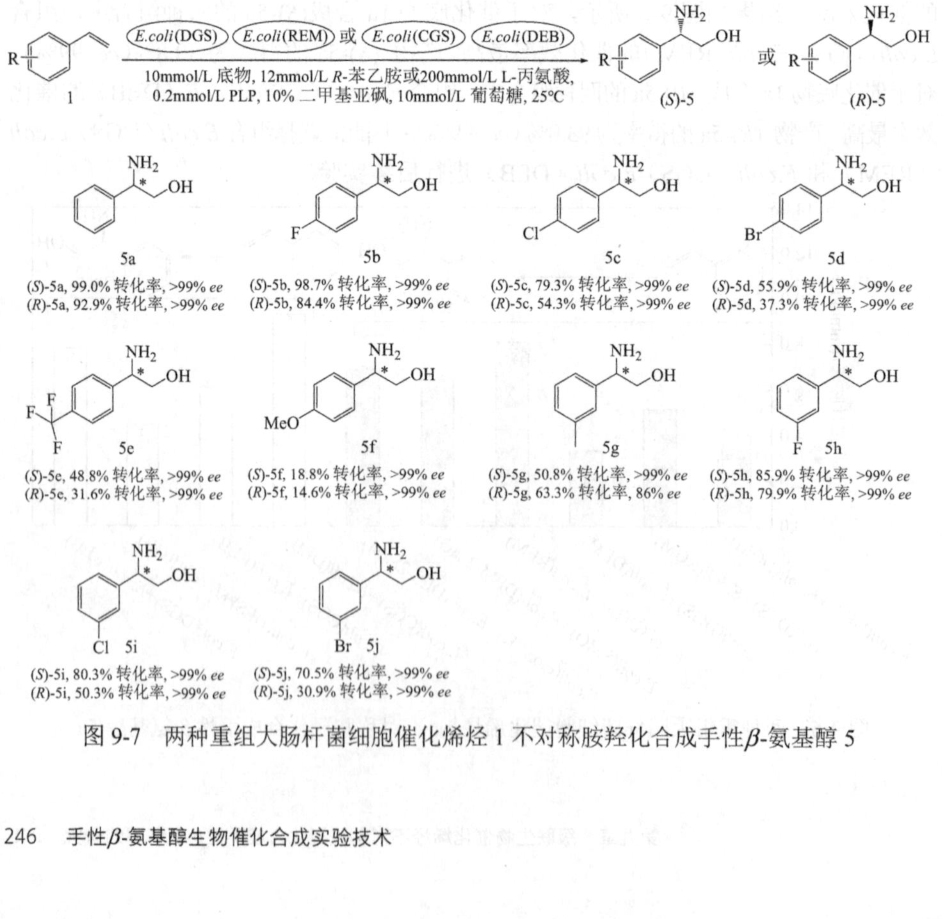

*E.coli*(DGS) *E.coli*(REM) 或 *E.coli*(CGS) *E.coli*(DEB)

10mmol/L 底物, 12mmol/L *R*-苯乙胺或200mmol/L L-丙氨酸, 0.2mmol/L PLP, 10% 二甲基亚砜, 10mmol/L 葡萄糖, 25°C

1 (*S*)-5 或 (*R*)-5

5a (*S*)-5a, 99.0% 转化率, >99% *ee*; (*R*)-5a, 92.9% 转化率, >99% *ee*

5b (*S*)-5b, 98.7% 转化率, >99% *ee*; (*R*)-5b, 84.4% 转化率, >99% *ee*

5c (*S*)-5c, 79.3% 转化率, >99% *ee*; (*R*)-5c, 54.3% 转化率, >99% *ee*

5d (*S*)-5d, 55.9% 转化率, >99% *ee*; (*R*)-5d, 37.3% 转化率, >99% *ee*

5e (*S*)-5e, 48.8% 转化率, >99% *ee*; (*R*)-5e, 31.6% 转化率, >99% *ee*

5f (*S*)-5f, 18.8% 转化率, >99% *ee*; (*R*)-5f, 14.6% 转化率, >99% *ee*

5g (*S*)-5g, 50.8% 转化率, >99% *ee*; (*R*)-5g, 63.3% 转化率, 86% *ee*

5h (*S*)-5h, 85.9% 转化率, >99% *ee*; (*R*)-5h, 79.9% 转化率, >99% *ee*

5i (*S*)-5i, 80.3% 转化率, >99% *ee*; (*R*)-5i, 50.3% 转化率, >99% *ee*

5j (*S*)-5j, 70.5% 转化率, >99% *ee*; (*R*)-5j, 30.9% 转化率, >99% *ee*

图 9-7 两种重组大肠杆菌细胞催化烯烃 1 不对称胺羟化合成手性$\beta$-氨基醇 5

产物 (*R*)-5h～j 的 *ee* 都大于 99%，得率分别为 79.9%、50.3%和 30.9%。

## 9.4.6 共表达细胞催化烯烃不对称胺羟化合成手性*β*-氨基醇

### 9.4.6.1 共表达细胞催化烯烃 1a 不对称胺羟化合成手性*β*-氨基醇 5a

本实验共构建了 9 种可同时表达四种酶的共表达菌株（如图 9-8 所示），用于催化烯烃 1 不对称胺羟化合成手性*β*-氨基醇 5，为了选择最优的一种共表达菌株，以 1a 为底物，检测了这 9 种共表达菌株的细胞活力以及催化效率，结果如图 9-8 所示，共表达菌株 *E.coli*（CGS-DEM）和 *E.coli*（CGS-DEB）的细胞活力最高，分别为 6.2U/g（以细胞干重计）和 6.3U/g（以细胞干重计），反应 10h 后，产物 (*S*)-5a 和 (*R*)-5a 的得率分别可达到 83.5%和 99.0%，故选择这两种共表达菌株 *E.coli*（CGS-DEM）和 *E.coli*（CGS-DEB）进行后续实验。

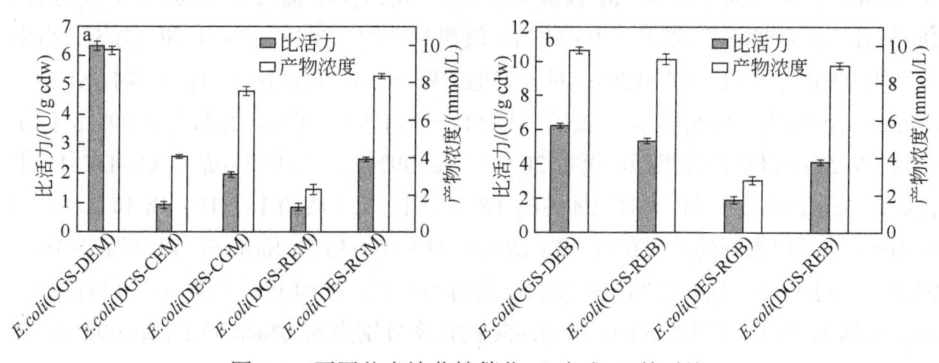


图 9-8 不同共表达菌株催化 1a 合成 5a 的对比

### 9.4.6.2 *E.coli*（CGS-DEM）和 *E.coli*（CGS-DEB）生长曲线和细胞活力的检测

为了进一步提高共表达菌株的细胞活力，对 *E.coli*（CGS-DEM）和 *E.coli*（CGS-DEB）进行了生长曲线的绘制，以及细胞活力的监测，结果如图 9-9 所示，对 *E.coli*（CGS-DEM）来说，当细胞生长至 16h 时，细胞活力最大为 7.4U/g（以细胞干重计）；对 *E.coli*（CGS-DEB）来说，当细胞生长至 20h 时，细胞活力最大为 7.1U/g（以细胞干重计）。

### 9.4.6.3 共表达细胞催化烯烃 1a～j 不对称胺羟化合成手性*β*-氨基醇 5a～j

使用 *E.coli*（CGS-DEM）和 *E.coli*（CGS-DEB）这两种细胞催化 1a～j 不对称

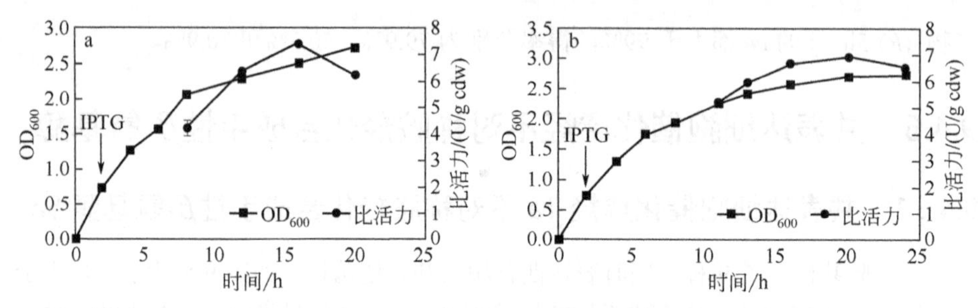


图 9-9　*E.coli*（CGS-DEM）(a) 和 *E.coli*（CGS-DEB）(b) 的生长曲线以及催化 1a 合成 5a 的细胞活力

胺羟化合成手性*β*-氨基醇 5a～j，由于底物烯烃 1a～j 在水中的溶解度较小，且对细胞的毒性较大，故选择磷酸钠缓冲液:十六烷（1:1）的双相反应体系。结果如表 9-9 所示，用 *E.coli*（CGS-DEM）催化烯烃 1 可以合成对映体纯的 (*S*)-5，对于底物 1a-b，反应 8h 后就可得到 (*S*)-5a～b，且得率可达 90%以上，*ee* 值大于 99%；对于底物 1c、1h 和 1i，反应 8h 后可以大于 99%的 *ee* 值得到产物 (*S*)-5c、(*S*)-5h 和 (*S*)-5i，得率分别为 73.1%、77.1%和 70.2%；对于其他的底物 1d、1e、1g 和 1j，产物 (*S*)-5d、(*S*)-5e、(*S*)-5g 和 (*S*)-5j 的得率较低（43.5%～56.1%），但 *ee* 值都大于 99%；但是产物 (*S*)-5f 的得率仍然很低，仅有 20.0%（*ee*>99%）。当用 *E.coli*（CGS-DEM）催化烯烃 1a～j 时，可以合成对映体纯的 (*R*)-5a～j。对于底物 1a、1b、1h 和 1i，在反应 10h 后，可以很好的得率获得产物 (*R*)-5a、(*R*)-5b、(*R*)-5h 和(*R*)-5i（得率为 88.3%～99.3%）；对于底物 1g，虽然产物 (*R*)-5g 的得率较高，为 80.1%，但其 *ee* 值仅有 86%；对于底物 1c 和 1e，产物 (*R*)-5c 和 (*R*)-5e 的得率分别为 63.0%和 69.2% (*ee*>99%)；对于其他底物 1d 和 1f，产物 (*R*)-5d 和 (*R*)-5f 的得率相对很低（16.5%～34.9%），其中产物 (*R*)-5d 的 *ee* 值大于 99%，而产物 (*R*)-5f 的 *ee* 值仅有 86%。

**表 9-9　在水-有机双相体系中 *E. coli*（CGS-DEM）或 *E. coli*（CGS-DEB）催化烯烃 1 不对称胺羟化合成对映体纯的*β*-氨基醇 5**

| 序号 | 底物 | 重组菌 | 氨基供体 | 时间/h | 转化率/% | *ee*/% |
|---|---|---|---|---|---|---|
| 1 | 1a | *E.coli*(CGS-DEM) | (*R*)-MBA | 8 | 99.7 | >99(*S*) |
| 2 | 1b | *E.coli*(CGS-DEM) | (*R*)-MBA | 8 | 90.3 | >99(*S*) |
| 3 | 1c | *E.coli*(CGS-DEM) | (*R*)-MBA | 8 | 73.1 | >99(*S*) |
| 4 | 1d | *E.coli*(CGS-DEM) | (*R*)-MBA | 8 | 56.1 | >99(*S*) |
| 5 | 1e | *E.coli*(CGS-DEM) | (*R*)-MBA | 8 | 43.5 | >99(*S*) |
| 6 | 1f | *E.coli*(CGS-DEM) | (*R*)-MBA | 8 | 20.0 | >99(*S*) |
| 7 | 1g | *E.coli*(CGS-DEM) | (*R*)-MBA | 8 | 46.7 | >99(*S*) |
| 8 | 1h | *E.coli*(CGS-DEM) | (*R*)-MBA | 8 | 77.1 | >99(*S*) |
| 9 | 1i | *E.coli*(CGS-DEM) | (*R*)-MBA | 8 | 70.2 | >99(*S*) |
| 10 | 1j | *E.coli*(CGS-DEM) | (*R*)-MBA | 8 | 55.3 | >99(*S*) |

续表

| 序号 | 底物 | 重组菌 | 氨基供体 | 时间/h | 转化率/% | *ee*/% |
|---|---|---|---|---|---|---|
| 11 | 1a | *E.coli*(CGS-DEB) | L-ala | 10 | 99.3 | >99(*R*) |
| 12 | 1b | *E.coli*(CGS-DEB) | L-ala | 10 | 90.0 | >99(*R*) |
| 13 | 1c | *E.coli*(CGS-DEB) | L-ala | 10 | 63.0 | >99(*R*) |
| 14 | 1d | *E.coli*(CGS-DEB) | L-ala | 10 | 34.9 | >99(*R*) |
| 15 | 1e | *E.coli*(CGS-DEB) | L-ala | 10 | 69.2 | >99(*R*) |
| 16 | 1f | *E.coli*(CGS-DEB) | L-ala | 10 | 16.5 | >99(*R*) |
| 17 | 1g | *E.coli*(CGS-DEB) | L-ala | 10 | 80.1 | 86(*R*) |
| 18 | 1h | *E.coli*(CGS-DEB) | L-ala | 10 | 98.2 | >99(*R*) |
| 19 | 1i | *E.coli*(CGS-DEB) | L-ala | 10 | 88.3 | >99(*R*) |
| 20 | 1j | *E.coli*(CGS-DEB) | L-ala | 10 | 59.9 | >99(*R*) |

### 9.4.7 *E.coli*（CGS-DEM）和 *E.coli*（CGS-DEB）制备手性 *β*-氨基醇

在 100mL 的反应体系中，利用 *E.coli*（CGS-DEM）和 *E.coli*（CGS-DEB）催化 1mmol 1a～b 和 1h 制备对映体纯的 5a～b 和 5h，结果如表 9-10 所示，产物 (*S*)-5a～b 和 (*R*)-5a～b、(*R*)-5h 经简单纯化处理后，得率为 50.9%～64.3%，*ee* 值都大于 99%，纯度大于 95%。

**表 9-10　利用 *E.coli*（CGS-DEM）和 *E.coli*（CGS-DEB）催化 1a-b，h 制备(*S*)-5a-b 和(*R*)-5a-b，h**

| 序号 | 底物 | 底物量/mg | 时间/h | 产物量/mg | 得率/% | 产物 *ee*/% |
|---|---|---|---|---|---|---|
| 1 | 1a | 105 | 10 | 86.5 | 63.1 | >99(*S*) |
| 2 | 1b | 122 | 10 | 79.0 | 50.9 | >99(*S*) |
| 3 | 1a | 105 | 24 | 88.0 | 64.3 | >99(*R*) |
| 4 | 1b | 122 | 24 | 96.5 | 61.9 | >99(*R*) |
| 5 | 1h | 123 | 24 | 85.6 | 55.2 | >99(*R*) |

## 9.5 小结

本章成功构建了一种新型级联生物催化体系，用于催化苯乙烯基烯烃不对称胺羟化合成手性*β*-氨基醇。

（1）成功构建含有微量 NADH 的体外四酶（SMO/EH/ADH/TA）级联催化体系，并用于催化烯烃不对称胺羟化合成手性*β*-氨基醇，产物 5a～j 的得率为 13.9%～

98.7%，*ee* 值为 86%～99%。在级联催化体系的反应过程中，通过 SMO/ADH 的催化作用，实现了辅因子 $NAD^+$/NADH 的循环再生。

（2）成功构建共表达菌株，通过成对的重组大肠杆菌组合催化烯烃，以 14.6%～99%的得率获得对映体纯的$\beta$-氨基醇 5a～j，且 *ee* 值为 86%～99%。

（3）成功构建四酶共表达菌株 *E.coli*（CGS-DEM）和 *E.coli*（CGS-DEB），实现全细胞催化，且无需额外添加辅因子 NADH，产物$\beta$-氨基醇 5a～j 的得率为 16.5%～99.7%，*ee* 值为 86%～99%。

（4）成功使用重组菌株细胞 *E.coli*（CGS-DEM）和 *E.coli*（CGS-DEB）在 100mL 的规模中制备了对映体纯的 (*S*)-5a～b 和 (*R*)-5a～b、(*R*)-5h，得率为 50.9%～64.3%，*ee* 值都大于 99%，纯度大于 95%。这种级联生物催化体系催化烯烃不对称胺羟化合成手性$\beta$-氨基醇的方法，无需分离纯化中间产物以及无需添加辅因子 NADH，是烯烃合成手性$\beta$-氨基醇的一种可持续的、具有借鉴意义的方法。

## 参考文献


[1] Zhang J D，Yang X X，Dong R，et al. Cascade biocatalysis for regio- and stereoselective aminohydroxylation of styrenyl olefins to enantiopure arylglycinols [J]. *ACS Sustain. Chem. Eng.*，2020，8，49，18277-18285.

[2] Xu Y，Jia X，Panke S，et al. Asymmetric dihydroxylation of aryl olefins by sequential enantioselective epoxidation and regioselective hydrolysis with tandem biocatalysts [J]. *Chem. Commun.*，2009（12）：1481-1483.

[3] Bradford M M. A rapid and sensitive method for the quantitation of microgram quantities of protein utilizing the principle of protein-dye binding [J]. *Anal. biochem.*，1976，72（1-2）：248-254.

[4] Zhang J，Wu S，Wu J，et al. Enantioselective cascade biocatalysis via epoxide hydrolysis and alcohol oxidation：one-pot synthesis of (*R*)-α-hydroxy ketones from meso- or racemic epoxides [J]. *ACS Catal.*，2015，5（1）：51-58.

[5] Zhang J D，Wu H L，Meng T，et al. A high-throughput microtiter plate assay for the discovery of active and enantioselective amino alcohol-specific transaminases [J]. *Anal. Biochem.*，2017，518：94-101.

[6] Mutti F G，Fuchs C S，Pressnitz D，et al. Amination of ketones by employing two new (*S*)-selective ω-transaminases and the His-tagged ω-TA from *Vibrio fluvialis* [J]. *Eur. J. Org. Chem.*，2012，2012，1003-1007.